U0610288

法兰克福学派
科学伦理思想的历史逻辑

陈爱华 著

中国社会科学出版社

图书在版编目（CIP）数据

法兰克福学派科学伦理思想的历史逻辑/陈爱华著．—北京：中国社会科学出版社，2007.10

ISBN 978-7-5004-6274-3

Ⅰ.法… Ⅱ.陈… Ⅲ.法兰克福学派—科学技术—伦理学—研究 Ⅳ.B089.1 B82-057

中国版本图书馆 CIP 数据核字（2007）第 096308 号

策划编辑 冯 斌
责任编辑 丁玉灵
责任校对 郭 娟
封面设计 部落艺族
版式设计 戴 宽

出版发行 中国社会科学出版社
社 址 北京鼓楼西大街甲 158 号 邮 编 100720
电 话 010－84029450（邮购）
网 址 http：//www.csspw.cn
经 销 新华书店
印 刷 华审印刷厂 装 订 广增装订厂
版 次 2007 年 10 月第 1 版 印 次 2007 年 10 月第 1 次印刷
开 本 880×1230 1/32
印 张 17.125 插 页 2
字 数 460 千字
定 价 45.00 元

国家“985”哲学社会科学创新基地东南大学“科技伦理与艺术”项目研究成果

东南大学社会科学出版基金重点资助项目研究成果

东南大学社科预研基金“9213000503”研究成果

总　序

东南大学的伦理学科的起步于20世纪80年代前期，由著名哲学家、伦理学家萧昆焘教授、王育殊教授创立，90年代初开始组建一支由青年博士构成的年轻的学科梯队，至90年代中期，这个团队基本实现了博士化。在学界前辈和各界朋友的关爱与支持下，东南大学的伦理学科得到了较大的发展。自20世纪末以来，我本人和我们团队的同仁一直在思考和探索一个问题：我们这个团队应当和可能为中国伦理学事业的发展作出怎样的贡献？换言之，东南大学的伦理学科应当形成和建立什么样的特色？我们很明白，没有特色的学术，其贡献总是有限的。2005年，我们的伦理学科被批准为“985工程”国家哲学社会科学创新基地，这个历史性的跃进推动了我们对这个问题的思考。经过认真讨论并向学界前辈和同仁求教，我们将自己的学科特色和学术贡献点定位于三个方面：道德哲学；科技伦理；重大应用。

以道德哲学为第一建设方向的定位基于这样的认识：伦理学在一级学科上属于哲学，其研究及其成果必须具有充分的哲学基础和足够的哲学含量；当今中国伦理学和道德哲学的诸多理论和现实课题必须在道德哲学的层面探讨和解决。道德哲学研究立志并致力于道德哲学的一些重大乃至尖端性的理论课题的探讨。在这个被称为“后哲学”的时代，伦理学研究中这种对哲学的执著、眷念和回归，着实是一种“明知不可为而为之”之举，但我们坚信，它是我们这个时代稀缺的学术资源和学术努力。科技伦理的定位是依据我们这个团队的历史传统、东南大学的学科生态，以及对伦理道德发展的新前沿而作出的判断和谋划。东南大学最早的研究生培养方向就是“科学伦理学”，当年我本人就在这个方向下学习和研究；而东南大学以科学技术为主体、文管艺医综合发展的学科生态，也使我们这些 90 年代初成长起来的“新生代”再次认识到，选择科技伦理为学科生长点是明智之举。如果说道德哲学与科技伦理的定位与我们的学科传统有关，那么，重大应用的定位就是基于对伦理学的现实本性以及为中国伦理道德建设作出贡献的愿望和抱负而作出的选择。定位“重大应用”而不是一般的“应用伦理学”，昭明我们在这方面有所为也有所不为，只是试图在伦理学应用的某些重大方面和重大领域进行我们的努力。

基于以上定位，在“985 工程”建设中，我们决定进行系列研究并在长期积累的基础上严肃而审慎地推出以“东大伦理”为标识的学术成果。“东大伦理”取名于两种考虑：这些系列成果的作者主要是东南大学伦理学团队的成员，有的系列也包括东南大学培养的伦理学博士生的优秀博士论文；更深刻的原因是，我们希望并努力使这些成果具有某种特色，以为中国伦理学事业的发展作出自己的贡献。“东大伦理”由五个系列构成：道德哲学系列；科技伦理系列；重大应用系列；与以上三个结构相关的译著系列；还有以丛刊形式出现并在 20 世纪 90 年代已经创刊的《伦理研究》专辑系列，该丛刊同样围绕三大定位组稿和出版。

“道德哲学系列”的基本结构是“两史一论”。即道德哲学基本理论；中国道德哲学；西方道德哲学。道德哲学理论的研究基础，不仅在概念上将“伦理”与“道德”相区分，而且从一定意义上将伦理学、道德哲学、道德形而上学相区分。这些区分某种意义上回归到德国古典哲学的传统，但它更深刻地与中国道德哲学传统相契合。在这个被宣布“哲学终结”的时代，深入而细致、精致而宏大的哲学研究反倒是必须而稀缺的，虽然那个“致广大、尽精微、综罗百代”的“朱熹气象”在中国几乎已经一去不返，但这并不代表我们今天的学术已经不再需要深刻、精致和宏大气魄。中国道德哲学史、西方道德哲学史研究的理念基础，是将道德哲学史当作“哲学的历史”，而不只是道德哲学“原始的历史”、“反省的历史”，它致力探索和发现中西方道德哲学传统中那些具有“永远的现实性”精神内涵，并在哲学的层面进行中西方道德传统的对话与互释。专门史与通史，将是道德哲学史研究的两个基本纬度，马克思主义的历史辩证法是其灵魂与方法。

“科技伦理系列”的学术风格与“道德哲学系列”相接并一致，它同样包括两个研究结构。第一个研究结构是科技道德哲学研究，它不是一般的科技伦理学，而是从哲学的层面、用哲学的方法进行科技伦理的理论建构和学术研究，故名之“科技道德哲学”而不是“科技伦理学”；第二个研究结构是当代科技前沿的伦理问题研究，如基因伦理研究、网络伦理研究、生命伦理研究等等。第一个结构的学术任务是理论建构，第二个结构的学术任务是问题探讨，由此形成理论研究与现实研究之间的互补与互动。

“重大应用系列”以目前我作为首席专家的国家哲学社会科学重大招标课题和江苏省哲学社会科学重大委托课题为起步，以调查研究和对策研究为重点。目前我们正组织四个方面的大调查，即当今中国社会的伦理关系大调查；道德生活大调查；伦理—道德素质大调查；伦理—道德发展状况及其趋向大调查。我们的目标和任务是努力了解和把握当今中国伦理道德的真实状况，在此基础上进行理论推进和理论创新，为中国伦理道德建设提出具有战略意义和创新意义的对策思路。这就是我们对“重大应用”的诠释和理解，今后我们将沿着这个方向走下去，并贡献出团队和个人的研究成果。

“译著系列”、《伦理研究》丛刊，将围绕以上三个结构展开。

我们试图进行的努力是：这两个系列将以学术交流，包括团队成员对国外著名大学、著名学术机构、著名学者的访问，以及高层次的国际国内学术会议为基础，以“我们正在做的事情”为主题和主线，由此凝聚自己的资源和努力。

马克思曾经说过，历史只能提出自己能够完成的任务，因为任务的提出表明完成任务的条件已经具备或正在具备。也许，我们提出的是一个自己难以完成或不能完成的任务，因为我们完成任务的条件尤其是我本人和我们这支团队的学术资质方面的条件还远没有具备。我们期图通过漫漫兮求索乃至几代人的努力，建立起以道德哲学、科技伦理、重大应用为三元色的“东大伦理”的学术标识。这个计划所展示的，与其说是某些学术成果，不如说是我们这个团队的成员为中国伦理学事业贡献自己努力的抱负和愿望。我们无法预测结果，因为哲人罗素早就告诫，没有发生的事情是无法预料的，我们甚至没有足够的信心展望未来，我们唯一可以昭告和承诺的是：

我们正在努力！

我们将永远努力！

樊 浩

谨识于东南大学“舌在谷”

2007 年 2 月 11 日

序

法兰克福学派从20—40年代的发展，是20世纪西方马克思主义人本主义思潮生成、发展、再走向衰退过程的一面镜子。从30年代开始，作为社会批判理论的最重要代表，法兰克福学派的早期代表人物马尔库塞和弗洛姆通过解读青年马克思的《1844年经济学—哲学手稿》，延续和提升了由青年卢卡奇等人实际引发出来的人本主义辩证法，在将马克思主义哲学人本学化方面起到了十分重要的作用。在当时的著述中，他们开始致力于一种人本主义对现实积极干预的社会批判理论，特别是结合对法西斯主义和西方工业文化现象的研究，使得他们对晚期资本主义的批判不断拓展和深化，直至对整个西方理性主义传统的批判。固然，在这一学派的中后期发生了重要的"后现代转折"，但早期批判理论所生发出的重大历史影响却始终是深远的。就这一思潮的实际作用而言，他们不仅催生了对整个西方社会转型具有重大作用的60年代社会运动，而且在理论上直接影响了此后的左派激进思想和预示了后现代思潮的崛起。

"批判理论"是一个影响了20世纪后半期西方思想的术语，该术语是1937年霍克海默在其《批判理论》这一文献中明确定义出来的，霍克海默用它表示与传统形式理性主义相对立的社会研究理论。霍克海默所言的"批判"则是从马克思政治经济学批判中生发出来的。在霍克海默看来，"批判思想既不是孤立的个人的功能，也不是个人的总和的功能。相反，它的主体是处在与其他个人和群体关系之中的、与某个阶段相冲突的、因而是处在与社会整体与自然的关系网络中的特定的个人”。在这一点上，他正确地坚持了马克思所开创的具体的社会认识论思想，把理论研究的任务与时代的变迁直接联系起来，要求理论保持对“现在的批判”。在这一点上，他明确地强调，批判理论的任务正在于对流行的东西进行批判。可以说，这种批判理论实际地代表着法兰克福学派的发展方向，它奠定了 20 世纪左翼人本主义激进话语的批判基调。

批判理论展示了当代社会理论的一个新的方向，这种新的方向既可以是说整个西方思想史传统的自然升华，也与其独特的时代背景直接相关。就法兰克福学派的理论逻辑而言，从其早期重建社会批判理论的努力，到对晚期资本主义异化状态的心理学分析和对极权主义体制社会根源的研究，以及对资本主义社会经济政治文化变化的探讨，到对整个西方工业文明及其理性基础的批判，在哲学逻辑上，毫无疑问，这种批判已经达到了那个时代可能的深度。

在法兰克福学派哲学家的眼中，由于当代资本主义社会以合理性为本体，以科学技术为表现形式的强大意识形态的有效控制，整个社会生活实现了所谓资本主义的一体化。葛兰西所说的那种对资产阶级霸权的“同意”已在主要社会成员中得到赞许。特别是在自由资本主义时代作为资本主义否定面的无产阶级，已经被同化于晚期资本主义的“单向度的社会中”，成为资本主义制度的积极肯定者。这是他们的一种新的然而是消极的认识结果。

陈爱华博士以马克思主义历史辩证法为指导，主要从科学伦理学的视角，对法兰克福学派社会批判理论中的科学伦理观的思想来源、内涵与历史演进及伦理价值作了较为系统的理论探索。一是对该学派批判理论视阈中的科学伦理思想来源的思想谱系进行了梳理、阐释和分析；二是揭示了该学派从对理性的伦理批判，到科学社会功能的伦理批判，再到自然观的伦理批判的科学伦理思想演进的理论逻辑及其伦理价值；三是进行了若干具有一定开拓性的探索研究：如对马克思三部手稿（《1844年经济学—哲学手稿》、《1857—1858年经济学手稿》和《1861—1863年经济学手稿》）中的科学伦理思想的研究，对《德意志意识形态》中的自然伦理观的研究，并且还探索了卢卡奇物化伦理思想与科学伦理思想，对霍克海默、马尔库塞、哈贝马斯、施密特等人科学伦理思想的研究。另外，她还从不同的视角和层面分析和揭示了法兰克福学派批判理论视阈中的科学伦理思想与马克思科学伦理思想的本质区别。这些理论探索，不仅对进一步深化对法兰克福学派社会批判理论的研究，乃至对西方马克思主义的理论研究都具有较大的学术价值和理论意义，而且对于我们深化科学—社会—人—自然的伦理关系的认识具有一定的启示。同时，对我们进一步深化马克思哲学及其科技伦理观的本质的理解，认识我国现代化进程科技发展及其成果应用的复杂的伦理效应与特征，也具有一定的理论和现实意义。

此书，是陈爱华博士在自己已经完成博士论文的基础上所作的进一步的研究成果。据她说，全书写作前后经历了八年多的时间，这体现了她作为一个理论工作者对于理论的不懈探索精神和社会责任感。还应该再说一句，在我当时所带的博士生中，她是最用功、最刻苦的一位，今天，她能够取得这样的成绩，当然也是让我感到格外高兴的。

张一兵

2006年9月于南京

ABSTRACT

The ethical thoughts on science implied in the social critical theories of the Frankfurt School are the thinking essence of the thinkers who, from a unique view and different aspects, study and criticize the side effects caused by science and technology in the process of its application and its influence upon various social domains. With the rapid development and wide application of modern science and technology, the problem of science ethics has become more and more serious. Thus, a thorough study of the Frankfurt School's science ethics is important not only to the study of science ethics, but also to the development and application of contemporary science and technology.

From the perspective of science ethics, this dissertation explores the source, connotation, historical evolution and ethical value of the science ethics thoughts in the Frankfurt School's social critical theories. There are six chapters and a preface in this dissertation. In the evolution course of the Frankfurt School's science ethics thoughts, rational criticism has always been emphasized. The study of Capitalism is attributed to the criticism of Capitalist society, and the criticism of the Capitalism system is replaced by criticism of science and technology. At the same time, employing

Negative Dialectics as their approach, thinkers of this school have systematically criticized Positivism. Its historical background is mainly related to the appearance of state monopoly capitalism, the rapid development of science and technology after World War II, and the new changes in the construction and relation of classes in the contemporary Capitalist states. Hegel's rational ethical ideology and the humanistic ethics of science studied by Marx in his earlier years can be regarded as the ideological origin of this school. The direct theoretical basis of the Frankfurt School's science ethics thoughts is Max Weber's ethical thoughts of rationality on economic action, and young Lukacs' theory on materialization and his critical ideology of science ethics. The dissertation concludes that three theoretical constructions of the Frankfurt School's science ethics ideology are formed in their theory: the critical anti-positivist ethical ideology on reason, the critical social ethical ideology on science, and the critical ethical ideology on nature.

目　录

第三篇 批判的理性伦理观

第四篇　批判的科技—社会伦理观

第五篇 批判的自然伦理观

导论　批判理论科学伦理思想的当代价值

法兰克福学派的思想家以发达工业社会（当代发达的资本主义社会）为背景，从社会批判的理论视角对科学发展对社会的统治方式、人们思维方式与生活方式，以及对自然的负效应进行了全方位的反思与批判，法兰克福学派的社会批判理论中蕴涵着丰富的科学伦理思想。

当代科学技术的迅猛发展和广泛运用，对科学与人、科学与社会、科学与自然等方面的关系产生了极其深远而复杂的影响：一方面科学技术的发展空前地推动社会生产力的发展，促进了经济的全球化，通讯网络化，社会信息化，办公自动化……给人们的衣食住行、文化娱乐和人际交往带来了诸多的便利；另一方面又带来一系列的伦理问题，诸如全球性的生态问题、环境问题、人口问题、战争威胁等危及人的生存和社会的可持续发展，同时对传统的道德观、时间观、价值观、生死观、家庭观等提出了严峻的挑战。1973年在保加利亚问世的国际性文集《科学的伦理学问题》的编者，在前言中这样写道："我们有理由确信，创立关于科学中道德因素的科学认识体系（即科学伦理学）的社会条件和认识条件已成熟。""忽略和低估科学的伦理学问题，已经再也不可能了。"① 尽管科

---

① ［德］赖·莫泽克：《论科学》，孟祥林等译，武汉大学出版社1997年版，第234页。

学伦理问题作为世界性的研究热点出现在70年代，然而，自科学诞生之日起，人们就开始探索科学的至善性，有许多思想家为之作出了毕生的努力。特别在近代，科学从自然哲学和神学中独立出来并获得长足的发展，对社会产生着越来越深刻的影响，其伦理问题也日益凸显。

因而，深入地探讨法兰克福学派的社会批判理论中的科学伦理思想，不仅对科学伦理学的研究有理论意义，而且对当代科学技术的发展及其成果的合理应用也有十分重要的现实意义和理论上的启迪作用。

一　科技双重效应的凸显

法兰克福学派的思想家一直十分关注科学技术在社会运用中的负效应，并致力于消除这种负效应。当代以计算机和通讯技术为基础的信息革命，正在形成全球规模的人体外的神经系统，它储存、加工、传输信息具有无限的发展潜力。这场革命含有五大核心技术：半导体技术、信息传输技术、多媒体技术、数据库技术、数字压缩技术，此外还辅之以现代生物技术、纳米制造技术和能源技术等。这场信息革命促使工业经济向知识经济转变。知识经济也称为智能经济。知识经济与传统农业不同，传统农业是以广大的耕地和众多的人口劳力为基础的；知识经济也不同于传统工业，传统工业是以大量的自然能源和矿藏原料冶炼、加工、制造为基础的；而知识经济是以不断创新的知识为主要基础发展起来的。这种新的经济是依靠新的发现、发明、研究和创新，是一种知识密集型的、智慧型的经济。这种经济以不断创新为特色，而这种创新是急速旋转，迅猛异常，没有终止和无限的。随着信息革命和知识经济的兴起，社会科学、经济、文化的发展更趋一体化，社会的价值目标便由原来偏重于物的方面向精神、物质并重的多元一体化的方向发展，加之，现代科学对自然—社会—人这一超大系统的作用越来越大，与此同时人与自然的关系日趋尖锐化，一方面，这一现状揭示了人与自然的关系和人与人、人与社会的关系有着密切的联系，另一方面也显示了原有的科学活动的价值目标的局限性，即仅以控制自然、向自然索取，抑或以求真为科学活动的价值目标，不但不能促使人与自然的协同发展和社会的持续发展以及人的全面发展，而只能导致人与自然关系的恶化，进而影响社会和人自身的发展和完善。如上所述，当代科学活动已由近代以基础研究为主扩展为基础研究、应用研究、开发研究三者并重，而且科学活动成果由理论转化为实际应用的周期越来越短，其影响在一定意义上可以说，对人类的生存和人类社会的发展起着决定性的作用。当代知识经济的兴起，使科学技术对人类生存和人类社会发展作用更大。因为它是以不断创新的知识为主要基础发展起来的，人们在知识经济的条件下，可以通过脑力对信息和知识的积累处理，达到一种资本的积累，进而创造出更多的财富。然而，知识经济是一把双刃剑，即科学活动主体既可以用它造福人类及社会，也可能使它产生不利于人类及社会的负效应。这正如爱因斯坦所说："在我们这个时代，科学家和工程师担负着特别沉重的道义责任。"① 他强调"在我们这些把惊人力量释放出来的科学家身上，有一个重大责任，有为人类福利而不用于破坏的责任"。② 因而，现代科学活动主体的价值目标取向不仅仅作用于科学活动的领域，而且已经扩展至整个社会。进而科学活动主体的道德责任不仅是坚持真理、发展科学，还要注重科学活动的社会道德责任即对科学活动在社会上产生后果的关注。科学学的创始人贝尔纳指出："我们不能再无视这样的事实，科学正在影响当代社会变革而且也受到这些变革的影响……我们需要比以往更仔

① 《爱因斯坦文集》第3卷，商务印书馆1979年版，第287页。
② 同上书，第78页。

细地分析两者之间的交互作用。”① 这里，也提出了科学伦理问题——科学活动主体的道德素质培养。因为在当代知识经济爆发和迅速扩张的背后，是人，是掌握了具有相当丰富知识的人，是敢于和善于应用新的知识并将其物化为能够满足人们需求的产品或服务的人，是善于将分散存在的知识融会贯通、组合凝练成新知识，又进一步将其付诸应用的人，因而，知识经济在这一意义上，又是人才经济，同时也是科学活动主体活动的新形式。我们在迎接知识经济的挑战中，不仅要注重科学活动主体科学文化素质的培养，更要注重其道德素质的培养，尤其必须加强对科学活动主体社会道德责任感的培育。此外，科学活动主体的道德直接关系到知识的应用、传播和开发程度，同时也关系到国家、企业、事业的生存与发展前景。总之，在知识经济条件下，科学技术不再被排斥在经济系统之外，而是系统内的关键生产要素；同时科学活动内蕴的伦理本性已由近代的潜在状态通过现代科学活动主体的科学活动日益显现出来。因而，如何消除科学技术在知识经济条件下运用的负效应，将是当代我们面临的严峻科学伦理问题与挑战。

二　全球性的生态问题

后期法兰克福学派的社会批判理论家莱斯认为，人类利用自然力的性质的转变已经带来了两个相互联系的灾难性后果：一是广泛威胁着一切有机生命的供养基础和生物圈的生态平衡；二是不断扩大的人类对于一个统一的全球环境的激烈斗争。上述每一灾难都会造成这个星球现在形成的一切生物生命的毁灭或剧烈的变化。从 20 世纪 50 年代起，人们“突然发现春天变得如此寂静”，世界范围的环境污染威胁人类在地球上的生存，突出地表

① ［英］贝尔纳：《科学的社会功能》，陈体芳译，商务印书馆 1982 年版，第 37、478 页。

现在以下两个方面：一是生态危机，其中又以生态破坏和环境污染造成的环境退化为表征，这是威胁人类的现在和未来的最严重的问题。[①] 从环境退化的性质来看，它不是一个单项的问题，而是众多的问题交织在一起。如，空气和水污染、表土流失、土地破坏、森林锐减、沙漠扩大、物种灭绝的过程加速等，从而致使人类赖以生存的四大生命系统：森林、草原、渔场和农田面临危机形势，而这些问题又同人类的社会生活、经济生活和科学发展紧密相关。此外，生态问题的发生具有普遍性，从天空到地下、从海洋到大陆都发生了环境退化现象，并且还有进一步恶化的趋势。二是能源危机、粮食短缺。这是同地球上人口猛增相联系的。由于科学的发展与医疗卫生水平的提高，地球上人均寿命延长、婴儿死亡率大大降低，但却未对人口的增长加以适当地控制，从而使人口急剧膨胀。人口猛增使得世界耕地面积与世界人口比率降低了，据联合国人口基金会 2006 年《世界人口状况报告》统计显示，目前世界总人口已达 64.64 亿，这样使耕地面积与人口的比率继续下降，粮食问题将始终困扰着人类，自然资源也将有枯竭之虞。拉兹洛在《决定命运的选择》一书中指出："摆在我们面前的选择是一种决定命运的选择：是进化和灭亡之间的选择。""这种挑战是史无前例的。在过去的几个世纪里，即使一个部落或村庄弄巧成拙，破坏了它周围的环境的完整性，它的成员还可以继续前进，寻找未开垦的土地和新的资源。今天，我们生活在地球上所有可以居住的地方，与生物圈的承载能力相接近，已经没有什么地方可去了。"[②] 各种相互依赖的关系把全球交织在一起，同时也把自然—人—社会连接在一起。因之，科学

---

① 邱仁宗：《科学技术伦理》，载《自然辩证法研究》1991 年第 11 期，第 14 页。

② ［美］拉兹洛：《决定命运的选择》，李吟波等译，三联书店 1997 年版，第 159 页。

活动不再是一种仅仅作用于自然的研究活动，而是对社会、自然和人自身都有深刻影响的社会活动，因为当代科学活动无论从其活动的规模，还是从其活动范围和内容都较近代发生了质的飞跃，它"已不再局限于个别科学家自发的认识过程，而表现为一种精神生产形态，表现为科学家、科学工作者的共同活动"。[①] 因而，科学活动作为社会活动的重要组成部分，不仅对社会生产活动产生了极大的影响，加快了社会发展的进程，而且对人们的生活方式和观念产生了深刻的影响，导致了人们生活方式和观念的变革，并且正在改变着人们的工作方式、生活方式、思维方式和教育模式。

三　科学发展的单向度隐忧

法兰克福学派著名的批判理论家马尔库塞在其名著《单向度的人》中，则从考察理性是如何发展为技术理性，技术理性又是如何演变为统治的逻辑角度，阐释了科学技术的发展对社会产生的正负两极效应。他深刻地指出，在当代，极权主义的技术理性领域是理性观念演变的最新结果。理性之所以由批判理性变成了技术的或工具的理性，是以社会的科学技术的进步为前提的，同时还有其逻辑方法论的基础。一方面，社会在事物和关系的不断增长的技术积累中再生产自身，亦即在生存斗争和对人与自然的开发中，变得更为科学、合理。科学的管理和科学的劳动分工大大增长了经济、政治和文化事业的生产率，进而使生活水平进一步提高。与此同时，又在同样的基础上，这一合理的事业产生了一种精神和行为的模式，这种模式证明这一事业最有破坏性和压抑性的特点是合理的，并为之开脱责任。科学—技术理性和操纵还被集结到新的社会控制形式上；另一方面，形式逻辑和数学构成技术理性的方法论基础借助于

① 刘大椿：《科学活动论》，人民出版社 1986 年版，第 5 页。

数学和逻辑的分析，自然被量化和形式化了，这样便导致将现实同内在的目的相割裂，从而把真与善、科学与伦理学分割开来。[①] 这样，科学技术理性就成为中立的，只有探索自然规律才具有合理性；价值观则成了主观的东西，人道主义、宗教、道德等只不过是一种理想而已。由此，只剩下了一个量化的世界，其客观性则愈来愈依赖于主体；在科学技术理性的极端形式中，客体的概念被消除了。形式逻辑的形式化、抽象普遍性和排除矛盾性有其现实的基础，它自身也成为技术理性的基础并成为统治的逻辑。作为后起之秀的晚期法兰克福学派的批判理论家哈贝马斯则以不同的方式表述了与老一代法兰克福学派思想家相同的思想。他指出，努力把人类从偏见中解放出来的理性由于其内在的逻辑而走向自身的反面。在古典启蒙时期（即以霍尔巴赫等人为代表的启蒙主义时期），理性自身成为反对现存制度和意识形态的武器，在它那里，恶与假、真理与解放是一回事。因此，在古典启蒙时期，理性的理论活动同自我解放本身的旨趣是结合在一起的，对虚假意识批判的同时也是抛弃这种意识所产生的社会条件的实际行动。但是，随着科学、工艺和组织的进步，这种联系被打破了。理性逐渐丧失了解放的功能，越来越局限于技术效能。

科学伦理作为科学活动主体的实践理性，主要是在科学活动中体现出来的。近代，当科学刚刚兴起时，科学与人、社会和自然之间的相互影响并未直接显现出来，这正如恩格斯所指出的那样："自然科学和哲学一样，直到今天还完全忽视了人的活动对它的影响；它们一个只知道自然界，另一个又只知道思想。"[②] 著名的生物学家达尔文在《生活信件》中对其所处时代的科学作了这样的概

① ［美］赫伯特·马尔库塞：《单向度的人》，张峰等译，重庆出版社 1988 年版，第 124 页。

② 《马克思恩格斯全集》第 20 卷，人民出版社 1971 年版，第 573—574 页

括："科学就是整理事实，以便从中得出普遍的规律和结论。"[①] 近代科学经过多年的发展运作，其显性特征逐渐为人们尤其是科学活动主体所认同，即科学是以范畴、定理、定律等形式反映现实世界多种现象的本质和运动规律的知识体系。因而，科学活动就是科学活动主体运用思维或有关仪器，通过观察、实验如实地反映客观世界的现象并揭示其内在的本质和运动规律。在科学活动中生成的科学精神便被人们认为是一种求真精神，它所遵循的原则是一种以物为尺度的客观性原则，这种思维定式又经过休谟、康德等近代著名思想家的理论强化，便逐渐地积淀于人们思想的深层。科学（活动）"价值中立说"便是其较为典型的表征，持这种观点者以事实与价值、"实然"与"应然"为划界基础，进而指出，科学（活动）是关于事实的，价值是关于目的的；科学是追求真理，价值是追求功利；科学是理性的，价值是非理性的；科学是可以进行逻辑分析的，价值则不能进行逻辑分析。[②] 但是，自从 1945 年以来，科学在社会诸多因素的相互作用下，以迅猛的速度向前发展，正像恩格斯所指出的那样：科学的"这种发展可以说是与其出发点的时间的距离的平方成正比的，仿佛要向世界指出：对于有机物最高精华的运动、即对于人类精神起作用的是一种和无机界正好相反的规律"。[③] 科学活动的规模迅速扩展，即从原来以基础研究（包括理论和实验两个方面的工作）为主，迅速向应用研究和开发研究发展，科学活动的研究成果转化为实际运用的周期在不断地加快，科学对自然—人—社会这一超大系统的影响越来越大，与此同时，科学活动主体的伦理意识日益觉醒。如，当第一颗原子弹在广岛爆炸，深深地震撼了许多科学家的心灵。因为这一事实表明："一个

① 陈爱华：《现代科学伦理精神的生长》，东南大学出版社 1995 年版，第 92 页。

② 肖峰：《两种精神与人的认识》，载《中州学刊》1996 年第 2 期，第 38 页。

③ 恩格斯：《自然辩证法》，人民出版社 1971 年版，第 172—173 页。

在哲学摇篮中哺育、在纸上涂涂写写的科学理论，最终竟能顷刻间毁灭数万人的生命。”[①] 又如，1945 年在纽伦堡对纳粹战犯医生的审判，又一次震撼着科学家的心灵。该审判表明，过去一直被认为不依赖人的感情与好恶等主观因素、只注重客观事实的科学研究“可用如此惨无人道的方式进行，不但破坏了基本人权，而且残害了许多无辜人的生命”。[②] 因而，莫泽克在《论科学》一书中认为，科学伦理学问题往往不是经典认识论性质的问题，而是良心问题、态度问题。在人们考虑科学伦理学问题时，不仅要注重人的培植、想到那些在临床上被定义为死亡“案例”的再生、想到广岛和把放射性废物与垃圾沉入海底的这些不负责任的行为，而且更要关注日常的科学工作。在他看来，“在我的专业领域里，我思考的结果究竟属于谁所有”？这一问题是科学伦理学的一个头等重要的问题。[③] 现在随着科学的发展，科学的伦理问题正越来越凸显出来。1997 年 2 月 23 日，英国爱丁堡罗斯林研究所向全世界发布了一个震撼性的消息：他们利用基因转移技术，以无性繁殖复制首只克隆羊“多莉”诞生已有 7 个月。同年 3 月 2 日，美国俄勒冈地区灵长类动物研究中心也报告了一条令人震惊的新闻：他们以克隆技术繁殖成功与人类最接近的动物——两只恒河猴。这两条消息向人们展示了当今基因工程的突破性的创举，并宣告：人类离可能复制自己的日子已经不远。正如库尔特·拜尔茨所说：“不管这需要多长时间，但今天任何人都不得不承认：早晚有一天，能够通过技术对人进行彻底的‘改良’。”[④] 尽管人类复制自己只是一项科学活动，但是这

---

① 邱仁宗：《科学技术伦理》，载《自然辩证法研究》1991 年第 11 期，第 14 页。

② 同上。

③ ［德］赖·莫泽克：《论科学》，孟祥林等译，武汉大学出版社 1997 年版，第 236 页。

④ ［德］库尔特·拜尔茨：《基因伦理学》，马怀琪译，华夏出版社 2001 年版，第 82 页。

项科学活动却将涉及到社会、家庭、人自身等诸多方面，也将涉及到自然—人—社会这一超大系统的运作。因而，基因技术对人类文明并由此对伦理道德所产生的具有根本性的挑战包括以下相互联系的两个方面：一是“通过对人的生物体的根本改造，使‘自然人’或‘自然生命’成为‘技术人’或‘人工生命’，彻底改变人生成的自然本性及其结构，从而根本颠覆作为道德起点的人性基础”；二是“通过对生殖过程和人种繁衍方式的根本改造，根本改变作为社会细胞的家庭的血缘逻辑，使‘自然家庭’成为‘人工家庭’，当它发展到极致即家庭成员之间（如果它还可以称之为‘家庭’的话），基本甚至完全没有自然血缘关系时，也就根本消解传统意义上的‘家庭’，从而根本颠覆作为伦理始点的家庭自然实体”。[①]这意味着现有文明的主体和基础——自然人和自然的家庭将被颠覆，从人作为生物体的生成方式和生成过程而言，“克隆人”是“不自然”的人，他具有双重属性：自然本性与技术本性。由于自然生命与人工生命在同一个生命体和同一个家庭实体中混合共存，同生互动，因而就生成了“不自然的伦理关系”。[②]这样，就生成了自然生命与人工生命、自然人与技术人共生互动的“不自然的伦理”[③]形态。这表明，不仅与人直接相关的科学活动促使科学活动主体人文意识的觉醒，而且过去被认为与人无关的、研究自然的科学活动也促使了科学活动主体的良心危机。

就探讨法兰克福学派科学伦理思想的理论意义而言，一是该学派提出了批判的理性伦理观，对工具理性的形成、伦理特征及危害进行了批判和评述，并提出了与之相对立的批判理性；与此同时，

① 樊浩：《基因技术的道德哲学革命》，载《中国社会科学》2006 年第 1 期，第 125 页。

② 同上。

③ 同上。

确立了批判的反实证伦理观，即从批判“事实中立”论入手，揭示实证主义具有单向度思维方式的本质，提出了否定的辩证法。尽管该学派批判的工具理性伦理观和反实证主义的伦理观有一定的偏颇，这在当时工具理性盛行，实证主义的事实中立论得到社会的普遍认同的境况下，无疑给人们的思想注入了一服清醒剂。一方面它揭示了科学与社会、科学与人之间的伦理关系的互维性；另一方面，不仅揭示了“事实中立”论本身的悖谬，同时批判了工具理性造成了单向度的社会、单向度的人和单向度的思维方式等负效应。因而，对当时的工具理性和实证主义在理论上具有一定的颠覆性，促使人们在科学研究中，关注人和社会的因素，从而对科学成果的合理应用起着一种导引性。二是建构了批判的科技—社会伦理观，即通过对发达工业社会科学技术社会功能的伦理批判，进一步指认了在发达工业社会中，科学技术是如何异化为一种新的控制形式，马尔库塞指出：“在发达的工业文明中盛行着一种舒适、平稳、合理、民主的不自由现象，这是技术进步的标志。”[①] 马尔库塞还把发达工业社会定义为按技术的观念和结构而运转的政治系统。因为，在当代发达工业社会中，技术合理性的“目的”，在运作中已使当代社会倾向于极权主义。这种极权主义“不仅是社会的一种恐怖主义的政治协调，而且也是一种非恐怖主义的经济—技术协调，这种协调靠既得利益来操纵需求。因此，它就排除了一个反对整体的有效的反对派的出现。不仅特定的政府或政党形式有助于极权主义，而且特定的生产和分配体系也有助于极权主义”。[②] 在此基础上，马尔库塞进一步剖析了当代科学技术的发展如何形成了单向度的社会、单向度的人、单向度的思想。哈贝马斯进而剖析并阐明了科学技术与政治统治、科学技术与意识形态的伦理关系，并从理论上提

① ［美］马尔库塞：《单向度的人》，张峰等译，重庆出版社 1988 年版，第 3 页。
② 同上书，第 4—5 页。

出了值得注意的科学伦理问题：科学技术进步对当代社会发展的伦理价值，当代科技进步对马克思主义的影响等等。尽管这些批判具有一定的激进的和浪漫的色彩，也有悲观主义的倾向，然而确实揭示了科学发展过程中一些不可忽视的科学伦理问题。三是建构了批判的自然伦理观，对人与自然的伦理关系进行了新阐释：一方面从自然概念的社会—历史性质，指认了人与自然伦理关系的理论前提；又从自然的社会中介和社会的自然中介即自然与社会关系的互维性，揭示了人与自然关系互动的伦理机制；另一方面，将当代的生态伦理学与马克思主义自然观相结合，探索了自然控制观念的历史生成及其超越的途径与方法。这对于人们确立正确的自然伦理观、正确处理科学发展与自然的伦理关系，有重要的启迪性。

四　方法与结构

本书主要从科学伦理学的视角，对法兰克福学派社会批判理论中的科学伦理观的思想来源、内涵与历史演进及伦理价值作一系统的探索。在方法上，一是本书在阐述法兰克福学派科学伦理思想演进的过程中，没有采取一般的历史叙述方式，而是采用解读与此发展历程、思想来源相关的文本的基础上，运用马克思主义历史唯物论的观点和唯物辩证法以及历史与逻辑相统一的方法，阐释和分析作为该学派批判理论视阈中的科学伦理思想来源的思想谱系、该学派批判理论视阈中的科学伦理思想演进的历史逻辑：从对理性的伦理批判，到科学社会功能的伦理批判，再到自然观的伦理批判，揭示其演进的理论逻辑及其伦理价值。二是进行了若干具有一定开拓性的探索研究：对马克思三部手稿（《1844 年经济学—哲学手稿》、《1857—1858 年经济学手稿》和《1861—1863 年经济学手稿》）中的科学伦理思想的研究，对《德意志意识形态》中的自然伦理观的研究，进而探索了马克思科学伦理思想的变革思想历程；探讨了黑格尔的理性伦理观及其对法兰克福学派科学伦理观的影响；韦伯经济合理性的伦理思想及其对卢卡奇、法兰克福学派社会批判理论中的科学伦理观生成的影响；探索了海德格尔技术追问中隐含的科技伦理观；探究了卢卡奇物化伦理思想与科学伦理思想及其对法兰克福学派社会批判理论中的科学伦理观生成的直接影响；关于霍克海默、阿多尔诺、马尔库塞和哈贝马斯科学伦理思想研究、施密特自然概念的伦理研究和莱斯“自然控制”的科学伦理思想研究等等。三是从不同的视角和层面分析和揭示了法兰克福学派批判理论视阈中的科学伦理思想与马克思科学伦理思想的异质性。

就全书的结构而言，由导论、十六章和结论组成。其中十六章又可以分为四个部分：第一部分包括第一章至第二章，探索科学、伦理及科学伦理范畴的内涵与外延；科学伦理形上维度的问题式；探索法兰克福学派批判理论视阈中的科学伦理思想及其问题式生成的历史背景，该学派科学伦理思想演进的历史逻辑；第二部分包括第三章至第七章，以解读相关的文本为基础，探讨了作为法兰克福学派批判理论视阈中的科学伦理思想的主要理论来源的思想谱系，其中包括黑格尔的理性伦理观、青年马克思的科学伦理观、韦伯的经济合理性伦理观、卢卡奇物化伦理观与科学伦理观、海德格尔哲学追问中所隐含的科学伦理思想；第三部分包括第八章至第十六章，主要以解读法兰克福学派主要代表人物的不同历史时期的代表作为基础，对法兰克福学派批判理论视阈中的科学伦理思想的三大理论建构，即批判的理性伦理观、批判的科技—社会伦理观、批判的自然伦理观分别进行了分别阐释和评述，在此基础上，将其与马克思的科学伦理思想进行了比较研究；第四部分就是结论，主要从宏观层面探索了法兰克福学派批判理论视阈中的科学伦理思想的演进的理论逻辑与伦理价值。其理论逻辑与特征主要表现为：三次批判的理论高峰、三次批判理论指向的转折、三大科学伦理理论的建构，其科学伦理思想存在着三大理论局限。其伦理价值主要显现为以下两个方面：一是对于协调人与自然的伦理关系的伦理价值；二是反思科学与社会伦理关系的伦理价值。

总之，随着科学技术的迅猛发展，科学伦理问题日益凸显，尽管在发达资本主义国家主要是后工业社会的科学伦理问题，发展中国家主要是现代化过程中的科学伦理问题，但是环境的伦理问题、生态的伦理问题、科学技术成果的和平利用（特别是核能技术的和平利用）的伦理问题、生物医学技术（如脏器移植、克隆技术）的伦理问题、信息与网络的伦理问题等等，已成为世界普遍关注科学伦理问题或研究的伦理热点问题；与此同时，科学对经济发展的作用日益明显，在科学技术发展的推动下，经济走向全球化，这样，科学—经济中的伦理问题亦成为人们关注的焦点。如可持续发展问题，不仅是关涉科学—经济与社会发展的伦理问题、科学—经济与自然的伦理问题，而且关涉科学—经济与人的发展的伦理问题，这里所说的人不仅在时间上有当下与当下的关系，而且有当下与未来的关系，即这里关涉的科学—经济与人的发展的伦理问题中的人既有现代人与现代人的伦理关系，又有当代人与未来人（现代人的子孙后代）的伦理关系问题。在我国社会主义现代化进程中，同样也须处理好科学—经济与社会发展的伦理问题、科学—经济与自然的伦理问题，科学—经济与人的发展的伦理问题。为此，处理好科学—经济与社会发展的伦理问题、科学—经济与自然的伦理问题，科学—经济与人的发展的伦理问题，既是抓好两个文明建设的重要内容，也是社会主义现代化和社会主义市场经济的发展与完善的内在需要。法兰克福学派的思想家是以发达工业社会（当代发达的资本主义社会）为背景，从社会批判的理论视角对科学发展对社会的统治方式、人们思维方式与生活方式以及对自然的负效应进行了全方位的反思与批判，因而，对于我们重新认识和研究分析当代高新技术发展条件下的发达资本主义社会发展的新特点和新趋向提供了一个新视角。这就是探索批判理论科学伦理思想历史逻辑的当代价值。

第 一 篇

范畴与历史演进

探讨法兰克福学派社会批判理论视阈中的科学伦理思想演进的历史逻辑，首先需要厘定科学与伦理范畴、科学伦理及其伦理关系，以及科学伦理形上维度的问题式，一方面这关系到探索法兰克福学派社会批判理论视阈中的科学伦理思想的理论视阈及其问题式的确立；另一方面关系到准确把握其科学伦理思想的内涵及其科学伦理思想演进的历史逻辑。就法兰克福学派社会批判理论视阈中的科学伦理思想演进的理论逻辑而言，主要关涉两个方面的问题：一是法兰克福学派社会批判理论视阈中的科学伦理思想的生成何以可能？一方面有其深刻的社会历史背景，另一方面与法兰克福学派思想家们的理论视阈密切相关。二是法兰克福学派社会批判理论视阈中的科学伦理思想演进的历史逻辑，即法兰克福学派社会批判理论视阈中的科学伦理思想演进的历史分期：在其发展的各个不同阶段呈现出什么样的研究旨趣、问题式与理论特征。

> 无论是科学的成就，还是工业技术的进步都不直接等同于真正的人类进步。很明显，尽管科学和工农（业）的进步，人类在身体、情感和智力的决定性的点上都会枯竭。科学和技术仅仅是现存社会整体的组成部分，尽管它们取得了所有那些成就，其他要素，甚至社会整体本身可能都正在倒退。①
>
> ——马克斯·霍克海默

第一章 科学伦理的追问

为了探索法兰克福学派科学伦理思想的理论视阈及其科学伦理思想内涵，必须首先厘定科学与伦理的内涵与外延，在此基础上，再界定科学伦理的内涵并对科学的伦理维度进行道德哲学的追思。

第一节 范畴厘定

关于科学与伦理范畴在不同的历史时期对其有不同的阐释，即使在同一历史时期，由于阐发视角的差异也有迥然不同的内涵。正如马克思所说，“我们仅仅知道一门唯一的科学，即历史科学。历史可以从两方面来考察，可以把它划分为自然史和人类史。但这两方面是密切相连的；只要有人存在，自然史和人类史

① ［德］霍克海默：《批判理论》，李小兵等译，重庆出版社 1989 年版，第 245 页。

就彼此相互制约”。[①] 由此，笔者试图运用“逆溯”[②] 式的探索，即从自然史和人类史的历史生成过程中解读“科学”与“伦理”，进而以一种“内引”方式探索科学伦理的内涵。

一 何谓科学

关于科学，《中国大百科全书》对其作了这样的界定：“在社会实践的基础上，由社会的特殊活动所获得的关于自然界、社会、思维及其他客观现实的规律及本质联系的动态的知识体系。每一门科学通常只研究客观世界发展过程的某一个阶段或某一种运动形式。它们的区分，根据科学对象所具有的特殊的矛盾性，可分为自然科学和社会科学两大类。”[③] 科学学的创始人之一，贝尔纳指出，“事实上科学在全部人类历史中确已如此地发生了重要的变化，以致无法下一个合适的定义”。[④] 在他看来，“科学是一种研究描述的过程，是一种人类活动。这一活动又和人类其他种种活动相联系，并且不断地和它们相互作用”。[⑤] 阿列克谢耶夫认为，科学“是人类活动的一个范畴，它的职能是总结关于客观世界的知识，并使之系统化”；“在历史发展进程中，科学可转化为社会生产力和最重要的社会体制”；“科学的直接目的是描述、解释和预言现实世界的过程和现象”。[⑥] 美国科学社会学家巴伯认为，科学不仅仅是一条条零散的确证的知识，也不仅仅是一系列得到这种知识的逻辑方法。如

---

① 《马克思恩格斯全集》第 3 卷，人民出版社 1960 年版，第 20 页（注）。

② 萨特：《辩证理性批判·方法论问题》第一分册，徐懋庸译，商务印书馆 1963 年版，第 107 页。

③ 《中国大百科全书》第 7 卷，红旗出版社 1994 年版，第 361 页。

④ ［英］贝尔纳：《历史上的科学》（序言），伍况甫等译，科学出版社 1983 年版，第 6 页。

⑤ 同上书，第 684 页。

⑥ ［苏］阿列克谢耶夫：《科学》，载《科学与哲学》1980 年第 4 期，第 17 页。

果需要对科学本身有一种系统的理解，就是“首先从根本上把科学看作是一种社会活动，看作是发生在人类社会中的一系列行为”。[①] 墨顿不仅把科学看成一种特殊的社会活动，而且也看作是一种社会建制。法国科学哲学家拉特利尔指出，“科学可以看作是当代科学知识的总和，或者看作是一种研究活动，或者看作是获得知识的方法”。[②] 由于科学最显著的特征是其社会组织的程度越来越高，因而，今天，“科学不再只是获得知识的方法，也不再只是知识体系，而是极为重要的社会文化现象，它决定现代社会的全部命运，并正在向我们提出极为严重的问题”。[③] 海德格尔则指出，“科学是所有那些存在之物借以展现自身的一种方式，并且是一种决定性的方式”。[④] 我国学者王维在《科学基础论》一书中指出，科学“意味着探讨事物构造和法则的人类的理性认识活动，或者是作为这种理性活动成果的理性的、体系性的知识总汇”。[⑤] 由此可见，科学作为一个生成的历史范畴，其内涵有广义与狭义之分。[⑥] 就狭义的科学的内涵而言，又有传统的与现代的区别。传统意义上的科学，是关于自然现象的系统化的知识，是关于表达自然现象的众多观念间存在的彼此合理关系的研究；“Science”一词更多的是作为“自然科学”的词汇使用的。[⑦] 现代意义上的科学既是系统化、理论化的知识体系，是创造知识的社会活动，又是一种社会建制并且是这三

---

① ［美］巴伯：《科学与社会秩序》，顾昕等译，三联书店 1991 年版，第 2 页。

② ［法］让-拉特利尔：《科学和技术对文化的挑战》，吕乃基等译，商务印书馆 1997 年版，第 10 页。

③ 同上书，第 2 页。

④ ［德］海德格尔：《科学与沉思》，载《海德格尔选集》（下卷），孙周兴选编，上海三联书店 1996 年版，第 955 页。

⑤ 王维：《科学基础论》，中国社会科学出版社 1996 年版，第 41 页。

⑥ 陈爱华：《科学与人文的契合——科学伦理精神的历史生成》，吉林人民出版社 2003 年版，第 3 页。

⑦ 王维：《科学基础论》，中国社会科学出版社 1996 年版，第 42 页。

者的统一体。在这个统一体中，创造知识的社会活动—科学活动具有核心的地位。因为作为系统化、理论化的知识体系的科学是科学活动主体科学活动的结果和智慧的结晶；作为一种社会建制的科学是科学活动发展的内在要求——组织化的要求。就其外延来看，是基础科学、应用科学和开发研究的统一体，其中既含科学，又含技术。就广义的科学的内涵而言，科学是极为重要的社会文化现象，如同海德格尔所说，“科学是所有那些存在之物借以展现自身的一种方式，并且是一种决定性的方式”。科学“作为人类全部实践与智慧的最精致的成果”，不仅能满足人类的求知欲、好奇心、带给人理性美，而且是“对人们思想观念、思维方式、意识形态、文化传统、政治、经济、社会制度、乃至人类的日常生活等诸方面产生的巨大冲击和动力”。[①] 其外延就不仅包括科学技术，而且也包括社会科学。

就本书所关涉的科学而言，主要是指狭义的现代科学，其中既包含自然科学，又包括技术科学。因为一是从科学的伦理问题引发来看，它是在当代以自然科学为基础的现代技术的迅猛发展和广泛运用中凸显出来的，而不是仅仅由自然科学所引起或仅仅由技术科学所引起。因而科学伦理学仅探讨自然科学的伦理问题或仅探寻技术科学的伦理问题都会有失偏颇。只有对自然科学和技术科学所引起的伦理问题进行综合性的探讨，才有利于我们对这一问题有全面而深刻的了解。二是自然科学和技术科学的边界日趋模糊。一方面，由于应用科学的发展自然科学和技术科学的联系日益密切，科学已向着基础科学研究、应用科学研究和开发研究三个方向发展。以信息和通讯技术的研究开发为中心的高技术异军突起，在高技术中，基础研究和应用研究之间的区别，科学和技术之间的区别模糊化了。事实表明，几乎所有的软件开发，既是立足于基础研究和应

① 张之沧等：《科学发展机制论》，河北人民出版社 1994 年版，第 1 页。

用基础研究之上的开发，同时又是面向市场、面向用户的产品生产。软件的研制与生产，不但把科学与技术的各环节打通，而且把科技与生产融为一体。① 北大方正由于将基础科学研究、应用研究、开发研究、工程化研究和批量生产“一条龙”相贯通，才取得了巨大的成功，使我国的计算机科学获得了长足发展。另一方面，由于科学运用于技术的周期不断缩短使自然科学与技术科学相互渗透性不断加强。技术科学尤指高技术是基于科学的技术。这正如舒尔曼对现代技术的基本结构所作的概括那样：“现代技术的基本结构是由技术活动者、科学基础以及技术—科学方法构成其特性的。”② 同时，自然科学无论从研究课题，还是从研究手段，直至成果鉴定，都要借助于现代化的技术及其手段。因而，海德格尔认为，科学理性的实质是技术理性，科学方式的基本特征是控制论的亦即技术特征。对于当代科学发展的这一趋势，我们再沿袭传统的科学的定义和技术定义在一定程度上影响我们对科学技术伦理本性的整体把握。因而，就现代科学的内涵而言，它是系统化、理论化的知识体系，是创造知识的社会活动，又是一种社会建制的统一体。在这个统一体中，创造知识的社会活动—科学活动具有核心的地位。因为作为系统化、理论化的知识体系的科学是科学活动主体科学活动的结果和智慧的结晶；作为一种社会建制的科学是科学活动发展的内在要求——组织化的要求。就科学的外延来看，是基础科学、应用科学和开发研究的统一体，其中既含科学，又含技术。

二　何谓伦理

“伦理”一词，在我国古代典籍中，应用十分广泛，含义极为

---

① 李廉水：《知识经济究竟是什么》，江苏人民出版社 1998 年版，第 22—23 页。

② ［荷兰］舒尔曼：《科技文明与人类未来》，李小兵等译，东方出版社 1995 年版，第 18 页。

丰富。《礼记·乐记》中有“乐者，通伦理者也”和“乐行而伦清”的用法，《孔传古文尚书·舜典》有“八音克谐，无相夺伦”之说，《论语·微子》里有“言中伦”，《中庸》里有“行同伦”，《孟子·滕文公上》有“察于人伦”，“学则三代共之，皆所以明人伦也”。《荀子》有“圣也者，尽伦者也”[①]，“夫是之谓人伦”等说法。由上可知，“伦”的意蕴丰富：声音有伦，语言有伦，事物有伦，行为有伦。因此，“伦”在当初并非专指人们之间的关系。人们常常是把“伦”同“和”相联系来看待的。而“和”即和谐，“和，故百物皆化”[②]，故乐理之通于伦理也在于“和”。由于“和”内蕴着一定的秩序、位次，后来人们就将“伦”用于人与人之间的交往之中，其含义大致有三种：东汉郑玄曰，“伦，犹类也”，这里“类”是对动物而言；“伦，辈也”，“类”、“比”、“序”、“等”，皆由“辈”字之意引出，即人群类而相比，等而相序，皆是指人与人之间的关系；“伦者，轮也”，军发车百两为辈，一车两轮，故称两。两由耦也，所认协耦万民；亦指人群之交往。[③]“理”本意为治玉，带有加工而有显示其本身纹理的意思。加以引申，就有所谓区别条理和秩序的意思。因而，伦与理合一即为人与人的伦理关系。在宋明以后，伦理不仅指人与人之间的关系准则，而且还有道德理论的含义。在西方，“伦理”一词是从古希腊文“ethos”即风俗、风尚、性格、思想方式等演绎而来，也是指人与人之间的关系及其规范。因此，在传统意义上，“伦理”主要指人与人、人与社会、人与自身的伦理关系，人与自然的关系则未涉及。而当代由于科学的迅猛发展，人的问题、环境的问题日益凸显，这不仅影响人与自然关系的协调，而且影响和制约着社会的发展。这样，人与自然的关

① 李廉水：《知识经济究竟是什么》，江苏人民出版社 1998 年版，第 22—23 页。

② 《礼记·乐记》。

③ 魏英敏主编：《新伦理学教程》，北京大学出版社 1993 年版，第 110 页。

系以及以自然为主要研究对象的科学及其与自然的关系也成为现代伦理学研究的对象，人与自然的关系亦成为一种重要的伦理关系。

就伦理本质而言，它反映了人们对共同生活、共同发展、共同完善的客观社会秩序的需求，同时也是对人自身完善的需求。[①]伦理有其社会现象形态、实践形态和理论形态。作为社会现象形态的伦理是人类脱离动物界以后，对人们之间关系的自觉，也是对人与动物区别的自觉。伦理的出现，一方面，意味着人意识到人与动物之间的区别，开始关注人之所以为人的道理；另一方面，意味着人对个体与群体、个体与个体、群体与群体之间关系存在的某种社会秩序的意识。伦理的产生又是以人对自身需要及其满足需要的条件之间关系的认识为基础的。当一定社会满足每个人无止境的需要的条件极其有限（不仅在原始社会而且在现代社会）的情况下，若每个个人或群体都从一己的需要出发，不顾其他人或其他群体的需要，最终只能归于毁灭。荀子对于“礼”的产生及“礼”与争的关系有过精辟的阐述：“礼起于何也？曰：人生而有欲，欲而不得，则不能无求，求而无度量分界，则不能不争。争则乱，乱则穷。先王恶其乱也，故制礼义以分之，以养人之欲，给人以求。使欲必不穷乎物，物必不屈于欲，两首相持而长，是礼之所起也。”[②]若将荀子所说的“先王”改为“先民”，便可以看作是对伦理产生的绝妙说明。由此，伦理亦可称为人伦之理，即是指人类社会中人与人关系和行为的秩序规范。因而，作为社会现象形态的伦理包括两个方面：一是指人与人、人与社会、人与自然关系的一种秩序；二是指调整这些关系和人的行为的规范之总和。作为实践形态的伦理是指道德活动，其中包括两个过程：一是伦理规范的个体化（伦理规范内化为个体的内心信

---

① 陈爱华：《现代科学伦理精神的生长》，东南大学出版社 1995 年版，第 106 页。

② 《荀子・礼论》。

念)；二是个体的道德化（个体道德社会化过程），同时也是个体自律的过程。作为社会现象形态的伦理（特别是作为规范的伦理）真正在人类社会生活中发挥作用，必须经过人们的道德实践——道德活动才能实现。道德活动包括道德教育、道德践行、道德评价和个体道德修养等道德活动类型。通过这一系列的道德活动实现上述的两个过程。作为理论形态的伦理即伦理学，一方面它要研究人际关系的社会秩序及其伦理规范，以及伦理规范的历史发展、伦理规范的本质；另一方面，要研究人们履行伦理规范的活动——道德活动及其规律和本质。随着科学的发展，作为理论形态的伦理不仅要深入地探讨人际关系的内在秩序与伦理规范，而且要探讨人与自然的内在秩序及其伦理规范。因而，伦理作为一个生成的历史范畴也有广义与狭义之分。[①] 狭义的伦理是指传统的伦理范畴，主要关涉的是人与人、人与社会、人与自身的伦理关系；广义的伦理范畴，不仅关涉人与人、人与社会、人与自身的伦理关系，而且也关涉人与自然的伦理关系。

三 科学伦理及其伦理关系

关于科学伦理一般有以下几种观点：一是科学伦理或科学伦理学是“把伦理学基本原理应用于科学和科学活动领域的伦理关系及行为准则的研究”。[②] 因此，科学伦理学是伦理学的一个新的分支。二是科学伦理是一种职业伦理即科学研究的伦理，主要研究科学活动的伦理规范问题，包括科学研究、科学奖励的道德规范，因为“科研伦理规范是以科学职业的目标为基础的”。[③] 三是科学伦理是

① 陈爱华：《科学与人文的契合——科学伦理精神的历史生成》，吉林人民出版社 2003 年版，第 8 页。

② 王育殊主编：《科学伦理学》，东南大学出版社 1988 年版，第 1 页。

③ 卢风、肖巍主编：《应用伦理学导论》，当代中国出版社 2002 年版，第 223 页。

科学伦理学，或科学技术伦理学，是“关于科学技术与伦理道德的研究。它作为一种道德学说，是科学和技术发展、科学技术成果运用的道德研究；作为道德实践，它是科学技术发展的道德原则和行为规范的总和”。[①] 因而是应用伦理学的分支。四是中国科学院路甬祥院长在《2003 科学发展报告》中指出，科学伦理源于对世界的科学认知，体现了一种正确的价值观念，是科学界应该共同承担的社会责任和恪守的行为规范，是科学界继承、发展的文明传承，是科学精神和人文精神的结合。

综上所述，所谓科学伦理是从伦理学的视角透视科学发展和科学活动中的伦理关系而生成的有关科学伦理关系的内在秩序、科学活动（包括科学和技术发展、科学技术成果运用：决策、研究、实施、检验等一系列环节）的伦理原则和道德行为规范以及科学的伦理价值等伦理观念的总和。这里所说的科学中的伦理关系：从宏观维度看，有科学与社会、科学与人、科学与自然的伦理关系；从中观维度看，有科学与经济、科学与政治、科学与文化的伦理关系；从微观维度看，有科学活动个体与科学活动个体、科学活动群体与科学活动个体、科学活动群体与科学活动群体的伦理关系；从实践维度看，有科学决策中的伦理关系、科学研究过程中的伦理关系、工程运作过程中的伦理关系、科学评价或检验过程中的伦理关系等等；从形上维度看，关涉自然与社会之互维性、事实与价值之互维性、真与善之互维性和科学自由与意志自由之互维性。这里的“互维性”是指从伦理视阈揭示自然与社会、事实与价值、真与善、科学自由与意志自由之间的相互制约、相互依存、相互关联的伦理张力及其所关涉的伦理关系。

法兰克福学派是西方马克思主义中人数最多、影响最大、延续

① 余谋昌：《高科技挑战道德》，天津科学技术出版社 2001 年版，第 7 页。

时间最长的一个学派。[①] 就法兰克福学派的理论逻辑的演进而言，“从其早期重建社会批判理论的努力，到对晚期资本主义异化状态的心理学分析和对极权主义体制社会根源的研究，以及对资本主义社会经济政治文化变化的探讨，到对整个西方工业文明及其理性基础的批判，在哲学逻辑上，毫无疑问，这种批判已经达及它可能达及的深度”。[②] 而该学派在对资本主义社会经济政治文化变化的探讨和对整个西方工业文明及其理性基础的批判的过程中，生成了丰富的科学伦理思想。法兰克福学派批判理论的科学伦理观所关涉的科学伦理关系，主要体现在上述的宏观维度：科学与社会、科学与人、科学与自然的伦理关系；中观维度：科学与经济、科学与政治、科学与文化的伦理关系；形上维度：自然与社会之互维性、事实与价值之互维性。这一方面与其特定的理论背景和资本主义国家中的经济结构和阶级关系变化，同时还与第二次世界大战后科技迅速发展有着密切的关联；另一方面则与他们对上述伦理关系的批判视阈和问题式[③]密切相关。

---

① 俞吾金、陈学明：《国外马克思主义哲学流派新编·西方马克思主义卷》，复旦大学出版社 2002 年版，第 127 页。

② 张一兵、胡大平：《西方马克思主义哲学的历史逻辑》，南京大学出版社 2003 年版，第 380 页。

③ 问题式是阿尔都塞全部哲学理论的核心范式。他指出：“问题式领域把看不见的东西规定并结构化为某种特定的被排除的东西即从可见领域被排除的东西，而作为被排除的东西，它是由问题式领域所固有的存在和结构决定的。”（阿尔都塞：《读资本论》，李其庆、冯文光译，中央编译局出版社 2001 年版，第 18 页）问题式这个概念的要旨是指认一定的理论构型的特殊统一性，即一个思想家用以向世界提问并建构自己独特理论视阈的特定思想史位置。杰姆逊认为，问题式是上层建筑中存在着的一种思维的基础结构，它决定了在其范围内进行的思维活动，因它可以说就是思维、思维给自己提出的各种认识问题及其解决办法的极限（参见张一兵、胡大平《西方马克思主义哲学的历史逻辑》，南京大学出版社 2003 年版，第 247—248 页）。这里引入阿尔都塞“问题式”的概念旨在说明法兰克福学派批判理论提问并建构自己独特理论视阈的特定思想史位置。

第二节　科学伦理形上维度的问题式

科学伦理形上维度的问题式是存在于科学活动及其伦理关系建构中的一种思维的基础结构，它决定了在其范围内进行的思维活动，给自己提出科学活动及其伦理关系的问题及其解决的方法。如上所述，它关涉自然与社会之互维性、事实与价值之互维性、真与善之互维性和科学自由与意志自由之互维性，或者，换言之，科学伦理形上维度的问题式关涉科学伦理之维的本体论之维、认识论之维、价值论之维以及科学活动的主体性之维。它们分别是探究科学伦理维度的本体论基础、认识论前提和价值论问题以及科学活动主体道德行为选择的前提。

一　自然与社会之互维性

对科学的伦理维度进行道德哲学的追思，其理论前提之一，将不可回避地会遭遇到自然与社会的伦理关系——探究科学的伦理维度的本体论基础。一方面，科学在其运作与发展的过程中，总是将自然作为研究对象；另一方面，科学之所以研究自然，则有其深刻的社会根源。正如海德格尔所说："在科学中起主宰作用的是否是一种与人之单纯求知欲不同的他物？事实正是如此。一个他物在起作用。"[①] 霍克海默则进一步明确阐释了这个"他物"的作用："科学工作的范围和方向的确定并不仅仅取决于它自身的趋向，在根本意义上取决于社会生活之必需。"[②] 由于科学在其运作与发展中，

---

① ［德］海德格尔：《科学与沉思》，载《海德格尔选集》（下卷），孙周兴选编，上海三联书店 1996 年版，第 956 页。

② ［德］霍克海默：《科学及其危机札记》，载《批判理论》，李小兵等译，重庆出版社 1989 年版，第 6 页。

便将自然与社会密切地联系在一起，并形成了自然—科学—社会的伦理关系。正是在这一意义上，自然与社会的伦理关系或者称之为伦理的互维性，经过科学，才由原来的遮蔽状态而日益展露。

首先，我们有必要对“自然”及其范畴的历史演变作一辨析。事实上，人们在言说“自然”时，常常蕴涵了“自然”范畴的三重内涵及其历史演变：一是自然界及其自身的历史演变；二是人们认识的“自然”及其历史演变——不同社会中科学的发展水平决定了人们对“自然”的认识水平，与此同时，不同的社会发展阶段在一定程度上制约着科学对自然认识、开发、利用和改造的维度，进而使人们对“自然”认识的单向维度向多重复合维度进发——科学在其运作与发展，实际上是一幅展开了的人类认识、开发、利用和改造自然的历史；三是作为与社会的伦理互维性的“自然”及其历史演变——一方面，由于这种自然与社会的伦理互维性，加速了“自然”自身的历史演变，进而使自然更清晰地展露为历史的自然；另一方面，使人在自然中的地位逐步凸显，自然与社会的伦理互维性也由混沌到清晰，由片面到全面，由感性的伦理经验进入伦理理性之维。

其次，自然与社会的伦理互维性具有总体性：自然与社会既相互制约，又相互联系。一是就自然界具有优先性①而言，其一，自然界是人类及其社会的母体，不仅人的肉体组织、器官以及由此产生的自然需要是由自然界的进化和发展过程所决定的，没有自然界的先行的进化和发展过程，就不会有人类产生。其二，自然界是人类赖以生存、发展的物质资料的源泉。正如马克思指出的那样：“在实践上，人的普遍性正表现在把整个自然界——首先作为人的直接的生活资料，其次作为人的生命活动的材料、对象和工具——变成人的无机的身体。自然界，就他本身不是人的身体而言，是人

① 孙伯鍨：《卢卡奇与马克思》，南京大学出版社 1999 年版，第 63—64 页。

的无机的身体。”[①] 人类社会是这个整体中的有机部分，而且是很小的一部分。其三，由于自然界是一个统一的整体，自然界中的运动和变化有其自身的规律和法则（不仅是局部的规律，而且也包括整体的规律）对人类社会的发展发挥日益广泛、深刻的影响和作用，并通过科学技术的发展和应用表现出来。

二是就社会对自然的影响而言，由于科学在其运作与发展，使人类社会对自然的演化产生了深刻的影响，尤其是引发了严重的环境问题。这说明，尽管人类借助于科学可以不盲目听任自然的法则摆布，但是不能像对待敌对力量那样任意地对自然加以摧残和践踏。马克思曾说过，“我们仅仅知道一门唯一的科学，即历史科学。历史可以从两方面来考察，可以把它划分为自然史和人类史。但这两方面是密切相连的；只要有人存在，自然史和人类史就彼此相互制约”。[②] 一方面，从物质资料的生产到环境、生态的保护和优化，以至人的精神生活的发展，所有这些问题的解决，都要依靠自然科学的进步。另一方面，在应用科学技术的过程中，不能仅仅把自然看作是人类构筑自己生活的物质材料，可以对其任意打碎、拾取、改造，而破坏了自然界的整体和谐。由此可见，自然的历史和历史的自然、自然辩证法和历史辩证法有着紧密相关性。恩格斯也曾告诫人们切不可像征服异民族那样，任意地对待自然界。因为，“人也是生物物种之一，其作为自然的一部分、生态系的一员，是只能在生态平衡中生存的。生态系统的破坏也威胁到作为生态系统一员的人的生存”。[③] 事实上，自然是人类发展每一阶段的控制对象。在这个意义上，意味着由个人或社会集团完全支配特殊范围的现有

---

① 《马克思恩格斯全集》第 42 卷，人民出版社 1979 年版，第 95 页。

② 《马克思恩格斯全集》第 3 卷，人民出版社 1960 年版，第 20 页（注）。

③ ［日］岩佐茂：《环境的思想》，韩立新等译，中央编译局出版社 1997 年版，第 84 页。

资源，并且部分或全部排除其他个人或社会集团的利益（和必要的生存）。也就是说，在已经成为一切人类社会形态特征的持久的社会冲突条件下，自然环境总是或者表现为已经以私有财产的形式被占用，或者将遭受这种占用。生活世界中的经验，包含着冲突和斗争。在这种冲突和斗争中周围环境条件起着重要作用：在人和外部自然的斗争中，后者是不幸又是满足的源泉。① 这就表明，人与自然关系冲突、恶化的本质是人与人、集团与集团、阶级与阶级等之间利益（和必要的生存）试图完全支配特殊范围的现有资源而进行的冲突和斗争。

二 事实与价值之互维性

对科学的伦理维度进行道德哲学的追思的另一理论前提，就是事实与价值及其互维性——探究科学伦理维度的认识论前提。其中“事实”在传统科学的视阈中所关涉的是所谓“是其所是”；而价值则关涉的是所谓“应是其所是”。在事实与价值及其互维性的辨析中，主要关涉的是解构传统科学的视阈中关于“事实”亦即“是其所是”与“应是其所是”的价值无关的传统理念，进而揭示“是其所是”的“事实”与“应是其所是”的价值具有内在的相关性。由此，可以进一步探索真与善的互维性。

那么，什么是事实呢？这一问题的症结就在于：生活中的什么样的情况，又是采用了什么方法的情况下，才是与认识有关的事实呢？卢卡奇指出，尽管在经济生活中的每一个情况、每一个统计数字、每一件素材中都能找到对研究者说来很重要的事实，但是在这样做时不能忘记：不管对“事实”进行多么简单的列举，丝毫不加说明，这本身就已是一种“解释”。即使这里所说的事实已经为一

---

① ［加］威廉·莱斯：《自然的控制》，岳长龄、李建华译，重庆出版社1993年版，第122页。

种理论、一种方法所把握，就已被从它们原来所处的生活联系中抽出来，放到这种理论中去了。霍克海默则从历史生成性的视阈中进一步揭示了“事实”的价值之维：“感官呈现给我们的事实通过两种方式成为社会的东西：通过被知觉对象的历史特性和通过知觉器官的历史特性。这两者都不仅仅是自然的东西，它们是由人类活动塑造的东西。”[①] 因为在一定的“科学的”氛围中的“事实”总是由一定社会中的人去感知、描绘和陈述的，而一定社会中的人不仅仅在穿着打扮和情感特征上是历史的产物，甚至连人们看和听的方式也与社会生活过程分不开。马克思曾对“抽象过程”进行了深刻地说明：“最一般的抽象总只是产生在最丰富的具体的发展的地方，在那里，一种东西为许多所共有，为一切所共有。这样一来，它就不再只是在特殊形式上才能加以思考了。”[②] 因此，当我们以整体的具体统一性来考察实际生活，就会发现：“事实只有在这样的，因认识目的不同而变化的方法论的加工下才能成为事实。”[③] 因此，“自然科学的‘纯’事实，是在现实世界的现象被放到（在实际上或思想中）能够不受外界干扰而探究其规律的环境中得出的。这一过程由于现象被归结为纯粹数量、用数和数的关系表现的本质而更加加强”。[④] 由此可见，“纯”事实抽象之所以可能，是受一定社会的认识目的和价值机制所中介或选择的。

既然如此，为什么在一定的“科学的”氛围中，“事实”仍然给人留下只不过是一种任意结构的印象。究其原因就在于这种“事实”“忽略了作为其依据的事实的历史性质”。[⑤] 对此恩格斯曾明确

① ［德］霍克海默：《批判理论》，李小兵等译，重庆出版社 1989 年版，第 192 页。

② 参见《政治经济学批判》导言，《马克思恩格斯全集》第 12 卷，人民出版社 1962 年版，第 754—755 页。

③ ［匈］卢卡奇：《历史与阶级意识》，杜章智等译，商务印书馆 1995 年版，第 53 页。

④ 同上。

⑤ 同上书，第 54 页。

地提醒人们注意，这种“纯”事实抽象方法的错误来源就在于，统计和建立在统计基础上的“精确的”经济理论总是落后于实际的发展。“因此，在研究当前的事件时，往往不得不把这个带有决定意义的因素看作是固定的，把有关时期开始时存在的经济状况看作是在整个时期内一成不变的，或者只考虑这个状况中那些从现有的明显事件中产生出来因而是十分明显的变化。”[①] 因此，“科学的精确性”是以各种因素始终“不变”为前提，这一方法论早已为伽利略所指出。[②] 而“事实”及其相互联系的内部结构本质上是历史的，即是处在一种连续不断的变化过程之中。卢卡奇针对自然科学的方法的“精确性”社会前提，尖锐地发问：一是当我们认识到“事实”是一种存在的形式且受到这样一些规律的制约，而对于这些规律我们可以较有把握地知道它们对这些事实不再适用，这时该如何达到“精确性”？二是当我们估计到这种情况，批判地看待以这种方法所能达到的“精确性”并集中注意于这种历史的本质、这种决定性的变化所真正表现出来的那些环节，这时又如何达到“精确性”？而事实竟然是这样：那些似乎被科学以这种“纯粹性”掌握了的“事实”的历史性质，却是以更具破坏性的方式表现出来。因为它们作为历史发展的产物，不仅处于不断的变化中，而且它们——正是按它们的客观结构——还是一定历史时期的产物。所以，当“科学”认为这些“事实”直接表现的方式是科学的重要真实性的基础，“它们的存在形式是形成科学概念的出发点的时候，它就是简单地、教条地站在资本主义社会的基础上，无批判地把它的本质、它的客观结构、它的规律性当作‘科学’的不变基础”。[③]

---

① 参见《法兰西阶级斗争》导言，《马克思恩格斯全集》第22卷，人民出版社1965年版，第591—592页。

② ［匈］卢卡奇：《历史与阶级意识》，杜章智等译，商务印书馆1995年版，第54页注。

③ 同上书，第55页。

事实上，“人的感官在很大程度上预先决定了后来在物理实验中出现的次序。人反思地记录事实时，他分离现实并把现实的碎片重新连接起来，他关注某些特殊的东西而注意不到其他东西，这个过程是现代化生产方式的结果”。[①] 可见，在一定的“科学的”氛围中，“事实”总是存在着一个决定着其“是其所是”的、隐匿着的“是其所应是”的他者。

三　真与善之互维性

如果说自然与社会之互维性和事实与价值之互维性是对科学的伦理维度进行道德哲学的追思的理论前提，那么，真与善之互维性则是科学的伦理维度的道德哲学追思的题中之意——探究科学伦理维度的学理基础。

关于真与善之互维性，从中国思想发展史上看，主要关涉仁智的互维性。子贡比较早地论述了仁且智的命题，他说孔子是“学不厌，智也；教不倦，仁也；仁且智”。[②] 诚然，这种对于“智”的解释是采取了广义的形式，但其中也包括了科学知识。这种仁且智的思想，蕴涵了在科学（知识）萌芽时期人类在知识与德性的关系上的价值取向。《中庸》曰：“成己，仁也；成物，知也。”康德指出，对于善的愉快是和利益兴趣结合在一起的。他说，“善是依着理性通过单纯的概念使人满意”；[③] 而关于幸福则是“生活里的最大总数的（就量和持久来说）快适，可以称呼为真实的、甚至最高的善”。[④] 因此，在康德看来，真善之间有着一定的相互联系。当代高技术发展高歌猛进，与此同时，道德问题的隐忧也日益加深。

① ［德］霍克海默：《批判理论》，李小兵等译，重庆出版社 1989 年版，第 192 页。

② 《孟子·公孙丑上》。

③ ［德］康德：《判断力批判》（上卷），商务印书馆 1964 年版，第 43 页。

④ 同上书，第 44—45 页。

一方面，人类借助于高技术，已经既能够在纳米层次上“成物”，又能通过基因技术，“克隆”“成己”。“人类基因组计划”试图建立人类基因组图，人们称之为“人体第二张解剖图”。因为基因的数目是有限的，而生命现象却是无限的。因而人们可以通过基因组图，窥探生命生成的奥秘。进而可以在更高水平上“成己”、“成物”。真可谓达到了智慧之巅。另一方面，这种智慧也蕴涵了“毁物”、“毁己”的隐患。例如，通过基因重组而制造出来的基因武器，可能比已有的其他武器更具杀伤力。又如运用基因技术，既可以克隆“多莉羊”，也可能克隆杀人蚁、食人蛙之类，进而不仅祸害人类，也危及人类的“无机身体”——人类赖以生存的自然界。英国科学家约瑟夫·罗林布拉特说：“我们担心的是，在人类科学领域取得的其他进展可能会比核武器更容易产生严重的后果，遗传工程很可能就是这样的一个领域。克隆技术一旦被滥用，社会将会陷入无穷的罪恶之中。”[①] 就纳米技术而言，也是一把“双刃剑”。有科学家发出警示：“纳米也可能消灭人类！”[②] 因为有些东西（以砷化钾等为原料制成的集成电路芯片）变成纳米级之后，它的活性更大，毒性也更大，其废弃之后对环境将造成严重的破坏；有的材料（如石棉）做成纳米级，会对操作工身体产生危害，其后果不堪设想。因此，必仁且智的价值取向既是人—自然—社会协调发展对高技术提出的客观要求，也是科学活动主体对高技术发展的伦理风险有一定认知后，所进行的必然的道德选择，进而展示了真与善之互维性的必要张力，体现了真与善的互制性、互依性、互补性。

就这种真与善的互制性而言，一是表现为善对真的引导与规约即一定社会道德原则、道德规范对科学活动主体及其求真活动的引导与规约。这种引导与规约又常常以一种道德义务的形式出现。如

① 辛力：《高新科技与伦理建设》，载《南昌教育学院学报》第17卷，2002年第2期。
② 同上。

同黑格尔曾指出过的那样，“具有拘束力的义务，只是对没有规定性的主观性或抽象的自由和对自然意志的冲动或道德意志（它任意规定没有规定性的善）的冲动，才是一种限制。但是在义务中个人毋宁说是获得了解放”。[①] 一方面，科学活动主体既可以摆脱对科学活动中产生的某种自然冲动的依附，在道德反思中，清醒地以“应做什么”统摄“能做什么”，进而摆脱由于自己的主观特殊性、狭隘性而陷入求真的困境；另一方面，又可以摆脱不受道德义务规约的主观性，强化自己对科学特别是高技术伦理风险的道德责任。因此，正是在道德义务的引导与规约中，科学活动主体才能“得到解放而达到了实体性的自由”。[②] 因此，科学活动主体承担其应尽的道德责任，实际上是道德自我的实现，从而也丰富了其作为人的本质力量。二是这种真与善的互制性又表现为真对善的制约性即对善的认知与实现程度的制约性。如上所述，恩格斯指出，“犹豫不决是以不知为基础的”。[③] 古希腊哲人苏格拉底曾说过，“凡是能够辨别，认识那些事情的，都决不会选择别的事情来做而不做它们；凡是不能辨识它们的，决没有能力来做它们，即便试着做，也要做错”。[④] 对于高技术而言更是如此。如果对高技术不了解、关键的技术环节不掌握，要运用高技术造福人类，使人—自然—社会系统协调发展，只能在理想中，且不能变为现实。因此，在这一意义上可以说，科学活动主体对高技术掌握得愈全面，对其产生高技术道德风险的各要素了解得愈多，就愈能获得为善的自由。这样，真与善的互制性，实际上就转化为真与善的互依性或互补性。

这种真与善的互依性或互补性，一是指真须以善为价值导向。

---

① ［德］黑格尔：《法哲学》，范扬、张企泰译，商务印书馆 1961 年版，第 197 页。

② 同上。

③ 《马克思恩格斯选集》第 3 卷，人民出版社 1972 年版，第 154 页。

④ 周辅成编：《西方伦理学名著选辑》（上卷），商务印书馆 1964 年版，第 51 页。

从科学史上看，尽管科学的发展有其自身内在的规律，但归根到底，科学的发展都与社会的需要、生产力的发展水平以及人的认知水平密切相关。恩格斯说过："社会一旦有技术上的需要，则这种需要就会比十所大学更能把科学推向前进。"① 从历史上看，"计算尼罗河水的涨落期的需要，产生了埃及的天文学"②，"数学是从人的需要中产生的：是从丈量土地和测量容积，从计算时间和制造器皿产生的"。③ 现代高技术的产生与发展，更是与人类试图解决环境问题、资源问题、战争问题、交往问题、代际关系（可持续发展）问题等等的需要密切相关。因此，真（科学）无论从其产生还是发展，都与善（安顿人与自然的生命秩序，促进人—社会—自然协调发展）密切关联。正是在这一意义上我们说，真（科学）不是与价值无涉的。二是真与善的互依性或互补性又表现为真是实现善的基础。如上所述，真（科学）的发展水平，在一定程度上制约着善的水平和实现程度。其中包括人的发展水平、社会的保障机制水平、环境治理的水平等等。

四 科学自由与意志自由之互维性

真与善之互维性总是要通过科学活动主体履践科学规范和社会道德规范得以建构。因而科学活动主体的科学自由与意志自由之互维性则是探究科学伦理维度中科学活动主体的道德行为选择的重要前提。科学活动主体的科学自由与意志自由之互维性，实际上关涉科学活动主体如何正确处理"能做"与"应做"之间的张力。

"科学自由"强调科学活动主体"能做什么"——探索、创新

① 《马克思恩格斯选集》第4卷，人民出版社1972年版，第505页。

② 《马克思恩格斯全集》第23卷，人民出版社1972年版，第562页。

③ 《马克思恩格斯选集》第3卷，人民出版社1972年版，第78、523页。

无禁区，“意志自由”则强调“应做什么”——道德选择的自主、自知和自觉。如果说“科学自由”体现了科学活动主体的求真意向，那么“意志自由”则体现了科学活动主体的道德责任——臻善（造福人—自然—社会）自觉。因此，科学活动主体的科学自由与意志自由之间的关系，实际上关涉求真的价值取向与臻善的价值取向之间存在的必要张力。

在当代，随着高技术飞速发展和广泛运用，任何一个科学活动主体不可能是一个“纯粹的”数学家、“纯粹的”生物学家或“纯粹的”物理学家，他（她）首先是作为担负着一定的社会道德责任的主体而存在。马克思曾指出：“甚至当我从事科学之类的活动，即从事一种我只是在很少情况下才能同别人直接交往的活动的时候，我也是社会的，因为我是作为人活动的。不仅我的活动所需的材料，甚至思想家用来进行活动的语言本身，都是作为社会的产品给予我的，而且我本身的存在就是社会的活动；因此，我从自身所作出的东西，是我从自身为社会做出的，并且意识到我自己是社会的存在物。”① 施韦泽指出：“敬畏生命的伦理促使任何人，关怀他周围的所有人和生物的命运，给予需要他的人真正人道的帮助。敬畏生命的伦理不允许学者只献身于他的科学，尽管这对科学有益。它也不允许艺术家只献身于他的艺术，尽管他因此能给许多人带来美。……敬畏生命的伦理要求所有人，把生命的一部分奉献出来。至于他以何种方式和在何种程度上这么做，各人应按其思想和命运而定。”② 科学活动主体无论在实验室，还是在具体的高技术管理决策及应用的各个环节，不仅必须明确“能做什么”——科学自由，更应明确“应做什么”——意志自由。这正如爱因斯坦所说：

---

① 《马克思恩格斯全集》第42卷，人民出版社1979年版，第122页。

② ［德］施韦泽：《敬畏生命》，陈怀泽译，上海社会科学院出版社2003年版，第27—28页。

“在我们这个时代，科学家和工程师担负着特别沉重的道义责任。”[①] 他强调“在我们这些把惊人力量释放出来的科学家身上，有一个重大责任，有为人类福利而不用于破坏的责任”。[②] 这里不仅揭示了“能做什么”——科学自由与“应做什么”——意志自由之间的关系，而且深刻揭示了真与善两种价值取向的具有的内在关系：善是真的价值表现，人们求取真理性知识的意义，最终在于推动社会整体利益的发展，否则毫无社会价值。而真是善的基础，人们只有深刻认识到现实社会关系的必然性，才有可能真正导致有益于他人或社会的道德行为。因此，如果这两种价值取向各自摈弃一方独立运作，都不利于科学的发展及其道德选择。

强调以道德责任为依归的意志自由并不与科学自由对立。诚然强调科学活动主体的以道德责任为依归的意志自由在一定程度上就是强调一定的道德规范对于科学活动主体的内在约束性和内在导向性，但是这并不是限制科学自由，而是限制科学活动主体在科学活动中产生的某种自然冲动——不计科学活动严重后果的、盲目的研究冲动，自己为自己“立法”——将科学道德规范和社会道德规范内化为心中的道德法则，并指导自己所从事的科学活动。因之，这对于科学活动主体而言，毋宁说是获得了解放。在信息网络等高技术迅速发展的今天，科学活动主体享有比以往更充分、更广泛的信息与科学自由，它的合理利用，将有力地促进人（包括科学活动主体）的自由自觉的全面发展。在这个意义上。科学活动主体以道德责任为依归的意志自由是道德他律与道德自律的统一、合规律性与合目的性的统一、个人爱好和欲望与对人—社会—自然的道德责任感的统一，同时也是科学活动主体内心的道德责任感与道德责任能力的统一。

---

① 《爱因斯坦文集》第3卷，商务印书馆1979年版，第287页。

② 同上书，第78页。

法兰克福学派批判理论对于科学伦理形上维度问题式的形成，尤其是对于自然与社会之互维性、事实与价值之互维性的研究具有重大的理论意义。他们关于自然与社会、事实与价值的相互制约、相互依存、相互关联的伦理张力及其所关涉伦理关系的批判性探索与研究的理论逻辑，为真与善、科学自由与意志自由之间关系的探索，即科学伦理的价值论之维，以及科学活动的主体性之维的探索，提供了直接的理论前提。从某种意义上说，正是有像法兰克福学派的社会批判理论家和其他思想家及科学家在科学发展的过程中，不断地批判科学与社会、科学与人、科学与自然关系；科学与经济、科学与政治、科学与文化中存在的负效应，才促进科学不断朝着造福社会和人类的方向发展，与此同时也推进了科学伦理学的发展。值得指出的是，法兰克福学派社会批判理论中科学伦理形上维度问题式的形成，不仅有其深刻的政治、经济、科学与文化背景，而且有其十分复杂的理论谱系。这将在以下各章分别探讨。

> 批判理论追求的目标——社会的合理状态，是由现存的苦难强加给它的。设计这样一种解决苦难的办法的理论，不会为既存现实服务，而只能揭露那个现实的秘密。①
>
> ——马克斯·霍克海默

第二章　批判理论视阈中的科学伦理思想的历史逻辑

法兰克福学派批判理论视阈中的科学伦理思想表达了法兰克福学派学者们对西欧发达资本主义条件下科技发展的双重效应的反思与批判。就法兰克福学派科学伦理思想演进的理论逻辑而言，主要关涉两个方面的问题：一是法兰克福学派科学伦理思想的生成何以可能？一方面有其深刻的社会历史背景，另一方面与法兰克福学派思想家自身的理论视阈密切相关。二是法兰克福学派科学伦理思想演进的历史逻辑即法兰克福学派科学伦理思想演进的历史分期：在其发展的各个不同阶段呈现出的研究旨趣与相应的理论特征。

第一节　科学伦理思想生成的历史背景

法兰克福学派的科学伦理观的生成之所以可能，主要与20世

① ［德］霍克海默：《批判理论》，李小兵等译，重庆出版社1989年版，第206页。

纪初西欧独特的社会历史条件密切相关，因而，它必然深深地打上了那个时代的印记，其中既有其特定的理论背景和资本主义国家中的经济结构和阶级关系变化，同时还与第二次世界大战后科技迅速发展有着紧密关联。

一 寻求一种新的无产阶级革命战略

在马克思和恩格斯逝世以后，随着资本主义的发展和无产阶级革命运动的开展，马克思主义阵营先后发生分化。一开始出现了以伯恩斯坦和考茨基为首的第二国际的修正主义；同时也出现了梅林、卢森堡等人的反对修正主义的斗争，他们在一定程度上捍卫和发展了马克思主义；接着在帝国主义和无产阶级革命的时代，又出现了列宁主义，列宁坚决捍卫和发展了马克思主义——列宁主义成为以后苏联和东欧的马克思主义的一个基础；在 20 世纪 20 年代，又出现了以卢卡奇（匈牙利共产党人）、柯尔施（德国共产党人）、葛兰西（意大利共产党人）以及布洛赫等人为代表的“西方马克思主义”。法兰克福学派正是承继并发挥了卢卡奇等人的思想，从事社会批判理论的研究，同时也发展了其科学伦理方面的有关思想。

十月革命成功后，在德国、奥地利和匈牙利、波兰等国相继爆发了工人、士兵起义，并一度建立了苏维埃政权。但时隔不久，各地的革命陆续遭到反动当局的镇压而失败，卢森堡和李卜克内西等人也惨遭杀害，革命迅速转入低潮。这时，资本主义进入了相对稳定时期。而苏联作为第一个社会主义的国家，受到当时资本主义国家的重重包围和封锁，因而，其处境十分艰难。列宁针对当时国际共产主义运动的状况，写作了《共产主义运动中的“左派”幼稚病》。其目的就是“把布尔什维克主义历史上和当今策略上普遍适用的、具有普遍意义和必须普遍遵循的原则应用到西欧去”。[①]但他强调简单地照搬俄国革命的战略是不行的，在这以后的数次共产国际大会上，他反复强调在“欧洲堆积着大量易燃物的形势下，革命有可能很快爆发，工人阶级也有可能在特殊的情况下轻而易举地取得胜利。但是，现在把共产国际的策略建立在这种可能性上是荒谬的；认为宣传的时期已经结束，而行动的时期已经到来的写法和想法也是荒谬和有害的”。因而，列宁要求各个国家根据本国的具体形势采取适宜的斗争形式。例如在共产国际“三大”上的《关于意大利问题的讲话》中，他强调：“在意大利进行革命和在俄国进行革命不会是一样的。意大利的革命将以另一种方式开始。但究竟是什么方式呢？咱们大家都不知道。”[②]

正是在这样的情况下，不少西欧工人运动的领导人和理论家都普遍觉察到在资产阶级力量强大的西欧完全照搬俄国革命的模式是行不通的，于是，他们开始寻求一种“适合西方经济政治特点”的新的无产阶级革命战略，以及“西方的马克思主义理论道路”。作为西方马克思主义肇始者的青年卢卡奇即是直接在列宁的批评下开始反思自己的“左倾”浪漫主义的，这使得他们从“正确地理解马克思的方法的本质”入手，他与葛兰西和柯尔施一起，不约而同地在马克思主义哲学的起源中重新揭示一种以主体能动性为核心的价值批判逻辑。法兰克福学派的科学伦理观中也传承了这种以主体能动性为核心的价值批判逻辑。[③]

1929 年爆发了国际性的经济危机，这样便宣告 20 年代资本主义相对稳定的时期结束，世界又处于动荡和分化之中。与此同时，

① 《列宁全集》第 42 卷，人民出版社 1987 年版，第 12—13 页。

② 同上书，第 24 页。

③ 张一兵、胡大平：《西方马克思主义哲学的历史逻辑》，南京大学出版社 2003 年版，第 38 页。

法西斯主义在德国、意大利、奥地利、日本等国横行。希特勒的纳粹党在德国获得了统治权，这就宣告自由资本主义彻底破产。第三帝国的法西斯主义者不仅镇压人民的反抗，而且也取消了资产阶级的各种民主。科学技术的成果被运用于各种武器的研制中，进而使战争变得更加残酷和灭绝人性，野蛮、屠杀、恐怖主义的阴影笼罩着整个世界。法兰克福学派的主要成员目睹了法西斯主义的暴行，因而在他们的科学伦理观中融入了对极权统治，尤其是对法西斯主义的批判。

二　经济结构与阶级关系的变化

如果说，西方马克思主义哲学曾经在早期西欧工人运动落入低谷时，在强调主体能动作用中曾建构过一个新的哲学构架；面对自然科学革命和战争对人类的整体威胁，又高扬过人道主义的旗帜；那么在战后的相当长一段时期内，他们的主要视界又转向对当代资本主义制度的批判性反思。西方马克思主义哲学视阈的变化，是与资本主义的变化密切相关的。就资本主义而言，在今天，我们充分地看到，它在 20 世纪经历了一个复杂的变化过程，不同意识形态立场和不同理论依赖的思想似乎都同意这样一个结论，20 世纪的资本主义经历一个“革命”过程，其意即是其变化之剧烈与深刻。

事实上，当代资本主义的现实发展，的确给资本主义社会增添了某种令人扑朔迷离的色彩。20 世纪初，俄国十月革命的胜利，震撼了整个资本主义制度。第一次大战后的西方资本主义世界，内部各种矛盾被激发，1929—1933 年间又爆发了席卷整个资本主义世界的严重经济危机，此时，资本主义制度的确动摇了。这也是列宁提出“帝国主义是资本主义的垂死阶段”断言的背景。为了维护资产阶级摇摇欲坠的统治，资本主义急需一种能够“医治”危机和失业，以抑制随时都有可能出现的无产阶级革命、挽救资本主义趋于灭亡的灵丹妙药。这时，凯恩斯主义便应运而生了。英国资产阶级庸俗经济学家凯恩斯在1939年发表的那本著名的《就业、利息和货币通论》中，直接从宏观上、从需求本身的不足来说明就业的不平衡，提出了必须由资产阶级政府来调节经济，促使总需求与总供给相适应的观点。他认为，扩大国家对经济的干预，是“唯一切实的办法，可以避免现行经济形态之全部毁灭”。凯恩斯自己也没意识到，他的这一剂药方竟然成了一种“经济革命”的口号。其实，凯恩斯主义只是一种表征。因为在凯恩斯《就业、利息和货币通论》出笼前，美国人已经有了向国家垄断和调节发展的罗斯福“新政”，而西方经济学界也出现了要求政府调节经济的呼声。凯恩斯将这种趋向从经济理论上系统化了。

第二次世界大战是“凯恩斯革命”的催化剂。一方面，战争的爆发使西方主要资本主义国家的失业现象消失，使停滞的经济转向战时的高涨。另一方面，战争使资本主义迅速成为国家军事资本主义。首先在西德和日本，然后是整个西方。更重要的是，在战争结束后，国家的垄断和调节经济措施，已由针对战时特殊局势的非常手段，转变为经常性的制度，成了现代资本主义再生产全部机制中不可分割的组成部分。这就形成了一个极大的飞跃，凯恩斯就成了现代新资本主义的理论旗手。

第二次世界大战后，西方一些主要资本主义国家出现了一些新的情况。战后形成的巨大社会需求使得战争中生长出来的高技术和人才资源迅速转移到各个物质生产部门，从而扩大了生产的规模和提高了生产的水平，极大地激活了社会生产力的迅速发展；与此同时，凯恩斯主义的现实泛化客观地造成了资本主义生产关系对社会化大生产的进一步适应性调整，使资本主义从内部的矛盾再一次获得了历史性的喘息：即当资本主义生产方式中的生产力再次与以资本财团垄断的经济形式发生冲突时，资本主义终于以整个资产阶级对生产资料的国家占有的形式来缓解了勒在自己脖子上的绳索。国家垄断资本主义的出现是以“社会化大生产与生产资料私人占有制”之间对抗性矛盾的缓冲为前提的，也由此，当代资本主义生产关系的这种调整又使得生产力重新获得了一定的发展余地。

正是在这种情况下，一些西方资产阶级学者纷纷断言资本主义社会已出现了新的革命阶段。从 20 世纪 30 年代开始提出和流行“管理革命”思潮起，对资本主义的辩护已经不再局限在价值上，而直接落实到现实社会制度上，以科学的面貌进行辩护。因此，从阿道夫·贝利基于“管理革命”所带来的所有制变化出发提出与“人民共产主义”（即公有制）相对的“人民资本主义”，到20 世纪 60 年代末形成洋洋大观思潮的“后工业社会”，为资本主义的辩护愈演愈烈。例如，早在 1958 年，美国社会学家凯尔索·阿德勒写下了一本名为《资本家宣言》的书。在这本书中，作者宣称他们将以这一本“新的《资本家宣言》替代一百年来在欧洲徘徊的《共产党宣言》”。在他们所描述的图景中，似乎由于凯恩斯的“才智”，当代西方的资本主义已经通过某种“革命”，走进了一个永恒的经济乐园。1960 年，美国著名经济学家罗斯托又写下了一本题为《经济成长的阶段》的书，该书的副标题就是“非共产主义宣言”，非常直接地表明资本主义已经走出马克思的批判而能够成为普遍自由与繁荣的选择。一时间，西方社会充斥着各种鼓吹资本主义当代社会发展美好前景的论调。

面对当代资本主义的这些新情况以及资产阶级理论家们的喧嚣，西方马克思主义的批判家们被深深地震惊了，尤其是作为新人本主义思潮的新一代继承人法兰克福学派，他们中的多数人都从对战争的人本反思或抽象的哲学玄念和艺术研究中走出来，再一次地面对资本主义的新现实。他们试图重新找到一条从理论上批判当代资本主义，进而从实践上撼动资本主义制度的新的革命道路。

在这种研究中，法兰克福学派的理论家们更感到传统马克思主义对现实政治经济分析的“不适用”，因为马克思所批判的那种自由资本主义早期“不发达现象”和“无产阶级的物质贫穷”已不复存在了。当代资本主义的统治已转入到对人更深层次的心理压迫和种种非经济压迫的文化精神控制，这种新的社会压迫只能用人性的主体确证才可以触及。所以，社会历史发展的新的动向把真正的马克思主义的批判武器——“人的解放”再一次推到社会批判的前台。这样，在法兰克福的哲学家眼里，当代资本主义在无产阶级的物质丰裕和全身心的麻痹状态下是无法推翻的，首要的任务是在更高的起点上举起马克思的旗帜：用社会的深层批判分析去唤醒人民，用真正的“人的完美形象”去引导人们走出一片光亮的黑暗世界。

法兰克福学派的主要代表人物较早地体悟了这一背景。他们深刻地感到，在上述背景下，《共产党宣言》时代劳工和雇工的生活条件是赤裸裸压迫的结果。今天，它们则成了工联组织的主要课题，以及占统治地位的经济和政治集团之间讨论的话题。无产阶级的革命冲动，早就变成了在社会框架内的现实主义行为。至少在人们的心目中，无产阶级已被融合到社会中去了。①

马尔库塞甚至直接说：“在多数工人阶级身上，我们看到的是不革命的，甚至是反革命的意识占着统治地位。”② 而在合理化的、自动化的、被总体管理世界中，霍克海默认为理论已经丧失其应有的批判功能，成为为虚假的乌托邦进行辩护的工具。在这一背景下，“用自由世界的概念本身去判断自由世界，对这个世界采取一

---

① ［德］霍克海默：《批判理论》，李小兵等译，重庆出版社 1989 年版，第 2 页。

② ［美］马尔库塞等：《工业社会和新左派》，任立编译，商务印书馆 1982 年版，第 84 页。

种批判的态度，然而又坚决地捍卫它的理想，保卫它不受法西斯主义、斯大林主义、希特勒主义及其他东西的侵害，就成为每一个有思想的人的权利和义务”。

首先，在这一阶段上，资本主义干预经济的主要措施有：（1）国家的计划与预测，使用膨胀性财政政策和货币政策，这是用来克服市场自发势力破坏性的手段；（2）加强经济的国家一体化，使资本主义集团团结起来；（3）加强科研和新技术应用的国家控制，科学成为资本的第一生产力；（4）有效地采用新的意识形态控制，把工人阶级“一体化”到资本主义制度中去，等等。应该说，西方资本主义国家通过采取国家干预和控制经济手段，在一定程度上有效地使经济生产发展获得了较宽松的空间，加之科学技术革命的推动力，一时间似乎真的出现了所谓“资本主义发展的黄金时代”。另一方面，资产阶级为了缓和社会阶级矛盾，普遍实行了福利国家政策，并给工人以有限度的参政议政和管理经济权利，从而在一段时期内似乎消除了工人阶级的反抗，造成了社会阶级矛盾缓和的现象。

其次，由于科学技术的迅猛发展，资本主义国家中的阶级结构和阶级关系出现了一些新情况和新特点：一是科技革命使从事脑力劳动工人（白领）增加，从事体力劳动工人（蓝领）减少，出现了“中间阶层”即科技人员迅速增加，其作用日益重要；二是由于资本主义国家对生产的干预日益增强，并实施了高工资、高消费的政策以及其他福利措施，使工人的生活水平相对地提高；三是一些大公司、大企业为了缓和阶级矛盾，采取了一些新的策略：让工人参加管理，宣扬所谓劳资一体化。因而，在这一时期西方工人阶级的斗争方式更多地采用了非暴力的手段（像60年代末期西欧的“五月风暴”这样轰轰烈烈的无产阶级和青年学生的造反运动事件，在战后是罕见的）。然而，对于这些情况，法兰克福学派片面加以夸大，并与马克思的科学伦理观分道扬镳，进而他们还认为马克思主义的基本理论尤其是马克思主义的阶级斗争和无产阶级革命学说“过时”了，要求并试图重建马克思主义。

三 后工业社会与新的控制形式

法兰克福学派的科学伦理观的形成，与第二次世界大战后西方的科学技术迅速发展密切相关。

这一时期，出现了震撼世界的科学技术革命，形成了如同哈贝马斯所描述的“随着大规模的工业研究，科学、技术及其运用结成了一个体系”，“技术和科学便成了第一位生产力”① 的历史趋势。与此同时，科学技术的进步对这些主要的资本主义国家的政治、经济和文化产生了重大影响。

一是它大大提高了生产力，改善了劳动条件，提高了生活水平；科技革命使劳动工具发生了巨大的变革——劳动工具的机械化、自动化的实现，提高了资本的有机构成，使股份公司这一资本合作所有制成为资本主义所有制的一个基本形式；与此同时，科技革命使资本主义国有化企业的比重越来越大，进而，加快了国家干预经济的步伐。

二是科学技术在垄断资本主义国家那里日益变成了控制和统治的工具；科学技术渗透到社会生活的各个领域乃至人的内心世界，使资本主义社会中早已存在着的人的异化现象愈益严重，使人的心理倍感压抑。这正如马尔库塞所指出的那样，发达工业社会越是使这种和平地制造破坏手段、登峰造极地浪费永久化，它就变得越丰富、越强大而且越好，使得大多数的人更容易生活。在这种环境下，大众传播媒介则把特殊利益当作一切人的利益来兜售。社会的

① ［德］哈贝马斯：《作为“意识形态”的技术与科学》，李黎、郭官义译，学林出版社 1999 年版，第 62 页。

政治需要成了个人的需要和渴望，这些需要的满足又推进了商业和公共福利。然而，马尔库塞认为，这个社会总的说来是不合理的。因为“它的生产力破坏了人类的需要和能力的自由发展，它的和平是靠连绵不断的战争威胁来维持的，它的增长靠的是压制那些平息生存斗争——个人的、民族的和国际的——现实可能性”。① 这种压制完全与以前不发达的社会阶段的压制不同，它在今天的作用不是出自自然的和技术的不成熟性，而是出自一种强大的实力——当代社会的能力（思想的和物质的）比以前大得无法估量，这意味着社会对个人的统治范围也大得无法估量：人们从政治生活、物质生活、精神生活到日常生活和人的内心世界无一不在其掌控之中。科学技术的发展，使西方一些主要的资本主义国家垄断资本主义的趋势不断加强，国家愈来愈多地干预经济生活，出现了国家垄断资本主义。法兰克福学派的思想家分别把这一时期的资本主义发展的新阶段称为：“后竞争资本主义”（阿多尔诺）、“发达工业社会”（马尔库塞）、“晚期资本主义”（哈贝马斯）等。马尔库塞描述这种社会特征就在于“它在绝对优势的效率和不断增长的生活标准这双重基础上，依靠技术，而不是依靠恐怖来征服离心的社会力量”；② 哈贝马斯则认为，晚期资本主义发展的一大趋势是国家干预经济。③

三是科学技术的资本主义利用，扩大了人对自然的统治，产生了全球性的生态危机和其他一系列的社会问题。面对这一现实，法兰克福学派便把批判的矛头指向科学文化，进而以对科学技术的批判取代对资本主义制度的批判，由此生成了其批判性的科学伦理

---

① ［美］马尔库塞：《单向度的人》，张峰等译，重庆出版社 1988 年版，第 2 页。

② 同上。

③ ［德］哈贝马斯：《作为“意识形态”的技术与科学》，李黎、郭官义译，学林出版社 1999 年版，第 58 页。

观。这种科学伦理观亦成为法兰克福学派社会批判理论的核心内容和核心话语之一。

第二节　科学伦理思想演进的历史逻辑

法兰克福学派是西方马克思主义中人数最多、影响最大、延续时间最长的一个学派。[①] 就法兰克福学派的理论逻辑的演进而言，"从其早期重建社会批判理论的努力，到对晚期资本主义异化状态的心理学分析和对极权主义体制社会根源的研究，以及对资本主义社会经济政治文化变化的探讨，到对整个西方工业文明及其理性基础的批判，在哲学逻辑上，毫无疑问，这种批判已经达及它可能达及的最深之域"。[②] 而该学派在对资本主义社会经济政治文化变化的探讨和对整个西方工业文明及其理性基础的批判的过程中，生成了丰富的科学伦理思想。法兰克福学派科学伦理思想演进的历程与法兰克福学派形成与演进相伴随，同时与该学派的理论研究特色、研究方法、研究的重心密切相关。

一　法兰克福学派的演进与社会批判理论的形成

法兰克福学派形成于 20 世纪 30 年代初德国法兰克福大学的"社会研究所"中，并因此而得名。之后，又盛行于北美与西欧。其主要理论就是以批判当代资本主义制度为己任的"社会批判理论"。其主要代表人物有霍克海默（M · Horkheimer，1895—1973

---

① 俞吾金、陈学明：《国外马克思主义哲学流派新编 · 西方马克思主义卷》，复旦大学出版社 2002 年版，第 127 页。

② 张一兵、胡大平：《西方马克思主义哲学的历史逻辑》，南京大学出版社 2003 年版，第 380 页。

年)、阿多尔诺（T. Adorno，1903—1969 年)、本杰明（W. Benjamin，1892—1940 年)、马尔库塞（Herbert Marcuse，1898—1979 年)、弗洛姆（Erich Fromm，1900—1980 年)、哈贝马斯(J. Harbermas，1921—)、施密特（Alfred Schmite，1931—)、奥费、布洛克等。30 年代为该学派的形成时期，40 年代之后，这个学派因受纳粹迫害，辗转国外，最后定居美国，进入该学派的发展时期。这一时期的代表作有霍克海默和阿多尔诺合著的《启蒙辩证法》(1947 年)、马尔库塞的《理性与革命》(1941 年)、《爱欲与文明》(1954 年)、弗洛姆的《逃避自由》（1941 年）等。60 年代是该学派的巅峰时期，发表了一系列重要著作，如《单向度的人》(1964 年)、弗洛姆的《马克思关于人的概念》（1961 年)、阿多尔诺的《否定的辩证法》(1966 年)、哈贝马斯的《作为“意识形态”的技术与科学》(1966 年)、《论历史唯物主义的重建》(1976 年)、施密特的《马克思的自然概念》(1971 年）等。

法兰克福学派及其社会批判理论的演进大致经历了四个发展时期：一是西欧时期（20 年代末至 30 年代末）。20 年代末，霍克海默接替格律恩担任法兰克福社会研究所所长。他为社会研究所重新确立了研究方向——社会哲学，并把社会批判理论作为社会哲学的理论基础。为此，他到处网罗人才，马尔库塞、阿多尔诺等一批有才华的年轻人相继来到社会研究所工作。由于当时正面临着希特勒法西斯主义上台的威胁，霍克海默于 1933 年把研究所的图书资料和部分研究人员迁移至瑞士，并在巴黎建立分所，因而，这一时期，法兰克福学派主要在西欧活动。二是美国时期（30 年代末至 40 年代末）。30 年代末，霍克海默鉴于法西斯将在德国长期执政，并威胁着整个欧洲，又把社会研究所迁至美国纽约，隶属于哥伦比亚大学。后来，他又把社会研究所迁至美国南部的伯克利，加入加利福尼亚大学，直至 40 年代末。正如霍克海默所说，在美国，我们继续进行着在欧洲开始的研究。

他们从对法西斯的研究出发，对现代资本主义文明进行了系统的分析，从而形成了该学派独特的理论体系及理论特色。三是西德时期（前）（40 年代末至 60 年代末）。第二次世界大战结束后，因西德政府邀请，霍克海默、阿尔多诺等人由美国回到西德，在法兰克福重建社会研究所，马尔库塞、弗洛姆等则继续留在美国，他们的研究与在西德的法兰克福学派成员的研究遥相呼应，进而使法兰克福学派理论研究进入鼎盛期。一方面，与实证主义的论战进一步激进化，另一方面，从对当代资本主义社会的批判进一步深化为对社会中各种政治力量的分析，提出了“革命新理论”，并对社会产生了实际的影响，其结果就是爆发了 60 年代末的学生造反运动。四是西德时期（后）（70 年代初至现在）。60 年代末的学生造反运动主要是在法兰克福学派的社会批判理论的影响下掀起的。而学生造反运动的迅速消逝则标志着社会批判理论在实践中受挫。基于这一情况，70 年代以来，法兰克福学派内部的左翼与右翼之间产生了尖锐的冲突，加之，老一代理论家又先后谢世，这样，法兰克福学派开始走下坡路。在此关键时刻，哈贝马斯出任社会研究所所长，领导该学派的理论研究工作，使社会批判理论得以继承和发展。

二 批判理论视阈中的科学伦理思想及其问题式

纵观法兰克福学派半个多世纪演进的历史，它之所以引起人们广泛的注意，产生了持久而深刻的影响，主要是由于该学派的社会批判理论及其科学伦理思想方面独具特色的问题式。

就该学派的研究方法而言，他们延续和提升了由青年卢卡奇等人实际引发的人本主义辩证法，致力于一种社会批判理论，并结合对以法西斯为标志的晚期资本主义的批判不断拓展和深化其批判的视角，直至达及对整个西方理性主义传统的批判。① 与此同时，把哲学与社会学、心理学等各门学科结合起来，对社会进行综合性研究，并生成其科学伦理思想。马尔库塞认为，法兰克福学派最重要的理论贡献就是用交叉学科的方法探讨当时重大的社会问题和政治问题，将社会学、心理学、哲学运用于认识和提出各种问题，并试图回答这些问题。法兰克福学派这种对现代资本主义社会进行跨学科综合研究的方式，是在该学派成立时确立的。1930 年，霍克海默在就职演说中，批评了当时的资产阶级人文科学被分裂为一些彼此分离的学科，因而不能提供关于资本主义社会完整图景的现状，提出了要创立一种集各门学科之精华的、从整体上反映资本主义社会的社会批判理论与这种片面专业化的研究方式相抗衡。法兰克福学派在演进中。虽然其代表人物几经更迭，但一直坚持着跨学科综合研究的方式。这样，在该学派社会批判理论中所蕴涵的科学伦理思想不仅视角独特——多学科、多层面地透视和分析科学对社会、自然、人类和科学自身的发展产生的正负两极效应，而且在阐释的理论深度方面独具特色。

就其批判理论的批判指向而言，他们把对资本主义的研究归结为对资本主义社会的批判，强调理论或理性的批判性。在霍克海默等社会批判理论家看来，他们的社会批判理论是一种与传统理论根本不同的理论，它是以破坏一切既定的东西为宗旨。他们还认为，马克思主义的本质也是批判的，因此，可以用社会批判理论作为马克思主义的代名词。因而，其科学伦理思想也透射出一种强烈的批判性，尤其突出地表现在他们较早地开始了对科学产生的负效应所进行的反思与批判。同时该学派以对科学技术的批判代替对资本主

---

① 张一兵、胡大平：《西方马克思主义哲学的历史逻辑》，南京大学出版社 2003 年版，第 380 页。

义的批判。其一，将在运用资本主义政治统治中的科学技术与资本主义制度相等同；其二，在批判过程中，将发达资本主义国家借助于科学技术推行极权主义、强权政治归结为科学的极权主义。进而把对资本主义的批判变为对科学的拒绝。因此，就该学派社会批判理论的实际作用而言，他们不仅催生了对整个西方社会转型具有重大作用的60年代社会运动，而且在理论上直接影响了此后的左派激进思想和预示了后现代思潮的崛起。

按照历史与逻辑的统一性原则，该学派社会批判理论视阈中的科学伦理思想的三大理论建构及其问题式主要表现在以下几个方面：首先，在认识论上，批判事实（科学）与价值分离，抨击工具理性和实证主义，进而形成批判的理性伦理观；其次，在方法论上，提出否定的辩证法，颠覆了传统的同一性逻辑；再次，在社会的意识形态领域，揭示启蒙的内在悖论，批判科学与政治（意识形态）的联姻，揭露单向度社会、单向度思维和单向度人的危害性，进而形成批判的科技—社会伦理观；最后，在本体论上，批判人（社会）与自然的分离，提出人（社会）与自然互维性的关系本体论，进而形成批判的自然伦理观。以上几个方面的界划是相对的，在该学派思想家具体阐发理论的过程中都会关涉上述问题的方方面面。

尽管如此，就具体的理论建构和理论阐发而言，在不同的历史阶段，有不同的研究重心和理论热点。在该学派科学伦理思想形成的最初阶段，主要在认识论上，对工具（技术）理性和实证主义进行抨击，其直接的目的，就是解构事实（科学）与价值分离说［或曰“事实（科学）中立”说］，揭示事实（科学）与价值的互维性——非人事物的人性基础。[①] 同时，在方法论上，批

① ［德］霍克海默：《对形而上学的最新攻击》，载《批判理论》，李小兵等译，重庆出版社1989年版，第138页。

判传统的同一性逻辑的静止性、机械性和单向度，其目的就是试图颠覆工具（技术）理性和实证主义的根基——传统的同一性逻辑，凸显思维的批判性向度。这样便形成了其批判的理性伦理观。随着科学技术的迅猛发展，如前所述，在垄断资本主义国家那里日益变成了控制和统治的工具；科学技术渗透到社会生活的各个领域乃至人的内心世界，使资本主义社会中早已存在着的人的异化现象愈益严重，使人的心理倍感压抑。该学派的理论家如霍克海默、阿尔多诺、马尔库塞和哈贝马斯等分别反思启蒙运动，揭示启蒙的悖论，批判作为政治统治的科学技术和作为意识形态的科学技术，这样，该学派在社会的功能方面进一步解构了“事实（科学）中立”说，揭示了传统的同一性逻辑在现实中的危害性，进而生成了其批判的科技—社会伦理观。上述无论事实（科学）与价值的关系，还是科学技术都有其生成的本体基础——自然。因此，该学派后来将理论研究的兴趣聚集于对马克思自然概念的考量，既是理论逻辑发展的要求——深入到本体论层面解构“事实（科学）中立”说，而且也是面对日益凸显的环境问题所进行的理论反思。其主要贡献在于揭示了自然与社会的内在关联，自然概念的社会本质，以及自然的控制与人（社会）的控制的相互关联性。这样便生成了其批判的自然伦理观。这样，该学派社会批判理论视阈中的科学伦理思想的三大理论建构及其问题式，实际上构成了批判工具（技术）理性和实证主义，解构事实（科学）与价值分离说[或曰“事实（科学）中立”说]，揭示了传统的同一性逻辑在现实中的危害性的、相互联系的三大理论环节。

就其理论的批判目的而言，是彻底否定现代资本主义社会，同时把实证主义视为资本主义制度的主要辩护士，并加以系统地批判。马尔库塞把这种否定一切的政治主张称之为“大拒绝”。法国学者 M. 洛威在论述法兰克福学派社会批判理论的主要特征时指出，坚决地反对现存制度并强烈地反对实证主义，这两个方面在法兰克福学派那里是相辅相成的，并表现了否定辩证法的统一性。[①] 正是在对实证主义、工具理性（技术理性）的批判中显现出其科学伦理思想的特征——批判的科技—社会伦理观。尽管其中存有局限，但却是科学伦理思想发展的不可或缺的方面。

① 俞吾金、陈学明：《国外马克思主义哲学流派》，复旦大学出版社1990年版，第113页。

第 二 篇

思想谱系解读

法兰克福学派作为西方马克思主义中人数最多、影响最大、延续时间最长的一个学派[①]，就法兰克福学派的社会批判理论视阈中的科学伦理而言，有其特定的、多重的并且相互交错的思想谱系。这正像张一兵先生指出的那样，“西方马克思主义哲学的一个重要的生长点就是它没有割断与西方哲学的连接脐带，一定意义上可以说，西方马克思主义哲学正是靠吸吮着整个现代西方哲学和其他社会思潮的养料滋生和发展的”。[②] 在法兰克福学派的社会批判理论的科学伦理之维的思想谱系中，既有德国古典哲学基因，又有青年马克思《1844年经济学—哲学手稿》中的思想要素，还与韦伯的社会理论和经济行为合理性的伦理思想有着千丝万缕的联系，同时，他们还继承了卢卡奇、柯尔施注重探索马克思主义与黑格尔思想的内在联系的传统。此外，他们除了汲取上述的思想养料以外，在其演进中还吸收了存在主义、弗洛伊德精神分析理论、海德格尔在哲学追问过程中隐含的科学伦理思想等，以不断丰富和扩展自己的理论体系。

本篇将以五章的篇幅，着重解读关涉法兰克福学派的社会批判理论视阈中的科学伦理的思想谱系，其中主要包括黑格尔理性伦理观、青年马克思的科学伦理观、韦伯的经济伦理观、卢卡奇的科学伦理观、海德格尔在哲学追问过程中隐含的科学伦理观。

---

① 俞吾金、陈学明：《国外马克思主义哲学流派新编·西方马克思主义卷》，复旦大学出版社2002年版，第127页。

② 张一兵：《折断的理性翅膀》，南京出版社1990年版，第39页。

> 黑格尔的体系是唯心主义学说的集大成者，他企图把理性和自由作为最大的和最后的思想避难所。最初的批判主义推动了黑格尔的思想，然而也足以导致他抛弃传统唯心主义对历史的脱离。他因而创立了其哲学具体的历史因素，并且将历史引入哲学中。①
>
> ——赫伯特·马尔库塞

第三章　黑格尔的理性伦理观

对于德国的古典哲学尤其是黑格尔的唯心主义，霍克海默、阿多尔诺和马尔库塞都进行过深刻的批判，甚至将它视为传统理论而加以拒绝，但他们常常援引黑格尔的论述作为其理论的支撑。他们还将黑格尔哲学解释为“否定的哲学”，并把黑格尔的辩证法规定为以绝对否定为核心的辩证法，由此，便衍生出阿多尔诺的《否定的辩证法》。霍克海默曾公开宣称：“批判理论就不仅仅是德国唯心主义的后代，而是哲学本身的传人，它不仅仅是人类当下事业中显示其价值的一种研究假说，而是创造出一个满足人类需求和力量的世界历史性努力的根本成分。”② 若我们对法兰克福学派社会批判理论的科学伦理之维进行深入探索，能进一步揭示其与黑格尔理性伦理观的联系—— 他们以“自然的社会性”和“社会的自然性”论证了人与自

---

① ［美］马尔库塞：《理性与革命》，程志民等译，重庆出版社 1993 年版，第 14 页。

② ［德］霍克海默：《批判理论》，李小兵等译，重庆出版社 1989 年版，第 232 页。

然伦理关系的协调，用批判理性反对工具理性，用人本主义的真理观反对实用主义的真理观，用主体性和主体的社会伦理观反对科学主义和客观主义的“事实中立论”等等，都蕴涵了黑格尔理性伦理观的内涵与特征。为此，本章主要解读黑格尔理性伦理观的内涵与特征。

由于“将历史引入哲学中”（马尔库塞语），黑格尔理性伦理观不仅蕴涵了辩证法，而且具有厚重的历史感。主要包括以下依次展开的四个问题式：理性的自我否定性、理性的总体性、理性的主体性、理性的自为性。对此，我们分别加以探讨。

第一节　作为理性本质的自我否定

在探讨黑格尔理性伦理观的过程中，笔者主要依据黑格尔的著作《精神现象学》和《法哲学原理》。其中《精神现象学》“不仅是黑格尔本人全部著作最有独创性的著作，而且是在整个西方哲学历史上最富于新颖独创的著作之一”。[①] 马克思也称之为“黑格尔哲学的真正起源和秘密”。因此，《精神现象学》不仅是解开黑格尔哲学奥秘的关键，也是揭示黑格尔理性伦理观及其特征之关键。《法哲学原理》则是黑格尔的一部伦理学著作。对于法兰克福学派社会批判理论视阈中的科学伦理而言，更多的是在方法论上汲取了黑格尔理性伦理观。因此，在探讨黑格尔理性伦理观的过程中，笔者比较注重黑格尔理性伦理观的方法论。

一　“理性”之内涵

要探索黑格尔的理性伦理观及其方法论的内涵和本质，必须弄

---

① ［德］黑格尔：《精神现象学·译者导言》（上卷），贺麟等译，商务印书馆1996年版，第7页。

清具有黑格尔的“理性”之内涵。这里所说的“理性”有两层含义：一是与“精神现象”或“意识形态”是同义语的“理性”；二是结合历史发展，涉及许多道德伦理问题的“理性”。

首先，就与“精神现象”或“意识形态”是同义语的“理性”而言，它与意识发展阶段密切相关：

> 精神的直接的实际存在作为意识具有两个方面：认识和与认识处于否定关系中的客观性。精神自身既然是在这个意识因素里发展着的，它既然把它的环节展开在这个意识因素里，那么这些精神环节就都具有意识的上述两方面的对立，它们就都显现为意识的形象。叙述这条发展道路的科学就是关于意识的经验的科学；实体和实体的运动都是作为意识的经验对象而被考察的。①

在一定意义上，“每一个精神的现象就是一个意识形态”②，因为意识发展过程中的每一个阶段都可看作是一个意识形态。因此，黑格尔的《精神现象学》也可以称为“意识形态学”，它以意识发展的各个形态、各个阶段为研究的具体对象。这里有必要区别黑格尔对“意识”和“精神”这两个名词的狭义和广义的用法。狭义的“意识”只是精神现象学的最初阶段，它只是对“关于对象的意识”而言；如果意识只是“关于它自己的意识”，则是一种自我意识。所以狭义的“意识”不仅和“精神”不同，而且和自我意识也有区别。然而，广义的“意识”则包括一切意识的活动，如自我意识、理性、精神、绝对精神都可说是意识的各个环节。当黑格尔说“意

---

① ［德］黑格尔：《精神现象学·序言》（上卷），贺麟等译，商务印书馆1996年版，第23页。

② 同上书，第21页。

识发展史”、说“意识的诸形态”或者说精神现象学是“关于意识的经验的科学”时，都是指的广义的意识。至于狭义的“精神”则只是精神现象学中的第四个大阶段所论述的精神，这主要是指社会意识、时代精神、民族意识等群体性的意识而言。[①] 黑格尔指出，“当理性之确信其自身即是一切实在这一确定性已上升为真理性，亦即理性已意识到它的自身即是它的世界、它的世界即是它的自身时，理性就成了精神”。[②] 因之，狭义的“精神”一般是指“客观精神”。而广义的“精神”，则包括意识、自我意识、社会意识，绝对精神等环节在内。因此，广义的“精神”与广义的“意识”在黑格尔《精神现象学》的许多地方是互用的。

其次，就结合历史发展，涉及许多道德、伦理问题的“理性”而言，黑格尔将其称之为“存在着的理性”，“当它在精神中是一现实并且是精神世界时，精神就达到了它的真理性：它即是精神，它即是现实的、伦理的本质”。这种“理性”则成为其法哲学和历史哲学的诞生地或泉源。与一般思想家所言说的道德、伦理及历史事变不同，在黑格尔《精神现象学》一书中，道德、伦理和历史事变是作为在发展过程中意识形态来处理，“被当作达到哲学或逻辑学的前提，而在‘法哲学’和‘历史哲学’中就是作为逻辑学的应用和‘补充’”。[③] 如黑格尔在阐述“存在着的理性”的本质时指出：

当它处于直接的真理性状态时，精神乃是一个民族——这个个体是一个世界——的伦理生活。它必须继续前进以至对它

① ［德］黑格尔：《精神现象学·译者导言》（上卷），贺麟等译，商务印书馆 1996 年版，第 16 页。

② ［德］黑格尔：《精神现象学》（下卷），贺麟等译，商务印书馆 1996 年版，第 1 页。

③ ［德］黑格尔：《精神现象学·译者导言》（上卷），贺麟等译，商务印书馆 1996 年版，第 31 页。

> 的直接状态有所意识，它必须扬弃美好的伦理生活并通过一系列的形态以取得关于它自身的知识。不过这些形态与以前所经历的形态不同，因为它们都是些实在的精神、真正的现实，并且它们并不仅仅是意识的种种形态，而且是一个世界的种种形态。活的伦理世界就是在其真理性中的精神。[①]

这里“理性”及其内涵不仅表现了一种伦理特征，而且表现为一种方法论——历史的、辩证的方法，即黑格尔用这样的历史方法研究意识的发展，把精神现象学当作“意识发展史”来研究。对此恩格斯曾评价道：“伟大的历史感”是“黑格尔思想方法……的基础。”[②] 在《精神现象学》一书中，黑格尔运用历史的、辩证的方法和发展的观点来研究分析人的意识、精神发展的历史过程，由最低阶段以至于最高阶段分析其矛盾发展的过程。因此，精神现象学可以被认作“意识发展史”，恩格斯说：“精神现象学也可叫做同精神胚胎学和精神古生物学类似的学问，是对个人意识在其发展阶段上的阐述，这些阶段可以看作人的意识在历史上所经历过的诸阶段的缩影。”[③]

如果说，在《精神现象学》一书中，黑格尔主要以历史方法研究意识的发展，展现理性的生成性，那么，在《法哲学原理》一书中，他更加注重理性的现实性，正如他所说，“哲学是探究理性东西的，正因为如此，它是了解现在的东西和现实的东西的，而不是提供某种彼岸的东西”，在他看来，“凡是合乎理性的东西都是现实

---

① ［德］黑格尔：《精神现象学》（下卷），贺麟等译，商务印书馆 1996 年版，第 4—5 页。

② 恩格斯：《卡尔·马克思〈政治经济学批判〉》，《马克思恩格斯选集》第 2 卷，人民出版社 1972 年版，第 121 页。

③ 《马克思恩格斯选集》第 4 卷，人民出版社 1972 年版，第 215 页。

的；凡是现实的东西都是合乎理性的”。[①] 当理性在其现实中达到外部实存，就会显现出无限丰富的形式、现象和形态。其核心则用各色包皮裹起来，而概念则首先贯穿在这层包皮之中，在发见理性内部的脉搏的同时，也感觉到其在各种外部形态中脉搏的跳动。

二 “理性”之自我否定的本质

由于在黑格尔那里，“理性”与意识发展阶段密切相关，同时又表现为一种方法论——历史的、辩证的方法，因而，其理性伦理观具有批判性即意识或理性的自我否定性便是其题中之意。

首先，这里所说的理性的“自我否定性”，正如马克思所指出的那样，是黑格尔精神现象学的“最后成果”，即“作为推动原则和创造原则的否定性的辩证法”。[②] 黑格尔在《精神现象学》一书的序言中对其所处时代的非此即彼的思维方式进行了批评，进而阐发了理性的“自我否定性”。他指出，人们通常把真理与错误视为固定对立的，因而对某一现有的哲学体系习惯于采取不是赞成就必是反对的态度。在不同的体系中，这些人毋宁只看见其中的矛盾，而没有把不同的哲学体系理解为真理的前进发展。他还以“花朵—花蕾—结果”过程说明“它们的流动性却使它们同时成为有机统一体的环节，它们在有机统一体中不但不互相抵触，而且彼此都同样是必要的；而正是这种同样的必要性才构成整体的生命”。[③] 因此，他还强调指出：

---

① ［德］黑格尔：《法哲学原理》，范扬、张企泰译，商务印书馆 1961 年版，第 10—11 页。

② 马克思：《黑格尔辩证法和哲学一般的批判》，人民出版社 1955 年版，第 13 页。

③ ［德］黑格尔：《精神现象学·序言》（上卷），贺麟等译，商务印书馆 1996 年版，第 2 页。

> 哲学的要素是那种产生其自己的环节并经历这些环节的运动过程；而这全部运动就构成着肯定的东西及其真理。因此，肯定的东西的真理本身也同样包含着否定的东西，即也包含着那种就其为可舍弃的东西而言应该被称之为虚假的东西。正在消失的东西本身毋宁应该被视为本质的东西，而不应该视之为从真实的东西上割除下来而弃置于另外我们根本不知其为何处的一种固定不变的东西；同样，也不应该把真实的东西或真理视为是在另外一边静止不动的、僵死的肯定的东西。[①]

黑格尔的这种否定性的辩证法表现的批判性贯穿在“精神现象学”的“异化”或“自我意识的异化”这一概念上。马克思指出，精神现象学是潜蕴着的自身还不明白的和神秘化的批判，但是，只要精神现象学坚持人的异化，纵使人只表现为精神形态——则在它里面便潜伏着批判一切的成分，并且常常就会准备着并发挥出远超过黑格尔观点的方式。

其次，理性的“自我否定性”表现为意识形态的批判和过渡性。“黑格尔的精神现象学既不是孤立地、现象罗列地研究诸意识形态，也不是单纯从时间上去研究人的意识或心理生活的历史，而找不出它发展过程的阶段性和独特典型的形态。在这个意义下，‘意识形态学’所研究的意识现象既是独特的、个别的，又是典型的、有代表性的、体现了许多个人意识的共性。因此，每一意识形态（gestal）也就是一个典型的、代表一个类型（typus）的意识形态。”[②] 在《精神现象学》一书中，黑格尔在分析各种意识形态时，

---

① ［德］黑格尔：《精神现象学·序言》（上卷），贺麟等译，商务印书馆 1996 年版，第 30 页。

② ［德］黑格尔：《精神现象学·译者导言》（上卷），贺麟等译，商务印书馆 1996 年版，第 21 页。

总是揭示其矛盾，把后一意识形态看成前一意识形态的批判，把前一意识形态看成由于自身矛盾而向后一意识形态过渡。譬如，黑格尔是这样阐述科学的：

> 科学作为一个精神世界的王冠，也决不是一开始就完成了的。新精神的开端乃是各种文化形式的一个彻底变革的产物，乃是走完各种错综复杂的道路并作出各种艰苦的奋斗努力而后取得的代价。这个开端乃是在继承了过去并扩展了自己以后重返自身的全体，乃是对这全体所形成的单纯概念。但这个单纯的全体，只在现在已变成环节了的那些以前的形态，在它们新的原素中以已经形成了的意义而重新获得发展并取得新形态时，才达到它的现实。①

马克思指出，在《精神现象学》一书中，"'苦闷意识'、'正直意识'、'高尚和卑劣意识'的斗争等等，这些篇章包含着整个范围的批判成分"。② 黑格尔就是"按照实际人的存在、自我意识的异化的现象去加以研究"，进而"掌握这种知识的科学"③，正是意识和自我意识的异化，才推动其向着各种不同的形态演进。

再者，理性的"自我否定性"表现为概念的运动原则。黑格尔将这个原则叫做概念辩证法，它不仅消融而且产生普遍物的特殊化，它不仅在于产出作为界限和相反东西的规定，而且在于产出并把握这种规定的肯定内容和成果。正是如此，辩证法才是发展和内在的进展。他指出："这种辩证法不是主观思维的外部活动，而是

① ［德］黑格尔：《精神现象学·序言》（上卷），贺麟等译，商务印书馆1996年版，第7页。

② 同上书，第28页。

③ 同上书，第27页。

内容固有的灵魂，它有机地长出它的枝叶和果实来。”[①] 理念的这一发展是其理性特有的活动，合乎理性地考察事物，不是指给对象从外面带来理性，并对它进行加工制造，而是说对象就它本身说来是合乎理性的。这正是在其自由[②]中的精神，是自我意识的理性的最高峰——它给自己以现实，并把自己创造为实存世界。在黑格尔看来，科学的唯一任务就在于把事物的理性的这种特有工作带给意识。

法兰克福学派著名的代表人物马尔库塞深谙黑格尔哲学的所蕴涵的理性的“自我否定性”。他指出：“黑格尔的哲学的确被称为反思的哲学。那个体现一般感观的假设事实确信，作为真理的实证标志存在于现实真理的否定之中，是一种原初的动机。通过这种否定，使真理能够被承认。辩证法的力量存在于批判的确信之中，全部的辩证法都被一种弥漫着本质否定的存在形式的概念联系着。这种概念的内容和运动也是被否定所限定的。辩证法批判了所有形式的实证主义哲学。”[③]

马尔库塞在《理性与革命》一书中对黑格尔哲学进行了详细地研究，他指出：“黑格尔在其《法哲学原理》中宣称的‘观念与现实的溶解’，包含着一个决定性的因素，这个因素表明了不仅仅是溶解。……当哲学系统地阐述了理性实现了的世界的观点时，哲学已达到了它的顶点。如果在那点上现实包含着使理性在事实中客体

---

① ［德］黑格尔：《法哲学原理》，范扬、张企泰译，商务印书馆 1961 年版，第 38—39 页。

② 在黑格尔看来，通常当人们可以为所欲为时就信以为自己是自由的，而实际上这恰恰是不自由，因为这是处在任性之中。只是符合概念的意志，是自在地自由，而同时又是不自由。只有其作为真正被规定的内容，才是真实地自由的。这时它是以自由为对象，因而是自为地自由即自由（参见黑格尔《法哲学原理》，范扬、张企泰译，商务印书馆 1961 年版，第 21—27 页）。

③ ［美］马尔库塞：《理性与革命》，程志民等译，重庆出版社 1993 年版，第 24 页。

化的必然条件，那么，思想能够终止其本质与理想的联系。现在真理需要实际的历史的实践来实现自身。由于理想的放弃，哲学放弃了它的批判使命并且过渡到另一种使命。哲学最后的终极，同时也就是哲学的让位。”① 由于对理想的优先权被解除，哲学便解除了与现实的对立。但这并意味着哲学已不再成为哲学，其结果并不是思想遵循于存在的秩序。因此，批判的思维只不过是表现出一个新的形式，而并未终止其批判性，它转变成了社会理论和社会实践。由此，马尔库塞揭示了哲学、理性和社会理论与社会实践之间的内在联系。

同时，马尔库塞通过对黑格尔哲学思想发展历程的研究，领悟到哲学与政治的密切关联性。他指出：“黑格尔哲学体系苦心经营的成果是伴随着一系列政治片断的，这些政治片断是黑格尔致力于把其哲学新观念具体化为历史的境遇。把哲学结论归因于社会和政治现实的过程。”② 如果说，在黑格尔那里哲学与政治的密切关联性只是表现为一种前者“伴随”着后者并且“归因于”后者，而在后来的马尔库塞社会批判理论科学伦理之维中则表现为对资产阶级政治制度的积极主动的批判精神。

不仅如此，马尔库塞还试图说明黑格尔哲学包括其理性伦理观的批判性，并想从黑格尔哲学中找出马克思学说的“真正的诞生地和秘密”，在他看来，从黑格尔到马克思的转变，是趋向真理的一个本质上不同的秩序的转变，若仅依据哲学是难以解释这一转变。尽管马克思的早期著作不是哲学著作，但是，马克思理论的所有哲学概念都是社会的和经济的范畴，而黑格尔的社会和经济范畴也都是哲学的概念。由于它们不仅是用哲学的语言表述，而且表述的是

---

① ［美］马尔库塞：《理性与革命》，程志民等译，重庆出版社 1993 年版，第 25 页。

② 同上书，第 26 页。

哲学的否定，因此，“可以肯定，黑格尔的几个基本概念出现在从黑格尔到费尔巴哈到马克思的发展过程中”。[①]

第二节　作为能动的创化力量的理性总体性

在黑格尔哲学逻辑及其理性伦理观中，与其理性的自我否定性相关的理性的总体性实际上是一种绝对，即作为世界真实存在的主体本质——绝对观念。相对于这种绝对观念总体，现实世界中一切具体存在的运动都不过是这一绝对主体的有限的定在。在黑格尔那里，总体主要不是一般的“部分之和”，而是一种走向绝对的能动的创化力量。[②] 它驱使理性（精神）发展的每一个环节（部分）由于自我的否定性，进而扬弃其自身以回归总体。在这一过程中展示了黑格尔理性伦理观的理性总体性特征。

一　作为辩证统一性的总体性

黑格尔的理性伦理观的理性总体性具有辩证统一性。这种辩证统一性是基于自我否定性基础之上的。他在阐述“精神本身则是伦理现实”时指出：“精神是这样一种现实意识的自我，这种现实意识与精神是对立着的，或者更应该说，现实意识与它自己，与作为客观现实世界的它自己，是对立着的，不过这样一来，客观现实世界对自我而言已完全丧失其为有异于自我的一种外来物的意义，同

① ［美］马尔库塞：《理性与革命》，程志民等译，重庆出版社 1993 年版，第 235 页。

② 张一兵、胡大平：《西方马克思主义哲学的历史逻辑》，南京大学出版社 2003 年版，第 70 页。

样，自我对客观现实世界而言也已完全丧失其为脱离了世界的一种独立或非独立的自为存在的意义。”① 精神既然是实体，而且具有普遍的、自身同一性，那么它就是一切个人的行动的不可动摇和不可消除的根据地和出发点，成为一切个人的目的和目标；与此同时，精神这个实体又是每一个人通过其行动而创造出来作为其同一性和统一性的那种普遍业绩或作品，因为它是自为存在，它是自我，它是行动。作为实体，精神是正当的自身同一性，由于它是自为存在，因而它是已经解体了的、正在自我牺牲的善良本质，而每一个人则分裂这个善良本质的普遍存在，从中分得他自己的一份，从而成全其自己的业绩。“本质的这种解体和分化，正是（形成）一切个人的行动和自我的环节；这个环节是实体的运动和灵魂，是被实现出来的普遍本质。但恰恰因为这个实体是在自我中解体了的存在，所以它不是死的本质，而是现实的和活的本质。”② 这种理性总体性辩证统一性，用黑格尔的话来说，即“现实的和活的本质”，不仅体现在他的作为“伦理现实”的精神的宏观概述中，而且具体展露在其对理性伦理的各个环节的论述中。他在阐发家庭这一伦理存在规定性时说：

> 虽然我们把家庭这一伦理存在规定为直接的存在，但它之所以在其本身之内是一伦理的本质，并非由于它是它的成员们的自然的关联，换言之，并非由于它的成员之间的关系是个别的现实之间的直接关系。因为，伦理本性上是普遍的东西，这种出之于自然的关联本质上也同样是一种精神，而且它只有作为精神本质才是伦理的。③

---

① ［德］黑格尔：《精神现象学》（下卷），贺麟等译，商务印书馆 1996 年版，第 2 页。
② 同上书，第 3 页。
③ 同上书，第 8 页。

这种理性总体性辩证统一性在黑格尔对于个人的权利和行为与伦理共体的关系方面也得到较为充分地展现。他深谙作为个体的自我意识的安宁和普遍性就其本质而言，并不属于自然，即并不是自然的行动结果，“自然虽然自命为这样一种行动的行动者，其实那只是表面现象而已。——自然在个体身上的所作所为，只是这样一个方面：使一个个体之变为普遍的存在看起来像是由于这个存在者的运动”。[①] 事实上，存在者的运动是在一定的伦理共体的范围之内，并且以此伦理共体为目的；而献身则是个体作为个体所能为共体（或社会）进行的最高劳动。但是，如果个体本质上是一个个别的人，那么他的献身作为这种劳动的结果，就是偶然的，这只是一种自然的否定性。——因为伦理是精神在其直接的真理性中，所以由精神的意识就会分裂为两个方面，而个别性就转变成这样一种抽象的否定性，它必须借助于一种现实的和外在的行为才能得到一点慰藉。黑格尔的这一思想成为卢卡奇和法兰克福学派揭示“事实中立”、“纯自然”之伪的“重磅武器”。

二　作为整体性的总体性

与辩证统一性相互关联的是整体性。整体性是黑格尔理性伦理观的理性总体性的又一特征。这种整体性是以伦理的普遍本性为前提。首先，黑格尔在阐述这种整体性时，不是孤立地论述理性伦理关系的理性总体性的整体性，而是将其与个体性相关联，并在更高层次的整体性的伦理关系中透视这种整体与个体伦理关系的关联性。比如，在分析家庭这一伦理存在规定性时，他指出，因为伦理是一种本性上普遍的东西，所以家庭成员之间的伦理关系不是情感关系或爱的关系：

---

① ［德］黑格尔：《精神现象学》（下卷），贺麟等译，商务印书馆 1996 年版，第 10 页。

> 我们似乎必须把伦理设定为个别的家庭成员对其作为实体的家庭整体之间的关系，这样，个别家庭成员的行动和现实才能以家庭为其目的和内容。但是，这个（家庭）整体的行动所具有的有意识的目的，就其只关涉这个整体自身而言，它本身仍然是个别的东西。权力和财富的追求和保持，从一方面说，仅在于满足需要，仅只是欲望范围以内的事情，从另一方面说，在它们的较高的规定中它们就成了某种仅属过渡的仅有中介意义的东西。这种较高的规定，并不在于家庭自身之内，而是关涉着真正的普遍物亦即共体的；这种规定毋宁对家庭是一否定作用，它要排除个体于家庭之外，压迫其他的天然性和个别性，并导致他实践道德、赖普遍物和为普遍物而生活。①

在黑格尔看来，家庭伦理关系的整体性特征表现为，只有作为伦理实体的家庭存在，才使得个别家庭成员的行动和现实才能以家庭为其目的和内容，然而，由于家庭仅在于满足个别家庭成员的需要，“仅只是欲望范围以内的事情”，其较高的规定，并不在于家庭自身之内，而是在“关涉着真正的普遍物亦即共体”之中。因此，这种较高的规定对家庭具有否定作用，进而导致其实践道德依赖于普遍的共体并为共体而生活。

其次，这种整体性不仅存在于伦理关系之中，而且也存在于个体的伦理行为之中。这里仍以黑格尔的家庭伦理观的阐述为例。他指出：“家庭所固有的、肯定的目的是个体本身。所以，为了要使这种关系成为伦理的，个体，无论他是行为者或是行为所关涉的对方，都不能以一种偶然性而出现于这种关系中，例如在随便帮助别

① ［德］黑格尔：《精神现象学》（下卷），贺麟等译，商务印书馆1996年版，第8—9页。

人一下或替别人办点事情时那样。”[①] 因为伦理行为的内容必须是实体性的，即必须是整个的和普遍的；因而伦理行为所关涉的只能是整个的个体，即只能是共体中的个体。为了阐释伦理行为的整体性特征，黑格尔批驳有关对于伦理行为的误识，他指出：

> 我们又不能这样理解，以为伦理行为好像是替别人办事那样一种劳务，其促进这个人的整个的幸福只是想象中的事情，而事实上这种劳务既然是一种直接的或现实的行为，它就仅只涉及到他的某些个别方面而已；——我们也不能以为伦理行为也像教育那样现实，以为它也把某一个整个的个体当作对象；通过一系列的努力，把他创造培养出来，成为一件作品，……——最后，我们同样也不能将伦理行为理解为在紧急时机事实上拯救了整个个体的一种援助，因为援助本身是一种完全偶然的行为，需要援助的时机是一种日常的普通的现实，可以有也可以没有。[②]

那么，怎样才能使个体的伦理行为及其内容具有整个的和普遍的意义，使个体成为现实的和有实体性的存在呢？他区分了两种不同的行为指向：一是“只涉及血缘亲属的整个存在”的行为指向；二是具有整个的和普遍的意义行为指向。前者的行为个体是家庭成员，后者的行为个体是公民。在黑格尔看来，一种行为，如果它只涉及血缘亲属的整个存在，“那么这种行为，就不再涉及活着的人，而只涉及死了的人”，因为它专以这种属于家庭的个别的人，专以扬弃了感性现实，只以个别现实的普遍的本质为其关涉的对象和内

① ［德］黑格尔：《精神现象学》（下卷），贺麟等译，商务印书馆1996年版，第9页。

② 同上。

容；而公民，由于其行为涉及共体亦即整体的和普遍的规定性，因此，公民不属于家庭。“一个人只作为公民才是现实的和有实体的，所以如果他不是一个公民而是属于家庭的，他就仅只是一个非现实的无实体的阴影。”① 由此可见，在黑格尔那里伦理关系、伦理行为总是与共体的整体性、普遍性、实体性和现实性紧密相关。

三　作为过程性的总体性

由于黑格尔理性伦理观的理性总体性具有的整体性特征是一个包孕着丰富层次性的、自我否定性的、现实的和普遍性的伦理关系的整体性。当某一层次中的个体通过自我否定达到共体即普遍物，便显现了伦理关系的整体性。事实上，这种伦理关系层次的递进或曰整体性的彰显，正是总体性具有的过程性特征。

首先，在黑格尔哲学体系中，关于伦理关系的展开、伦理行为的实现的过程性是整个精神发展过程中的环节。如前所述，精神发展过程的全体的各个环节就是意识的各个形态，意识在其所经历的一系列的形态，可以说是意识自身向科学发展的一部详细的形成史，理性伦理只是理性、意识和自我意识活动过程中的一个环节。在黑格尔看来，整个的精神真理的王国于其自身，“因而真理的各个环节在这个独特的规定性之下并不是被陈述为抽象的、纯粹的环节，而是被陈述为意识的环节，或者换句话说，意识本身就是出现于它自己与这些环节的关系中的”。② 由于精神自身在意识里发展，其环节在意识因素里展开，那么，精神的这些环节就具有意识的上述两方面的对立（认识的主体与对象的对立），这就显现为意识形

① ［德］黑格尔：《精神现象学》（下卷），贺麟等译，商务印书馆1996年版，第9—10页。

② ［德］黑格尔：《精神现象学·序言》（上卷），贺麟等译，商务印书馆1996年版，第71页。

态。因此，这个意识形态系统，是“作为精神生命依次排列的整体”。黑格尔在《小逻辑》里对这种过程性的特征进行了说明：

在我的《精神现象学》一书里，我是采取这样的进程，从最初、最简单的精神现象，直接意识开始，进而从直接意识的辩证进展逐步发展以达到哲学的观点，完全从意识的辩证进展的过程去指出达到哲学观点的必然性。因此哲学的探讨，不能仅停留在单纯意识的形式里。因为哲学知识的观点本身同时就是内容最丰富和最具体的观点，是许多过程所达到的结果。所以哲学知识须以意识的许多具体的形态如道德、伦理、艺术、宗教等为前提。意识的发展过程，最初似乎仅限于形式，但同时即包含有内容发展的过程，这些内容构成哲学各特殊部门的对象。①

其次，不仅一定的伦理关系的展开、伦理行为的实现具有过程性，而且道德世界观的形成也是一个过程：道德自我意识的概念运动的过程。在黑格尔的道德自我意识的概念中，纯粹义务和现实这两个方面都被安置在一个统一体里，因而任何一方都不是自在自为地存在着的，而是作为一个环节或作为被扬弃了的东西。这样，在道德世界观形成的最后阶段，意识把纯粹义务安置到不同于它自己的另外一种本质之中：

它一方面设定纯粹义务为一种被表象了的（观念性的）东西，另一方面将其设定为一种不是自在自为地有效准的东西，反而认为非道德的东西算是完善的。同样，意识又把自己设定为这样一种意识：即它的与义务不相符合的现实，已经扬弃掉

① ［德］黑格尔：《小逻辑》，贺麟译，商务印书馆 1980 年版，第 93—94 页。

> 了，而且作为扬弃了的现实，或者说，在绝对本质的表象（或观念）中的现实，跟道德已不再矛盾了。[1]

但是，对于道德意识自身而言，它的道德世界观并不意味着在这个道德世界观中它已发展了自己的概念并使其概念成为其对象，它无论对形式方面的或内容方面的对立都没有任何意识，它并没把对立的双方联系起来加以比较，它并不是包含着对立环节的概念，进而使自己不断地发展前进。因为它只知道，纯粹本质或对象。在黑格尔看来，“如果对象是指义务，如果对象是指它的纯粹意识的抽象对象的话，是一种纯粹知识或者说是它自己本身。它所进行的活动因而只是在思维，而不是在概念地理解”。[2] 因为对它来说，其现实意识的对象，还不是透明的，还没有透辟地理解。而只有绝对概念才把它在本身或它的绝对对方理解为它自己本身。因此，在其道德世界观的最后阶段里，内容已基本上被这样设定：“它的存在是一种被表象了的存在；而存在与思维的这种联合，则已按其实际情况被表述为表象作用。”[3] 黑格尔在《精神现象学》一书的导论中，对这种理性总体性的过程性特征，从方法论上进行了陈述：

> 意识在趋向于它的真实存在的过程中，将要达到一个地点，在这个地点上，它将摆脱它从外表上看起来的那个样子，从外表上看，它仿佛总跟外来的东西，即总跟为它（意识）而存在的和作为一个他物而存在的东西纠缠在一起；在这个地点上，现象即是本质；因而恰恰在这个地点上，对意识的陈述就

① ［德］黑格尔：《精神现象学》（下卷），贺麟等译，商务印书馆 1996 年版，第 133 页。

② 同上。

③ 同上书，第 134 页。

等于是真正的精神科学；而最后，当意识把握了它自己的这个本质时，它自身就将标示着绝对知识的本性。[①]

黑格尔的这一论述，不仅是对其思辨哲学包括其理性伦理观的理性总体性及其过程性本质的揭示，而且从理念层面揭示了客观事物、道德现象形成、发展的过程，具有历史与逻辑的一致性。因为这种过程的观念、生成的观点正是对凝固僵化的非历史观点的否定。马克思在《资本论》第二版跋中指出："辩证法在黑格尔手中神秘化了，但这决不妨碍他第一个全面地有意识地叙述了辩证法的一般运动形式。在他那里，辩证法是倒立着的。必须把它倒过来，以便发现神秘外壳中的合理内核。"[②] 列宁则对黑格尔的思辨的辩证方法曾进行了这样的评价："黑格尔逻辑学的总结和概要、最高成就和实质，就是辩证的方法——这是绝妙的。还有一点：在黑格尔这部最唯心的著作中，唯心主义最少，唯物主义最多。'矛盾'，然而是事实！"[③] 列宁的这一评价同样也适合对黑格尔理性伦理观的理性总体性及其过程性本质。

作为西方马克思主义哲学肇始人之一并对法兰克福学派产生深刻影响的思想家——青年卢卡奇认为，总体性的概念在哲学上获得一种辩证的规定性，用黑格尔的话说，是从赫拉克利特开始的，因为赫拉克利特第一次使用了区别于一般集合整体的有机功能整体。而总体性思想的最重要代表，毫无疑问是黑格尔。因为黑格尔通过总体性思想解决了历史问题，即从内容生成的角度把历史理解为主体的行为，从而消解了资产阶级思想的二律背反。在《历史与阶级

① ［德］黑格尔：《精神现象学》（上卷），贺麟等译，商务印书馆 1996 年版，第 62 页。

② 《马克思恩格斯全集》第 23 卷，人民出版社 1972 年版，第 24 页。

③ 《列宁全集》第 38 卷，人民出版社 1969 年版，第 253 页。

意识》一书中，青年卢卡奇十分清晰地强调，总体性观点从黑格尔那里来的，它的基本含义是“把所有局部现象都看作是整体——被理解为思想和历史的统一的辩证过程——的因素”。他提出，辩证法要面临的中心问题是：“正确理解总体范畴的统治地位”，也就是正确理解“黑格尔哲学”。因为，黑格尔“使思维和存在——辩证地——统一起来，把它们的统一理解为过程的统一和总体。这也构成历史唯物主义的历史哲学的本质”。甚至他进一步认为，黑格尔“在这方面比马克思在反对使辩证方法‘唯心主义’僵化的斗争中，有时所能想到的更接近马克思的多”。[①] 这样，总体性范畴就由青年卢卡奇首先标注为马克思主义的核心和本质，从而成为西方马克思主义哲学整个思想理论运动的基本原则。

第三节 作为意志自由的理性主体性

黑格尔的理性伦理观具有主体性的特征。这主要体现在黑格尔关于意志自律的德性论中。意志自律的德性论通过主体（道德活动的主体）对意志的自律、责任的自觉、行为的自知等环节依次展现其内涵。

一 意志的自律性

意志的自律性是体现理性主体性的首要环节。意志的自律性首先表现为意志的目的规定性。一般说来意志不仅在内容的意义上，而且也在形式的意义上是被规定的。从形式上说，规定性就是目的和目的的实现。“目的当它最初还只是我们的目的，我们看来就是一个缺点，因为自由和意志对我们说来是主观和客观的统一。所以

① ［匈］卢卡奇：《历史与阶级意识》，商务印书馆 1995 年版，第 84—85 页。

设定目的应该合乎客观，这样一来，目的不是达到一个新的片面的规定，而是走向它的实在化。”从内容上说，由于意志的规定是意志自己的规定，一般说来是意志在自身中反思着的特殊化，所以这些规定就是内容。这种内容，作为意志的内容，就是意志的目的。这种目的或者是在表象着的意志中的那内部的或主观的目的，或者是通过使主观的东西转化为客观性的活动中介而现实了的、已达成的目的。

其次，意志的自律性又表现为意志的自由。这里黑格尔区分了意志自由的两种形式：自在的意志和自为的意志自由。在黑格尔看来，如果意志存在于自己概念中，那么它只是自在地自由的，或者只是对我们来说是自由的；只有当意志把自身当作对象时，它才使自己由自在的东西成为自为的东西。为此，需要注意两件事：第一，如果我们对一个对象或规定只是在它的自在形态或在它的概念中那样的来把握，那我们还没有得到它的真的东西。第二，某个作为概念自在地存在的东西同样是实存的，而这种实存是对象的特有形态，存在于有限东西中的自在存在，而和自为存在相分离，同时构成有限东西的单纯定在或现象。这样，理智只限于单纯自在的存在。如果把符合这种自在存在的自由叫做能力，由于这种意志自由只是自在地存在，因而它只是一种可能性。然而理智却把这一规定看做绝对的和永恒的，把自由同自由所希求的东西相提并论。一般说来，“把自由同它的实在性之间的关系，光看做自由对一种现成素材的应用，而这种应用是不属于自由本身的本质的”。[1] 黑格尔为了进一步说明两种意志自由的区别，将人与动物进行了比较，他指出，动物也有冲动、情欲、倾向，但动物没有意志；如果没有外在的东西阻止它，它只有听命于冲动。而人则不同，他可以凌驾于

---

① ［德］黑格尔：《法哲学原理》，范扬、张企泰译，商务印书馆1961年版，第21页。

冲动之上的，并且还能将其规定并设定为自己的东西。尽管冲动是一种自然的东西，但是如果把它设定在自我之中，那么就依赖于我的意志。因此，我的意志就不能以冲动是一种自然的东西为借口来替自己进行辩解。

如何由自在地意志升华为自为地意志自由呢？应该看到，在意志中，普遍物在本质上同时具有单一性的意义，而在直接的即形式的意志中，没有被自己的自由普遍性所充实，这种普遍物则只有抽象单一性的意义。所以，在思维方面如果人的理性受限制，思维和意志彼此还是有着差别，就不懂得思维和意志的本性。只有当意志把自己提高为思维，并给自己的种种目的以内在的普遍性，才会扬弃形式与内容的差别，而使自己成为客观的无限的意志。因为对于作为能思维的东西的理智说来，对象和内容始终是普遍物，而理智本身的行为是普遍的活动。

再次，意志的自律性还表现为意志的决定性。黑格尔认为，不作什么决定的意志不是现实的意志；无性格的人从来不作出决定。踌躇不决的原因也可能在于性情优柔。具有这种性情的人知道，如果作出规定，自己就与有限性结缘，就给自己设定界限而放弃了无限性。“歌德说，立志成大事者，必须善于限制自己。人惟有通过决断，才投入现实，不论作出决定对他说来是怎样的艰苦。”① 而这里所说的“善于限制自己”和“作出决定”是指对任性的限制。黑格尔在对任性的本质阐释的同时批评了当时人们对于“自由”的误解。他指出：“对自由最普通的看法是任性的看法，——这是在单单由自然冲动所规定的意志和绝对自由的意志之间经过反思选择的中间物。当我们听说，自由就是指可以为所欲为，我们只能把这种看法认为完全缺乏思想教养，它对于什么是绝对自由的意志、

① ［德］黑格尔：《法哲学原理》，范扬、张企泰译，商务印书馆 1961 年版，第 24—25 页。

法、伦理等等，毫无所知。”① 因为任性并不是合乎真理的意志，而是作为矛盾的意志。这种自我规定的内容始终不过是一种有限的东西。他进一步分析道：

> 我既然具有可能这样或那样地来规定自己，也就是说，我既然可以选择，我就具有任性，这一点就是人们通常所称的自由。我之所以可以选择是根据意志的普遍性，因为我可以把这个或那个东西变成为我的东西。这个我的东西，作为特殊内容来说，于我不相适合，因而是同我分立的；它只是可能成为我的东西，至于我则是把我自己同它相结合的可能性。所以选择是根据自我的无规定性和某一内容的规定性。因此，意志虽然自在地在形式上具有无限性的一面，就为了这种内容之故，它是不自由的。②

实际上，任性中包含着矛盾：任性的含义指内容不是通过我的意志的本性而是通过偶然性被规定成为我的，因此我也就依赖这个内容。通常当某人可以为所欲为时，往往就信以为自己是自由的，而这恰好就是不自由——在任性中。在黑格尔看来，人作为精神是一种自由的本质，他具有不受自然冲动所规定的地位。所以处于直接的无教养的状态中的人，是处于其所不应处的状态中，因此必须从这种状态解放出来。当一个人希求理性东西的时候，他不是作为特异的个人而是依据一般的伦理概念而行动的。在伦理性的行为中，人们所实现的不是其自己而是事物。

由此，黑格尔认为，意志只有作为能思维的理智才是真实的、

---

① ［德］黑格尔：《法哲学原理》，范扬、张企泰译，商务印书馆 1961 年版，第 25—26 页。

② 同上书，第 26 页。

自由的意志。因为通过思维才能把自己作为本质来把握，从而使自己摆脱偶然而不真的自我意识，这样就构成法、道德和一切伦理的原则。进而意志才成为自在自为地存在。自在自为地存在的意志是真正无限的，因为一方面它是它本身的对象，因而这个对象对它说来既不是一个他物也不是界限；相反的，这种意志只是在其对象中返回到自身而已；另一方面，这种意志不仅是一种可能性、素质、能力，而且是实际无限的东西，因为概念的定在，即它既具有客观外在性，又是内在的东西本身。

黑格尔接着总结了自在自为地自由的意志这一理念发展的三个阶段：

> 意志是：第一，直接的。从而它的概念是抽象的，即人格，而它的定在就是直接的、外在的事物；这就是抽象法或形式法的领域。
>
> 第二，意志从外部定在出发在自身中反思着，于是被规定为与普遍物对立的主观单一性。这一普遍物，一方面作为内在的东西，就是善，另一方面作为外在的东西，就是现存世界；而理念的这两个方面只能互为中介，这是在它的分裂中或在它的特殊实存中的理念；这里我们就有了主观意志的法，以与世界法及理念的法（虽然仅仅自在地存在的理念）相对待。这就是道德的领域。
>
> 第三，是这两个抽象环节的统一和真理，——被思考的善的理念在那个在自身中反思着的意志和外部世界中获得了实现，以至于作为实体的自由不仅作为主观意志而且也作为现实性和必然性而实存；这就是在它绝对地普遍的实存中的理念，也就是伦理。①

① ［德］黑格尔：《法哲学原理》，范扬、张企泰译，商务印书馆1961年版，第41页。

在这个领域中我们所具有的自由就是我们所说的人，也叫做主体，他是自由的，的确对自己说来是自由的，并在事物中给自己以定在。但是定在的这种单纯直接性还不相当于自由，而否定这一规定的就是道德的领域。现在我不再是仅仅在直接事物中是自由的，而且在被扬弃了的直接性中也是自由的，这就是说，我在我本身中、在主观中是自由的。在这领域中至关紧要的是我的判断和意图，以及我的目的，因为外界已被设定为无足轻重的了。不过在这里构成普遍目的的善不宜仅仅停留在我的内心，而应使之实现。

再者，意志的自律性还表现为意志的现实性。主观的意志要求它的内部的东西即它的目的获得外部的定在，从而使善就在外部的实存中得以完成。道德同更早的环节即形式法都是抽象东西，只有伦理才是它们的真理。所以，伦理是在它概念中的意志和单个人的意志即主观意志的统一。

> 伦理的最初定在又是某种自然的东西，它采取爱和感觉的形式；这就是家庭。在这里个人把他冷酷无情的人格扬弃了，他连同他的意识是处于一个整体之中。但在下一阶段，我们看到原来的伦理以及实体性的统一消失了，家庭崩溃了，它的成员都作为独立自主的人来互相对待，因为相需相求成为联系他们的唯一纽带了。人们往往把这一阶段即市民社会看做国家，其实国家是第三阶段、即个体独立性和普遍实体性在其中完成巨大统一的那种伦理和精神。因此，国家的法比其他各个阶段都高，它是在最具体的形态中的自由，再在它的上面的那只有世界精神的那至高无上的绝对真理了。①

① ［德］黑格尔：《法哲学原理》，范扬、张启泰译，商务印书馆 1961 年版，第 43 页。

在道德视阈中，意志不仅是自在地而且是自为地无限的。意志的这种在自身中的反思和它的自为地存在的同一性，相反于意志的自在存在和直接性以及意志在这一阶段发展起来的各种规定性，而把人规定为主体。

二　责任的自觉性

责任的自觉性是体现理性主体性的第二个环节。由于在道德的视阈中，意志知觉到它的自由，因而它不仅具有自我同一性，而且意志表现于外时才是行为，即成为本身能行动的意志，在意志面前摆着其行为所指向的定在。对于这种为主体所认知的定在而言，主体应该对其行为负真实的责任。这便是主体责任的自觉性。因为：

> 本身能行动的意志，在它所指向目前定在的目的中，具有对这个定在的各种情况的表象。但是，因为意志为了这种假定的缘故是有限的，所以客观现象对意志说来是偶然的，而且除了意志的表象所包含者外还可能包含着其他东西。但是意志的法，在意志的行动中仅仅以意志在它的目的中所知道的这些假定以及包含在故意中的东西为限，承认是它的行为，而应对这一行为负责。行动只有作为意志的过错才能归责于我。[①]

首先，主体责任的自觉性在于意志知觉到它的自由，其内容的同一具有以下的独特规定：

（一）该内容作为我的东西，它在主观和客观的同一中，不仅作为我的内在目的，而且当它已具有外在的客观性时，自己意识到包含着我的主观性。因此，我的行为仅以其内部为我所规定而是我

---

① ［德］黑格尔：《法哲学原理》，范扬、张企泰译，商务印书馆 1961 年版，第 119 页。

的故意或我的意图者为限，才算是我的行为。凡是我的主观意志中所不存在的东西，我不承认其表示是我的东西。

（二）这种内容虽然包含某种特殊物（不论是从哪里来的），它毕竟是在它的规定性中在自身中反思的意志的内容，从而是自我同一的、普遍的意志的内容，所以，一方面这种内容其本身含有与自在地存在的普遍意志相符合的规定，或者具有概念的客观性的规定；另一方面由于主观意志在自为地存在的同时仍然是形式的，因之这一符合不过是一种要求，而且它同时含有与概念不相符合的可能性。

（三）就一定的主体而言，由于我在实现我的目的时保持着我的主观性，我就在这些目的客观化的同时，扬弃在这一主观性中直接的东西以及它之所以成为我个人的主观性的东西。但是与我这样同一起来的外在的主观性是他人的意志。尽管意志实存的基地是主观性的，而他人的意志是我给予了我的目的的实存。所以我的目的的实现包含着我的意志和他人意志的同一，其实现与他人意志具有肯定的关系。①

在道德的领域中，我的意志的规定在对他人意志的关系上是肯定的，就是说，自在地存在的意志是作为内在的东西而存在于主观意志所实现的东西中。这里可看到定在的产生或变化，而这种产生或变化是与他人意志相关的。道德的概念是意志对它本身的内部关系。然而这里不只有一个意志，反之，客观化同时包含着单个意志的扬弃，因此正由于片面性的规定消失了，所以建立起两个意志和它们相互间的肯定关系。在法中，当我的意志在所有权中给自己以定在时，他人的意志在与我的意志相关中愿意做些什么，殊属无足轻重。反之，在道德领域中，他人的幸福也被牵涉而成为问题。这种肯定的关系只有在这里才能出现。

其次，主体责任的自觉性表现在行为自身的规定性：一是当其

---

① ［德］黑格尔：《法哲学原理》，范扬、张企泰译，商务印书馆 1961 年版，第 113—115 页。

表现于外时我意识到这是我的行为；二是它与作为应然的概念有本质上的联系；三是它又与他人的意志有本质上的联系。因此，真正的道德上的行为与法律上的行为，其间是有区别的。

道德意志的法包括如下三个方面①：

（一）行为的抽象法或形式法，即这种行为在直接定在中实施时的内容，一般说来是我的东西，从而它是主观意志的故意。

（二）行为的特殊方面就是它的内部内容，其一，行为的一般性格，对我说来是明确的，而我对这种一般性格的自觉，构成行为的价值以及行为之所以被认为我的行为，这就是意图。其二，行为的内容，作为我的特殊目的，作为我的特异主观定在的目的，就是福利。

（三）这一内容作为内部的东西而同时被提升为它的普遍性，被提升为自在自为地存在的客观性，就是意志的绝对目的，即善，在反思的领域中，伴随着主观普遍性的对立，这种主观普遍性时而是恶，时而是良心。

因而，任何行为如果要算作道德的行为，必须首先跟我的故意相一致，因为道德意志的法，只对于在意志定在内部作为故意而存在的东西，才予以承认。故意仅仅涉及外在的意志应在我的内部也作为内在的东西而存在这一形式的原则。为此，就要研究行为的意图，即行为在自我相关中的相对价值。与此同时，还要研究行为的普遍价值，即善。行为的第一个分裂是故意的东西和达到定在而成就了的东西之间之分；第二个分裂是外在地作为普遍意志而存在的东西和我所给予这种意志的特殊内部规定之间之分；第三个分裂是意图应同时是行为的普遍内容。善就是被提升为意志的概念的那种意图。②

---

① ［德］黑格尔：《法哲学原理》，范扬、张企泰译，商务印书馆 1961 年版，第 117 页。

② 同上书，第 118 页。

在行为的直接性中的主观意志的有限性，直接在于其行为假定着外部对象及其种种复杂情况。行动使目前的定在发生某种变化，由于变化了的定在带有“我的东西”这一抽象谓语，所以意志一般说来对其行动是有责任的。

再者，主体责任的自觉性在于凡是出于我的故意的事情，都可归责于我。不过责任的问题还只是我曾否做过某事这种完全外部的评价问题；我对某事负责，尚不等于说这件事可归罪于我。

基于上述对道德行为的分析，黑格尔批评了关于行为与后果关系的两种片面的原则：一是论行为而不问其后果的原则；二是按其后果来论行为并把后果当作什么是正义的和善的一种标准的原则。他认为，这两者都属于抽象理智。实际上，后果是行为特有的内在形态，是行为本性的表现，而且就是行为本身，所以行为既不能否认也不能轻视其后果。但是另一方面，后果也包含着外边侵入的东西和偶然附加的东西，这却与行为本身的本性无关。有限的东西的必然性所包含的矛盾的发展，在定在中恰恰是必然性转变为偶然性，偶然性转变为必然性。所以从这方面看，做一种行为就等于委身于这一规律。

正是根据这个道理，所以，如果犯罪行为所发生的后果危害不大，这对犯人是有利的（正如善的行为不会有什么后果或者后果很少，那也只好算了）；如果犯罪使其后果得到比较完全的发展，就得对这些后果负责。这就是说，人们只能以我所知道的事况归责于我。另一方面，即使我只造成个别的、直接的东西，但是有一些必然的后果是同每一种行为相结合的，这些后果就构成了包含于个别的直接的东西中的普遍物。我固然不能预见到那些也许可以防止的后果，但我必须认识到个别行动的普遍性质。在这里，问题不是个别而是整体，而这不与特殊行为的特定方面相关，而是与其普遍性质相关。现在，由故意向意图的过渡在于，我不但应该知道我的个别行为，而且应知道与它有关的普遍物。这样出现的普遍物就是我所希求的东西，就是我的意图。[①]

总之，就主体对责任的自觉而言，黑格尔认为，道德作为“主观意志的法”和“主观的自我规定”，它的关系就是普遍的法与特殊利益的关系，个人利益与他人利益、普遍福利的关系。道德产生于如何对待与处理这些关系之中。道德又是主体对普遍法的自觉，即必须认识到个别行动的普遍性质。在这里自觉，不是个别而是整体，而这不与特殊行为的特定方面相关，而是与其普遍性质相关。这种自觉是个人内心的活动，不为外部强制力量所左右，即跟我的故意相一致。因而当主体达到对责任的自觉时，就应该对其行为负真实的责任。

三　行为的自知性

由于主体对责任的自觉与行为的意图即行为的自知性相关。因而行为的自知性是体现理性主体性的第三个环节。因为行为的普遍性质不仅是自在地存在，而且是为行为人所知道的，从而自始就包含在他的主观意志中。倒过来说，可以叫做行为的客观性的法，就是行为的法，以肯定自己是作为思维者的主体所认识和希求的东西。

首先，主体行为的自知性与行为所特有的特殊内容密切相关。尽管行为具有其普遍性，但是，主体作为在自身中反思的，从而是与客观特殊性相关的特殊物，在主体的目的中具有其所特有的特殊内容，而这种内容是构成行为的灵魂并给行为以规定的。行为人的这个特殊性的环节之所以包含于行为中，并在其中得到实现，构成更具体意义上的主观自由，也就是在行为中找到他的满足的主体的法。

就主体而言，他希求某种东西，他所以希求的理由是在他本身

① ［德］黑格尔：《法哲学原理》，范扬、张企泰译，商务印书馆 1961 年版，第 122 页。

中；他希求满足自己的欲望，满足自己的热情。但是善和正义也是行为的一种内容，这种内容不是纯粹自然的，而是由我的合理性所设定的。以我的自由为我的意思的内容，这就是我的自由本身的纯规定。所以更高的道德观点在于在行为中求得满足，而不停留于人的自我意识和行为的客观性之间的鸿沟上，不过这种鸿沟的看法，无论在世界史中或个人的历史中都有它的一个时期的。[①]

其次，主体行为的自知性与对了解自然意志的各种利益的特殊性相关，当自然意志的各种利益的特殊性综合为单一的整体时，就是人格的定在，即生命。当生命遇到极度危险而与他人的合法所有权发生冲突时，它得主张紧急避难权（并不是作为公平而是作为法），因为在这种情况下，一方面定在遭到无限侵害，从而会产生整个无法状态，另一方面，只有自由的那单一的局限的定在受到侵害，因而作为法的法以及仅其所有权遭受侵害者的权利能力，同时都得到了承认。生命，作为各种目的的总和，具有与抽象法相对抗的权利。一人遭到生命危险而不许其自谋所以保护之道，那就等于把他置于法之外，他的生命既被剥夺，他的全部自由也就被否定了。当然有许许多多细节与保全生命有关，我们如果瞻望未来，那就非关涉到这些细节不可。但是唯一必要的是现在要活，至于未来的事不是绝对，而是听诸偶然的。

再次，主体行为的自知性与行为的主观价值相关。行为通过这种特殊物乃具有主观价值，而对我有利害关系。与这种目的——从内容说即是意图——相对比，行为在它下一个内容上的直接的东西降格为手段。这种目的既然是有限的东西，它可以转而降为再一个意图的手段，如此递进，以至无穷。

关于这些目的的内容，在这里，其一，只存在着形式的活动本

① ［德］黑格尔：《法哲学原理》，范扬、张企泰译，商务印书馆 1961 年版，第 125 页。

身，就是说，主体对其所认为的目的和应予促进的东西所进行的活动；凡是人对某事物作为自己的东西感兴趣或应感兴趣，他就愿意为它进行活动。其二，但是主观性的这种还是抽象的和形式的自由，只是在其自然的主观定在中，即在需要、倾向、热情、私见、幻想等等中，具有较为确定的内容。这种内容的满足就构成无论是它一般的和特殊的规定上的福利或幸福。这就是一般有限性所具有的目的。

在伦理关系的视阈中，蕴涵主体与自我的关系，主体被规定为自我区分，因而是特殊物，这样就出现了自然意志的内容。但是，这里的意志蕴涵特殊利益与普遍福利的关系，因为它已不是原来直接存在那样的意志，而是在自身中反思着的意志，并被提升为福利或幸福这种普遍目的。在认知水平上，主体还没有在意志的自由中来掌握意志，而是把意志的内容作为自然的和现成的东西加以反思。“由于幸福的种种规定是现有的，所以它们不是自由的真实规定。自由只有在自身目的中，即在善中，才对它自己说来是真实的。”① 这里可以提出一个问题：人们是否有权给自己设定未经自由选择而仅仅根据主体是生物这一事实的目的？诚然，人是生物这一事实并不是偶然的，而是合乎理性的，因而就主张人有权把他的需要作为他的目的，生活不是什么可鄙的事，除了生命以外，再也没有人们可以在其中生存的更高的精神生活了，然而，如果再进一步，假定主观满足由于它是存在着，所以它就是行为人实质上的意图，并认定客观目的在他看来只是达到主观满足的手段，那么这种主张就会变成一种恶毒而有害的主张了。黑格尔指出：“从人们应该立志做伟大事业这个意义上来说，这话是对的。但是人们还要能成大事，否则这种志向就等于零。

① ［德］黑格尔：《法哲学原理》，范扬、张企泰译，商务印书馆 1961 年版，第 126 页。

单纯志向的桂冠就等于从不发绿的枯叶。"[1] 主体不仅要立志，更要付诸行动，才能成大事。

总之，所谓主体行为的自知性，在黑格尔看来，道德行为是道德的外在表现，道德总是以普遍的东西为目标和根据的，并按照法的要求把个人的特殊利益上升为普遍，在特殊中坚持和追求普遍，使特殊和普遍达到统一。对于道德行为主体说来，道德永远是一种"应该"，并努力把这种"应该"转化为行为。

第四节 作为"善的理念"的理性自为性

"善的理念"是黑格尔的《法哲学原理》中十分重要的伦理范畴，其中蕴涵了善与意志、义务、良心、伦理、自由等伦理范畴的多重复合关系及其概念运动。解读黑格尔"善的理念"的辩证视阈，有助于我们把握黑格尔在《法哲学原理》一书中的伦理思想底蕴；理性的自在自为性是道德行为主体把道德的"应该"转化为行为的过程，即是善和良心彰显的过程，其中善是被完成了的、自在自为地被规定了的普遍物，良心则是在自身中意识着的，在自身中规定其内容的那无限的主观性。[2] 因此，善的理念是理性自为性体现，并且成为理性伦理观发展的第四个环节。这里，黑格尔不仅论述了善的自在自为性，而且深刻地辨析了善与恶的不可分割性，在此基础上，阐释了作为活的善的伦理。这对于我们深入理解善的本质、善与恶的辩证关系，了解善与意志、义务、良心、伦理、自由之间的关系具有深刻的启迪。

---

① [德] 黑格尔：《法哲学原理》，范扬、张企泰译，商务印书馆 1961 年版，第 128 页。

② 同上书，第 132 页。

一　作为发展环节的善

如何理解善的本质？黑格尔不是采取形式逻辑的“属＋种差”的定义方式，而是将善的理念置于一系列概念发展运动过程之中，它既是概念发展运动过程中的环节，又是由一系列概念发展运动的结果，不仅如此，善的理念也有其一定的发展阶段，不同发展阶段的善具有不同的内容。

在黑格尔的《法哲学原理》一书中包含三大环节，即：(1) 抽象的法；(2) 道德；(3) 伦理。这三个环节中每一个都是特种的法或权利，都在不同形式上和阶段上是自由的体现，较高的阶段比前一阶段更具体、更真实、更丰富。在他看来，道德是由扬弃抽象形式的法发展而来的成果，道德是法的真理，居于较高阶段，道德是自由之体现在人的主观内心里。在道德这个环节中，其发展经历三个阶段，即“故意与责任”⟶“意图与福利”⟶“良心与善”。所以，善出现在道德的最高阶段。

首先，就善的理念而言，黑格尔将其规定为，“意志概念和特殊意志的统一的理念”。在这个统一的理念中，抽象法、福利、认识的主观性和外部定在的偶然性，都作为独立自主的东西被扬弃了，但它们本质上仍然同时在其中被含蓄着和保持着。所以善就是被实现了的自由，是世界的绝对最终目的。前几个阶段所包含的理念相对于善的理念而言，只是在其比较抽象的形式之中。而善就是进一步被规定了的理念，也就是意志概念和特殊意志的统一。善不是某种抽象法的东西，而是某种其实质由法和福利所构成的、内容充实的东西，即善对主观意志来说应该是实体性的东西，也就是说主观意志应以善为目的并使之全部实现，至于从善的方面说，善也只有以主观意志为中介，才进入到现实。因此，“善是特殊意志的真理，而意志只是它对善来设定自己的东西。意志不是本来就是善的，只有通过自己的劳动才能变成它的本来面貌”。① 从另一方面说，善缺乏主观意志本身就是没有实在性的抽象，只有通过主观意志，善才能得到这种实在性。

所以，善的发展经历了三个阶段：(1) 作为特殊意志的善，即善对我作为一个希求者说来，是特殊意志，而这是我应该知道的；(2) 作为特殊规定的善，即我应该自己说出什么是善的，并发展善的特殊规定；(3) 作为善本身的规定，即把作为无限的自为地存在的主观性的善，予以特殊化。而这种内部的规定活动就是良心。

其次，善作为主观意志的法就在于，凡是意志应该认为有效的东西，都是善的；一种行为，作为出现于外在客观性中的目的，按照主观意志是否知道其行为在这种客观性中所具有的价值，分别作为合法或不合法，善或恶，合乎法律或不合乎法律，而归责于主观意志。

> 一般说来，善就是意志在它的实体性和普遍性中的本质，也就是在它的真理中的意志；因之它绝对地只有在思维中并只有通过思维而存在。所以，主张人不能认识真理，而只能与现象打交道，又说思维有害于善良的意志，这些以及其他类似的成见，都从精神中取去了一切理智的伦理性的价值和尊严。②

凡是我的判断不合乎理性的东西，我一概不给予承认，这种法是主体的最高的法，但是由于它的主观规定，它同时又是形式法；相反的，理性作为客观的东西对主体所具有的法，则依然屹立不动。因此，客观性的法所具有的形态在于，由于行为是一种变化，应发生于现实世界中，而将在现实世界中获得承认，所以它必须一

① ［德］黑格尔：《法哲学原理》，范扬、张企泰译，商务印书馆 1961 年版，第 133 页。

② 同上书，第 133—134 页。

般地符合在现实世界中有效的东西。谁要在这现实世界中行动，他就得服从现实世界的规律，并承认客观性的法。

再次，善对特殊主体的关系是成为他的意志的本质，从而他的意志简单明了地在这种关系中负有责任。由于特殊性跟善是有区别的，而且是属于主观意志之列，所以善最初被规定为普遍抽象的本质性，即义务；正因为这种普遍抽象的规定的缘故，所以就应当为义务而尽义务。

在这里黑格尔强调了康德的实践哲学的功绩和它的卓越观点，即义务的绝对性：意志的本质对我说来就是义务，如果现在仅仅知道善是我的义务，那么，我还是停留在抽象的义务上。我应该为义务本身而尽义务，而且我在尽义务时，我正在实现真实意义上的我自己的客观性。我在尽义务时，我心安理得而且是自由的。与此同时，他又指出了康德义务论的不足。因为，任何行为都显然地要求一个特殊内容和特定目的，但义务这一抽象概念并不包含这种内容和目的；于是就发生义务究竟是什么这样一个疑问。关于义务的规定：关怀福利——不仅自己的福利，而且普遍性质的福利，即他人的福利。

但是以上这些规定并不包含在义务的规定本身中，相反的，由于两者都是被制约和受限制的，所以它们就导致向不受制约的东西，即义务这一较高领域过渡。因为义务本身在道德的自我意识中构成这自我意识本质的和普遍的东西，而且这自我意识在它内部只是与自己相关，所以，“义务所保留的只是抽象普遍性，而它以之作为它的规定的是无内容的同一，或抽象的肯定的东西，即无规定的东西”。[①] 康德的无上命令提出义务和理性应符合一致，这一点是可贵的，但其不足就在于它完全缺乏层次。如果我们关于应该做什么已经具有确定的原则，那么，请考察你的处世格言是否可被提

① ［德］黑格尔：《法哲学原理》，范扬、张企泰译，商务印书馆 1961 年版，第 137 页。

出作为普遍原则这一命题。这就是说，要求某一原则也可成为普遍立法的一种规定，就等于假定它已经具有一个内容，如果有了内容，应用原则就很容易了。但是，在康德的视阈中，原则本身还不存在，他提出的这一标准不会有什么结果，因而也就不会有矛盾。

最后，如果说善是被完成了的、自在自为地被规定了的普遍物，那么良心则是在自身中意识着的，在自身中规定其内容的那无限的主观性。① 因为善的自在自为性总是要在主体自身中意识和规定——这就是良心。黑格尔以其特有的理性思辨性阐述了良心的内涵：由于善的抽象性状，所以理念的另一环节，即一般的特殊性，是属于主观性的，这一主观性当它达到了在自身中被反思着的普遍性时，就是它内部的绝对自我确信，是特殊性的设定者、规定者和决定者。接着他阐述了良心的崇高地位：

> 人们可以用高尚的论调谈论义务，而且这种谈话是激励人心、开拓胸襟的，但是如果谈不出什么规定来，结果必致令人生厌。精神要求特殊性，而且它对它拥有权利。与此相反，良心是自己同自己相处的这种最深奥的内部孤独，在其中一切外在的东西和限制都消失了，它彻头彻尾地隐遁在自身之中。人作为良心，已不再受特殊性的目的的束缚，所以这是更高的观点，是首次达到这种意识、这种在自身中深入的近代世界的观点。在过去意识是较感性的时代，有一种外在的和现在的东西，无论是宗教或法都好，摆在面前。但是良心知道它本身就是思维，知道我的这种思维是唯一对我有拘束力的东西。②

---

① ［德］黑格尔：《法哲学原理》，范扬、张企泰译，商务印书馆 1961 年版，第 132 页。

② 同上书，第 139 页.

在黑格尔看来，真实的良心是希求自在自为的善的东西的心境，所以它具有固定的原则，而这些原则对它说来是自为的客观规定和义务。跟它的这种内容即真理有别，良心只不过是意志活动的形式方面，意志作为这种意志，并无任何特殊内容。但是这些原则和义务的客观体系，以及主观认识和这一体系的结合，只有在以后伦理观点上才会出现。这里在道德这一形式观点上，良心没有这种客观内容，所以它是自为的、无限的、形式的自我确信，正因为如此，它同时又是这种主体的自我确信。一方面，良心是权利和义务的统一。它表示着主观自我意识绝对有权知道在自身中和根据它自身什么是权利和义务，并且除了它这样地认识到是善的以外，对其余一切概不承认，同时它肯定，它这样地认识和希求的东西才真正是权利和义务。另一方面，良心作为主观认识又是自在自为地存在的东西的统一，它是一种神物，谁侵犯它就是亵渎。

值得指出的是，黑格尔看到了，良心作为一种主观认识具有两重性，它既可以是特定个人的良心，又可能是具有普遍性理念的良心。而特定个人的良心是否符合良心的这一理念，或良心所称为善的东西是否确实是善的，只有根据它所乞求实现的那善的东西的内容来认识。权利和义务，作为意志规定的自在自为的理性东西，本质上既不是个人的特殊所有物，而其形式也不是感觉的形式或其他个别的即感性的知识，相反的，本质上它是普遍的、被思考的规定，即采取规律和原则的形式的。所以，“良心服从它是否真实的这一判断，如果只乞灵于自身以求解决，那是直接有悖于它所希望成为的东西，即合乎理性的、绝对普遍有效的那种行为方式的规则”。①

① ［德］黑格尔：《法哲学原理》，范扬、张企泰译，商务印书馆 1961 年版，第 140 页。

不仅如此，黑格尔还从道德与伦理的不同视阈阐述了良心的不同类型（形式的良心和真实的良心）及内涵。在道德视阈中，只涉及形式的良心：只谈到抽象的善而已，良心还不具有其客观内容，因而它只是无限的自我确信。如果也提到真实的良心的话，那只是为了指明其与形式的良心的区别，并为了消除误会。否则当我们谈到良心的时候，由于它是抽象的内心的东西这种形式，很容易被设想为已经是自在自为地真实的东西了。而在伦理的领域，作为真实的良心是希求自在自为的善和义务这种自我规定。在这里，主观性既可把一切内容在自身中蒸发，又可使它重新从自身中发展起来。因为：

> 如果我知道我的自由是我自身中的实体，那我就不积极，不做什么了。但是，如果我进而行动起来，并寻求据以行动的种种原则，那我就在捉摸各种规定，随后我要求把这些规定从自由意志的概念中引申出来。所以，即使把权利和义务在主观性中蒸发是正当的，但是另一方面，如果不再使这种抽象基础发展起来，那也是不正当的。只有在现实世界处于空虚的、无精神和不安定的实存状态中的时代，才容许个人逃避现实生活而遁入内心生活。①

黑格尔还深刻地揭示了良心可以成为道德（善）和恶两者的共同根源，因为道德（善）和恶两者都在独立存在以及独自知道和决定的自我确信中。而当自我意识把其他一切有效的规定都贬低为空虚，而把自己贬低为意志的纯内在性时，它就有可能或者把自在自为的普遍物作为它的原则，或者把任性即自己的特殊性提升到普遍

① ［德］黑格尔：《法哲学原理》，范扬、张企泰译，商务印书馆 1961 年版，第 142 页。

物之上，而把这个作为它的原则，并通过行为来实现它，即有可能为非作歹。因此，“良心如果仅仅是形式的主观性，那简直就是处于转向作恶的待发点上的东西”。[①] 在这里，黑格尔揭示了他以前情感主义良心论的缺陷，在他看来，良心并不是单纯的情感和善良之心，良心必须依靠思维和真理的知识。真实的良心不应该是个人主观的情感，而应该合乎理性，有它的客观的社会要求与内容。从良心达到善（普遍价值）是道德的最高境界，也是行为最终的目的。因此，真实的良心体现了人能用理性控制情感，并按社会的道德要求达到善。

二 作为与恶不可分割的善

黑格尔关于善的理念阐述的深刻性，还表现为，他从上述关于良心可以成为道德（善）和恶两者的共同根源的分析，进一步以其思辨辩证法的独特视阈透视了善恶的不可分割的内在底蕴。这样便进入了理性主体性的第五个环节，这是黑格尔善的理念中极为深邃和极具理论价值的伦理思想。

首先，黑格尔分析了善和恶与自由的关系。他先从分析恶的根源入手并指出，恶的根源一般存在于自由的神秘性中，即自由的思辨方面，根据这种神秘性，自由必然从意志的自然性走出，而成为与意志的自然性对比起来是一种内在的东西。作为自我矛盾并在这个对立中同自己不两立而达到实存的，正是意志的这种自然性。由于意志本身的这种特殊性，随后把自己规定为恶。因为特殊性总是具有两面性——意志的自然性和内在性的对立。在这个对立中，后者不过是相对的、形式的那种自为的存在，它只能从情欲、冲动和倾向等自然意志的规定中汲取其内容。这里谈到的这种情欲和冲动

---

① ［德］黑格尔：《法哲学原理》，范扬、张企泰译，商务印书馆 1961 年版，第 143 页。

等等，它们可能是善的，也可能是恶的。但是因为意志以此规定其内容，一方面是在偶然性规定中的冲动（冲动作为自然的冲动已具有这种规定），另一方面，意志在这一阶段所具有的形式，即特殊性本身，其结果，意志就被设定为与普遍物（作为内在客观物）、与善相对立，这种善，随着意志在自身中反思以及意识成为能认识的意识，就作为直接客观性、纯粹自然性的另一极端而出现。在这种对立中，意志的这种内在性便是恶的。所以人在他自在的即自然的状态跟他在自身中的反思之间的连接阶段上是恶的。因此，黑格尔得出这样的结论："本性作为本性，即如果它不是停留在特殊内容上的意志的自然性的话，其本身并不是恶的，同时，走向自身中的反思即一般认识，如果不固守在上述那种对立状态的话，其本身也不是恶的。"①

恶的必然性如何才能被扬弃呢？一是这种恶被规定为必然不应存在的东西，即应该把它扬弃；这不是说最初那种特殊性和普遍性分裂的观点根本不应当出现——这一分裂的观点倒是无理性的动物和人之间的区别所在，——而是意志不应停留在这一观点上，不应死抱住特殊性，仿佛这个特殊性而不是普遍物才是本质的东西，这就是说，它应把这一分裂的观点作为虚无的东西加以克服。二是扬弃恶的这种必然性，即扬弃片面等待这种存在于其中的对立，即作为这一反思的无限性的那种主观性。如果这个主观性停留在这个对立上，即如果它是恶的，那么它就是自为的，承认自己为单一物，而且其本身就是这种任性。正因为如此，个别主体本身对自己的恶行是绝对要负责的。

其次，善与恶具有不可分割性。其所以不可分割就在于概念使自己成为对象，而作为对象，它就直接具有差别的规定。如果把自

① ［德］黑格尔：《法哲学原理》，范扬、张企泰译，商务印书馆 1961 年版，第 143 页。

己看做一切东西的基础的那种抽象确信，在自身中既包含着希求概念这种普遍物的可能性，又包含着把某种特殊内容作为原则并加以实现的可能性。所以自我确信这一抽象始终属于后者，即恶。唯有人是善的，只因为他也可能是恶的。恶的意志希求跟意志的普遍性相对立，而善的意志则按它的真实概念而行动。

那么意志何以也可能是恶的呢？这一问题之所以难于理解，就在于：

> 通常是由于人们只想到意志是跟它自己处在肯定关系之中的，又由于人们想象意志的希求是意志所面对着的某种被规定了的东西，即善。……恶也同善一样，都导源于意志，而意志在它的概念中既是善的又是恶的。自然的意志自在地是一种矛盾，它要进行自我区分而成为自为的和内在的。如果我们说，恶包含着更详细的规定，即人从他是自然意志这一点来说，是恶的，那么，这与通常见解刚相反，因为通常见解恰恰把自然意志设想为无辜的善的意志。[①]

在黑格尔看来，自然意志跟自由的内容是对立的，因此，具有这种自然意志的小孩和无教养的人，只有轻度的责任能力。当我们谈到人的时候，往往所指的不是小孩，而是具有自我意识的成人；在谈到善的时候，所指的是对善的认识。为了进一步说明这一问题，黑格尔区分了常常被人们混为一谈的“自然的东西”和“对自然的东西的希求”。他指出：“自然的东西自在地是天真的，既不善也不恶，但是一旦它与作为自由的和认识自由的意志相关时，它就含有不自由的规定，从而是恶的。人既然希求自然的东西，这种自

---

① ［德］黑格尔：《法哲学原理》，范扬、张企泰译，商务印书馆 1961 年版，第 144—145 页。

然的东西早已不是纯粹自然的东西，而是与善，即意志的概念相对抗的否定的东西了。”这一思想和分析方式，成为日后卢卡奇对“自然”之伪的批判和法兰克福学派对工具理性批判的重要理论依据。

黑格尔还揭示了执著于这种抽象的善的危害性。在这种抽象的善中，善和恶的区别以及一切现实义务都消失了。因此，仅仅志欲为善以及在行为中有善良意图，这毋宁应该说是恶，因为所希求的善只是这种抽象形式的善，它就有待于主体的任性予以规定。

不仅如此，他还批驳了“只要目的正当，可以不择手段”这一恶名昭彰的命题。他指出，这一说法就其本身说自始是庸俗的，毫无意义的。我们可以同样笼统地回答它：正当的目的使手段正当，至于不正当的目的就不会使手段正当。目的是正当的手段也是正当的这一句话是一种同语反复的说法，因为手段本来就是虚无的，它不过为他物而存在，而只是在他物中即在目的中才有其规定和价值，也就是说，它如果真正是手段的话。把某种东西视为正当的这种信念似乎该是规定行为的伦理本性的那种东西。我们所希求的善尚未具有任何内容，而信念的原则则更肯定，把某种行为归属于善之下的规定只是主体权限范围内的事。在这种情况下，甚至伦理客观性的假象也完全消失了。这种学说是与屡次被提到的那种自命哲学有直接联系，这种自命哲学否定有可能认识真理，然而伦理的命令正是精神作为意志的真理，也就是精神在自我实现中的合理性。品定邪恶为伪善是以下述为基础的：某些行为是自在自为地属于犯过、罪恶和犯罪之类，又犯错误的人必然知道这些行为的本性，因为即使在假装中他滥用虔敬和正直的原则和外表上的行为，他也必然知道并承认这些原则和行为的。换句话说，关于邪恶，一般总是假定，认识善和知道善与恶的区别乃是每个人的义务。但无论如何，有一个绝对的要求，即任何人不得从事罪恶和犯罪的行为，人既然是人而不是禽兽，这种行为就必须作为罪恶或罪行而归责于他。但是，如果好心肠、善良意图和主观信念被宣布为行为的价值的由来，那么什么伪善和邪恶都没有了，一个人不论做什么，他都可通过对善良意图和动机的反思而知道在做某种善的东西，而且只要他通过其信念的环节，他所做的事也就成为善的了。

> 但是世间多少人不是开始都由于这种确信的感觉而干出了罪大恶极的勾当！所以，如果一切都根据这种理由而得到饶恕，那么对于善与恶的决定、荣与辱的决定，不再可能有任何合理的判断了。于是疯癫将与理性具有同等的权利，换句话说，理性将不再有任何权利，不再有任何效力和威信；理性的呼声变成了空谷之音，而真理就在完全不怀疑的人这一边了！①

黑格尔进一步分析了混淆善与恶的道德诡辩时指出，一般观念可以再进一步把恶的意志曲解为善的假象。它虽然不能改变恶的本性，但可给恶以好像是善的假象。因为任何行为都有其肯定的一面，又因为与恶相反的那种善的规定同样是属于肯定的方面，所以我可以主张我的行为在与我的意图相关中是善的。因此，不仅在意识上，而且在肯定的方面，恶是与善相结合的。如果自我意识对着他人号称自己的行为是善的，那么这种主观性的形式是伪善。但是，如果它竟主张它的作为本身是善的，那么这是自命为绝对者的那种最高峰的主观性。对这种主观性来说，什么绝对的善和绝对的

① 雅可比给霍尔麦伯爵的信：《论斯托尔堡伯爵改变宗教信仰》，1800年8月5日于奥依丁（载《布伦奴斯》，柏林，1802年8月号）。转引自黑格尔《法哲学原理》，范扬、张企泰译，商务印书馆1961年版，第153页注①。

恶都消失了，它就可随心所欲，装成各种样子。这正是绝对诡辩的观点，这种诡辩俨然以立法者自居，并根据其任性来区别善恶。①

再者，那么，什么才是善，怎样才能达到善呢？在黑格尔看来，善是自由的实体性的普遍物，但仍然是抽象的东西，因此它要求各种规定以及决定这些规定的原则，虽然这种原则是与善同一的。同样，良心作为其规定作用的纯粹抽象的原则，也要求它所作的各种规定具有普遍性和客观性。如果两者各自保持原样而上升为独立的整体，它们就都成为无规定性的东西，而应被规定的了。但是，这两个相对整体融合为绝对同一，早已自在地完成了，因为意识到在它的虚无性中逐渐消逝的这种主观性的纯自我确信，跟善的抽象普遍性是同一的。善和主观意志的具体同一以及两者的真理就是伦理。

三 作为伦理的善

在黑格尔看来，作为伦理的善是活的善。因为伦理是自由的理念。通过对伦理的阐释，黑格尔将善的理念推进到理性主体性的第六个环节。

首先，作为伦理的善在自我意识中具有它的知识和意志，通过自我意识的行动而达到它的现实性；另一方面自我意识在伦理性的存在中具有它的绝对基础和起推动作用的目的。因此，伦理就是成为现存世界和自我意识本性的那种自由的概念。尽管伦理性的东西是主观情绪，但又是自在地存在的法的情绪，它要求各种规定以及决定这些规定的原则。同样，良心作为其规定作用的纯粹抽象的原则，也要求它所作的各种规定具有普遍性和客观性。而无论法的东西和道德的东西都不能自为地实存，而必须以伦理的东西为其承担

① ［德］黑格尔：《法哲学原理》，范扬、张企泰译，商务印书馆 1961 年版，第 158—159 页。

者和基础，因为法欠缺主观性的环节，而道德则仅仅具有主观性的环节，所以法和道德本身都缺乏现实性。只有无限的东西即伦理这一自由的理念，才是现实的。① 伦理性的东西就是理念的规定的体系，这构成了其合理性。因此，伦理性的东西是自由的，或自在自为地存在的意志，并且表现为客观的必然性的圆圈。其各个环节就是调整个人生活的那些伦理力量。

其次，作为伦理的善的义务论，如果是指一种客观学说，就不应包括在道德主观性的空洞原则中。因此，这种义务论就是伦理必然性的圆圈的系统发展。它不同于义务论的形式仅在于，其各种伦理性的规定都表现为必然的关系，“因此，这一规定对人们说来是一种义务”。② 因此，义务论不是一种哲学科学，它是从现存的关系中获取它的素材，这种素材同本人观念相联系，或同一定的原则以及思想、目的、冲动和感觉等等相联系。它还能把每一种义务，在与其他伦理关系相关中、与福利和意见相关中所产生的其他后果作为理由而补充进去。但是一种内在的、彻底的义务论不外是自由的理念，因而是必然的，是现实的那些关系在国家中的发展。③

一是，就具有拘束力的义务而言，它只是对没有规定性的主观性或抽象的自由、和对自然意志的冲动或道德意志（它任意规定没有规定性的善）的冲动，才是一种限制。但是在义务中个人毋宁说是获得了解放。④ 一方面，他既摆脱了对赤裸裸的自然冲动的依附状态，在关于应做什么，可做什么这种道德反思中，又摆脱了他作为主观特殊性所陷入的困境；另一方面，他摆脱了没有规定性的主

① ［德］黑格尔：《法哲学原理》，范扬、张企泰译，商务印书馆 1961 年版，第 162—163 页。

② 同上书，第 167 页。

③ 同上。

④ 同上。

观性，这种主观性没有达到定在，也没有达到行为的客观规定性，而仍停留在自己内部，并缺乏现实性。在义务中，个人得到解放而达到了实体性的自由。

二是，就作为向自由前进的义务而言，义务仅仅限制主观性的任性，并且仅仅冲击主观性所死抱住的抽象的善。当人们说，我们要自由，这句话的意思最初只是：我们要抽象的自由，因此国家的一切规定和组织便都成了对这种自由的限制。所以，义务所限制的并不是自由，而只是自由的抽象，即不自由。义务就是达到本质、获得肯定的自由。[①]

再次，作为伦理的善具有强烈的现实性。黑格尔指出，伦理性的东西不像善那样是抽象的，而是具有强烈的现实性。而这种现实性的偶性是个人。伦理性的东西，如果在本性所规定的个人性格本身中得到反映，那便是德。这种德，如果仅仅表现为个人单纯地适合其所应尽——按照其所处的地位——的义务，那就是正直。一个人必须做些什么，应该尽些什么义务，才能成为有德的人，这在伦理性的共同体中是容易谈出的：他只须做在他的环境中已指出的、明确的和他所熟知的事就行了。正直是在法和伦理上对他要求的普遍物。但从道德观点看，正直容易显现为一种较低级的东西，人们还必须超越正直而对自己和别人要求更高的东西；关于德的学说，不是一种单纯的义务论，它包含着以自然规定性为基础的个性的特殊方面，所以它就是一部精神自然史。德是伦理性的东西而应用于特殊物，又因为从这个主观方面来看德是某种没有规定性的东西，所以对德的规定就出现了较多和较少的量的因素。在普遍意志跟特殊意志的这种同一中，义务和权利也就合而为一。通过伦理性的东西，一个人负有多少义务，就享有多少权利；他享有多少权利，也

---

① ［德］黑格尔：《法哲学原理》，范扬、张企泰译，商务印书馆 1961 年版，第168页。

就负有多少义务。[①]

总之，黑格尔认为，伦理作为活的善在自我意识中具有它的知识和意志，通过自我意识的行动而达到它的现实性，因为它还能把每一种义务，在与其他伦理关系相关中、与福利和意见相关中所产生的其他后果作为理由而补充进去。因而伦理就具有强烈的现实性。实际上，黑格尔通过善的理念的概念运动揭示了，人是社会的存在物，每一个人都是社会联系链条中的一个环节，没有人能够孤立地生存。正如他在《精神现象学》中所述，“人的规定、人的使命也就在于使自己成为人群中对公共福利有用的和可用的一员。他照料自己多少，他必须也照料别人多少，而且他多么照顾别人，他也就在多么照顾自己”。[②] 因此，实现“普遍性与单一性的渗透的统一”，即个人利益与社会利益的渗透与统一，坚持法和福利的结合；坚持个人福利与普遍福利、他人福利的结合。

第五节 关于黑格尔理性伦理观的几点评析

首先，黑格尔关于理性伦理观的阐释，尽管主要是善与意志、义务、良心、伦理、自由等一系列的概念发展运动过程，其中无论在阐述上，还是概念之间的转换递进，的确存在着一定的晦涩与牵强之处，然而，这一概念的运动过程深刻地展现了善与意志、义务、良心、伦理、自由否定性的递进过程，因为“任何具体的东

① ［德］黑格尔：《法哲学原理》，范扬、张企泰译，商务印书馆 1961 年版，第 172—173 页。

② ［德］黑格尔：《精神现象学》（下卷），贺麟等译，商务印书馆 1996 年版，第 98 页。

西、任何具体的某物，都是和其他的一切处于相异的而且常常的矛盾的关系中的，因此，它往往既是自身又是他物”；[①] 从而更彰显了“善的理念”的辩证法。因而，列宁认为，黑格尔关于概念发展运动过程的阐释是机智而正确的。

其次，如同列宁所说：“黑格尔的辩证法是思想史的概括。从各门科学的历史来更具体地、更详尽地研究这点，会是一个极有裨益的任务。”[②] 事实上，黑格尔关于“善的理念”的阐释，是伦理思想的发展史高度凝练，进而揭示了善与意志、义务、良心、伦理、自由等一系列概念的历史生成过程及其相互联系。因为在黑格尔看来，概念是一切生命的原则，因而同时也是完全具体的东西。同时，他还指出：“概念无疑地是形式，但必须认为是无限的有创造性的形式，它包含一切充实的内容在自身内，并同时又不为内容所限制或束缚。……概念是‘存在’与‘本质’的统一，而且包含这两个范围中全部丰富的内容在自身之内。”[③] 如果说在《小逻辑》中，黑格尔把“概念、范畴的自身发展和全部哲学联系起来了。这给整个逻辑学提供了又一个新的方面”[④]，那么，在《法哲学原理》一书中，黑格尔把善与意志、义务、良心、伦理、自由等一系列概念和全部的伦理思想史联系起来，给伦理学研究提供了一个新的维度。对此，恩格斯给予了充分的肯定，并在《反杜林论》中指出：“如果不谈自由意志、人的责任、必然和自由的关系等问题，就不能很好地讨论道德和法的问题。”[⑤]

再次，黑格尔在阐释“善的理念”的过程中，不仅揭示了善的本质，而且也揭示了道德与伦理的本质。例如，关于主体的意志自

① 列宁：《哲学笔记》，中央编译局译，人民出版社 1993 年版，第 115 页。
② 同上书，第 289 页。
③ ［德］黑格尔：《小逻辑》，贺麟译，商务印书馆 1980 年版，第 328 页。
④ 列宁：《哲学笔记》，中央编译局译，人民出版社 1993 年版，第 97 页。
⑤ 《马克思恩格斯全集》第 20 卷，人民出版社 1971 年版，第 124—125 页。

律，黑格尔认为，意志自律只有进入伦理阶段才能实现。因为“伦理性的规定构成自由的概念，所以这些伦理性的规定就是个人的实体性或普遍本质，个人只是作为一种偶性的东西同它发生关系。个人存在与否，对客观伦理说来是无所谓的，唯有客观伦理才是永恒的，并且是调整个人生活的力量。因此，人类把伦理看作是永恒的正义，是自在自为地存在的神，在这些神面前，个人的忙忙碌碌不过是玩跷跷板的游戏罢了”。在这里，黑格尔实际上揭示了生活在现实社会中的人，必然与他人和社会发生联系，而伦理就是调整这些关系的力量。马克思、恩格斯对于黑格尔的这一思想还是予以肯定的。马克思曾经说过，道德的本质乃是人类意志的自律。马克思对黑格尔的哲学包括伦理思想进行了批判地改造，他在《哲学的贫困》一书中进一步指出了道德观念产生的客观基础，“人们按照自己的物质生产的发展建立相应的社会关系，正是这些人又按照自己的社会关系创造了相应的原理、观念和范畴”。[①] 恩格斯在《反杜林论》中进一步阐发道：“人们自觉不自觉地、归根到底总是从他们阶级地位所依据的实际关系中——从他们进行生产和交换的经济关系中，吸取自己的道德观念。”[②] 进而生成了马克思主义的伦理观。须指出，马克思对黑格尔的哲学包括伦理思想进行的批判改造，经历了多次的思想实验和批判历程，从最初的认同，到对其进行人本主义的批判，再到唯物主义地批判改造，最终形成了基于历史唯物论和历史辩证法基础上的科学的伦理观。

由此可见，深入解读黑格尔理性伦理观，特别是“善的理念”，不仅能够进一步理解善的丰富内涵，而且能够正确地辨析马克思对黑格尔的哲学包括伦理思想进行的批判改造，进一步领悟马克思主义伦理学的真谛，同时也能了解法兰克福学派科学伦理思想及其问

---

① 《马克思恩格斯全集》第 4 卷，人民出版社 1958 年版，第 144 页。

② 《马克思恩格斯全集》第 20 卷，人民出版社 1971 年版，第 102—103 页。

题式与黑格尔理性伦理观的内在联系及其区别。从以后几章的探索中，可知，法兰克福学派科学伦理思想及其问题式所体现的黑格尔理性伦理观，更多的是从批判理性的层面关注黑格尔的理性伦理观所具有的理性的自我否定性、总体性和主体性。因而这种批判地继承具有一定的片面性、表层性，缺乏黑格尔理性伦理观的深刻性、过程性和辩证性。

> 甚至当我从事科学之类的活动，即从事一种我只是在很少情况下才能同别人直接交往的活动的时候，我也是社会的，因为我是作为人活动的。不仅我的活动所需的材料，甚至思想家用来进行活动的语言本身，都是作为社会的产品给予我的，而且我本身的存在就是社会的活动。①
>
> ——卡尔·马克思

第四章　青年马克思的科学伦理观

在法兰克福学派科学伦理思想生成的过程中，从马克思早期著作《1844 年经济学—哲学手稿》汲取了科学伦理思想批判性并加以片面地发展。因而正确地分析这部手稿中蕴涵的科学伦理思想，有助于我们区分青年马克思的科学伦理思想及以后的发展与法兰克福学派科学伦理思想生成与发展的异同。

在马克思的《1844 年经济学—哲学手稿》公开发表以后，他们对《1844 年经济学—哲学手稿》中的思想内容作了种种解释，并把它吸收到自己的理论体系之中。因而对于《1844 年经济学—哲学手稿》的解释成了社会批判理论重要的理论来源之一。②其次，从其方法论和理论谱系而言，则直接承继了 20 年代初卢

---

① 《马克思恩格斯全集》第 42 卷，人民出版社 1979 年版，第 122 页。

② 张一兵：《折断的理性翅膀》，南京出版社 1990 年版，第 39 页。

卡奇的《历史与阶级意识》和柯尔施的《马克思主义和哲学》著作中所提出的有关理论。法兰克福学派的早期代表人物马尔库塞，早在20世纪二三十年代就潜心研读过卢卡奇、柯尔施的这两部著作。1930年，马尔库塞还连续发表文章，认为《历史与阶级意识》是一部对马克思主义的发展有着根本意义的、不容忽视的著作。霍克海默和阿多尔诺则要求法兰克福学派成员们必须熟读《历史与阶级意识》。他们还继承了卢卡奇、柯尔施注重探索马克思主义与黑格尔思想的内在联系的传统，甚至把马克思主义黑格尔化。再者，作为一种社会批判理论而言，其思想谱系又与韦伯的社会理论和经济行为合理性的伦理思想有着千丝万缕的联系。此外，法兰克福学派作为西方马克思主义哲学的学派之一，他们的社会批判理论除了汲取上述的思想养料以外，在其演进中还吸收了存在主义、弗洛伊德精神分析理论等方面的许多观点以丰富和修正自己的理论体系。就霍克海默思想形成的过程而言，其受到的影响也是多方面的。他除了受上述德国古典哲学的影响以外，还深受叔本华、尼采的意志主义，狄尔泰、柏格森的生命哲学的影响。同样，法兰克福学派科学伦理思想作为其社会批判理论的重要组成部分，在其生成的过程中，也受着多种思想的影响，其中既有马克思科学伦理思想、卢卡奇的物化伦理思想和批判的科学伦理思想、德国古典哲学尤其是黑格尔同时还有韦伯的理性伦理观。下面分别在本章和下一章中加以阐释。

第一节　青年马克思科学伦理观的生成及其问题式

《1844年经济学—哲学手稿》是一部在马克思思想发展史上具有重要地位的著作，这部著作给我们展示了马克思早期思想发展的真实图景，其中含有丰富的科学伦理思想，同时也蕴涵了青年马克思的科学伦理观及其问题式生成过程中的多重思想的交织和碰撞，也包含对黑格尔理性伦理观的批判。

一 科学伦理观生成的多重思想背景

青年马克思《1844 年经济学—哲学手稿》中的科学伦理观的生成有其特定的和多重的思想背景，蕴涵着哲学、经济学和社会主义理论等多学科的综合与多重思想的交织、碰撞，其中主要包含有英国古典经济学的“社会唯物主义”、德国古典哲学中黑格尔的思辨哲学与费尔巴哈的人本学、青年恩格斯、赫斯—蒲鲁东的社会主义批判理论的印记。①

首先，在这一思想变化的过程中，青年马克思逐渐生成了以费尔巴哈人本学与黑格尔的思辨哲学相整合的人本学主体辩证法，进而马克思既超越了费尔巴哈的人本学又超越了黑格尔的思辨哲学，并且还形成了人本学主体辩证法的伦理（应是）话语。这种主体辩证法和伦理话语也成为《1844 年经济学—哲学手稿》中起主导性的、深沉的理论逻辑和主导性话语，同时也是马克思阐发科学伦理观的主导性的理论语境。

其次，马克思在对资产阶级国民经济学的批判中，形成了与资产阶级国民经济学家对话的现实性批判话语。马克思正是通过这一批判话语，深入到资产阶级国民经济学之中，从交换开始，了解了货币的媒介作用；再从货币到信用批判地揭露了资本主义经济运作的拜物教本质。同时这也是马克思探索资本主义经济运作的规律，从国民经济学中汲取社会唯物主义的要素，进而成为日后超越异化劳动伦理观、创立科学社会主义学说的现实性理论语境。

再者，由于马克思在一定程度上受赫斯、青年恩格斯和蒲鲁东

① 张一兵：《回到马克思》，江苏人民出版社 1999 年版，第 27 页。

对国民经济学的批判和社会主义观念的影响，进而生成了经济学—哲学社会价值批判的理论语境，揭示了资本主义经济的交换、货币实质上是人类活动——真正的人的社会关系的颠倒，这样为《1844年经济学—哲学手稿》中异化劳动伦理观和共产主义学说的人与人关系的阐释作了理论定位，同时也形成了马克思在显性层面的伦理批判的问题式。

二　科学伦理观及其问题式何以生成

青年马克思的科学伦理观及其问题式的生成不仅有其多重思想背景，而且与马克思当时的共产主义学说和劳动伦理观紧密关联。

首先，青年马克思的共产主义学说是他科学伦理观及其问题式生成的直接理论前提与思想基础之一。在《1844 年经济学—哲学手稿》中，“共产主义”是作为“异化劳动”的对立面来设定的，正是通过对资本主义社会中异化劳动的揭露与批判，马克思阐发了有关的共产主义学说。在阐发这一学说的过程中，马克思采用了人本学主体辩证法和社会伦理价值批判的双重理论语境。一是马克思从社会伦理价值批判视角，揭示了异化劳动使自然界、使人本身、人的自己的活动机能、人的生命活动同人相异化，使类同人相异化；他使人把类生活变成维持个人生活的手段；同时也把人的自由自觉的生命活动的本质变成了仅仅维持自己生存的手段。在《1844年经济学—哲学手稿》异化劳动中，马克思指出，异化劳动使人自己的身体，以及在他之外的自然界，他的精神本质，他的人的本质同人相异化。“通过异化的、外化的劳动，工人生产出一个跟劳动格格不人的、站在劳动之外的人同这个劳动的关系。工人同劳动的关系，生产出资本家（或者不管人们给雇主起个什么别的名字）同这个劳动的关系。从而，私有财产是外化劳动即工人同自然界和自身的外在关系的产物、结果和必然后果。”[①] 因此，在马克思看来，作为异化劳动消除的共产主义应当把私有财产的扬弃作为其核心内容。二是马克思运用人本学主体辩证法指出：“共产主义是私有财产即人的自我异化的积极的扬弃，因而是通过人并且为了人而对人的本质的真正占有；因此，他是人向自身、向社会的（即人的）人的复归，这种复归是完全的自觉的而且保存了以往发展的全部财富的。”[②] 因为在资本主义私有财产的条件下，劳动对于工人说来是外在的东西，即不属于他的本质的东西，因此，工人在劳动中不是肯定自己，而是否定自己，不是感到幸福，而是感到不幸，不是自由的发挥自己的体力和智力，而是使自己的肉体受折磨、精神遭摧残。这样工人所直接拥有的感觉就单一化、片面化、贫困化了。共产主义作为对私有财产的积极扬弃，就是要把被私有财产片面化了的人的感觉彻底解放。因而，马克思认为，私有财产不过是下述情况的感性表现：人变成了对自己说来是对象性的，同时变成了异己的和非人的对象；他的生命的表现就是他的生命的外化，他的现实化就是他失去现实性，就是异己的现实。同样，私有财产的积极扬弃，也就是说，为了人并且通过人对人的本质和人的生命、对象性的人和人的产品的感性的占有，不应当仅仅被理解为直接的、片面的享受，不应当仅仅被理解为占有、拥有。人以一种全面的方式，即作为一个完整的人，占有自己的全面的本质。三是马克思指出，私有财产的扬弃是人的一切感觉和特性的彻底解放，“因为这些感觉和特性无论在主体上还是在客体上都变成人的”。[③] 需说明一下，马克思在这里所说的“感觉”并不是我们现在所说的，作为认识过程第一阶段的感觉，而

① 《马克思恩格斯全集》第42卷，人民出版社1979年版，第100页。
② 同上书，第120页。
③ 同上书，第124页。

是指包括了五官感觉、精神感觉、实践感觉等等在内的广义的感觉[①]，由此，马克思认为，“感觉通过自己的实践直接变成了理论家”。[②] 然而要使这些感觉和特性无论在主体上还是在客体上都变成人的，即使感觉在主体方面获得解放，就要把主体的感觉能力提高到真正人的感觉能力的水平上，从而使人的本质的力量得以确证。在马克思看来，人的感觉、感觉的人性，都只是由于他的对象的存在，由于人化的自然界，才产生出来的。五官感觉的形成是以往全部世界历史的产物。囿于粗陋的实际需要的感觉只具有有限的意义。对于一个忍饥挨饿的人来说，并不存在什么与人的真正本质相协调的食物形式；对一个忧心忡忡的穷人来说，最美的景色也不能引起什么感觉。因此，要使人的感觉真正解放，一方面使人的感觉成为人的，另一方面要创造同人的本质和自然界的本质的全部丰富性相适应的人的感觉。这必然要诉诸发展工业和自然科学，而这便成为马克思科学伦理观生成的重要的思想基础。

其次，青年马克思科学伦理观及其问题式的生成又与其劳动伦理观和人的本质的界定相关。在马克思看来，无论是从理论方面还是从实践方面来解放人的感觉，发展工业和自然科学都必须依赖劳动。一是马克思从人与自然关系中的人的类本质出发，阐发了劳动的伦理本质是一种生命活动。因为劳动这种生产活动本身对人说来，不过是满足他的需要即维持肉体生存的需要的手段。而“人的类特性恰恰就是自由的自觉的活动”。[③] 二是马克思从人与人的生命活动的特性和动物与动物的生命活动的特性的比较中，进一步论证上述的思想。他说，动物和他的生命活动是直

① 侯惠勤主编：《正确世界观人生观的磨砺》，南京大学出版社 1996 年版，第 73 页。

② 《马克思恩格斯全集》第 42 卷，人民出版社 1979 年版，第 124 页。

③ 同上书，第 96 页。

接同一的。动物不把自己同自己的生命活动区别开来。它就是这种生命活动。人则使自己的生命活动本身变成自己的意志和意识的对象。他的生命活动是有意识的。有意识的生命活动把人同动物的生命活动直接区别开来。并且通过实践创造对象世界即改造无机界，证明了人是有意识的类存在物。马克思还从生产的方面对人的本质与动物的本质作了以下精辟的分析与比较："诚然，动物也生产。……但是动物只生产它自己或它的幼仔所直接需要的东西；动物生产是片面的，而人的生产是全面的；动物只是在直接的肉体需要的支配下生产，而人甚至不受肉体需要的支配也进行生产，并且只有不受这种需要的支配时才进行真正的生产；动物只生产自身，而人再生产整个自然界；动物的产品直接同它的肉体相联系，而人则自由地对待自己的产品。动物只是按照它所属的那个种的尺度和需要来建造，而人却懂得按照任何一个种的尺度来进行生产，并且懂得怎样处处都把内在的尺度运用到对象上去；因此，人也按照美的规律来建造。"① 马克思认为，正是在改造对象世界中，人才真正证明自己是类存在物。这种生产是人的能动的类生活。通过这种生产，自然界才表现为他的作品和他的现实。因此，"劳动的对象是人的类生活的对象化：人不仅像在意识中那样理智地复现自己，而且能动地、现实地复现自己，从而在他所创造的世界中直观自身"。② 从上述马克思对劳动的阐释中，可以看到，劳动的伦理内涵包括两个方面：它是人的"自由的自觉的活动"；通过劳动（生产）"人使自己的生命活动本身变成自己的意志和意识的对象"，同时人还可以"能动地、现实地复现自己，从而在他所创造的世界中直观自身"。这不仅包含了劳动的伦理本质和伦理功能，而且也蕴涵了劳动的伦理价值。这成

① 《马克思恩格斯全集》第42卷，人民出版社1979年版，第96—97页。

② 同上书，第97页。

为青年马克思科学伦理观的直接的理论前提和问题式。

第二节　青年马克思科学伦理观的问题式

如前所述，青年马克思的共产主义学说是他科学伦理观及其问题式生成的直接理论前提与思想基础，劳动的伦理内涵即人的“自由的自觉的活动”；“能动地、现实地复现自己，从而在他所创造的世界中直观自身”是青年马克思科学伦理观的直接的理论前提和问题式，因而，青年马克思的科学伦理观首先关涉的是人与自然的伦理关系——这是作为“自由的自觉的活动”的人一定要面对和协调的伦理关系。后来马克思在《德意志意识形态》中，将其称之为“有生命的个人存在”的历史前提。这是科学伦理的本体论维度。其次关涉的是科学与社会（人）的伦理关系。这关涉科学伦理的认识论维度。这一伦理关系具有复合性的结构，其中包括科学与社会（人）的伦理关系、自然科学与人文科学的关系、科学活动的社会伦理本性等。

一　人与自然伦理关系的互维性

在《1844年经济学—哲学手稿》中，马克思以人本学主体辩证法问题式揭示了人与动物和自然关系上的异同，他认为，“无论在人那里还是在动物那里，类生活从肉体方面说来就在于：人（和动物一样）靠无机界生活，而人比动物越有普遍性，人赖以生活的无机界的范围就越广阔”。[①] 从理论上来说，自然界一方面作为自然科学的对象和艺术的对象，都是人的意识的一部分，是人的精神的无机界，是人必须事先进行加工以便享用和消化的精神食粮；同

① 《马克思恩格斯全集》第42卷，人民出版社1979年版，第95页。

样，从实践领域来说，自然界也是人的生活和人的活动的一部分，人在肉体上只有靠这些自然产品才能生活。马克思指出："在实践上，人的普遍性正表现在把整个自然界——首先作为人的直接的生活资料，其次作为人的生命活动的材料、对象和工具——变成人的无机的身体。自然界，就他本身不是人的身体而言，是人的无机的身体。"① 因为，人靠自然界生活，即自然界是人为了不致死亡而必须与之不断交往的人的身体，这说明人是自然的一部分。

马克思还从共产主义作为对私有财产即人的自我异化的积极扬弃视角指出，共产主义不仅能改变原来在私有财产条件下人与人、人与社会的关系，而且能改变人与自然的关系。马克思对未来的共产主义社会从人本学主体辩证法的思维向度作出了以下的伦理推断，"共产主义是私有财产即自我异化的积极的扬弃，因而是通过人并且为了人面对人的本质的真正占有；因此，他是人向自身、向社会的（即人的）人的复归，……这种共产主义，作为完成了的自然主义，等于人道主义，而作为完成了的人道主义，等于自然主义，他是人和自然之间，人和人之间的矛盾的真正解决，是存在和本质、对象化和自我确证、自由和必然、个体和类之间的斗争的真正解决"。② 在这里马克思强调了，异化的扬弃和人与物的颠倒关系的复位，并不是导致一种新的人对自然和对象的支配和奴役，而是人与自然（对象）关系的真正解决。③ 就人与人、人与社会的关系而言，正像社会本身生产作为人的人一样，人也生产社会。活动和享受，无论就其内容或就其存在方式来说，都是社会的，是社会的活动和社会的享受。就人与自然的关系而言，自然界的人的本

---

① 《马克思恩格斯全集》第 42 卷，人民出版社 1979 年版，第 95 页。

② 同上书，第 120 页。

③ 张一兵：《马克思历史辩证法的主体向度》，河南人民出版社 1995 年版，第 67 页。

质只有对社会的人来说才是存在的；因为只有在社会中，自然界对人来说才是人与人联系的纽带，才是他为别人的存在和别人为他的存在，才是人的现实的生活要素；只有在社会中，自然界才是人自己的人的存在的基础，人的自然的存在对他来说才是他的人的存在，而自然界对他说来才成为人。因此，“社会是人同自然界的完成了的本质的统一，是自然界的真正复活，是人实现了的自然主义和自然界的实现了的人道主义”。[①]

二　科学与社会（人）伦理关系的互维性

接着马克思不仅从人本学主体辩证法的伦理（应是）话语，而且从现实物质生产（实践和工业）出发来阐释社会历史的实证性（是）语境[②]阐发了以下三个方面的科学伦理思想。

就科学与社会（人）的伦理关系而言，马克思以“应是”与“是”的双重语境揭示了自然科学和工业史的伦理功能——在确证人的本质力量过程中的作用。他指出，我们看到，工业的历史和工业的已经产生的对象性的存在，是一本打开了的关于人的本质力量的书，是感性地摆在我们面前的人的心理学。然而，在马克思看来，对这种心理学人们至今还没有从它同人的本质的联系上，而总是仅仅从外表的效用方面来理解，因为在异化范围内活动的人们仅仅把人的普遍存在，宗教或者具有抽象普遍本质的历史，如政治、艺术和文学等等，理解为人的本质力量的现实性和人的类活动。在通常的、物质的工业中（人们可以把这种工业看成是上述普通运动的一部分，正像可以把这个运动本身看成是工业的一个特殊部分一样，因为全部人的活动迄今都是劳动，也就是工业，就是自身异化

① 《马克思恩格斯全集》第42卷，人民出版社1979年版，第122页。

② 张一兵：《马克思历史辩证法的主体向度》，河南人民出版社1995年版，第73页。

的活动)，人的对象化的本质力量以感性的、异己的、有用的对象的形式，以异化的形式呈现在我们面前。因此，马克思认为：“如果心理学还没有打开这本书即历史的这个恰恰最容易感知的、最容易理解的部分，那么这种心理学就不能成为内容确实丰富的和真正的科学。”① 这里马克思所说的“心理学”并非是现代意义上的心理学，而是指认识论。② 在马克思看来，如果心理学（认识论）没有包括体现“人的本质力量”的工业史和工业的已经产生的对象性的存在，就不是真正的科学。

再就自然科学与人文科学的关系而言，马克思论述了自然科学与工业的科学伦理价值——自然科学通过工业日益在实践上进入人的生活，改造人的生活，并为人的解放作准备，因而，它“将成为人的科学的基础”和“真正人的生活的基础”。其一马克思指出，自然科学展开了大规模的活动并且占有了不断增多的材料。但是哲学对自然科学始终是疏远的，正像自然科学对哲学也始终是疏远的一样。过去把它们暂时结合起来，不过是离奇的幻想。存在着结合的意志，但缺少结合的能力。甚至历史学也只是顺便地考虑到自然科学，仅仅把他看作是启蒙、有用性和某些伟大发现的因素。然而，“自然科学却通过工业日益在实践上进入人的生活，改造人的生活，并为人的解放作准备，尽管它不得不直接地完成非人化”。③ 由此，马克思认为，工业是自然界同人之间，因而也是自然科学同人之间的现实的历史关系。因此，如果把工业看成人的本质力量的公开的展示，那么，自然界的人的本质，或者人的自然的本质，也就可以理解了；因此，自然科学将失去它的抽象物质的或者不如说是唯心主义的方向，并且将成为人的科学的基础，正像它现在已

① 《马克思恩格斯全集》第42卷，人民出版社1979年版，第127页。

② 同上书，注释61，第495页。

③ 同上书，第128页。

经——尽管以异化的形式——成了真正人的生活的基础一样；“在人类历史中即在人类社会的产生过程中形成的自然界是人的现实的自然界；因此，通过工业——尽管以异化的形式——形成的自然界，是真正的、人类学的自然界。”[①] 其二，马克思进一步认为，感性必须是一切科学的基础。“科学只有从感性意识和感性需要这两种形式的感性出发，因而，只有从自然界出发，才是现实的科学。”因为，在马克思看来，全部历史是为了使“人”成为感性意识的对象和使“人作为人”的需要成为（自然的、感性的）需要而作准备的发展史。因此，“历史本身是自然史的即自然界成为人这一过程的一个现实部分。自然科学往后将包括关于人的科学，正像关于人的科学包括自然科学一样：这将是一门科学”。马克思论证道：由于人是自然科学的直接对象；自然界是关于人的科学的直接对象。人的第一个对象——人——就是自然界、感性；而那些特殊的人的本质力量，正如它们只有在自然对象中才能得到客观的实现一样，只有在关于自然本质的科学中才能获得它们的自我认识。因为，思维本身的要素，思想的生命表现的要素，即语言，是感性的自然界。所以，自然界的社会现实和人的自然科学或关于人的自然科学，在马克思看来，是同一个说法。

另外，就科学活动的社会伦理本性而言，马克思认为，“甚至当我从事科学之类的活动，即从事一种我只是在很少情况下才能同别人直接交往的活动的时候，我也是社会的，因为我是作为人活动的。不仅我的活动所需的材料，甚至思想家用来进行活动的语言本身，都是作为社会的产品给予我的，而且我本身的存在就是社会的活动；因此，我从自身所作出的东西，是我从自身为社会做出的，并且意识到我自己是社会的存在物”。[②] 这里可以看到，马克思已

① 《马克思恩格斯全集》第42卷，人民出版社1979年版，第128页。
② 同上书，第122页。

突破了原有的人本学主体辩证法的理论语境，几乎站在了历史唯物论的待发点上。不仅如此，马克思认为，人的普遍意识不过是以现实的共同体、社会存在物为生动形式的那个东西的理论形式，“普遍意识是现实生活的抽象，并且作为这样的抽象是与现实生活相敌对的。因此，我的普遍意识的活动本身也是作为社会存在物的理论存在”。[①] 因而，应当避免把“社会”当作抽象的东西同个人对立起来。个人是社会存在物，因为他的生命表现，即使不采取共同的，同其他人一起完成的生命表现这种直接形式，也是社会生活的表现和确证。由此，马克思认为，“作为类意识，人确证自己的现实的社会生活，并且只是在思维中复现自己的现实存在；反之，类存在则在类意识中确证自己，并且在自己的普遍性中作为思维着的存在物自为地存在着”。[②] 因而，人是一个特殊的个体，并且正是他的特殊性使他成为一个个体，成为一个现实的、单个的社会存在物，同样地人也是总体、观念的总体、被思考和被感知的社会的主体的自为存在，正如人在现实中既作为社会存在的直观和现实享受而存在，又作为人的生命表现的总体而存在一样。

第三节　关于青年马克思科学伦理观的几点思考

尽管马克思的《1844 年经济学—哲学手稿》距今已有一个半世纪多，但《1844 年经济学—哲学手稿》中所阐发的科学伦理思想不仅具有较高的理论价值，而且对当今乃至以后仍有深刻的影响。同时也有以下几点启示：

---

① 《马克思恩格斯全集》第 42 卷，人民出版社 1979 年版，第 122 页。
② 同上书，第 123 页。

首先，从上述对马克思科学伦理观生成的思想背景的分析中可以看到，《1844 年经济学—哲学手稿》是马克思运用当时的哲学观点对资产阶级国民经济学、资产阶级的经济运作的现状和黑格尔唯心主义所作的批判。[①] 由于马克思当时正受着费尔巴哈人本学思想的强烈影响，因而在《1844 年经济学—哲学手稿》中所显现的理论中轴是人本学伦理意义上的“真正的人”；在理论语境上起主导作用的是以费尔巴哈人本学与黑格尔的思辨哲学相整合的人本学主体辩证法和伦理（应是）话语，并且也是马克思阐发科学伦理观的主导性理论语境。同时，在分析马克思的科学伦理观的过程中，我们也发现马克思在理论语境方面的变化，即从现实物质生产（实践和工业）出发来阐释社会历史的实证性（是）语境，特别在阐述科学活动的伦理本性时几乎站在了历史唯物论的待发点上。从这种理论语境的变化中，展现了青年马克思哲学思想演变的心路历程：当马克思深入到当时资本主义经济现象之中，就超越了原有的人本学主体辩证法的伦理（应是）语境，逐渐地接近了他的哲学革命和第一个伟大发现——历史唯物主义。[②] 而这又与马克思第二次重大的思想转变和其科学伦理观之人本主义哲学逻辑的解构以及认识论发生的质变与科学伦理思想的变革密切相关。

其次，作为马克思科学伦理观生成的理论视界的自然伦理观对当代仍有极为深刻的影响和科学伦理价值。在当代，如何处理好人与自然的关系是科学伦理学的核心问题之一。从实践的方面看，处理好人与自然的关系不仅关系到当代科学技术的发展，而且关系到人—自然—社会这一超大系统的协调运行和可持续发展。当代人们面对环境污染、化学废料和生态圈破坏……人与自然的关系处于尖

---

① 侯惠勤主编：《正确世界观人生观的磨砺》，南京大学出版社 1996 年版，第 63 页。

② 张一兵：《马克思历史辩证法的主体向度》，河南人民出版社 1995 年版，第 72 页。

锐的对立之中的严峻事实，重温马克思的“自然界是人为了不致死亡而必须与之不断交往的人的身体……这说明人是自然的一部分”① 的论述，很受启发。黑格尔在《自然哲学》中也曾指出：“需要和才能使人能够不断地发现各种控制和利用自然的方法……他用自然作手段来战胜自然；他的聪敏的理智使他能够以自然对象对抗威胁他的自然力量并使之失效，以此来保护和保持自己。然而实际上自然就其普遍性来讲是不能以这种方式被控制的，它也不会屈从于人的目的。”② 马克思批判地汲取了黑格尔的自然观，将人与自然的关系融入人—社会—自然的系统之中，并且把人—社会—自然看作相互作用的过程，他指出：“自然界的人的本质只有对社会的人说来才是存在的；因为只有在社会中，自然界对人说来才是人与人联系的纽带，才是他为别人的存在和别人为他的存在，才是人的现实的生活要素；只有在社会中，自然界才是人自己的人的存在的基础。只有在社会中，人的自然的存在对他说来才是他的人的存在，而自然界对他说来才成为人。因此，社会是人同自然界的完成了的本质的统一，是自然界的真正复活，是人实现了的自然主义和自然界的实现了的人道主义。”③ 因而重新认识人—社会—自然这一相互作用的系统，并确认人在其中的地位及其在推进这一系统协调运转的道德责任，将马克思描绘的“社会是人同自然界的完成了的本质的统一”，“人实现了的自然主义和自然界的实现了的人道主义”的图景变为现实是当代全球性重要的实践课题之一。从理论方面来看，马克思自然伦理观的论述，对于我们建立科学伦理规范体系、确立生态道德范畴和制定发展科学技术规划都有一定的理论

---

① 《马克思恩格斯全集》第 42 卷，人民出版社 1979 年版，第 95 页。

② ［加］威廉·莱斯：《自然的控制》，岳长龄、李建华译，重庆出版社 1993 年版，第 111 页。

③ 《马克思恩格斯全集》第 42 卷，人民出版社 1979 年版，第 122 页。

启迪和导引作用。就科学伦理规范体系而言，自然伦理观是其本体论意义上的逻辑起点和归宿。因为科学伦理学揭示，科学作为人类探索自然的智慧的结晶，使人类在人与自然的关系方面经历了“人事之法天”到“人定胜天”的历程后，经过反思，现在正向着“人心之通天”即向着人—社会—自然这一相互作用的系统协调发展的方向前进。在“人心之通天”的运作中，其关键就在于须按照马克思在《1844 年经济学—哲学手稿》所说的那样，“懂得按照任何一个种的尺度来进行生产，并且懂得怎样处处都把内在的尺度运用到对象上去”；并且“按照美的规律来建造”。这样“在改造对象世界中，人才真正证明自己是类存在物。这种生产是人的能动的类生活。通过这种生产，自然界才表现为他的作品和他的现实”。“人不仅像在意识中那样理智地复现自己，而且能动地、现实地复现自己，从而在他所创造的世界中直观自身。”此外，从人类社会发展的趋向来看，正如马克思所推断的那样，“共产主义是私有财产即自我异化的积极的扬弃，因而是通过人并且为了人而对人的本质的真正占有；因此，他是人向自身、向社会的（即人的）人的复归，……这种共产主义，作为完成了的自然主义，等于人道主义，而作为完成了的人道主义，等于自然主义，他是人和自然之间，人和人之间的矛盾的真正解决，是存在和本质、对象化和自我确证、自由和必然、个体和类之间的斗争的真正解决”。即异化的扬弃和人与物的颠倒关系的复位，并不是导致一种新的人对自然和对象的支配和奴役，而是人与自然（对象）关系的真正解决。

再次，在科学伦理学中，处理好人与自然的关系，离不开处理好科学与社会（人）的关系和自然科学与人文科学的关系，前者显现了科学的社会伦理功能，后者体现了科学的伦理价值。马克思在《1844 年经济学—哲学手稿》中有关这方面的论述，对于科学迅猛发展并得到广泛运用的当代更有其深刻的人文意蕴与价值。在科学与社会（人）的关系上，马克思认为，“工业的历史和工业的已经产生的对象性的存在，是一本打开了的关于人的本质力量的书，是感性地摆在我们面前的人的心理学”；即自然科学和工业的发展是人的本质力量的确证，尽管在马克思所处的时代是以异化的形式呈现的。而这种异化的形式与当时的科学运作的伦理价值目标的功利性即：“被资本用作致富的手段，从而科学本身也成为那些发展科学的人的致富手段”①，以及科学本身的价值目标的单一性——求真密切相关。当代科学的飞速发展使它更具确证人的本质力量的潜能，因而在科学运作的伦理价值目标上，必须注重人—社会—自然这一相互作用的系统协同发展，与此同时，科学本身的价值目标必须由原来单一的求真型向求真、臻善和达美的三维型结构转化，从而形成以求真为动力，以臻善为目标，以达美为指向的三维价值目标体系，使自然科学像马克思所期望的那样，“通过工业日益在实践上进入人的生活，改造人的生活，并为人的解放作准备”。为了实现当代科学的伦理价值目标，在理论层面上，必须处理好自然科学和人文科学的关系。对此马克思在《1844 年经济学—哲学手稿》中论述道，“自然科学将失去它的抽象物质的或者不如说是唯心主义的方向，并且将成为人的科学的基础，正像它现在已经——尽管以异化的形式——成了真正人的生活的基础一样”。他还预言：“自然科学往后将包括关于人的科学，正像关于人的科学包括自然科学一样：这将是一门科学。”当代科学正朝着这一方向发展，在发展中充分展示了其中内蕴的伦理价值；同时，也确证了马克思所论述的科学活动的社会伦理本性。

最后，青年马克思的科学伦理观对法兰克福学派科学伦理思想生成的影响主要表现为以下几个方面：一是法兰克福学派在其科学伦理思想生成的过程中承继了青年马克思在《1844 年经济学—哲学手稿》中所显现的理论中轴是人本学伦理意义上的“真正的人”，

① 《马克思恩格斯全集》第 47 卷，人民出版社 1979 年版，第 572 页。

并在其批判的科学伦理观中得到进一步的发挥；二是在理论语境上也发挥了青年马克思以费尔巴哈人本学与黑格尔的思辨哲学相整合的人本学主体辩证法和伦理（应是）话语，并成为其阐发科学伦理思想的主导性理论语境。三是对于青年马克思的自然观，法兰克福学派只是进行了形而上学的理解，即只强调人与自然或自然与历史（社会）、自然史与人类史以及自然观和历史观的统一，而忽视了差别，在法兰克福学派中占主导地位的主要是卢卡奇的观点：自然是一个历史范畴，片面夸大了青年马克思自然观的社会历史性的一面，而否定了其强调自然的客观实在性的方面。最后，在科学伦理观方面，只是消极地发挥了青年马克思的科学与社会方面的伦理观，片面地夸大科学技术社会应用的负效应，把科学技术的资本主义利用方式所造成的种种消极、异化现象归之于科学技术本身，科学技术成了统治的新形式和极权主义者，成了奴役异化和苦难的根源。进而否定了马克思关于科学是解放人类、促进人的全面发展和社会发展的革命力量的科学伦理观，陷入了反科学主义和悲观主义之中。

任何合理的货币计算，因而尤其是任何资本计算，在市场赢利中都以价格机会为取向，价格机会是通过在市场上的利益斗争（价格斗争和竞争斗争）和利益妥协形成的。①

——马克斯·韦伯

第五章　韦伯《经济与社会》中的经济伦理思想

如前两章所述，法兰克福学派科学伦理思想在其生成的过程中，既受德国古典哲学尤其是黑格尔的理性伦理观影响，又有青年马克思人本主义的科学伦理思想印记，此外，还深受韦伯经济合理性伦理思想和卢卡奇的物化伦理思想、批判的科学伦理观的影响，并成为其直接的理论基础。同时还须指出，韦伯关于经济行为合理性的伦理思想对青年卢卡奇的物化伦理思想的生成产生了一定的影响，并成为青年卢卡奇揭露和批判资本主义社会物化现象的主导性的核心话语。“虽然青年卢卡奇对马克思社会关系物化批判的援引是不精确的，但多少造成了对资本主义经济制度的一种深刻冲击。而韦伯的物化理论根本取消了对社会关系（价值层面）的关注，直接将生产对象化中的工具合理性确定为社会存在的本体。主体的消除和对象化中的量化导致的可计算性，是韦伯站在资产阶级意识形

① ［德］马克斯·韦伯：《经济与社会》（上卷），林荣远译，商务印书馆 1997 年版，第 113—114 页。

态立场上充分肯定的东西。青年卢卡奇并不从正面肯定韦伯，而是从反面将韦伯颠倒过来，形成他自己独特的物化批判。”① 进而韦伯关于经济行为合理性的伦理思想经青年卢卡奇的物化伦理思想中介对法兰克福学派科学伦理思想的生成及其发展产生了极为深刻的影响，而青年卢卡奇的物化伦理思想和批判的科学伦理观则成为法兰克福学派科学伦理思想生成理论基础与核心话语。本章主要对韦伯关于经济行为合理性的伦理思想和青年卢卡奇的物化伦理思想的内涵以及青年卢卡奇批判实证主义、科学主义的科学伦理观对法兰克福学派科学伦理思想生成的影响作一探析。

第一节　经济行为合理性的伦理意蕴

韦伯在《经济与社会》一书中，通过对经济行为合理性的经济—社会学界定，阐述了在资本主义运作中，经济行为合理性的内涵，同时也内蕴着丰富的伦理思想。

一　经济行为合理性的取向伦理内涵

韦伯在阐释作为经济行为合理性的取向：有用效益时，不是采取对“有用效益”进行孤立的分析和阐述，而是将它与经济行为的分析和阐述紧密结合，进而凸现出“有用效益”在经济行为合理性的取向中的重要性。有用效益作为经济行为合理性的取向的伦理意蕴便成为这种有用效益内涵。这里的“伦理意蕴”是指经济行为主体在经济活动中处理利益与合理性的关系，其中包括：经济与合理性、目的的合理性与手段的合理性；也包括经济行为主体与自身，

① 张一兵：《文本的深度耕犁——西方马克思主义经典文本解读》，中国人民大学出版社 2004 年版，第 54—55 页。

经济行为主体之间的伦理关系等等。

首先，韦伯对“行为”、“经济行为”、“合理的经济行为”进行了界定。韦伯认为，一个行为，只要当它根据其所认为的意向，以设法满足对有用效益的欲望为取向时，就应该叫做“以经济为取向”。“经济行为”应该叫做一种和平行使主要是以经济为取向的支配权利。由此，他指出，由于任何一种行为，包括暴力的行为都可能以经济为取向。任何合理的政策，在手段上都利用经济的取向，而且任何政策都可以服务于经济的目的。同样，虽然在理论上不是任何经济，但是我们的现代经济，在我们现代的条件下，需要通过国家的法律强制来保证支配权。以期获得和贯彻对形式上“合法的”支配权的保证。[①] 因而，并非在手段上合理的行为都应该叫做“合理的经济行为”。

其次，他又将经济行为与技术行为进行了区分。在他看来，“经济”与“技术”两者不能相提并论。因为，一个行为的技术，意味着行为所应用的手段的内涵与行为最后以之为取向的行为意向或目的正好相对立。“合理的”技术意味着应用有意识地和有计划地以经验和深思熟虑为取向的手段，在最合理的情况下，则是以科学的思维为取向。对技术来说，“用力最少”的著名原则也是衡量合理的尺度：与所应用的手段相比，达到最大的成果。它所关心的仅仅是最合适的和比较上用力最经济的手段，同时成果又可以同样完美、安全和持久。从“经济行为”的视角看，“技术”问题则意味着要讨论“成本”。为了一个技术的目的，应用不同的手段，相比较而言，花费多少成本，最终要落实到在不同的目的手段的可用性上。在流通经济里，这些耗费是否能通过产品的销售，用货币支付？在计划经济里，是否能无损于其他的、被认为更重要的供应的

① ［德］马克斯·韦伯：《经济与社会》（上卷），林荣远译，商务印书馆 1997 年版，第 86 页。

利益，提供为此所必需的劳动力和生产资料？这里提出问题的视角是“经济性的”。经济主要以应用的目的为取向，技术则是以（在既定的目标下）应用的手段为取向。一个特定的应用目的，从根本上来看，是以技术的起点为基础的。因为，历来的重点在于技术发展的经济制约，今天尤其如此。因此，韦伯提出一个重要的命题：“没有合理的计算作为经济的基础，也就没有极为具体的经济史上的条件，合理的技术也不会产生。”①

再次，在阐述作为合理的经济行为取向的“有用效益”及其作用时，韦伯界定了“有用效益”是指一个或若干经济行为者本身所估计的具体的、单一的、成为关心对象的、当前或未来应用可能性的（真正的或臆想的）机会，它们作为手段对于经济行为者或经济行为者们的目的具有重要的意义，他（或他们）的经济行为是以之为取向的。经济的取向可以依传统或者按目的合乎理性进行。在韦伯看来，即使行为在很大程度上合理化，传统取向的因素相对来说也是重要的。

最后，他又论述了“有用效益”在合理的经济行为的典型规则②中的作用：一是不管出于什么原因，有计划地分配经济行为者，认为可以拥有当前和为了有用效益（节约）。二是有计划地分配可以支配的有用效益，按其估计的重要性先后顺序，根据边缘效应，分配给若干应用可能性。三是有计划地获得——生产和运输——那些全部获得手段都在经济行为者自己支配权利下的有用效益。四是通过与现有的支配权利的拥有者或者获得的竞争者进行社会化，有计划地获得对这样一些有用效益的保障的支配权利或参与支配的权利。这里包括以下三种情况：其一，这种有用效益本身在

① ［德］马克斯·韦伯：《经济与社会》（上卷），林荣远译，商务印书馆 1997 年版，第 88 页。

② 同上书，第 92 页。

别人的支配权利下；其二，它们的获得手段在别人的支配权利下；其三，被置于同他人的获得竞争之中而威胁着自己的供应。透过韦伯分析与论述“有用效益”在合理经济行为的典型规则中的作用，可以看出，经济行为主体在有用效益的获得与支配中，生成了经济行为主体与自身、经济行为主体之间的伦理关系。在经济行为的典型规则运作中，则进一步显现出其中的伦理意蕴：一方面经济行为主体通过建立一个团体，应该以它的制度为取向，以获得或者利用有用效益；另一方面是通过交换。在这里，韦伯特别强调经济行为主体作为交换主体之间以利益为中介的伦理关系：交换是交换伙伴的一种利益的妥协，通过这种妥协，货物或机会被当作是相互的报酬。就交换主体力争并缔结交换的方式而言，可以是以传统或按照惯例为取向，或者经济上以理性为取向。任何以理性为取向的交换，都是通过妥协即相互利益的协调，才结束了在此以前公开的或者潜在的利益斗争。①

在作了上述阐释后，韦伯对经济行为进行了归纳：“一种经济行为的形式上的合理应该称之为它在技术上可能的计算和由它真正应用的计算的程度。相反，实质上的合理性，应该是指通过一种以经济为取向的社会行为方式。”② 同时他又指出了合理这一概念所蕴涵的丰富伦理内涵。因为，在实际的经济活动中，合理并不仅仅是纯粹在形式上，即用技术上尽可能适当的手段，目的合乎理性地就可以计算出来，还要提出伦理的、政治的、功利主义的、享乐主义的、等级的、平均主义的或者某些其他的要求，并以此作为价值合乎理性或者在实质上目的合乎理性的观点来衡量经济行为的结果。

---

① ［德］马克斯·韦伯：《经济与社会》（上卷），林荣远译，商务印书馆 1997 年版，第 93 页。

② 同上书，第 106 页。

二　经济行为合理性的操作伦理机制

首先，韦伯指出，"纯粹从技术上看，货币是'最完善的'经济计算手段，也就是说，经济行为取向的形式上最合理的手段"。[①]为了使人们对这一问题有比较清晰的认识，韦伯将货币计算与现实的货币使用相区别：货币计算不是现实的货币使用，它是目的合乎理性的生产经济的特殊手段。在完全合理的情况下，货币计算首先意味着：一是估计一切为了生产目的，现在或未来并被看作必然的或者可能拥有的……有用效益或生产手段，以及根据（现实的或期望的）市场行情估计的重要的经济机会；二是用货币以一种对各种不同的可能性进行比较的"成本"和"收益"的计算形式；三是周期性地用货币对一项经济工作所拥有的货物和机会及周期进行的比较；四是事先估计和事后确定一项经济工作总共可拥有的资金；五是通过利用在计算周期内可拥有的货币，根据边缘效应的原则，用于期望得到的有用效益，进而使需求以此为取向。[②]在实际操作中，纯粹的货币预算，其计算的前提是，收入和财富或者由货币所组成，或者用（原则上）随时都可以通过交换为货币，即市场上绝对畅销的货物所组成。这就表明，无论是在完全合理的情况下的货币计算，还是在实际操作中的纯粹的货币预算，经济行为主体都必须处理好以下的（伦理）关系：生产目的与现在或未来的生产手段或有用效益之间的关系、成本与收益的关系、有用效益与需求的关系、生产与销售的关系等等，这样才能使货币计算合理化。

与货币计算不同，实物计算既没有在货币估计意义上的统一的"财富"，也没有统一的（即用货币估计的）"收入"。它用实物的形

① ［德］马克斯·韦伯：《经济与社会》（上卷），林荣远译，商务印书馆 1997 年版，第 107 页。

② 同上书，第 108 页。

式，按可以支配的物品和劳力的消耗，计算“占有”的实物和（限于和平的获得）具体的“收益”在估计最大可能地满足需求的情况下，管理这些物品的收益，作为满足需求的手段。在固定的既有的需求下，只要供应情况没有要求对各种不同的使用方式进行比较，准确地用计算方式确定最大限度地利用满足需求的手段。尽管相对来说，这是一个比较简单的纯技术性的问题，但是其中也蕴涵着经济行为主体必须处理好收益与需求之间的关系，才能使实物计算合理化。

然而，在进行完全合理的（即不受传统束缚的）实物计算时，在支配货币财富和货币收入时，相对来说，比简单的边缘效应计算要错综复杂得多。前者，作为“边缘”问题出现的仅仅为剩余劳动，满足或者牺牲一种需求，以利于另一种（或若干种）需求（因为在其中，“成本”最终表现在纯粹的货币预算里）；而后者，除了需求的轻重缓急以外，它将不得不权衡：一是生产手段包括迄今为止整个劳动规模的多种含义的可用性；二是为了赢得新的收益，预算编制者不得不考虑新的劳动规模和方式；三是在不同货物生产的情况下，实物消耗使用的方式。[①] 在这里，韦伯指出了进行完全合理的实物计算所要处理好的种种（伦理）关系：需求之间的轻重缓急关系、多种生产手段的可用性之间的关系、收益与劳动规模的关系等等。而这些关系又蕴涵着供方与需方的伦理关系、经济活动中的管理者与被管理者之间的伦理关系。因而，经济史的最重要任务之一是密切注视贯穿各个历史时代过程的实物预算，以何种方式满足这种情况。一般说来有两种情形：一是形式上合理的程度，事实上达不到实际可能的水平，因为这种实物预算的计算大多数总是受传统的束缚；二是由于日常需求没有得到提高和升华，对大的预算

① ［德］马克斯·韦伯：《经济与社会》（上卷），林荣远译，商务印书馆1997年版，第110页。

单位来说，非日常的首先在艺术方面利用过剩的供应是易于理解的，因为这与自然经济时代的艺术及其文化基础相关。

第二节　经济行为合理性实现的伦理本质

韦伯认为经济行为合理性的实现与赢利的取向及资本计算密切相关，资本计算的伦理本质主要表现为，即使在其形式上以最合理的形态出现的资本计算，也是以人与人的斗争为前提的。同时形式上的和实质上的货币计算的合理性存在着内在的不一致性。

一　赢利与资本计算

首先，韦伯对赢利作了这样的界定："赢利应该叫做一种以赢得对货物拥有新的支配权利的机会为取向的行为。……经济赢利应该叫做一种以和平机会为取向的赢利。"① 尔后，韦伯又引申了一系列与此相关的概念：经济赢利、市场赢利、赢利手段、赢利信贷等等。在此基础上，韦伯着重分析和阐释了属于合理的经济赢利的一种货币计算的特别形式：资本计算。资本计算是通过对一个赢利企业在开始时整个赢利货物（以实物或货币计算），和在结束时（还剩有的和新获得的）赢利货物的货币估计数量进行比较，对赢利机会和成果的估计和检验。这里，资本是为结算目的在资本计算时确定的、为经营目的可支配的赢利手段的货币估计数目。而利润以及亏损是通过最终结算与开始时的结算相比较多余的以及减少的估计数目。与资本计算密切相关的是资本风险。资本风险是估计结

① ［德］马克斯·韦伯：《经济与社会》（上卷），林荣远译，商务印书馆 1997 年版，第 112 页。

算损失的机会。因为，经济的经营是一种可以自治地以资本计算为取向的行为。这种取向是通过计算来实现的。因而人们在经营中要预先计算在采取的措施中可能会遇到的风险和期望得到的利润，此外还要进行事后核算，以检验实际出现的盈余或亏损。对于有利可图性（在合理的情况下）而言，这意味着：一是认为可能的和通过企业家的措施所力争的、通过预先计算的利润；二是根据事后核算实际取得的、无损于将来赢利机会，对企业家的预算在一个周期内可支配的利润。通过对合理的经济赢利的一种货币计算的特别形式：资本计算的阐释与分析，让我们初步了解了在资本计算中，充满了利益与风险即赢利与亏损的利益争斗。资本计算的过程实际上是经济行为主体之间即供方与需方、供方与供方的利益调适过程。

其次，对一个企业而言，赢利离不开合理经营。而合理经营的各种措施则是通过计算以赢利成果为取向的。在市场赢利中，资本计算的前提是：一是对于赢利企业所获得的货物，存在着足够广阔的和有保障的、通过计算可以估计的销售机会，即（在正常情况下）市场畅销；二是有足够保证可以得到赢利手段即实物的生产手段和劳动效益，以及通过计算获得可以计算的在市场上的“成本”；三是借助生产手段所采取的直接可以达到销售程度的各种措施（运输、产品制造、储存等等）的技术和法律条件，原则上可以形成可计算的（货币）成本。① 由此可见，在市场赢利中，资本计算的前提中蕴涵了供方与需方之间的伦理关系，具体表现为：供方对需方需求的了解、供方对自身各方面的利益协调以及如何满足需方需求的措施等。

与预算的计算相反，市场企业家的资本计算和核算不以“边缘效应”为取向，而是以有利可图为取向。而有利可图的机会，最后

① ［德］马克斯·韦伯：《经济与社会》（上卷），林荣远译，商务印书馆 1997 年版，第 113 页。

受收入情况所制约，并且通过这种收入情况，受到在可享用货物的最后的消费者身上可支配的货币收入的边缘效应情况所制约。同样，在技术上，赢利企业计算和预算的计算也是根本不同的，正如它们所服务的满足需求对象和赢利的方式根本不同一样。对于经济理论来说，边缘消费者是生产方向的指导者。这就是说，即使市场企业家的资本计算和核算以有利可图为取向，也不能仅仅关注企业家自身的利益，因为其利益受需方即消费者的制约，因此，这些企业家同样要处理好供方与需方的伦理关系。这正如韦伯所指出的那样："有利可图取决于'消费者'（根据其收入，按照货币的边缘效应）能够并且愿意支付的价格：只能为那些拥有相应收入的消费者生产，才能有利可图。不仅如果有更为迫切的（自己的）需求在先，而且如果有更强的（外来的）（对各种需求的）购买力，需求的满足便会落空。"[①] 在这里，通过对"有利可图"的分析，韦伯似乎不自觉地探察到，马克思所指出的"没有生产，就没有消费，但是，没有消费，也就没有生产，因为如果没有消费，生产就没有目的"。[②] 由此，韦伯进一步阐述到，市场上人与人的斗争前提作为合理的货币计算存在的条件，以受到如下两方面的决定性的影响为前提：一是得到更为丰厚的货币收入供应的消费者的超额供应（货币）的可能性；二是有利于货物生产的——尤其是拥有生产重要货物或货币支配权利的——生产者的供应不足的可能性，对结果具有决定性影响。它尤其以有效的——不是通常为了某些纯技术的目的而虚构出来的——价格，亦即以有效的、作为令人渴望得到的交换手段的货币为前提。因此，以货币价格的机会和以有利可图为取向制约着。

---

① ［德］马克思·韦伯：《经济与社会》（上卷），林荣远译，商务印书馆 1997 年版，第 114 页。

② 《马克思恩格斯全集》第 46 卷（上），人民出版社 1979 年版，第 28 页。

二 资本计算的伦理本质

韦伯深刻地指出："对于任何合理的货币计算，尤其是任何资本计算，在市场赢利中都以价格机会为取向，价格机会是通过在市场上的利益斗争（价格斗争和竞争斗争）和利益妥协形成的。"① 这在赢利的计算中，在簿记技术发展最高的形式中，特别明显地表现在：通过一种记账系统：在企业各部门之间或者单独分离出来的计算项目之间，奠定假设交换过程的基础，这种系统可以在技术上最完美地对任何一项措施的有利可图性进行检验。这犹如马克思所洞悉到的，"在一切价值都用货币来计量的行情表中，一方面显示出，物的社会性离开人而独立，另一方面显示出，在整个生产关系和交往关系对于个人，对于所有个人所表现出来的异己性的这种基础上，商业的活动又使这些物从属于个人"。② 因此，即使在其形式上以最合理的形态出现的资本计算，也是以人与人的斗争为前提的，而且是在另一个非常特殊的前提条件下进行的。因为对于任何经济来说，主观存在的"需求感觉"都不可能等于有效的需求，也就是说，考虑通过货物生产达到满足的需求。因为那种主观的感情冲动能否得到满足，一方面取决于事情的轻重缓急，另一方面取决于为满足需求估计可以支配的货物。如果根据迫切性，首先提供的有用效益满足之后，提供给这个需求满足的有用效益不复存在，或者只有牺牲劳动力或者实物，以至于将来的、然而在其目前的估计中更为迫切的需求受到损害，需求的满足将仍然不能实现。

通过上述的分析韦伯更为深入地揭示道，不管实物计算还是货

---

① ［德］马克斯·韦伯：《经济与社会》（上卷），林荣远译，商务印书馆 1997 年版，第 113—114 页。

② 《马克思恩格斯全集》第 46 卷（上），人民出版社 1979 年版，第 107 页。

币计算，都是合理的技术。但它们却没有把一切经济行为划分殆尽。因为，除此而外，还存在着虽然以经济为取向，但对计算却是陌生的行为。这些行为可能以传统为取向，或者受情绪的制约。具体表现为，有充分意识的、然而建立在宗教奉献的、战士的激情、孝顺的情感和类似的以情绪为取向的行为，其可计算程度上很不发达。进而他不仅明确指出，货币计算的形式上的合理性是与非常特殊的物质条件联系在一起的，而且从社会学和伦理学的双重视角较为细致地分析了这些条件与经济行为主体之间的伦理关系，主要包括以下几个方面：一是各种自治的经济市场的斗争。货币价格是经济行为主体之间斗争和妥协的产物，即是实力较量状况的结果。货币并非是一种善意的不确定的有效益的指令，“人们可以不在原则上排除价格打上人与人斗争烙印的性质就能随意改造这种指令，而首先是斗争手段和斗争价格，但是，仅仅是以对利益斗争机会采用量的估计表达形式的计算手段”。[①] 二是货币计算在资本计算的形式中，达到作为经济行为在计算方面的取向手段最高的合理程度；在最广泛的市场自由——即在既不存在强加的经济上的不合理的，也不存在唯意志的和经济上合理的（即以市场机会为取向的）垄断意义上的市场自由——实质性前提下，达到最高度的合理程度。与这种状况相联系的争夺产品销售的竞争，尤其是作为销售组织和广告（在最广义上），产生了大量的耗费；如果没有那种竞争（即在计划经济或者合理的彻底垄断的情况下），就能省去这种耗费。此外，严格的资本计算在社会方面还受到企业纪律和实物生产手段的占有的约束，即受一种统治关系存在的约束。三是“对有效益的有购买力的渴求。通过资本计算的媒介，在实质上调节着赢利货物的

① ［德］马克斯·韦伯：《经济与社会》（上卷），林荣远译，商务印书馆 1997 年版，第 128 页。

生产”。[1] 因此，在最后的收入阶层，按财产分配方式，对某一特定有用效益，具有购买力并乐于购买，他们的边缘效应情况对于货物生产的发现是关键的。在这里，韦伯揭示了经济行为主体（供方与供方）之间不仅在价格上既相互竞争又相互妥协，同时在销售上也在进行着激烈的竞争，此外还存在着供方与需方的伦理关系，这一关系“通过资本计算的媒介，在实质上调节着赢利货物的生产”。关于这一问题马克思作了更为明确的分析，“这种一切人反对一切人的战争所造成的结果，不是普遍的肯定，而是普遍的否定。关键是在于：私人利益本身已经是社会所决定的利益，而且只有在社会所创造的条件下并使用社会所提供的手段才能达到；也就是说，私人利益是与这些条件和手段的再生产相联系的。这是私人利益；但它的内容以及实现的形式和手段则是由不以任何人为转移的社会条件决定的”。[2]

在分析赢利—资本计算的伦理本质的过程中，韦伯还探察到，形式上的和实质上的货币计算的合理性存在着内在的不一致性。尽管在充分的市场自由的情况下，与所有不管什么形式的实质的基本要求相比较，资本计算在形式上最充分的合理性恰恰是绝对地不偏不倚；然而，这种蕴藏于货币计算本质中的情况，说明其合理性的原则性障碍。这种合理性恰恰具有纯粹形式的性质，而形式上的和实质上的（不管以什么样的价值准则为取向的）合理性，在任何情况下，原则上都是分道扬镳的，尽管有无数的情况下，它们在经验上同时出现。因为货币计算形式上的合理性丝毫不说明实物的实质分配的方式。

---

① ［德］马克斯·韦伯：《经济与社会》（上卷），林荣远译，商务印书馆 1997 年版，第 129 页。

② 《马克思恩格斯全集》第 46 卷（上），人民出版社 1979 年版，第 102—103 页。

第三节　关于韦伯经济行为合理性伦理思想的思考

首先，通过探索韦伯关于经济行为合理性阐释，使我们领悟到其中蕴涵的伦理视阈。应该说，在韦伯的分析阐述经济行为合理性的过程中，运用了三重话语，其中经济学和社会学的话语是一种显性层面的话语，而伦理学话语则是一种隐性话语，但却是韦伯阐释的内在主导性话语。这三重话语的运作，使得韦伯在分析和阐述经济行为合理性的过程中，不仅仅停留在对经济行为的表层分析或停留在对经济现象的简单罗列和经验判断上，而是能深入到经济行为的深层，揭示经济—伦理范畴之间蕴涵的纷繁复杂的关系，洞察经济行为主体之间的伦理关系。由于韦伯在论述经济—伦理范畴之间的关系和经济行为主体之间的伦理关系时，以经济学为理论依托，以社会学方法作概念辨析，以伦理视阈统摄理论分析，进而使其对经济行为合理性的阐释既有一定的理论深度和广阔的社会学视阈，又具有伦理学的意蕴。

其次，马克斯·韦伯关于经济行为合理性的伦理思想中蕴涵了对资本主义的（合）理性（形式的合理性与实质的合理性）与统治之间的关系的界定。在他那里，形式的合理性意味着可计算性、效率、效益因而是非人性的；实质的合理性不同于形式的合理性，它并不限于纯粹的事实，即人的行为不仅仅以可计算性为基础，而且还包括了伦理的、政治的及其他方面的需要。韦伯在《新教伦理与资本主义精神》等其他著作中还进一步阐释了资本主义、合理性和统治这三者的关系，认为它们之间有着一种必然的联系，具体表现为，西方特有的理性观念在一个物质与精神的文化系统中实现自身，这一文化系统在工业化的资本主义社会中得到了较为全面的发展。而这一文化系统旨在实施一种特殊的统治——总体的官僚政治，并且这种统治已成为现阶段的命运。韦伯的这一思想深深地渗入到卢卡奇物化理论和法兰克福学派的社会批判理论和科学伦理思想之中。韦伯的合理性思想和法理型社会机制是当代整个资产阶级主流学术的重要基础。按照后来法兰克福学派批判的观点，韦伯是通过其工具理性的肯定性论证，构筑起全部资产阶级意识形态大厦的。韦伯区分了马克思所描述的资本主义经济过程中的“对象化”与“异化”，只是具有伦理意义的“异化”在他所谓的“价值中立”中被作为主体的目的合理性“去魔”了，他只是肯定生产过程中对象化的形式合理性。在韦伯看来，关注人本身是属于传统型社会运转的目的合理性，即是追求主体的质性价值（舍勒语）；而形式合理性（工具理性）则关注生产或社会本身的客观进程，在社会的客观运转面前，人的主体性的东西恰恰是无关紧要的和有害的，所以人（主体）必须被量化为客观要素以便具有可计算性（可操作性）。实际上，这也是工业发展进程中，形成的一种客观要求。因此在这个意义上可以说，在韦伯那里，作为终极的价值悬设的异化理论是根本不存在的，而他赞成的是对象化中的量化和可计算性。可见，韦伯的物化理论是非批判和肯定性的。这种物化理论正是青年卢卡奇物化伦理思想的更深一层的基本逻辑规定。

再次，法兰克福学派的思想家对韦伯的这一思想进行了一定的研究。如法兰克福学派的一位重要的理论家马尔库塞在研究了韦伯的这一思想后指出，“韦伯所设想的理性，表现为技术理性，表现为生产和通过有计划的和科学的机构所实现的物质（物和人）的转化。这种机构的合理性组织着并控制着物和人、工厂和整个科层、工作和闲暇”。[①] 不仅如此，马尔库塞还在其《单向度的人》等著

① 参见《现代文明与人的困境——马尔库塞文集》，上海三联书店1989年版，第81页。

作中进一步发挥了这一思想。作为法兰克福学派奠基人的霍克海默等将韦伯的合理性的思想进行了改造：把韦伯的形式理性和实质理性分别改造为主观理性或工具理性与客观理性或批判理性，并在《批判理论》等著作中加以阐释和发挥。作为法兰克福学派第二代传人的哈贝马斯，运用韦伯的合理性观点论证了他关于科技进步及工具理性使资本主义合理化的观点。在他看来，合理化的意义一是在于使社会服从合理决策的范围；二是它使社会劳动工业化，结果是工具理性的行动渗入生活的其他领域。哈贝马斯指出，尽管马尔库塞深信，“在韦伯所说的‘合理化’中要实现的不是‘合理性’本身，而是以合理性的名义实现没有得到承认的政治统治的既定形式。因为这种合理性涉及到诸种战略的正确抉择，即技术的恰如其分的运用和（在既定的情况下确定目标时的）诸系统的合理建立”。[①] 但随着科学技术的进一步发展，“‘合理性’作为批判的标准同它的辩护的标准相比，它的作用钝化了，并且在制度内部变成了应该修正的东西。因此，生产力在其科技发展的水平上，在生产关系面前似乎有了一种新的状态和地位。这就是说，生产力所发挥的作用从政治方面来说现在已经不再是对有效的合法性进行批判的基础，它本身变成了合法性的基础”。[②] 因而，他得出结论，技术的进步并没有取消统治的合理性，进而出现了一个“合理的极权社会”。

---

① ［德］哈贝马斯：《作为“意识形态”的技术与科学》，李黎、郭官义译，学林出版社 1999 年版，第 39 页。

② 同上书，第 41 页。

只有在这种把社会生活中的孤立事实作为历史发展的环节并把它归结为一个总体的情况下，对事实的认识才能成为对现实的认识。①

——乔治·卢卡奇

第六章 青年卢卡奇的伦理思想

如上一章所述，法兰克福学派科学伦理思想在其生成的过程中，既受德国古典哲学尤其是黑格尔的理性伦理观影响，又有青年马克思人本主义的科学伦理思想印记，此外，还深受韦伯经济合理性伦理思想和卢卡奇②的物化伦理思想、批判的科学伦理观的影响，并成为其直接的理论基础。而青年卢卡奇的物化伦理思想和批判的科学伦理观则成为法兰克福学派科学伦理思想生成理论基础与核心话语。本章主要对青年卢卡奇的物化伦理思想的内涵以及青年

---

① ［匈］卢卡奇：《历史与阶级意识》，杜章智等译，商务印书馆 1995 年版，第 56 页。

② 卢卡奇（Gerog Lukacs，1885—1971），匈牙利著名马克思主义哲学家、美学家，西方马克思主义哲学思潮的"奠基人"。卢卡奇出生于布达佩斯一个富裕的犹太银行家的家庭，中学毕业后，去布达佩斯大学学习法律和国家经济学，并攻读文学、艺术史和哲学。1918 年 12 月加入匈牙利共产党。1933 年当选苏联科学院院士。1944 年任布达佩斯大学美学和文化哲学教授。1946—1956 年间任国会议员，1956 年曾任纳吉政府教育部长。1971 年 6 月 21 日死于癌症。其主要著作有：《历史与阶级意识》（1923 年）、《理性的毁灭》（1954 年）、《美学》（1963 年）、《社会存在本体论》（1970 年）等（参见张一兵、胡大平《西方马克思主义哲学的历史逻辑》，南京大学出版社 2003 年版，第 44 页）。

卢卡奇批判实证主义、科学主义的科学伦理观对法兰克福学派科学伦理思想生成的影响作一探析。

第一节　青年卢卡奇物化理论中的伦理思想

青年卢卡奇在《历史与阶级意识》一书中阐述了物化理论，其中韦伯关于经济行为合理性的伦理思想成为一种核心话语，青年卢卡奇的物化理论蕴涵了一定的伦理思想和科学伦理思想，因为他是以科学发展为背景，即以现代科学的发展既促进劳动过程中的合理化同时又导致了劳动过程中的非人化的不断增长为背景，进而分析了物化现象。如前所述，马尔库塞认为《历史与阶级意识》是一部对发展马克思主义有根本意义的、不容忽视的著作。霍克海默和阿多尔诺则要求法兰克福学派成员们要熟读《历史与阶级意识》。法兰克福学派科学伦理思想的生成与青年卢卡奇的《历史与阶级意识》中的物化伦理思想密切相关，在一定意义上可以说，青年卢卡奇的《历史与阶级意识》中的物化伦理思想是法兰克福学派科学伦理思想的生成直接的理论基础。物化概念是青年卢卡奇在《历史与阶级意识》一书中的核心话语之一，并在《物化和无产阶级意识》一文中得到比较全面地阐述，弄清青年卢卡奇的物化理论中的伦理思想对于理解其与法兰克福学派科学伦理思想的内在关联性是十分必要的。

一　物化及其伦理内涵

在《物化和无产阶级意识》一文中，青年卢卡奇首先分析了物化现象的对象性，进而揭示了其内在的伦理本质。他指出，在资本主义商品生产过程中，人与人的社会关系表现为一种物的属性，因而获得一种“幽灵般的对象性”，这就是所谓的物化现象。物化也指人在自己创造的商品面前顶礼膜拜，使自己受制于物，表现为商品拜物教。青年卢卡奇认为，商品拜物教是资本主义时代特有的现象。因为，在资本主义时代，商品形式“渗透到社会生活的所有方面，并按照自己的形象来改造这些方面，而且不只是同不依赖于它、旨在生产使用价值的过程建立表面上的联系”。[①] 在古代社会中，甚至一直到资本主义发展的开始阶段，“经济关系的人的性质有时还被清楚地理解”，然而，随着资本主义的继续发展，产生的形式越错综复杂和越间接，人们就越少而且越难于看清这层物化的面纱。马克思认为：“在以前的各种社会形态下，这种经济上的神秘化主要只同货币和生息。按照事物的性质来说，这种神秘化在下述场合是被排除的：第一，生产主要是为了使用价值，为了本人的直接需要；第二，例如在古代和中世纪，奴隶制或农奴制形成社会生产的广阔基础，在那里，生产条件对生产者的统治，已经为统治和从属的关系所掩盖，这种关系表现为并且显然是生产过程的直接动力。”[②] 当且仅当商品成为一个社会的总体普遍范畴时，或者说当商品关系成为社会生活中占统治地位的关系时，物化现象才在社会生活的每一个层面上表现出来。青年卢卡奇根据马克思所揭示的商品形式的奥秘：“在人们面前把人们本身劳动的社会性质反映成劳动产品本身的物的性质，反映成存在于生产者之外的物与物之间的社会关系。由于这种转换，劳动产品成了商品，成了可感觉而又超感觉的物或社会的物。……这只是人们自己的一定的社会关系，但它在人们面前采取了物与物的关系的虚幻形式。”[③] 他指出，由

① ［匈］卢卡奇：《历史与阶级意识》，杜章智等译，商务印书馆 1995 年版，第 145 页。

② 《马克思恩格斯全集》第 25 卷，人民出版社 1974 年版，第 368—369 页。

③ 《马克思恩格斯全集》第 23 卷，人民出版社 1972 年版，第 88—89 页。

于这一事实，人自己的活动，人自己的劳动，作为某种客观的东西，某种不依赖于人的东西，某种通过异于人的自律性来控制人的东西，同人对立。这种情况既发生在客观方面，也发生在主观方面。从客观方面来说，产生了一个由现成的物以及物与物之间关系构成的世界（即商品及其在市场上的运动的世界），它的规律虽然逐渐被人们所认识，但是即使在这种情况下还是作为无法制服的、由自身发生作用的力量同人们相对立。因此，虽然个人能为自己的利益而利用对这种规律的认识，但他也不可能通过自己的活动改变现实过程本身。在主观方面，在商品经济充分发展的地方，人的活动同人本身相对地被客体化，变成一种商品，这种商品服从社会的自然规律，而异于人的客观性，它正如变为商品的任何消费品一样，必然不依赖人进行自己的运动。

其次，青年卢卡奇从商品形式的普遍性在主观方面和客观方面都制约着在商品中对象化的人类劳动的抽象的分析出发，阐发了商品拜物教产生的基础：可计算性及其伦理内涵。他指出，在客观方面，由于商品形式作为商品的对象性被理解为形式相同的，这样使质上不同的对象的交换性形式才成为可能。在主观方面，抽象人类劳动的这种形式的相同性不仅是商品关系中各种不同对象所归结为的共同因素，而且成为支配商品实际生产过程的现实的伦理原则。在这里，只要确定抽象的、相同的、可比较的劳动，即按社会必要劳动时间可以越来越精确测量的劳动，同时作为资本主义生产的产物和前提的资本主义分工的劳动，只是在自己发展过程中才产生的；因此，它只是在这种发展的过程中才成为一个社会伦理范畴。这一社会伦理范畴影响着形成它的社会客体和主体的对象性形式和主体同自然界关系的对象性形式，以及人们相互之间在这一社会中可能具有的伦理关系的对象性形式。

青年卢卡奇回顾了从手工业到协作，从手工工场到机器工业的发展过程，指出了工人与自身的伦理关系的异质性：随着劳动过程中合理化的不断增加，工人的质的特性即人的个体的特性越来越被消除。一方面，工人与产品的关系异质化。由于劳动过程越来越被分解为一些抽象合理的局部操作，以至于工人同作为整体的产品的联系被切断，其工作也被简化为一种机械性重复的专门职能。另一方面，人机关系的异质化。在这种合理化中，社会必要劳动时间即合理计算的基础，最初是作为仅仅从经验上可把握的、平均的劳动时间，后来，由于劳动过程的机械化合理化越来越加强，便作为可以按客观计算的劳动定额，被提出来了。随着对劳动过程的现代“心理”分析（泰罗制），这种合理的机械化一直推行到工人的“灵魂”里：甚至他的心理特征也同他的整个人格相分离，以便能够被结合到合理的专门系统里去，并在这里归入计算的概念。青年卢卡奇认为，在这里起作用的原则是：根据计算即可计算性来加以调节的合理化原则。这一原则使经济过程中的主体和客体方面发生了决定性的变化：

一是，劳动过程的可计算性要求破坏产品本身的有机的、不合理的、始终由质所决定的统一。在对所有应达到的结果作越来越精确的预先计算的意义上，只有通过把任何一个整体最准确地分解成它的各个组成部分，通过研究它们生产的特殊局部规律，合理化才是可以达到的。因此，它必须同根据传统劳动经验对整个产品进行有机生产的方式决裂，没有专门化，合理化是不可思议的。统一的产品不再是劳动过程的对象。这一过程变成合理化的局部系统的客观组合，这些局部系统的统一性纯粹是由计算决定的，因而，它们相互之间的联系必定是偶然的。对劳动过程的合理计算的分析，消除了相互联系起来的和在产品中结合成统一体的各种局部操作的有机必然性。作为商品的产品的统一体不再同作为使用价值的产品统一体相一致：在社会彻底资本主义化的情况下，前一种统一体产生的各种局部操作在技术上的独立化，也在经济上表现为各种局部操作的独立化，表现为某一产品在其生产的各个不同阶段上的商品性质越来越具有相对性。

二是，青年卢卡奇认为，由于生产的客体被分成许多部分，也就意味着它的主体被分成许多部分，这样，人机关系孤立化和原子化，导致了人与自身、人与人关系孤立化和原子化。劳动过程的合理化，使工人的人的性质和特点与这些抽象的局部规律按照预先合理的估计起作用相对立。人无论在客观上还是在他对劳动过程的态度上都不表现为是这个过程的真正的主人，而是作为机械化的一部分被结合到某一机械系统里去。随着劳动过程越来越合理化和机械化，工人的活动越来越多地失去自己的主动性，变成一种直观的态度，从而越来越失去意志。面对不依赖于意识的、不可能受人的活动影响而产生的一个机械的有规律的过程，直观态度也改变了人对世界的直接态度的各种基本范畴，即把空间和时间看成是共同的东西。这正如马克思所指出的那样："由于人隶属于机器"，"劳动把人置于次要地位；钟摆成了两个工人相对活动的精确尺度，就像它是两个机车的速度的尺度一样"。"时间就是一切，人不算什么；人至多不过是时间的体现。现在已经不用再谈质量了。只有数量决定一切：时对时，天对天……"[①] 因而，就导致了时空的凝固性，一方面，时间失去了它的质的、可变的、流动的性质：它凝固成一个精确划定的、在量上可测量的一些"物"，这些物便是一种工人的物化的、机械地客观化的、同人的整个人格完全分离开的"成果"；另一方面，当这些物成为充满的"连续统一体"时，便凝固成一个空间。它作为环境，既是科学—机械地被分割开的和专门化的劳动客体生产的前提，同时又是结果。这样，劳动主体也必然被合理地分割开来，一是，劳动主体的机械化的局部劳动，即他们的劳动力同

① 参见《哲学的贫困》，《马克思恩格斯全集》第4卷，人民出版社1958年版，第96—97页。

其整个人格相对立的客体化，变成持续的和难以克服的日常现实，以至于人格在这里只能作为旁观者，无所作为地看着自己的现存成为孤立的分子，被加到异己的系统中去。二是生产过程被机械地分成各个部分，切断了劳动主体结合成一个共同体的联系。他们的联系越来越由他们所结合进去的机械过程的抽象规律来中介。

因此，青年卢卡奇指出，这种人机关系、人与自身关系、人与人关系的孤立化和原子化只是一种表面现象。在市场上的商品运动中，它的价值的形成，即每一个合理计算的现实回旋余地不仅服从于严格的规律，而且要假定所有发生的事情都有一种严格的规律性作为计算的基础。因此，这种原子化只是以下事实在意识上的反映：资本主义生产的“自然规律”遍及社会生活的所有表现；在人类历史上第一次使整个社会隶属于一个统一的经济过程；社会所有成员的命运都由一些统一的规律来决定。然而，从表面上看，这仅仅是个人在实践中和思想上同社会的直接接触，生活的直接生产和再生产——在这方面，对于个人来说，所有“物”的商品结构和它们的“自然规律”，都是某种现成碰到的东西，某种不可取消的已有之物。因而，人们只能以孤立的商品所有者之间合理的和孤立的交换行动来运作，即工人必须作为他的劳动力的“所有者”把自己想象为商品。他的特殊地位在于，这种劳动力是他唯一的所有物。就他的命运而言，对于整个社会结构有典型意义的是，这种自我客体化，即人的功能变为商品这一事实，最确切地揭示了商品关系已经非人化和正在非人化的性质。

二 物化与物化意识的伦理意蕴

在青年卢卡奇看来，这种合理的客体化首先掩盖了一切物的（质的和物质的）直接物性。当各种使用价值都毫无例外地表现为商品时，它们就获得了一种新的客观性，即一种新的物性。这是在前资本主义社会所不具有的。正如马克思所说，“私有财产不仅使人的个性异化，而且也使物的个性异化”。[①] 因此，现代资本主义的发展，根据自己的需要改变生产关系，而且也改变那些在前资本主义社会中孤立的、同生产相分离地存在着的原始资本主义形式，使它们适应现代资本主义的整个系统，把它们变成使整个社会从现在起彻底资本主义化的统一过程的一些环节。由于在商业资本、货币资本等资本的形式中隐藏的人们相互之间以及人们同满足自己现实需要的真正客体之间的关系逐渐消失得无法觉察和无法辨认了，所以这些关系必然成为**物化意识**的社会存在的真正代表。这时，商品的性质，即抽象的、量的可计算性形式表现在这种性质最纯粹的形态中。因此，在物化的意识看来，这种可计算性形式必然成为这种商品性质真正直接性的表现形式。这样，在资本主义发展的过程中，物化结构越来越深入地渗透到人的意识之中。

青年卢卡奇为了进一步说明这一观点引证了马克思关于生息资本的论述：“在生息资本上，这个自动的拜物教，即自行增殖的价值，会生出货币的货币，就纯粹地表现出来了，并且在这个形式上再也看不到它的起源的任何痕迹了。社会关系最终成为一种物即货币同它自身的关系。”[②] 由此，青年卢卡奇指出：“正像资本主义的经济学始终停留在这种它自己创造的直接性之中一样，资产阶级想要意识到物化意识形态的现象，结果也是如此。”[③] 尽管有些思想

---

① 参见《德意志意识形态》，《马克思恩格斯全集》第 3 卷，人民出版社 1960 年版，第 254 页。

② 参见《资本论》，《马克思恩格斯全集》第 25 卷，人民出版社 1974 年版，第 441 页。

③ ［匈］卢卡奇：《历史与阶级意识》，杜章智等译，商务印书馆 1995 年版，第 157 页。

家决不想否认这种现象或者也在一定程度上明白这种现象毁坏人性的作用，但却始终停留在分析物化的直接性上面，即停留在物化现象的表层上。青年卢卡奇还以西美尔的《货币哲学》为例，指出这些思想家只是围绕着物化的外部表现形式兜圈子，而未对这个问题深化。但青年卢卡奇也充分肯定了在弄清物化现象同它们存在的经济基础、同它们的真正可理解的基础的分离的过程中，马克斯·韦伯的贡献。他援引了韦伯关于这种现象的原因和社会意义的分析："现代资本主义企业在内部首先建立在计算的基础上。为了它的生存，它需要一种法律机构和管理系统，它们的职能至少在原则上能够根据固定的一般规则被合理地计算出来，像人们计算某一架机器大概可能的功率一样。……同资本主义营利的那些古老形式相反，现代资本主义特有的东西是：在合理技术基础上的严格合理的劳动组织，没有一个地方是在这种结构不合理的国家制度内产生的，而且也决不可能在那里产生。"[①] 由于这些现代企业形式有固定资本和精确的计算，因而对法律和管理的不合理性是极为敏感的。而法官就像在具有合理法律的官僚国家中那样，或多或少是一架法律条款自动机，人们在这架机器上面投进去案卷，再放入必要的费用，它从下面就吐出或多或少具有令人信服理由的判决。因此，法官行使职责也是可以计算出来的。纯系统的范畴只有在现代的发展中才能产生出来，而只有通过纯系统的范畴，法律的调节的普遍性才能立即扩大到一切领域。因而，要求系统化，要求抛弃经验、传统、材料的限制，就要精确计算。由此，传统—经验手工业同科学—合理工厂的对立也在其他方面一再表现出来：不断变革的现代生产技术，作为固定的和完善的系统同个别生产者相对立，在这里清楚地表现出资本主义行为的直观性质。因为合理计算的本质最终不依赖

① ［匈］卢卡奇：《历史与阶级意识》，杜章智等译，商务印书馆 1995 年版，第 159 页。

于个人的“任性”，而是以认识到和计算出一定事情的必然的和有规律的过程为基础的。人的行为仅限于对这种过程成功的可能性作出正确的计算。工人对待机器的行为，在结构上有一定的类似性，即这种创造性只是从“规律”的运用在某种程度上是相对独立的。由于工人必须面对个别机器，企业家必须面对一定类型的机器发展，技术员必须这样面对科学的状况和它在技术上的运用的有利可图，因而，它们之间的区别只是量的差别，而不直接是意识结构上的质的区别。①

据此，青年卢卡奇首先分析了官僚统治的物化特征。他认为，官僚统治意味着使生活方式劳动方式以及与此有关的意识类似地适应与资本主义经济的一般社会—经济前提。法律、国家、管理等形式上的合理化，在客观上和实际上意味着把所有的社会职能类似地分成它的各个组成部分，意味着类似地寻找这些准确相互分离开的局部系统合理的和正式的规律。与此相适应，在主观上则意味着劳动同劳动者的个人能力和需要相分离而产生意识上的类似结果，意味着产生合理的和非人性的类似于在技术—机器方面所看到的那种分工。在青年卢卡奇看来，这种官僚统治的物化特征，不仅表现为下层官僚统治完全机械化的、接近单纯的机器操作，并且在客观方面越来越强烈地按照正式合理化的方式处理所有问题，从而越来越厉害地同官僚处理方式具有的“物”的质和物质本质相分离。其次，青年卢卡奇指出，分工中片面的专门化越来越畸形发展，从而破坏了人的本性，导致了物化的意识伦理化。因为这种分工使工人的劳动力同他的个性相分离，他变成一种物，一种他在市场上出卖的对象。在青年卢卡奇看来，工人不是所有的精神能力都受到压抑，而是只有一种能力（或一系列能力）被与整个人格分离开来，

① ［匈］卢卡奇：《历史与阶级意识》，杜章智等译，商务印书馆 1995 年版，第 161 页。

被客体化了，进而变成一种物，一种商品。同时这种分工像在实行泰罗制时侵入“心灵领域”一样，这里侵入了“伦理领域”。这样便使物化意识结构更加强了。这种物化的意识具体表现为，雇佣劳动产生的各种意识问题以精致的、超凡脱俗的并以更强烈的方式反复出现在统治阶级那里；特殊类型的官僚主义的“真心诚意”和务实态度，个别官僚则必须完全服从于他所属的物的关系系统，他正是以此为荣誉并生成其自身的责任感；这种物化意识在新闻界表现得最为怪诞，在那里，主体性本身，即知识、气质、表达能力，变成了一架按自身规律运转的抽象的机器，它既不依赖于“所有者”的人格，也不依赖于被处理的各种对象的客体—具体的本质。新闻工作者出卖他们的信念和经验，亦是资本主义物化的极端表现。商品关系变成一种具有“幽灵般的对象性”的物，它在人的整个意识上留下它的印记：人的特性和能力不再同人的有机统一相联系，而是表现为人“占有”和“出卖”的一些“物”，像外部世界的各个不同对象一样。因而，人的肉体和心灵特性的发挥越来越屈从于这种物化形式。

然而，这一切都是在表面上彻底合理化的氛围中，并渗进了人的肉体和心灵深处且在它的合理性具有形式特性时达到了自己的极限。在青年卢卡奇看来，生活的各个孤立方面的合理化，由此而产生的各种形式上的规律，虽然直接地和表面看来归入一个有普遍“规律”的统一系统，但是看不到这些规律的内容所依据的具体方面，就会使这种规律系统缺乏联系，使局部系统的相互联系偶然化，使这些局部系统相互之间表现出比较大的独立性。这一特性在危机时期尤为明显。青年卢卡奇指出，因为这时“社会的真正结构表现为各种独立的、合理化的、形式上的局部规律，它们之间的联系仅仅在形式上是必然的（也就是说，它们在形式上的联系能在形式上被系统化），但是，从实际情况出发和具体地说，它们相互之间只有偶然的联系”。[①] 他深刻地分析道，资本主义生产的整个结构是以以下两个方面的相互作用为基础的：一方面，一切个别现象中存在着严格合乎规律的必然性，甚至把法律看成是一种形式上的计算体系，由此，一定的行为的必然法律结果就可以尽可能精确地计算出来[②]；另一方面，总过程却具有相对的不合理性。正如马克思所说：“工场手工业分工以资本家对人的绝对权威为前提，人只是资本家所占有的总机构的部分；社会分工则使独立的商品生产者互相对立，他们不承认任何别的权威，只承认竞争的权威，只承认他们相互利益的压力加在他们身上的强制。”[③] 在青年卢卡奇看来，建立在私有经济计算基础上的资本主义合理化，在生活的每一个方面都要求合乎规律的局部细节和偶然的整体有相互联系；它以这样一种社会结构为前提；它在对社会实行支配的情况下生产和再生产这种结构。如果合理计算有了可能，商品生产所有个别部分的规律就必然受商品所有者的完全控制。这种规律一方面是相互独立的个别商品所有者独立活动的“无意识的”产物，因此，是相互作用的各种“偶然性”的规律，而不是真正合理组织的规律；另一方面，这种规律不仅能超脱个人意志而起作用，而且它决不是完全地和相应地可被认识的。因为对整体的完全认识，将使这种认识的主体获得这样一种垄断地位，而这种垄断地位就意味着扬弃资本主义的经济。

三 关于青年卢卡奇物化理论伦理内涵的几点分析

由上述分析可知，青年卢卡奇物化概念具有多维性，其中既有

---

① ［匈］卢卡奇：《历史与阶级意识》，杜章智等译，商务印书馆 1995 年版，第 165 页。

② 同上书，第 174 页。

③ 参见《资本论》第 1 卷，《马克思恩格斯全集》第 23 卷，人民出版社 1972 年版，第 394 页。

现象的维度、方法的维度或运作的维度，又有观念的维度。在现象维度上，他把资本主义社会的物化（即物化现象）概括为这样几类：一是生产劳动的物化。在资本主义生产中，“人自已活动，他自已的劳动，成为客观的、独立于他的某种东西，成为借助于一种与人相对应的自发运动从而控制着某种东西”。人的活动变成一种商品，服从于社会中“自然规律的非人的客观性”，按照外在于人的活动方式进行活动。劳动变成一种离开人的物化的客观性过程。二是劳动者的物化。由于劳动的物化，劳动者本身蜕变为物质过程的附属品，物化为一种被动的物的因素。人在客观上和在他对他的劳动的关系上，都不表现为那个过程的真正的主人；恰恰相反，他是一个机械系统中的一个机械部件而出现的。三是人与人的关系的物化。随着生产机构中物化的发生，原来那种较为清楚明白地显示出人的自然关系，就表现为一种物与物的关系。人与人之间的劳动交换就蒙上了一层物的面纱。四是人的意识的物化。青年卢卡奇认为，随着资本主义不断地在越来越高的层次上生产和再生产出自身，物化的结构也越来越深地、致命地、决定性地侵入到人的意识中去。在整个劳动过程中，劳动者本身丧失了自已的意志，一切事情都被用一种越来越形式化、标准化的方式来处理，劳动者的精神能力受到机械化力量的压抑，从整个人格中分离出去，变成一种物品，一种商品。主体本身所具有的知识、情趣和表达力，都被归结为一架自动运转着的抽象机器的属性。①

在方法维度或运作维度上，青年卢卡奇分析了物化现象产生的过程，一是他指出，“商品交换在多大程度上是一个社会进行物质代谢的支配形式的问题，不能——按照在占支配地位的商品形式影响下已经被物化的现代思维习惯——简单地作量的问题来

① 刘林元、张一兵等：《马克思主义哲学的历史和现状》第3卷，南京大学出版社1992年版，第452—453页。

对待”。[①] 因为，“一个商品形式占支配地位、对所有生活形式都有决定性影响的社会和一个商品形式只是短暂出现的社会之间的区别是一种质的区别”。[②] 商品只有到了资本主义社会才成为整个社会存在的普遍范畴，因为，这时生产主要不是为了使用价值和生产者本人的需要，而是为了交换。与此同时，“对工人本身来说，劳动力是归他所有的一种商品形式……正是从这时起，劳动产品的商品形式才普遍起来”。[③] 二是作为资本主义生产的产物和前提的资本主义分工的劳动对形成“社会的客体和主体的对象性形式，对主体同自然界关系的对象性形式，对人相互之间在这种社会中可能的对象性形式，有决定性的影响”。[④] 因为，随着这种分工的发展，工人个体的特性越来越被消除。一方面，劳动过程越来越被分解为一些抽象合理的局部操作，以至于工人同作为整体的产品的联系被切断，其工作也被简化为一种机械性重复的专门职能。另一方面，在这种合理化中，社会必要劳动时间即合理计算的基础，由于劳动过程的机械化合理化越来越强，便作为可以按客观计算的劳动定额，被提出来了。三是根据韦伯所提出的经济行为的合理性与可计算性的理论，揭示了资本主义社会运作的原则是按计算即可计算性来调节的合理化原则的。这里的合理化又是与劳动的机械化、专门化、科学化与合规律性相关联。因为，只有通过把任何一个整体最准确地分解成它的各个组成部分，通过研究它们生产的特殊局部规律，合理化才是可以达到的。同时，没有专门化，合理化是不

---

① ［匈］卢卡奇：《历史与阶级意识》，杜章智等译，商务印书馆 1995 年版，第 144 页。

② ［匈］卢卡奇：《历史与阶级意识》，第 144 页。

③ 参见《资本论》第 1 卷，《马克思恩格斯全集》第 23 卷，人民出版社 1972 年版，第 193 页注 41。

④ ［匈］卢卡奇：《历史与阶级意识》，第 148—149 页。

可思议的。然而，劳动过程的可计算性一方面要求破坏产品本身的有机的、不合理的、始终由质所决定的统一。统一的产品不再是劳动过程的对象。这一过程变成合理化的局部系统的客观组合，这些局部系统的统一性纯粹是由计算决定的，因而，它们相互之间的联系必定是偶然的。另一方面，劳动过程的合理化，使生产的客体被分成许多部分，也就意味着它的主体被分成许多部分。工人的性质和特点与这些抽象的局部规律按照预先合理的估计起作用相对立。人无论在客观上还是在他对劳动过程的态度上都不表现为是这个过程的真正的主人，而是作为机械化的一部分被结合到某一机械系统里去。随着劳动过程越来越合理化和机械化，工人的活动越来越多地失去自己的主动性，变成一种直观的态度，从而越来越失去意志。

在观念维度上，青年卢卡奇指出，上述物化现实也就产生了类似的物化的伦理意识。具体表现为，一是分工像在实行泰罗制时侵入“心灵领域”一样，侵入了“伦理领域”，这样便使物化意识结构更加强了。二是表现为，雇佣劳动产生的各种意识问题以精致的、超凡脱俗的并以更强烈的方式反复出现在统治阶级那里；特殊类型的官僚主义的“真心诚意”和务实态度，个别官僚完全服从于他所属的物的关系系统，并以此为荣誉和他的责任感；这种物化意识在新闻界表现得最为怪诞，在那里，主体性本身，即知识、气质、表达能力，变成了一架按自身规律运转的抽象的机器，它既不依赖于“所有者”的人格，也不依赖于被处理的各种对象的客体—具体的本质。新闻工作者出卖他们的信念和经验，亦是资本主义物化的极端表现。三是商品关系变成一种具有“幽灵般的对象性”的物，它在人的整个意识上留下它的印记：人的特性和能力不再同人的有机统一相联系，而是表现为人“占有”和“出卖”的一些“物”，像外部世界的各个不同对象一样。因而，人的肉体和心灵特性的发挥越来越屈从于这种物化形式。然而，这一切都是在表面上彻底合理化的氛围中，并渗进了人的肉体和心灵深处。这样，使资本主义生产的整个结构呈现出以下的特点：一方面，一切个别现象中存在着严格合乎规律的必然性；另一方面，总过程却具有相对的不合理性。

另外，青年卢卡奇物化概念与马克思物化概念既有一定的联系，又有一定的区别。马克思在他的经济学研究中区分了资本主义生产中所出现的两种物化：一是“个人在其自然规定性上的物化”，这就是在一般意义上所说的“一切生产都是个人在一定社会形式中并借这种社会形式而进行的对自然的占有”。[①] 人在生产劳动中要在“一种对自己生活有用的形式上占有自然的物质”。[②] 这种意义上的物化，实际上是马克思原来讲的对象化，它是指人类主体通过劳动生产在对象的改变中实现自己目的的积极过程。二是马克思发现资本主义生产中人的物化还表现为“个人在一种社会规定（关系）上的物化，同时这种规定对个人来说又是外在的”。[③] 因为在这一层面上，生产的物化过程却表现为“产品支配生产者，物支配主体，已实现的劳动支配正在实现的劳动”，马克思指出，这里的“劳动与劳动条件的关系被颠倒了”！[④] 这种物化的实质是人自己创造出来的物反过来奴役人！在《1857—1858 年经济学手稿》中，马克思揭示了在资本主义社会物化所具有的四重属性：一是作为物质前提的商品的使用价值，在资本主义的经济运作中成了一定社会关系的附属物；二是商品与货币所遮蔽的社会关系即人与人的劳动交换颠倒地表现为物与物的关系，而这种物化关系正是被遮蔽的真实的社会关系的假象。[⑤] 三是马克思从劳动的二重性出发，揭示了

① 《马克思恩格斯全集》第 46 卷（上），人民出版社 1979 年版，第 24 页。
② 马克思：《资本论》第 1 卷，人民出版社 1953 年版，第 171 页。
③ 《马克思恩格斯全集》第 46 卷（上），第 176 页。
④ 马克思：《剩余价值理论》第 3 册，人民出版社 1975 年版，第 303—304 页。
⑤ 张一兵：《回到马克思》，江苏人民出版社 1999 年版，第 575—576 页。

商品生产者对物的全面的依赖的物化关系生成的本质，即在资本主义分工的基础上，（私人）劳动不再具有直接的社会性，只有通过交换才确定为一般生产要素，这种市场中的共同劳动（抽象劳动），才构成价值实体，亦是一种特殊的社会关系，它使一切劳动产品具有相同的质，因而，这种价值实体不是特殊劳动，而是社会一般劳动。这样，“使用价值（自然差别）与价值（经济等价）的矛盾必然产生商品与货币的直接分立。价值关系取得了一个独立的存在与商品的自然存在并存的纯经济的存在——货币（一般等价物）”。[①] 四是由于在资本主义社会，现实的经济结构直接颠倒了历史发生学意义上的社会历史结构，因而在经济运作的过程中，物化了的社会关系成为决定性的主要制约力量，人们开始成为自己经济创造物的奴隶，“这种关系同它们的自然次序或者符合历史发展的次序恰好相反”。[②]

青年卢卡奇的物化概念，在第一层面即对象化的层面和马克思的对象化具有相通性，即青年卢卡奇从马克思第一层面的物化（对象化）出发，援引了马克思在《资本论》中关于商品拜物教的论述，阐述了他的物化理论。然而，马克思在物化的第一层面即对象化上，是指人类主体通过劳动生产在对象的改变中实现自己目的的积极过程，因而，马克思对此是持肯定态度。因为在马克思看来，这种对象化是人类生存和社会进步所必需的。而青年卢卡奇则持否定性的批判态度。在青年卢卡奇看来，资本主义社会的物化现象是人的非人化：机械化、抽象化、非主体化和原子化，在这种表面“合理性”的背后深藏着一种不合理性。这样便决定了青年卢卡奇在马克思的物化的第二层面上与马克思分道扬镳了。从上述分析可知，在第二层面上，马克思发现资本主义生产中人的物化主要表现

---

① 张一兵：《回到马克思》，江苏人民出版社 1999 年版，第 576 页。

② 《马克思恩格斯全集》第 46 卷（上），人民出版社 1979 年版，第 45 页。

为“个人在一种社会规定（关系）上的物化，同时这种规定对个人来说又是外在的”。而青年卢卡奇则是从运作方法上揭示物化的本质：根据计算即可计算性来加以调节的合理化的原则。但这一原则不是从马克思，而是从马克斯·韦伯那里转换过来的。在韦伯那里，“计算性”和“合理性”是从生产与技术结构出发的，这只是物化的第一层面。在这里，他有意去除了马克思更深一层关注的物化和颠倒了的社会关系。这是一种超越了社会关系的技术现象经验论，进而必然导致工艺——工具理性——科技意识形态。[①] 青年卢卡奇在揭示物化现象的本质时，把“计算性”和“合理性”作为直接性的批判资本主义社会的核心话语，从而使他对物化本质的揭示仅仅停留在马克思物化理论的第一层面，其批判的矛头直指这种“计算性”和“合理性”，未对资本主义社会中更深一层的物化和颠倒了的社会关系进一步地揭示和批判，由此必然导致青年卢卡奇更加关注无产阶级的阶级意识而不是社会关系。同时开启了法兰克福学派批判工具理性和科技意识形态的先河，并对西方马克思主义的发展产生了深刻地影响。

尽管青年卢卡奇的物化概念有上述的不足，但在方法论的建构上，青年卢卡奇有其独创性。当青年卢卡奇于 1923 年发表他的物化理论时，马克思的《1844 年经济学—哲学手稿》尚不为世人所知，青年卢卡奇是通过韦伯、西美尔等人的理论和马克思《资本论》中商品拜物教理论的研究而形成他的物化概念的内涵。另外，他的物化概念内蕴的丰富内涵不仅在当时具有划时代的批判性，尤其在当代，对于我们认清和批判资本主义的物化本质，克服我们在从事社会主义市场经济运作中出现的消极的物化现象亦有启示性。

需要指出的是，青年卢卡奇物化理论对法兰克福学派科学伦理

---

① 张一兵：《回到马克思》，江苏人民出版社 1999 年版，第 577 页注①。

思想生成产生了极为深刻的影响。一是青年卢卡奇物化概念的思维向度和运作话语对法兰克福学派产生了深刻的影响。就青年卢卡奇物化概念生成的思维向度和运作的话语而言，是一个多重思维向度和复合话语系统。其中包括以马克思在《资本论》中对商品拜物教的分析话语和思维向度为出发点；辅之以康德、黑格尔的思辨性话语及思维向度为概念阐释与转换的逻辑运演；而以马克斯·韦伯的“经济行为的合理性”和“可计算性”为直接性文化批判的核心话语和思维向度，从现象、方法或运作、观念等多重维度揭示资本主义社会的物化本质。这些都在一定程度上为法兰克福学派所继承，并成为其方法论基础。二是法兰克福学派所理解的马克思的理论在一定程度上是经过青年卢卡奇“加工”或“过滤”过了的。法兰克福学派在其科学伦理思想生成的过程中，直接继承和发挥了青年卢卡奇的物化理论以及青年卢卡奇的辩证法、实践观和自然观。法兰克福学派对科学的伦理批判可以看作是对青年卢卡奇物化理论的承继与发展。因而，青年卢卡奇的物化理论是法兰克福学派科学伦理思想重要的理论基石之一。三是青年卢卡奇的《历史与阶级意识》一书对法兰克福学派理论家创立社会批判理论及其科学伦理思想产生了启示、导引和深刻的影响。不仅法兰克福学派老一辈理论家霍克海默、马尔库塞等高度赞扬青年卢卡奇的《历史与阶级意识》一书对发展马克思主义有根本的不容忽视的意义，而且法兰克福学派第二代传人哈贝马斯也认为，“是青年卢卡奇把我引向了青年马克思”，他曾醉心地阅读青年卢卡奇的《历史与阶级意识》一书，并在阿多尔诺的影响下，系统地接受了青年卢卡奇和科尔施的思想：把物化理论当作一种马克斯·韦伯所说的合理化理论。进而建立了一种“现代化的理论”，即“一种使理论在历史中变为现实的理论”。①

① ［德］哈贝马斯：《我和法兰克福学派》，载《哲学译丛》1984年第1期，第72页。

第二节　青年卢卡奇批判的科学伦理观

青年卢卡奇在《历史与阶级意识》一书中对“所有修正主义著作中被奉为神明的所谓事实”——“自然科学的‘纯’事实，是在现实世界的现象被放到（在实际上或思想中）能够不受外界干扰而探究其规律的环境中得出的”[①] 方法论进行了批判，揭示了这种“非常科学的方法的不科学性”[②]，进而对当时盛行的实证主义和科学主义也进行了抨击。在此基础上提出了非常著名的思想“自然是一个社会范畴”。青年卢卡奇关于自然概念的批判向度和独到的阐释，这些不仅被后来直接为法兰克福学派所承继和发展，而且为我们探究自然概念的社会本质、探索人与自然的伦理关系均有深刻的方法论意义。

一　自然科学的“纯”事实之伪

青年卢卡奇在《历史与阶级意识》一书中的针对性非常明确，其批判性论说直指当时第二国际的经济决定论及其理论基础——自然科学的方法，即自然科学通过观察抽象实验等取得“纯”事实并找出它们的联系的方法。[③]

首先，青年卢卡奇运用马克思主义的历史唯物主义和历史辩证法，对那些“在所有修正主义著作中被奉为神明的所谓事实”的方法论——自然科学的方法，即自然科学通过观察抽象实验等取得

① ［匈］卢卡奇：《历史与阶级意识》，杜章智等译，商务印书馆1995年版，第52—53页。

② 同上书，第54页。

③ 同上书，第52—53页。

“纯”事实并找出它们的联系的方法，展开了批判性论述，揭示了自然科学的“纯”事实之伪——一种社会假象。卢卡奇指出：“自然科学的‘纯’事实，是在现实世界的现象被放到（在实际上或思想中）能够不受外界干扰而探究其规律的环境中得出的。这一过程由于现象被归结为纯粹数量、用数和数的关系表现的本质而更加加强。机会主义者始终未认识到按这种方式来处理现象是由资本主义的本质决定的。”① 接着卢卡奇从资本主义的发展实际过程，揭示了自然科学的“纯”事实抽象之所以可能的社会基础和学理机制。由于资本主义在经济形式上的拜物教性质，导致了人的一切关系物化，与此同时，它不顾直接生产者的能力和可能性而对生产过程进行抽象合理分解的分工的不断扩大，这一切改变了过去人们社会存在的方式，同时也改变了人们理解这些现象的方式。于是出现了“孤立的”事实，“孤立的”事实群，单独的专门学科如经济学、法律等，这些学科的出现，就为这样一种科学研究大大地开辟了道路。因此“不偏不倚”的发现事实本身中所含的倾向，并把这一活动提高到科学的地位，就显得特别“科学”。

那么，什么是事实呢？卢卡奇从历史辩证法的总体性之维进行了追问：尽管对现实的一切认识均应从事实出发，而问题就在于：生活中的什么样的情况，又是采用了什么样的方法的情况下，才是与认识有关的事实呢？尽管在经济生活中的每一种情况、每一个统计数字、每一件素材中都能找到对研究者来说很重要的事实，但是在这样做时不能忘记：不管对“事实”进行多么简单的列举，丝毫不加说明，这本身就已是一种“解释”。即使这里所说的事实已经为一种理论、一种方法所把握，就已被从它们原来所处的生活联系中抽出来，放到这种理论中去了。这正如马克思曾深刻地说明了在资本主义社会中，劳动对生活进行的这样一种“抽象过程”：“最一

---

① ［匈］卢卡奇：《历史与阶级意识》，杜章智等译，商务印书馆 1995 年版，第 53 页。

般的抽象总只是产生在最丰富的具体的发展的地方，在那里，一种东西为许多所共有，为一切所共有。这样一来，它就不再只是在特殊形式上才能加以思考了。"[①] 因此，如果运用辩证法：超越所有这些孤立的和导致孤立的事实以及局部的体系，坚持整体的具体统一性来考察实际生活，就会发现："事实只有在这样的，因认识目的不同而变化的方法论的加工下才能成为事实。"[②]

其次，卢卡奇运用历史辩证法的历史之维进一步揭示了自然科学的"纯"事实抽象方法之不科学性。因为在这种"科学的"氛围中，仍然给人留下只不过是一种任意结构的印象。这里的原因何在？卢卡奇深刻地洞察到，"这种看来非常科学的方法的不科学性，就在于它忽略了作为其依据的事实的历史性质"。[③] 对此，恩格斯曾明确地提醒人们注意，这种"纯"事实抽象方法的错误来源就在于，统计和建立在统计基础上的"精确的"经济理论总是落后于实际的发展。"因此，在研究当前的事件时，往往不得不把这个带有决定意义的因素看作是固定的，把有关时期开始时存在的经济状况看作是在整个时期内一成不变的，或者只考虑这个状况中那些从现有的明显事件中产生出来因而是十分明显的变化。"[④] 因此，"科学的精确性"是以各种因素始终"不变"为前提，这一方法论早已为伽利略所指出。[⑤] 卢卡奇从"事实"及其相互联系的内部结构本质上是历史的，即是处在一种连续不断的变化过程之中。卢卡奇针对

---

① 参见《政治经济学批判》导言，《马克思恩格斯全集》第 12 卷，人民出版社 1962 年版，第 754—755 页。

② ［匈］卢卡奇：《历史与阶级意识》，杜章智等译，商务印书馆 1995 年版，第 53 页。

③ 同上书，第 54 页。

④ 参见《法兰西阶级斗争》导言，《马克思恩格斯全集》第 22 卷，人民出版社 1965 年版，第 591—592 页。

⑤ 卢卡奇：《历史与阶级意识》，第 54 页注。

与自然科学的“精确性”方法相协调的社会前提，尖锐地发问：一是当我们认识到“事实”是一种存在的形式且受到这样一些规律的制约，而对于这些规律我们可以较有把握地知道它们对这些事实不再适用，这时该如何达到“精确性”？二是当我们估计到这种情况，批判地看待以这种方法所能达到的“精确性”并集中注意于这种历史的本质、这种决定性的变化所真正表现出来的那些环节，这时又如何达到“精确性”？而事实竟然是这样：那些似乎被科学以这种“纯粹性”掌握了的“事实”的历史性质，却是以更具破坏性的方式表现出来。因为它们作为历史发展的产物，不仅处于不断的变化中，而且它们——正是按它们的客观结构——还是一定历史时期即资本主义的产物。所以，当“科学”认为这些“事实”直接表现的方式是科学的重要真实性的基础，“它们的存在形式是形成科学概念的出发点的时候，它就是简单地、教条地站在资本主义社会的基础上，无批判地把它的本质、它的客观结构、它的规律性当作‘科学’的不变基础”。[①]

再次，卢卡奇进一步批判了庸俗唯物主义者，“没有超出再现社会生活的各种直接的、简单的规定的范围”。[②] 因为他们以为把这些规定简单地拿过来，既不对它们做进一步的分析，也不把它们融为一个具体的总体，他们就特别“精确”了。实际上，他们只是用抽象的、与具体的总体无关的规律来解释事实，这里的“事实”仍然是抽象的和孤立的。正如马克思所说：“粗率和无知之处正在于把有机地联系着的东西看成是彼此偶然发生关系的、纯粹反思联系中的东西。”[③]

---

① ［匈］卢卡奇：《历史与阶级意识》，杜章智等译，商务印书馆 1995 年版，第 55 页。

② 同上书，第 57 页。

③ 参见《政治经济学批判》导言，《马克思恩格斯全集》第 12 卷，人民出版社 1962 年版，第 738 页。

那么，如何能够从这些“事实”前进到真正意义上的事实呢？卢卡奇认为，“只有在这种把社会生活中的孤立事实作为历史发展的环节并把它归结为一个总体的情况下，对事实的认识才能成为对现实的认识”。[①] 为此，必须了解事实本来的历史制约性，并且抛弃那种认为它们是直接产生出来的观点：它们本身必定要受历史的和辩证的考察。正如马克思所说：“经济关系的完成形态，那种在表面上、在这种关系的现实存在中，从而在这种关系的承担者和代理人试图说明这种关系时所持有的观念中出现的完成形态，是和这种关系的内在的、本质的、但是隐蔽着的基本内容以及与之相适应的概念大不相同的，并且事实上是颠倒的和相反的。”[②] 由于存在可以分为假象、现象和本质[③]，因而，要正确了解事实，我们必须一方面把现象与其直接表现形式分开，找出把现象同其核心、本质连接起来的中间环节；另一方面，必须理解其外表形式的性质，即看出这些外表形式是内部核心的必然表现形式，进而清楚、准确地掌握其实际存在同其内部核心之间、其表象和其概念之间的区别。这种区别是真正的科学研究的首要前提。正如马克思所说，“如果事物的表现形式和事物的本质会直接合而为一，一切科学就都成为多余的”。[④] 因为具体之所以具体，它是许多规定的综合，因而是多样性的统一。唯心主义之所以陷入了把现实在思维中的再现同现实本身的实际结构混为一谈的幻想，是因为现实“在思维中表现为综合的过程，表现为结果，而不是表现为起点，虽然它是真正的起

① ［匈］卢卡奇：《历史与阶级意识》，杜章智等译，商务印书馆 1995 年版，第 56 页。

② 参见《资本论》第 3 卷，《马克思恩格斯全集》第 25 卷，人民出版社 1974 年版，第 232—233 页。

③ ［匈］卢卡奇：《历史与阶级意识》，杜章智等译，商务印书馆 1995 年版，第 55 页注。

④ 参见《资本论》第 3 卷，《马克思恩格斯全集》第 25 卷，第 923 页。

点，因而也是直观和表象的起点”。[①] 由此，卢卡奇指出，我们只有把社会生活中的孤立事实作为历史发展的环节并把它们归结为一个总体时，对事实的认识才能成为对现实的认识。

二 “自然性”之伪

青年卢卡奇揭示了自然科学的“纯”事实之伪的深刻之处，不仅在于他揭示了这种方法的本质具有非总体性、非历史性或无时间性，从而是实证主义产生非批判性的根本原因，而且在于他在这一批判的基础上，进一步深入到自然科学的“纯”事实之伪的理论深层——“自然性”之伪。他通过将历史唯物主义与资产阶级政治经济学进行的比较研究中，揭示了自然性也是资产阶级意识形态的理论逻辑核心之一。与此同时，青年卢卡奇阐述了自然性的社会（伦理）本质，并提出了一个著名的命题：“自然是一个社会的范畴。”对此，张一兵先生评价道：“就其历史理论时段而言，他的分析是极为精深的。”[②]

首先，青年卢卡奇在分析“自然性”的社会（伦理）本质时，通过对资本主义经济现实的历史发展的考察，形成了其科学认识社会历史本质的客观前提。青年卢卡奇认为，经济学成为一种科学，是由于商品和交换的发展已经形成了一个统一的整体。英国古典经济学和德国古典哲学正是资产阶级社会的结构和进化的特殊理论体系，它们表明了一种“自我认识”。[③] 他还认为：“有其规律的古典国民经济学最接近自然科学的所有知识。古典国民经济学研究经济体系的本质和规律，这种经济体系就其特性、就其对象的结构来说

---

① 参见《政治经济学批判》导言，《马克思恩格斯全集》第12卷，第751页。

② 张一兵：《文本的深度耕犁——西方马克思主义经典文本解读》，中国人民大学出版社2003年版，第30页。

③ ［匈］卢卡奇：《历史与阶级意识》，杜章智等译，商务印书馆1995年版，第313页。

实际上非常接近物理学、自然科学所研究的那种自然界。”[①] 因为资产阶级经济学眼中的社会关系是与人性无关的东西，人在经济体系中仅仅作为抽象的数量或作为某种可归结为数量和数量关系的东西而表现出来。人类实践创造出来的历史性生存表现为一种自然存在，社会历史规律表现为社会的自然规律。青年卢卡奇认为：“社会的自然规律支配社会的最纯粹的、甚至可以说是唯一纯粹的形式就是资本主义的生产”，而“社会的这些‘自然规律’（尽管当它们的‘合理性’被认识到的时候，而且那时的确还最厉害）像‘盲目的’力量一样统治着人们的生活”。[②] 青年卢卡奇这些深刻的理论观点实际上是他对马克思关于资本主义社会中类似自然性现象批判[③]的领悟，并在此基础上所作的进一步阐释。

其次，青年卢卡奇通过马克思历史唯物主义和历史辩证法的研究，揭示了“自然性”的社会（伦理）本质。其直接目的，旨在批判第二国际包括康德以后的实证主义。在他看来，非历史的“自然性”这个概念正是最大的资产阶级意识形态。因为从培根到启蒙思想，“天赋人权”被认为是人的自然权利，也是资产阶级伦理观的核心。这种自然性在经济学上即是商品与市场经济的全部的无主体（人）的自发性，这是从重农学派到斯密很重要的理论逻辑基础。青年卢卡奇在哲学本体意义上，对资产阶级“自然性”的证伪的同时，亦从哲学本体层面上确认了这种“自然性”的（社会）历史性。正是在这个意义上，青年卢卡奇指出：“自然是一个社会的范畴。这就是说，在社会发展的一定阶段上什么被看作是自然，这种自然同人的关系是怎样的，而且人对自然的阐明又是以何种形式进

① ［匈］卢卡奇：《历史与阶级意识》，杜章智等译，商务印书馆 1995 年版，第 315 页。

② 同上书，第 317 页。

③ 张一兵：《马克思历史辩证法的主体向度》，河南人民出版社 1995 年版。

行的，因此自然按照形式和内容、范围和对象性应意味着什么，这一切始终都是受社会制约的。”[1] 应该肯定青年卢卡奇试图揭示资本主义这种伪“自然性”的非自然性——强调社会的历史生成性对自然对象认识的制约性，这的确有其正确的一面，然而，就其理论逻辑而言，青年卢卡奇却仍然停留在旧本体论的运思之中——虽然他否认了资产阶级思想家的自然本体论，但自己却进入了另一种本体论——社会本体论，在他肯定自然的社会性的同时，却否认了自然界的先在性。[2] 这样，就导致了青年卢卡奇对恩格斯的“自然辩证法”进行了批判。在他看来，恩格斯的错误主要在于试图在并不存在自觉主体的外部的自然界中寻找所谓的“自然辩证法”，在他看来，没有主体的外部自然界是绝不可能自发产生革命功能的历史辩证法的——“如果忽视了这个中心的功能，那么构成‘流动的’概念的优点就完全成了问题，它就成纯粹‘科学’的事情”。[3] 在这里，后半句话是针对恩格斯所说“辩证法是关于事物一般联系和发展的学说”的观点。在青年卢卡奇的社会本体论视阈中，辩证法如果不是以主体与客体的能动关系为中心，而是强调（自然）辩证法的流动性也是人之外的自然过程，那么辩证法就成为一种人之外的实证科学。这样，就必然与资产阶级意识形态——“自然性”或中立性的拜物教同流合污。[4]

再次，青年卢卡奇揭示了作为资产阶级意识形态的“自然性”之伪，在于其本质的非历史性即“无时间性”。在资本主义经济发展的过程中，创造了两个自然概念：一是“作为‘自然规律总和’

① ［匈］卢卡奇：《历史与阶级意识》，杜章智等译，商务印书馆 1995 年版，第 318—319 页。

② 张一兵：《文本的深度耕犁——西方马克思主义经典文本解读》，中国人民大学出版社 2003 年版，第 31 页。

③ ［匈］卢卡奇：《历史与阶级意识》，杜章智等译，商务印书馆 1995 年版，第 50 页。

④ 张一兵：《文本的深度耕犁——西方马克思主义经典文本解读》，第 21 页。

的自然”（现代数学科学的自然）；二是“作为心境、作为被社会‘败坏的’人的榜样的自然”（卢梭和康德伦理学的自然）。[1] 这是资产阶级意识形态关于“自然性”的一正一反的抽象伦理规定。产生这种抽象的根本原因，在于“经济关系的纯客观性的拜物教外表掩盖住它作为人之间关系的性质，并使它变为一种以其宿命论的规律环绕着人的第二自然”。[2] 青年卢卡奇认为，这种特定的历史因素使得资产阶级彻底地丧失历史性，而将资本主义社会历史生成的特殊经济现象和规律误认为是永恒的自然规律，将“人们之间的社会关系也往回变为一种‘自然’”。[3] 在此，“纯粹的自然关系或被神秘化为自然关系的社会形式在人们面前表现为固定的、完整的、不可改变的实体，人最多只能利用它们的规律，最多只能了解它们的结构，但决不能推翻它们”。[4] 这也是资产阶级实证主义“中立的”科学方法之伪的本质。青年卢卡奇说：“资本主义社会的人面对着的是由他自己（作为阶级）‘创造’的现实，即和他根本对立的‘自然’，他听凭它的‘规律’的摆布，他的活动只能是为了自己（自私自利的）利益而利用个别规律的必然进程。”[5] 这正是资产阶级及其意识形态所需要的不变“规律”。

青年卢卡奇认为，对于资产阶级意识形态来说，“他们不能认识到，这些‘永恒的自然规律’仅仅适用于发展的某个一定的时代”。[6] 而确认这一点，正是马克思历史唯物主义批判性超越唯心史观的起点。马克思在《致安年柯夫信》中指出，“人们借以进行生产、消费和交换的经济形式是暂时的和历史的形式。随着新的生

---

① ［匈］卢卡奇：《历史与阶级意识》，杜章智等译，商务印书馆 1995 年版，第 322 页。

② 同上书，第 326 页。

③ 同上书，第 319 页。

④ 同上书，第 69 页。

⑤ 同上书，第 210 页。

⑥ 同上书，第 331 页。

产力的获得，人们便改变自己的生产方式，而随着生产方式的改变，他们便改变所有不过是这一特定生产方式的必然关系的经济关系”。[①] 马克思在《哲学的贫困》一书中进一步指出，在以往的政治经济学研究中，所有资产阶级“经济学家们都把分工、信用、货币等资产阶级生产关系说成是固定不变的、永恒的范畴”[②]，其本质在于非历史的“无时间性”。“经济学家们向我们解释了生产怎样在上述关系下进行，但是没有说明这些关系本身上是怎样产生出来的，也就是说，没有说明产生这些关系的历史运动。”[③] 青年卢卡奇十分准确地把握了马克思的历史唯物主义和历史辩证法，他体悟到，在资本主义经济王国中，特定的社会结构表现为一种“敌视人的”伪客观性，即以一种离开人而运转的中立的自然形式占据绝对支配的地位，而且“这种客观性只是人类社会在其发展的特定阶段的自我客观化；这种规律性只有在造成这一规律性并重又受这一规律性制约的那个历史环境内才有效”。[④] 资产阶级将人类社会发展的历史性生存以及处在历史境域中的自然对象视为不变的自然状态。[⑤] 对此，青年卢卡奇深刻地揭示道：在资产阶级的自然科学中，“历史的对象表现为不变的、永恒的自然规律的对象。历史被按照形式主义僵化了，这种形式主义不按照社会历史结构的真正本质把它们理解为人与人之间的关系”。[⑥] 他们完全摒弃历史过程，并把现在的组织形式看作是永恒的。这样，就须把一切有意义、有目标的东西从历史过程中排除出去；“人们不得不停留在历史时期

① 《马克思恩格斯全集》第 27 卷，人民出版社 1972 年版，第 478—479 页。

② 《马克思恩格斯全集》第 4 卷，人民出版社 1958 年版，第 139 页。

③ 《马克思恩格斯全集》第 4 卷，第 140 页。

④ ［匈］卢卡奇：《历史与阶级意识》，杜章智等译，商务印书馆 1995 年版，第 103 页。

⑤ 张一兵：《文本的深度耕犁——西方马克思主义经典文本解读》，中国人民大学出版社 2003 年版，第 31 页。

⑥ ［匈］卢卡奇：《历史与阶级意识》，杜章智等译，商务印书馆 1995 年版，第 101 页。

的及其社会的和人有载体的纯粹‘个别性’上。”因而，在资产阶级的“自然性”科学中，“人们被推离历史理解的真正起源，并用一条不可逾越的鸿沟被隔绝起来”。[①] 这种自然意识形态的根本就是“为事物的现在秩序作辩护”，并使之永恒。

青年卢卡奇明确地指出，马克思的历史唯物主义正是针对这种意识形态的“自然性”提出的一种科学批判理论——历史的科学批判。“这首先摒弃社会结构的僵化性、自然性和非生成性，它揭示了社会结构是历史地形成了的，因此在任何一方面都是要服从历史的变化的，因此也必定要历史地走向灭亡的”[②] ——这正是历史辩证法和历史唯物主义最重要的革命性本质。

三　青年卢卡奇自然概念的语境特征与理论价值

首先，青年卢卡奇在揭示了实证主义者提炼“纯事实”之伪时，其批判性论说有着复合的特定语境，其中包括理论语境、政治语境和社会语境。

就其理论语境而言，既有宏观的理论语境，又有微观的理论语境。这种宏观的理论语境是指，青年卢卡奇的批判性论说是针对当时第二国际的经济决定论。因为在第二国际的理论家那里，马克思主义被歪曲成实证主义式的对外部对象的反映，辩证法被贬低为旁观的科学，进而畸变为单向度地还原外部世界的联系和规律的理论。正是在批判第二国际的经济决定论及其“奉为神明的所谓事实”的过程中，形成了青年卢卡奇批判性论说的微观理论语境——将“事实”纳入总体性的、历史的主客体的辩证关系之中。在他看来，辩证法不是对一般事实“不偏不倚”的科学认识，不是规律与

① ［匈］卢卡奇：《历史与阶级意识》，杜章智等译，商务印书馆 1995 年版，第 101 页。

② 同上书，第 100 页。

范畴的逻辑排列，而是对社会现实（主客体关系的）的批判。卢卡奇以其总体性的、辩证法的视阈透视了这样一种事实——将现实世界的现象放到“能够不受外界干扰而探究其规律的环境中”，而这又是经过把现象归结为纯粹的数量，用数和数的关系表现的本质而更加加强。这决不是一个自然的“纯事实”的发生，而是一个由主体操控的科学操作过程。

就其政治语境而言，青年卢卡奇作为当时西方工人运动的领导人和左派理论家之一与其他的工人运动的领导人和左派理论家一样，最关心的问题是欧洲无产阶级现实革命的可能性。只有通过批判第二国际的经济决定论及其“奉为神明的所谓事实”，澄清理论是非，才能以马克思主义哲学的历史唯物主义——革命的批判学说为旗帜，才能启发、激发和引领无产阶级的阶级意识。青年卢卡奇以其特有的理论敏锐性揭示了“纯事实”之伪——一个未被人们意识到的问题：成为我们认识结果的“事实”必然已经是理论的结果。“当‘科学’认为这些‘事实’直接表现的方式是科学的重要真实性的基础，它们的存在形式是形成科学概念的出发点的时候，它就是简单地、教条地站在资本主义社会的基础上，无批判地把它的本质、它的客观结构、它的规律性当作‘科学’的不变的基础。”①

再就其社会语境而言，青年卢卡奇立足于资产阶级社会，以马克思对商品拜物教的批判作为其立论的出发点，展开了他对实证主义者提炼“纯事实”的批判。青年卢卡奇指出，这种“纯事实”特殊的抽象的量化过程实际上与资本主义经济过程中特有的拜物教和社会关系物化相关。因为只有在一种体系的框架中，事实才成为事实。这也就是说，事实是非直接性的，因为它已经被理论所中介。

① ［匈］卢卡奇：《历史与阶级意识》，杜章智等译，商务印书馆1995年版，第55页。

这种“事实”，“无论怎样不加解释，它已经意味着一种‘解释’。在这一阶段的事实已经被一种理论、一种方法所领会。被从它们原来的生活内容中提取出来，并固定在一种理论中”。[①] 在这一点上卢卡奇的批判和马克思的批判具有一致性。[②] 只是马克思对资本主义批判的重点是揭示资产阶级社会的经济关系即资本对劳动的剥削和奴役，而青年卢卡奇则将批判的重点引向了对意识的物化结构即拜物教的批判，进而揭示了这种“纯事实”之伪的本质，开启了西方马克思主义哲学关于事实与价值相关性的批判实证主义研究的先河，并为后来的法兰克福学派所承继。

其次，如同揭示实证主义者提炼“纯事实”之伪时，青年卢卡奇的批判性论说有着复合的特定语境一样，他在阐述自然概念的过程中也具有复合的理论维度与语境。从青年卢卡奇提出了一个著名命题“自然是一个社会范畴”来看，尽管其显语境层面凸显了自然的社会之维，而从其深层的理论层面和语境却隐含着历史—总体之维。

这里必须先廓清青年卢卡奇关于“历史”和“总体”（性）范畴的内涵。

一是，卢卡奇的历史概念语境与马克思的历史概念语境有着异质性。在卢卡奇的历史概念语境中具有浓厚的逻辑演绎的特点。由于他把一部德国古典哲学史几乎都当作历史哲学来读，他是从辩证法的生成逻辑中推演出历史，又从历史的生成中推演出辩证法和逻辑。这样，“逻辑和历史在他那里就是一而二，二而一的东西”。[③] 与这种逻辑演绎的特点密切相关的是其推演出历史的起点，必须是

---

① ［匈］卢卡奇：《历史与阶级意识》，杜章智等译，商务印书馆 1995 年版，第 52 页。

② 孙伯鍨：《卢卡奇与马克思》，南京大学出版社 1999 年版，第 49 页。

③ 同上书，第 46 页。

同一的主体—客体。历史的生成和起源就是从现实中发现和找到这种融主体与客体于一身的行为主体。因此，注重总体性和主体性是卢卡奇的历史概念语境的理论逻辑。

二是，卢卡奇是从批判资产阶级社会物化结构的立场出发提出他的历史理论的，因此他的历史观本质上是一种社会批判历史观。这种社会批判历史观和近代批判哲学密切相关。因此，从形式上看，尽管卢卡奇也把资产阶级社会当作现实的历史来研究和批判，但在逻辑和方法论上，由于他把历史运动理解为主体自身的内部行为，理解为主体和其自身的创造物之间的内部关系，这样他就理所当然地要把主体置于绝对的地位，当作历史的唯一前提、出发点和基础，把自然界——先在于主体的独立存在，从历史中排除出去了。这样，他所谓的历史无非是指无产阶级这个同一的主体—客体的自我物化（对象化和异化）、自我意识并扬弃这种物化的辩证过程。其历史视阈没有超越出理想状态中的无产阶级的内部行为的范围。与此同时，他还从历史活动中排除了一切不是人所创造的东西，如一切既定的、经验的、独立存在于意识之外的东西都被他排除了。在他看来，辩证法本质上是属于历史的，他说："辩证法不是被带进历史中去的，或是依靠历史来解释的，……辩证法就来自历史本身，是历史的这个特定发展阶段的必然的表现形式，并被人们所认识。"[①] 显然，卢卡奇的这一观点是深受黑格尔历史观的影响。在他看来，尽管黑格尔把辩证法归结为一种概念的神话，而实际上却揭示了近代资产阶级社会历史运动的辩证本性。由此他认为，凡是从资产阶级社会中产生出来的不能解决的僵硬对立和二律背反问题，都隐藏着通向历史的道路，因而只有历史才是从方法论上解决所有这一切问题的唯一场所。

---

① ［匈］卢卡奇：《历史与阶级意识》，杜章智等译，商务印书馆 1995 年版，第 264 页。

三是，借助于这种历史概念，生成了其关于“总体性”的规定。他认定，“辩证方法不管讨论什么主题，始终是围绕着同一个问题转，即认识历史过程的总体”。[①] 在他看来，总体性是马克思方法的本质。他指出，“总体范畴的统治地位，是科学中的革命原则的支柱”。[②] 对于马克思主义说来，没有什么孤立的法学、政治经济学、历史科学等，“而只有一门的、统一的——历史的和辩证的——关于社会（总体）发展的科学”。[③] 又由于一切当代问题都是历史问题，随着历史过程从总体上被认识、被把握、被理解，一切思想理论上的难题和二律背反就都将由于意识的物化结构被消除而获得解决。

四是，借助于这种历史—总体的概念，生成了关于自然概念的社会之维。如上所述，由于卢卡奇几乎把整个近代哲学都当作历史哲学来理解，在他看来，整个近代的批判哲学都是从资产阶级社会的物化结构中产生出来的。为此他认定近代哲学中的自然概念是从资产阶级意识的物化结构中折射出来，本质上是一个意识形态概念，是一个社会范畴。他说：“我已多次强调指出，自然是一个社会范畴。近代人是直接从现成的意识形态形式，从他所面临的深刻影响着他整个精神发展的这些意识形态形式的作用出发的。”[④] 他认为是先有了资产阶级社会，然后才出现了自然规律这个范畴。自然规律是资产阶级首先提出来的，并且主要是运用在社会中的一个范畴。产生这种情况的根本原因是：“一方面，人的所有关系（作为社会行为的客体）越来越多地获得了自然科学中概念结构的抽象因素的客观形式，即自然规律抽象基础的客观形式，另一方面，这

① ［匈］卢卡奇：《历史与阶级意识》，杜章智等译，商务印书馆 1995 年版，第 85 页。

② 同上书，第 76 页。

③ 同上书，第 77 页。

④ 同上书，第 203 页。

个‘行为’的主体同样越来越对这些——人为地抽象了的——过程采取纯观察员、试验员的态度。”[①] 资产阶级的经济学家和历史学家都把封建制度看成是人为的、非自然的，因此必须加以改变，而资产阶级社会则似乎是一种自然状态，合乎自然的制度就是超历史的永恒的制度。对此马克思曾批评道：过去是有历史的，现在便没有历史了。因为在资产阶级的经济学家和历史学家那里，自然范畴和理性范畴是一个意思，自然的就是合理的。康德就是这样解释自然概念的，他认为自然就是由知性概念所确立的事实和规律的总和。卢卡奇认为，把自然范畴运用到社会生活中来，这在资产阶级著作中是一个事实。在这一历史视阈中，卢卡奇提出："自然是一个社会范畴"，不仅具有一定的合理性，而且具有重要的理论价值——开启了对“自然”的社会属性的批判性研究——不仅揭示了自然概念产生及其应用的社会性，也揭示了研究“自然”的科学也具有其社会性。这样，就突破了资产阶级用以辩护自身及其资本主义合理性存在的意识形态之最后一道防线。从而成为法兰克福学派批判理论的重要理论立足点之一。

青年卢卡奇提出，“自然是一个社会范畴”的当代意义就在于，引领我们分析当前令人困惑的全球化环境问题之伦理本质。尽管环境问题主要关涉的是人与自然的关系问题——人对自然的控制，然而“控制自然和控制人之间有不可分割的联系”。[②] 如果说，青年卢卡奇所处时代的“自然”的社会属性更多地显现为一个认识问题，而当代由于环境问题的恶化，这一问题已经演变为一个重要的实践问题。因此“自然是一个社会范畴”的当代意义将日益凸显。

① ［匈］卢卡奇：《历史与阶级意识》，杜章智等译，商务印书馆 1995 年版，第 203 页。

② ［加］威廉·莱斯：《自然的控制》序，岳长龄、李建华译，重庆出版社 1993 年版，第 2 页。

须指出，尽管青年卢卡奇对于自然界独立于人类社会之外而存在没有表示过否定和怀疑，但是他并没有进一步明确提及社会之外的自然。后来，法兰克福学派的思想家则完全承袭了青年卢卡奇的这一思想，在他们阐述其批判的科学伦理观时，自然的先在性或者在他们的视野之外，或者未得到足够的重视。正是基于这一认识，他们对恩格斯自然辩证法的思想也进行了攻击。而与之形成鲜明对照的是，马克思在否定了一切旧本体论之后，生成了其历史唯物主义和历史辩证法的实践观，与此同时，马克思仍然坚持自然界的客观先在性。关于这一点，卢卡奇一直到其晚期写作的《社会存在本体论》中才得以真正理解。①

第三节　青年卢卡奇批判的伦理观对法兰克福学派的影响

青年卢卡奇对实证主义的批判以及对自然性的隐性伦理本质的揭示，对法兰克福学派社会批判理论视阈中的科学伦理思想生成及其三大理论建构产生了极其深刻的影响，主要表现为以下几个方面：

首先，青年卢卡奇否定了实证主义的事实中立论。如上所述，青年卢卡奇指出，试图将现实世界的现象放到“能够不受外界干扰而探究其规律的环境中”，提炼所谓的“纯事实”。而这又是经过把现象归结为纯粹的数量，用数和数的关系表现的本质而更加加强。这种特殊的抽象的量化过程实际上与资本主义经济过程中特有的拜物教和社会关系物化相关。“当‘科学’认为这些‘事实’直接表

① 张一兵：《文本的深度耕犁——西方马克思主义经典文本解读》，中国人民大学出版社 2003 年版，第 31 页。

现的方式是科学的重要真实性的基础，它们的存在形式是形成科学概念的出发点的时候，它就是简单地、教条地站在资本主义社会的基础上，无批判地把它的本质、它的客观结构、它的规律性当作‘科学’的不变的基础。”[①] 法兰克福学派承继了青年卢卡奇对实证主义批判的传统，通过对工具理性和实证主义的批判生成了其第一大理论建构——批判的理性伦理观和反实证主义的伦理观。霍克海默在《唯物主义与形而上学》一文中，从两个方面对孔德和马赫的实证主义进行了批判。一方面他指出，孔德和马赫的实证主义以一种非历史的方式来理解世界和科学，从而导致了马赫信仰世界是由感觉经验的“要素”构成的。进而得出一个错误的结论：在人类出现之前，自然界既不存在也没有自身发展的历史。这就假定存在一个不依赖时间的主体。因此，“经验批判论也就在某种程度上等同于唯心主义的形而上学”。[②] 另一方面指出了实证主义的表象性，即把一切可能的知识归结为外在记录的集合，将不可解决的问题弃置一边；他们感兴趣的不是事物，只是现象，亦即事物事实上向我们呈现的东西。在霍克海默看来，科学研究不应只描述现象，而应发现现象，以探求他们的真实法则。在后来的《传统理论和批判理论》中霍克海默对实证主义从历史背景、研究方法和社会作用等方面进行了系统的批判。此后，马尔库塞、阿多尔诺等进一步对实证主义进行了抨击。

其次，青年卢卡奇从否定性的方面强调了科学的社会性和属人性。这在法兰克福学派社会批判理论视阈中的科学伦理思想中得到了进一步的发挥，并形成了该学派科学伦理思想的第二大理论建构——批判的科技—社会伦理观。如上所述，青年卢卡奇认为，所

① [匈] 卢卡奇：《历史与阶级意识》，杜章智等译，商务印书馆 1995 年版，第 55 页。

② [德] 霍克海默：《批判理论》，李小兵等译，重庆出版社 1989 年版，第 34 页。

谓公正的科学“模糊资本主义社会的历史的、暂时的性质。它的各种带有适合一切社会形态的无时间性的永恒的范畴的假象”。[①]“当科学认识的观念被应用于自然的时候，它只是推动了科学的进步，当它被应用于社会的时候，它反转过来，成了资产阶级的思想武器。”[②] 法兰克福学派循着青年卢卡奇这一科学伦理的批判思路，继续向前推进。在对科学技术社会功能的批判中，该学派将科学技术当作发达工业社会或晚期资本主义社会的一种新的控制形式和异化及苦难的根源；同时又把科学技术当作实证主义的思想基础加以批判。其中以马尔库塞和哈贝马斯的论述最为突出和典型。法兰克福学派科学技术社会伦理观的批判指向是当代科学技术及其在社会运作中所产生的负效应，即指认了在发达工业社会中，科学技术是如何异化为一种新的控制形式，如何形成了单向度的社会、单向度的人、单向度的思想。进而剖析并阐明了科学技术与政治统治、科学技术与意识形态、科学技术进步对马克思主义的影响等方面的关系。

再次，青年卢卡奇揭示并强调自然的社会性。这也为法兰克福学派所继承，其中以施密特和莱斯的论述为代表。进而形成了该学派科学伦理思想的第三大理论建构——批判的自然伦理观。如上所述，青年卢卡奇指出，资本主义经济发展创造了两个自然概念：一是“作为‘自然规律总和’的自然”（现代数学科学的自然）；二是“作为心境、作为被社会‘败坏的’人的榜样的自然”（卢梭和康德伦理学的自然）。[③] 这是资产阶级意识形态关于自然性的一正一反的抽象伦理规定。产生这种抽象的根本原因，还是由于“经济关系

① ［匈］卢卡奇：《历史与阶级意识》，杜章智等译，商务印书馆 1995 年版，第 57 页。

② 同上书，第 59 页。

③ 同上书，第 322 页。

的纯客观性的拜物教外表掩盖住它作为人之间关系的性质，并使它变为一种以其宿命论的规律环绕着人的第二自然”。[①] 霍克海默、阿多尔诺、马尔库塞、弗洛姆等人沿着这一批判的轨迹，都从不同的视角阐发了自己的见解，因而，他们在理解马克思关于人与自然或自然与历史（社会）、自然史与人类史以及自然观和历史观统一的思想时，往往只强调统一，而忽视了差别。作为法兰克福学派第二代传人之一的施密特，尽管他在一定程度上承继了法兰克福学派自然伦理观的传统，但由于他是从马克思中期与成熟期的经济学著作，特别是马克思的《资本论》和1857—1859年的庞大的“手稿”入手，因而，产生了较新的理论视界，生成了独具特色的自然伦理观。莱斯则在施密特的基础上，将该学派批判的自然伦理观与当代生态伦理学相结合，进而形成了生态学视阈中的自然伦理观。

总之，青年卢卡奇的科学伦理观对法兰克福学派社会批判理论视阈中的科学伦理思想的生成与发展产生了极为深刻的影响。这将在下面各章中分别阐述。

---

① ［匈］卢卡奇：《历史与阶级意识》，杜章智等译，商务印书馆1995年版，第326页。

> 科学是否只是一种人造之物，它被抬举到如此高的主宰地位，以至于人们会认为，有一天应当通过人的意愿、通过委员会的决定来对它加以削减？抑或在这里起作用的是一个更大的命运？在科学中起主宰作用的是否是一种与人之单纯求知欲不同的他物？事实正是如此。一个他物在起作用。①
>
> ——马丁·海德格尔

第七章　海德格尔哲学追问中的科学伦理意蕴

如前几章所述，法兰克福学派科学伦理思想在其生成的过程中，不仅受德国古典哲学尤其是黑格尔的理性伦理观影响，又有青年马克思人本主义的科学伦理思想印记，还深受韦伯经济合理性伦理思想和卢卡奇的物化伦理思想、批判的科学伦理观的影响，并成为其直接的理论基础。同时在一定程度上也受到同时代思想家海德格尔科学伦理观的影响。在《世界图象的时代》一文中，海德格尔从科学与技术、艺术、文化、宗教关系的形而上学意义上揭示了科学乃是现代的根本现象之一；从科学研究的筹划本质，进一步解构了“事实中立”说；他洞悉了科学本身作为研究具有企业活动的特点及其对于科学活动主体与社会及其自身伦理关系的嬗变以及新的利益共同体的建构。进而从其哲学话语层

---

① 《海德格尔选集》（下卷），孙周兴选编，上海三联书店 1996 年版，第 956 页。

面更为深刻的揭示了现代的本质、成为主体的人与成为图象的世界的“人类中心主义”特征何以形成的价值取向与社会建制的伦理运作机制。在《技术的追问》一文中，海德格尔以其追问的方式对技术及其本质的探索，一方面他采取“回溯型词源考证法”阐释了“座架”、“自由”、“澄明”、“开放领域”、“解蔽”、“遮蔽”与“命运”等一系列概念的隐含的深刻伦理内涵及其它们之间的关系，进而在更深的层面揭示了技术及其伦理本质。须指出的是，海德格尔关于“座架”、“自由”、“澄明”等概念内涵的阐释均不是常识意义上的认知，而是“应是”的本真性的伦理直观。海德格尔在《科学与沉思》一文中，从“文化”对于科学中的“他物”具有遮蔽性的揭示，指认了蕴涵在科学与现实之物之间的复合的伦理关系；又以其“此之在”的问题式，追踪了“现实之物”和“理论”的语义演变与概念谱系，进而为从形上层面解构“纯科学”、“科学价值中立论”作了深层的语义哲学铺垫。也为科学伦理学建构了语义学基础。再从对科学作为“现实之物理论”方法的追问中，揭示了其中蕴涵“不可显现的实事状态”的伦理本性，进一步颠覆了“科学价值中立论”理论根基。进而阐述了沉思对于探讨“不可显现的实事状态”本质的意义。这些成为法兰克福学派科学伦理思想及其问题式生成的理论基础与核心话语。本章主要对海德格尔的《世界图象的时代》、《科学与沉思》、《技术的追问》文中的科学伦理观及其问题式对法兰克福学派科学伦理思想及其问题式生成的影响作一探析。

第一节 《世界图象时代》的伦理之维

《世界图象的时代》一文系海德格尔 1938 年在弗莱堡做的演

讲，演讲时的标题为《形而上学对现代世界图象的奠基》。[①] 这里海德格尔首先指出形而上学沉思何以必要，“形而上学沉思存在者之本质并决定真理之本质。形而上学建立了一个时代，因为形而上学通过某种存在者阐释和某种真理观点赋予这个时代以其本质形态的基础。这个基础完全支配着构成这个时代的特色的所有现象”。[②] 反过来，一种对这些现象的充分的沉思，可以在这些现象中认识形而上学的基础。在他看来，沉思乃一种勇气，它敢于使自己的前提的真理性和自己的目标的领域成为最大的疑问。因为“沉思之追问决不会沦于无根据和无疑问之境”，“对现代之本质的沉思把思想和决断设置入这个时代的本真的本质力量的作用范围内”。[③] 在《世界图象的时代》一文中，海德格尔主要通过一系列的哲学追问的形而上学沉思，展示了现代科学的本质与研究→程式→敞开区域→筹划→企业活动→世界图象→人的主体性及其人类中心主义之间的内在关联性，进而为我们揭示其中蕴涵的伦理本质构筑了一条哲学追问的路径。

一　作为研究的科学之本质沉思

沉思作为研究的科学之本质的是在《世界图象的时代》一文中，海德格尔着墨最多之处。这里，海德格尔沉思的关键是“要不断地先行根据在其中起支配作用的存在之真理来把握时代的本质，因为只有这样，才同时也经验到了那种最值得追问的东西，后者从根本上包含和约束着一种超越现成之物而进入未来的创造，并且使

① 该文 1950 年收入《林中路》，由维多里奥·克劳斯特曼出版社（美茵法兰克福）出版。中译文据《林中路》1980 年第六版译出（参见《海德格尔选集》（下卷），第 885 页译注）。

② 《海德格尔选集》（下卷），孙周兴选编，上海三联书店 1996 年版，第 885 页。

③ 同上书，第 906 页。

人的转变成为一种源出于存在本身的必然性”。[①] 其中包蕴了他对作为研究的科学所蕴涵的伦理关系及其本质的精辟而睿智的阐释、独到而深刻的分析。主要表现在以下几个方面：

首先，海德格尔从科学与技术、艺术、文化、宗教关系的形而上学意义上颠覆了自近代以来关于实事（科学）与价值无涉的理念。他指出，科学乃是现代的根本现象之一，其他诸如作为与现代形而上学之本质相同一的现代技术之本质的机械技术、被视为人类生命表达的艺术、作为维护人类的至高财富来实现最高价值的文化、作为与诸神的关系转化为宗教体验的弃神都是以科学为基础的。为了阐明这一点，海德格尔指出了现代科学与中世纪的学说（doctrina）和古希腊的知识（έπιστήμη）的异质性。就希腊科学而言，它从来不是精确的，就其本质而言它不可能是精确的，也不需要是精确的。因为，古希腊人关于物体、位置以及两者关系的本质的观点，是基于另一种关于存在者的解释，因而是以一种与现代科学不同的对自然过程的观看和究问方式为条件的。因此，认为现代科学比古代科学更精确，根本就没有意义。

海德格尔指出现代科学与技术、艺术、文化、宗教的内在联系的重要意义就在于，他揭开了一直处于被遮蔽状态的科学与社会、自然与社会、实事与价值的内在相关性。正如他在后来的《科学与沉思》一文中所说，科学长期以来“以一种愈来愈决然、但却愈来愈不引人注目的方式锲入到生活的所有组织形式之中：锲入到各种工业、经济、课堂、政治、战争、政论之中”。[②] 因而现实中科学被抬举到主宰的地位。科学在西方世界的范围之内以及在西方历史的各个时代中发展出了一种在全球范围内无可比拟的力量，并且，

① 《海德格尔选集》（下卷），孙周兴选编，上海三联书店 1996 年版，第 907 页。

② ［德］海德格尔：《科学与沉思》，载《海德格尔选集》（下卷），孙周兴选编，上海三联书店 1996 年版，第 956 页。

它正在将此力量最终覆盖于整个地球。那么“在科学中起主宰作用的是否是一种与人之单纯求知欲不同的他物？事实正是如此。一个他物在起作用”。① 这一思想不仅后来被马尔库塞进一步发挥，而且为以后科技伦理的生成奠定了本体论和认识论的形而上学基础。

其次，海德格尔深入到科学研究的过程中，进一步解构了“事实中立”说，为我们从认识论之维研究科学的伦理本质提供了重要的启示。这里包括以下三个互相联系的环节：

一是，他从科学研究的筹划本质，揭示了在一定的科学研究中，“事实”总是存在着一个决定着其“是其所是”的、隐匿着的“是其所应是”的他者。因为科学研究的本质就在于：认识把自身建立为在某个存在者领域（自然或历史）中的程式。在这里，“程式”不仅仅指方法和程序；因为“任何程式事先都需要一个它借以活动的敞开区域。而对这样一个区域的开启，恰恰就是研究的基本过程”。② 这样，在某个存在者领域中，如在自然中，当自然事件的某种基本轮廓被筹划出来了，研究的基本过程也就完成了。就物理学的研究的每一个追问步骤而言，都事先维系于这种筹划。这种维系，即研究的严格性，总是合乎筹划而具有它自己的特性。这里，海德格尔阐述了科学活动及其主体之间的伦理关系：作为研究的科学，无论是敞开区域的选择、追问步骤的确立都离不开科学活动主体的筹划。正是在这种程式的严格的筹划中，科学才成为研究。这种筹划不仅是科学活动主体对“纯”事实亦即“是其所是”的抽象，而且是受科学活动主体所处的一定社会的认识目的和价值机制亦即“应是其所是”所中介或选择的。

二是，海德格尔又从科学研究的方法上，进一步解构“事实中

---

① ［德］海德格尔：《科学与沉思》，载《海德格尔选集》下卷，孙周兴选编，上海三联书店1996年版，第956页。

② 《海德格尔选集》（下卷），孙周兴选编，上海三联书店1996年版，第887页。

立”说。他指出，唯在方法中，筹划和严格性何以展开为它们所是的东西。因为，借以把一个对象区域表象出来的方法，具有基于清晰之物的澄清的特性，亦即说明的特性。这种说明始终是两方面的。它通过一个已知之物建立一个未知之物，同时通过未知之物来证明已知之物。正如卢卡奇指出的那样，所谓“事实”是“因认识目的不同而变化的方法论的加工下”[①] 形成的。自然科学的所谓“纯”事实，是将现实世界的现象被放到不受外界干扰而探究其规律的环境中得出的。“这一过程由于现象被归结为纯粹数量、用数和数的关系表现的本质而更加加强。”[②] 这种探究在自然科学中按其不同的探究领域和探究目的，通过实验来进行。

三是，海德格尔逆转了一直被错认的实验与研究关系，凸显了实验的主体性。进而深层地颠覆了“事实中立”说。他指出：“自然科学并非通过实验才成为研究，而是相反地，唯有在自然知识已经转换为研究的地方，实验才是可能的。”由此，他认为，中世纪的学说和古希腊的知识由于都不是研究意义上的科学，所以在那里就没有出现实验。因为中世纪最高的知识和学说乃是神学，是对神性的启示话语的阐释，基督教把真理的真正地盘投入信仰中了，投入对典籍话语和教会学说的确信中了。而实验方法是在其实验装置和实施过程中受已经获得奠基的规律的支持和指导，从而得出证实规律或者拒绝证实规律的事实。因此，自然之基本轮廓越是精确地被筹划出来，实验之可能性就变得越精确。不仅如此，海德格尔还指出，在历史学科学中也同在自然科学中一样，其方法的目标乃是把持存因素表象出来，进而使历史成为对象。

通过上述三个环节，海德格尔不仅从显性哲学语境中颠覆了

① ［匈］卢卡奇：《历史与阶级意识》，杜章智等译，商务印书馆 1995 年版，第 53 页。

② 同上书，第 53 页。

"事实中立"说，而且从其隐性哲学话语层面更为深刻地揭示了"人类中心主义"产生的认识论与方法论基础。进而不仅为其追问现代的本质、阐述成为主体的人与成为图象的世界的内在联系作了深层铺垫，而且更能引发我们对科学研究的过程及其主体道德责任的追问。就科学研究的筹划本质而言，这在一定的科学研究中，"事实"总是存在着一个决定其"是其所是"的、隐匿着的"是其所应是"的他者，即"事实"总是经过一定的价值建构才成为"是其所是"。其中不仅蕴涵了科学研究主体依照科学规范对事实"是其所是"的建构，而且蕴涵了科学研究主体自觉自主自愿地依据一定社会的道德原则、道德规范在多种道德可能性中进行的，"在不同的道德价值之间、在对立的价值准则之间作出的取舍"①，经过其一系列心理意识活动而达到的价值取向。因此，科学研究主体在基础研究、应用研究、开发研究、制定政策和作出决策等各个环节上都应担负起其不可推卸的、对人—社会—自然的道德责任。

二　作为"企业活动"的科学研究之隐性伦理

海德格尔以其哲学的睿智洞悉到科学本身作为研究具有企业活动的特点。进而揭示了科学作为一种社会建制，其中隐含了科学共同体（学院、研究所）与科学研究个体及其与出版商之间构建的利益共同体的伦理关系。从而在更深的层面和广阔的视阈中展露了科学与社会、科学与人之间的相互影响及其伦理本质以及现代的本质，成为主体的人与成为图象的世界的"人类中心主义"特征。同样，这里也包括以下三个互相联系的环节：

首先，海德格尔揭示了现代科学基本过程何以具有企业活动特性。一方面，任何一门科学作为研究都以对一种限定的对象区域的筹划为根据，因而必然是具体科学。另一方面，从研究活动的组织

① 罗国杰：《伦理学》，中国人民大学出版社 1998 年版，第 353 页。

形式上，学院实际上成为一个设置：由于管理上的封闭，学院这种设置使得诸科学力求分离开来而进入专门化和企业活动的特殊统一性的过程成为可能。在科学研究活动中，对象区域的筹划首先被设置入存在者中。各种方法相互促进对结果的检验和传达，并且调节着劳动力的交换。因此，研究所建制是必然的。“由于研究在本质上是企业活动，所以，始终可能的那种‘一味忙碌’的勤勉活动同时也唤起一种最高现实性的假象，而研究工作的挖掘活动就是在这种现实性背后完成的。”① 因为人们借以占有具体对象领域的方法并不是简单地累积结果。正是借助于它的结果，方法总是使自身适应于一种新的程式。

其次，阐述了作为企业活动的现代科学对科学活动主体的影响：一方面，对科学活动主体人格塑造的影响，主要表现为，这种企业活动造就了另一类人：这里学者消失了，取而代之的是从事研究活动的研究者。他不断在途中、在会议上磋商和了解情况。另一方面，对科学活动主体价值取向的影响，主要表现为，由于研究者为了通过丛书和文集出版，能更容易、更快速地成就名声，而且即刻可以在更广大的公众那里获得轰动效果，就不得不受制于出版商的订货，进而与出版商结成了利益共同体（伦理关系）：研究者与出版商一道决定必须写哪一些书。因为出版商不仅比作者们更能掌握行情，而且通过预订和发行有关图书和著作，便把世界带入公众的图象之中，与此同时，也把世界确定在公众状态之中。

再者，现代科学的企业活动何以构建科学与社会的利益共同体（伦理关系）？海德格尔指出，科学越是唯一的具体到对其工作进程的完全推动和控制上，这种企业活动越是明确地转移到专门化的研究机构和专业学校那里，则科学也就越是无可抵抗地获得了对它们的现代本质的完成。然而，“科学和研究者越是无条件地严肃对待

① 《海德格尔选集》（下卷），孙周兴选编，上海三联书店 1996 年版，第 907 页。

它们的本质的现代形态，则它们就能够更明确地并且更直接地为公共利益把自己提供出来，而同时，它们也就更无保留地必然把自己置回到任何有益于社会的公共而平凡的工作之中”。[①]

通过海德格尔对现代科学基本过程企业活动特性的揭示，我们不仅可以从其显性哲学语境中体悟到科学共同体及其建制生成的必然性，同时更深刻地感悟到，现代科学研究的企业活动特性对于科学活动主体与社会及其自身伦理关系的嬗变，以及新的利益共同体的建构。进而能够进一步透视现代的本质、成为主体的人与成为图象的世界的“人类中心主义”特征、其价值取向形成的社会建制与隐性的伦理运作机制。这样，我们就能更深刻地认识科学自由与意志自由的互维性：正如海德格尔所说：“科学和研究者越是无条件地严肃对待它们的本质的现代形态，则它们就能够更明确地并且更直接地为公共利益把自己提供出来，而同时，它们也就更无保留地必然把自己置回到任何有益于社会的公共而平凡的工作之中。”因此，“科学自由”即科学研究主体“能做什么”总是与其“意志自由”即“应做什么”共生互存。

三　作为图象的世界隐含的伦理关系

如上所述，海德格尔认为，由于作为研究的科学乃是现代的一个本质性现象，进而构成研究的形而上学基础，这样就从根本上规定了现代之本质。而现代的基本进程乃是对作为图象的世界的征服过程。对于现代之本质具有决定性意义的两大进程是世界成为图象和人成为主体的相互作用。在这里，海德格尔实际上为我们展现了在世界图象的时代，生成的复合的交互作用的伦理关系：作为研究的科学→现代→作为图象的世界→成为主体的人之间的伦理关系。

---

① 《海德格尔选集》（下卷），孙周兴选编，上海三联书店 1996 年版，第 895 页。

首先，海德格尔通过质疑了一般意义上的现代之本质，指出追问现代的世界图象何以必要。即：在他看来，尽管认为现代之本质是人通过自身解放使自己摆脱了中世纪的束缚的描绘是正确的，但却是肤浅的。因为它导致了一些谬误，这些谬误阻碍着我们去把握现代的本质基础。无疑，随着人的解放，现代出现了主观主义和个人主义。而我们沉思现代，旨在“把思想和决断设置入这个时代的本真的本质力量的作用范围内”。[①] 就是要追问现代的世界图象。[②] 为了阐释这一问题，海德格尔便展开一系列的链式追问：为什么在阐释一个历史性的时代之际，我们要来追问世界图象呢？莫非历史的每个时代都有它的世界图象？每个时代都尽力谋求它的世界图象？或者，世界图象的追问就是现代的表象方式，并且仅仅是现代的表象方式吗？什么是一个世界图象呢？何谓世界？所谓图象又意味着什么？

显然，海德格尔关于“世界”的解读别有一种哲理意蕴。在他看来，世界在这里乃是表示存在者整体的名称。这一名称并不局限于宇宙、自然。历史也属于世界。但就连自然和历史，以及在其沉潜和超拔中的两者的交互贯通，也没有穷尽了世界。在世界这一名称中还含有世界根据的意思，正如“此之在”的问题又始终被嵌入存在之意义之中。[③]

关于“图象”一词的规定，也另有一番意境：图象在这里并不是指某个摹本，而是指我们在“我们对某物了如指掌”[④] 这个习语中可以悟出的东西：事情本身就像它为我们所了解的情形那样站立在我们面前。“去了解某物”[⑤] 意味着：把存在者本身如其所处情

---

① 《海德格尔选集》(下卷)，孙周兴选编，上海三联书店 1996 年版，第 906 页。

② 《海德格尔选集》(下卷)，第 897 页译注。

③ 同上书，第 910 页。

④ 同上书，第 898 页译注①。

⑤ 同上书，第 898 页译注②。

形那样摆在自身面前来，并持久地在自身面前具有如此这般被摆置的存在者。同时还意味着存在者作为一个系统站立在我们面前。“在图象中”意味着“了解某事、准备好了、对某事作了准备”等意思。因此，在世界成为图象之处，存在者整体被确定，人因此作了准备，相应的，人因此把这种确定性带到自身面前并在自身面前拥有它，从而在一种决定性意义上要把它摆到自身面前来。因此，“图象的本质包含有共处、体系。但体系并不是指对被给予之物的人工的、外在的编分和编排，而是在被表象之物本身中的结构统一体，一个出于对存在者之对象性的筹划而自行展开的结构统一性”。[①] 因而从本质上看来，世界图象并非意指一幅关于世界的图象，而是指世界被把握为图象了。显然，海德格尔用世界“图象”一词意指世界本身，即存在者整体。这时，“唯就存在者被具有表象和制造作用的人摆置而言，存在者才是存在着的。在出现世界图象的地方，实现着一种关于存在者整体的本质性决断”。[②] 因为存在者的存在是在存在者之被表象状态中被寻找和发现的。

其次，海德格尔极为深刻地洞悉，作为研究的科学乃是这种在世界中的自行设立的不可缺少的形式，是现代在其中飞速地——以一种不为参与者所知的速度——达到其本质之完成的道路之一。正是借助于作为研究的科学，现代才进入了它的历史的最关键的和也许最能持久的阶段。我们可以看到，“在以技术方式组织起来的人的全球性帝国主义中，人的主观主义达到了它的登峰造极的地步，人由此降落到被组织的千篇一律状态的层面上，并在那里设立自身。这种千篇一律状态成为对地球的完全的（亦即技术的）统治的最可靠的工具。现代的主体性之自由完全消融于与主体性相应的客体性之中了。人不能凭自力离弃其现代本质的这一命运，或者用一

① 《海德格尔选集》（下卷），孙周兴选编，上海三联书店 1996 年版，第 910 页。

② 同上书，第 899 页。

个绝对命令中断这一命运”。[①] 透过海德格尔的哲学话语，我们可以体察到成为主体的人与成为图象的世界的伦理关系以及现代的本质，无不与作为研究的科学有着深沉而复杂的内在关联。面对这一复合伦理关系运演的“此之在”，海德格尔并没有仅仅停留在批判的层面，而是试图从历史分析古希腊和中世纪人的生存样态与历史发展的过程中予以超越。他指出，这一现状只是“此之在”，人能够深思这样一点：人类的主体存在一向不曾是，将来也决不会是历史性的人的开端性本质的唯一可能性。

再次，海德格尔揭示了现代的基本进程中蕴涵了作为图象的世界与成为主体的人之间的复合的伦理关系。如上所述，“出现世界图象的地方，实现着一种关于存在者整体的本质性决断”，因而世界之成为图象，与人在存在者范围内成为主体是同一个过程。值得指出的是，在海德格尔沉思和阐释这一复合的伦理关系时，不是一般的说明或论证，而是包含了对近代以来生成的人类中心主义的反思与深刻批判。他指出，因为人根本上和本质上成了主体，对人来说就必然会出现这样一个明确的问题：人是作为局限于他的任性和放纵于他的专横的“自我”，还是作为社会的“我们”；是作为个人还是作为社会；是作为社会中的个体，还是作为社团中的单纯成员；是作为国家、民族和人民，还是作为现代人的普遍人性——人才愿意并且必须成为他作为现代人的本质已经存在的主体？唯当人本质上已经是主体，人才有可能滑落入个人主义意义上的主观主义的畸形本质之中。但也只有在人保持为主体之际，反对个人主义和主张社会是一切劳作和利益之目标领域的明确斗争才有了某种意义。然而，人在对作为图象的世界的征服过程中，人为力求他能在其中成为那种给予一切存在者以尺度和准绳的存在者的地位而斗

---

① 《海德格尔选集》（下卷），孙周兴选编，上海三联书店 1996 年版，第 921—922 页。

争。因而人对一切事物施行的计算、计划和培育的无限制的暴力，[①]“对世界作为被征服的世界的支配越是广泛和深入，客体之显现越是客观，则主体也就越主观地，亦即越迫切地突现出来”。[②]这种“人类中心主义”式的伦理关系运演的后果则是：当人成了主体而世界成了图象之际，一种阴影总是笼罩着万物。

总之，海德格尔在《世界图象的时代》一文中，从科学与技术、艺术、文化、宗教关系的形而上学意义上颠覆了自近代以来关于实事（科学）与价值无涉的理念。又通过一系列的哲学追问的形而上学沉思，从筹划→方法→企业活动的各个环节展示了作为研究的现代科学的伦理关系与伦理本质，以及与世界图象和人的主体性之间的内在关联性及其伦理本性，与此同时，深刻地批判和揭示了人类中心主义生成的认识论与方法论基础，不仅对我们研究科技伦理的形上理论提供了认识论与方法论的资源，而且对批判人类中心主义，防止科学和技术及其成果的滥用，使之造福于人类有重要的启示。

第二节　《技术的追问》[③]的隐性伦理

海德格尔对技术本质的追问，与上述在《世界图象的时代》一样，构筑了一条概念“追问”的道路。在追问的过程中，海德格尔

---

① 《海德格尔选集》（下卷），孙周兴选编，上海三联书店 1996 年版，第 904 页。

② 同上书，第 902—903 页。

③ 《技术的追问》一文系海德格尔 1950 年 6 月 6 日在巴伐利亚艺术协会上所作的演讲的扩充本，1954 年收入海氏论文集。《演讲与论文集》由纳斯克（弗林根）出版社出版，后被编辑为《全集》第七卷。1962 年收入《技术与转向》一书，由纳斯克出版社出版（参见《海德格尔选集》（下卷），孙周兴选编，上海三联书店 1996 年版，第 924 页注）。

不仅以语义的演变追问技术发展的历史，而且隐涵了他对于当代技术陷入伦理困境的哲学沉思。他在追问现代技术本质时，引入了"逼迫"与"座架"的范畴，并从人—技术—社会—自然之间复合的伦理关系中指出，"座架占统治地位之处，便有最高意义上的危险"。如果说在《世界图象的时代》中海德格尔关注的重心是从科学与技术、艺术、文化、宗教关系的形而上学意义上颠覆自近代以来关于实事（科学）与价值无涉的理念、批判和揭示了人类中心主义生成的认识论与方法论基础，那么，在《技术的追问》一文中，海德格尔更加关注如何探索摆脱当代技术伦理困境之途，以及人的合理的生存方式。因此，他不"牵挂"于个别的句子和名目而是"以某种非同寻常的方式贯通于语言中"，追问技术，"并希望借此期备一种与技术的自由关系"。[①] 海德格尔认为，当"开启"技术之本质时，如果合于技术之本质，就能在其界限内来经验技术因素。

一 技术概念的辨析

为了探索技术的本质，海德格尔区分了"技术"、"技术因素"与"技术之本质"这三个相关的概念。一是他指出，"技术之本质也完全不是什么技术因素"。[②] 因为，如果仅仅从表象上追逐技术因素追问技术之本质，那么就决不能经验到我们与技术本质之间的关系。二是"技术不同于技术之本质"。[③] 关于技术有两种回答：其一，技术是合目的的工具。其二，技术是人的行为。海德格尔认为，这两个对技术的规定是一体的。因为设定目的的创造和利用合目的的工具，就是人的行为。技术包含着对器具、仪器和机械的制作和利用，也包含其自身，同时还包含着技术为之效力的需要和目

① 《海德格尔选集》（下卷），孙周兴选编，上海三联书店1996年版，第924页。

② 同上书，第924页。

③ 同上书，第925页。

的。所以，这些设置的整体就是技术。他将这种通行的技术的观念称之为“工具的和人类学的技术规定”。这种对技术的工具性规定对于现代技术也还是“适切”的。尽管人们认为，现代技术完全不同于古代的手工技术，因而是全新的东西。但在海德格尔看来，即便是带有涡轮机和发电机的发电厂，也是人所制作的一件工具，合乎人所设定的某个目的。因而，“现代技术也是合目的的工具”。①由此，技术的工具性观念把人带入与技术适当关联的一切努力之中。因而，“以得当的方式使用作为工具的技术”具有决定性的意义。这样，人们就想“在精神上操纵”技术。具体表现为，“技术愈是有脱离人类的统治的危险，对于技术的控制意愿就愈加迫切”。②

然而，海德格尔认为，追问技术之本质，并不能就此止步。虽然对于技术的工具性规定是正确的，但是单纯正确的东西还不是真实的东西。只有“把我们带入一种自由的关系中，即与那种从其本质来看关涉于我们的关系中”③，才是真实的东西。接着，海德格尔进行了一系列的追问：工具性的东西本身是什么？工具和目的之类的东西又归属于什么？在他看来，所谓工具乃是人们借以对其物发生作用、从而获得某物的那个东西。

二　关于技术原因的追问

首先，为了阐释工具和目的的关系，海德格尔引入了“因果性”的概念。进而，他认为，获得了工具性规定的那个目的，被看作原因。而目的得到遵循，工具得到应用的地方，工具性的东西就占统治地位，因此，因果性即因果关系起着支配的作用。于是，海

① 《海德格尔选集》（下卷），孙周兴选编，上海三联书店 1996 年版，第 925 页。

② 同上书，第 926 页。

③ 同上。

德格尔便转入了关于“原因”的追问。在这里，他透过人们对原因——起“作用”的东西（“作用”在此意味着：取得成果、效果）的习惯看法，不是采取上述的实然的概念辨析与逻辑推演，而是运用了回溯型的词源考证，笔者称之为“语词考古学”的方法进行追问。他分析了自亚里士多德以来的“四因说”指出，“结果因，四因中的一个，以决定性的方式规定着所有的因果性。事情甚至到了这样的地步，即人们根本上不再把目的因看作一种因果性”。[①] 然后，他以“招致”这一他独创的概念说明“原因”——“招致另一个东西的那个东西”。进而，他认为，四因“乃是本身共属一体的招致方式”。[②] 继而，他以祭器——银盘的制作为例，通过一层层的追问，揭示其被招致的历程。银作为质料招致银盘，即银是银盘由之形成的东西。但这一祭器不只是由银所招致的。作为盘，由银所招致的东西显现在盘的外观中，而不是在别针或戒指的外观中。所以，祭器同时也是由盘的外观所招致。作为盘的外观进入其中的银，和这种银质的东西于其中显现出来的外观，这两者以各自的方式共同招致了这个祭器。不仅如此，招致这一祭器的形成主要还是第三个东西，即首先把盘限定在祭祖和捐献的领域内。由此，它就被界定为一个祭器。这样，就终结了这个物。然而，此物却并没有停止，即此物从此才“开始成为它在制造之后将变成的东西”。在这一意义上，终结者即完成者。而“人们往往以‘目标’和‘目的’译之，并因而误解了它”。此外，共同招致这个祭器完成了的第四个东西——银匠。但银匠不是结果因，他只是考虑到前面所说的三种招致方式，即考虑它们使祭器的生产显露并进入运作。“这样，在现有备用的祭器中，有四种招致方式起着支配作用。它们相

① 《海德格尔选集》（下卷），孙周兴选编，上海三联书店 1996 年版，第 927 页。
② 同上。

互间是不同的，但又是共属一体的。”①

其次，海德格尔为了突破人们对“招致”的意义的理解，采取了引入新概念和对原有概念内涵进行重新诠释的方法，解构人们关于因果性原初意义的理解道路，进而引领人们进入海德格尔的解释世界。在这里，海德格尔一是引入了“在场者”和“在场”的概念，并根据四种招致方式所招致的东西来解说这四种方式。在他看来，招致是作为祭器——银盘的现有备用。现有和备用标志着某个在场者的在场。四种招致方式使某物进入在场而出现。这样，它们就把某物释放到在场中，并使之起动，即使之进入完成了的到达之中。而在这种起动的意义上，招致就是引发。二是他突破了“引发”一词日常的和狭隘的含义：推动和引起（这仅是因果性整体中的一种次要原因）赋予“引发”一词更宽泛的意义，以表示希腊人所思的因果性的本质。由此，他阐述了四种引发方式的配合，进而一体地为一种带来所贯通，而这种带来就是把在场者带入显露中。接着，他援引了柏拉图在《会饮篇》中的一句话：“对总是从不在场者向在场过渡和发生的东西来说，每一种引发都是产出。”② 循此意义来思考这种产出。他认为，不仅手工制作，不仅人工创作的“使……显露”和“使……进入”图象是一种产出；甚至“从自身中涌现出来”也是一种产出。因为涌现着的在场者在它本身之中具有产出之显凸，如，花朵显凸在开放中。显然，海德格尔采取的思维方向与通常相反。在通常的意义下，只有花蕾开放才有花朵，因而人们较注重其外在的状态。海德格尔则强调花朵自身的“产出”性。而手工和人工产出的东西，例如银盘，其产出之显凸并非在其本身中，而在一个他者中即在工匠和艺术家中。“因此引发的诸方式，即四个原因，是在产出之范围内起作用的。通过产出，无论是

---

① 《海德格尔选集》（下卷），孙周兴选编，上海三联书店 1996 年版，第 928 页。

② 同上书，第 929 页。

自然中生长的东西，还是手工业和艺术中制作的东西，一概达乎其显露了。”[①] 三是海德格尔继续追问这种产出在自然中和手工业和艺术中是如何发生的？引发的四种方式在其中起作用的产出是什么？追问使他把关注的目光投射到引发关涉在产出中“显露出来的东西的在场”。他指出，产出从“遮蔽状态”进入了“无蔽状态”中。因此，只有遮蔽者进入无蔽领域，产出才发生。而这就是所谓的解蔽。他又从词源上把这种解蔽与希腊人、罗马人的“真理”一词相联系。这样，就将对追问技术，引到了解蔽那里，技术之本质就与解蔽密切相关。因为在海德格尔看来，“每一种产出都建基于解蔽。但产出把引发——即因果性的四种方式聚集于自身中，并且贯通这四种方式”。[②] 因之，在引发的四种方式的领域中，包含着目的和手段，包含着工具性的东西。因而，技术的基本特征便是工具性。若进一步追问“被看作手段的技术根本上是什么”，就达到了“解蔽”。由此，海德格尔断言：“一切生产制作过程的可能性都基于解蔽之中。”[③]这样，技术就不仅是手段，而且也是一种解蔽方式，那么就会有一个完全不同的适合于技术之本质的领域——解蔽之领域，亦即真理之领域向我们开启。

然后，海德格尔从“技术”的希腊文 τεχύικόυ 这个词中，分析出其所包含 τέχυη 的含义：一是表示手工行为和技能的名称；二是表示精湛技艺和各种美好艺术的名称。进而，他认为，τέχυη 属于产出，属于某种创作。他又从希腊文 τέχυη 一词与 έπιστήμη（认识）一词的交织，揭示了这两个词表示最广义的认识，指的是对某物的精通，对某物的理解。他由认识给出启发，推出具有启发作用的认识乃是一种解蔽。据此，他归纳道：“技术是一种解蔽方式。技术

① 《海德格尔选集》（下卷），孙周兴选编，上海三联书店 1996 年版，第 930 页。

② 同上。

③ 同上书，第 931 页。

乃是在解蔽和无蔽状态的发生领域中，……即真理的发生领域中成其本质的。”①

三　现代技术本质由“逼迫”到“座架”

在完成了上述运用了语词考古学的方法对“**技术之本质**”进行追问之后，海德格尔又开始追问**现代技术**。他指出，人们认为，与以往所有的技术相比，由于以现代的精密自然科学为依据，因而**现代技术**是一种完全不同的技术。尽管现代物理学作为实验物理学依赖于技术装置，依赖于设备的进步，但这还只不过是从历史学上对事实的确定，而没有道出这种交互关系的基础。那么现代技术具有何种本质，它与应用精密自然科学有何种关系呢？在海德格尔看来，现代技术也是一种解蔽。这种**解蔽贯通并统治着现代技术**。因此，在现代技术中起支配作用的解蔽乃是一种逼迫，即“向自然提出蛮横要求，要求自然提供本身能够被开采和贮藏的能量”。②

首先，为了阐释这种**逼迫**，他采取了双重比较式的追问。一是将矿石的开采与先前的耕作进行比较：当某个地带被逼迫对煤炭和矿石的开采之中时，这个地带便揭示自身为煤炭区、矿产基地；而农民先前耕作的田野的情形则与之不同；这里，“**耕作**”意味着：**关心和照料**。“农民的所作所为并非逼迫耕地。在播种时，他把种子交给生长之力，并且**守护**着种子的发育。”③ 二是将先前的耕作与现在的耕作比较引出了“**摆置**”和“**订造**”两个范畴。他指出，与先前的耕作不同，现在“就连田地的耕作也已经沦于一种完全不同的摆置着自然的订造的旋涡中了。它在逼迫意义上摆置自然”。④

① 《海德格尔选集》（下卷），孙周兴选编，上海三联书店 1996 年版，第 932 页。

② 同上书，第 932—933 页。

③ 同上书，第 933 页。

④ 同上。

这样，耕作农业成了机械化的食物工业。于是，一切均在“被摆置”之中：空气为着氮料的出产而被摆置，土地为着矿石而被摆置，矿石为着铀之类的材料而被摆置，铀为着原子能而被摆置，而原子能则可以为毁灭或和平利用的目的而被释放出来。[①]

在现代技术的发展中，这种自然的“被摆置”随处可见。海德格尔还列举了对水力发电厂被摆置到莱茵河上，使“莱茵河也表现为某种被订造的东西了”。[②] 正是如此，即使把莱茵河作为一条风景河，也“无非是休假工业已经订造出来的某个旅游团的可预订的参观对象”，因而，“贯通并统治着现代技术的解蔽具有逼迫意义上的摆置之特征”。[③] 这种逼迫的发生，是由于自然中遮蔽着的能量被开发出来，并被**改变**、被**贮藏**、被**分配**、被**转换**。因此，开发、改变、贮藏、分配、转换均为解蔽的方式。解蔽并不会经过上述诸环节而简单地终止，流失在不确定的东西中。解蔽揭示了它自身的多重啮合的轨道，而这些轨道又为它所控制；这种控制处处得到保障。因而，控制和保障成为逼迫着的解蔽的主要特征。

接着，海德格尔追问了相对于解蔽的**无蔽**状态。所谓**无蔽状态**是为了本身能为进一步的订造所订造而到场。他称这种被订造的特有的状况为**持存**。在他看来，“持存”一词在此的意思超出了单纯的“**贮存**”，并且比后者更为根本。因为，它所标识的，无非是为逼迫着的解蔽所涉及的一切东西的在场方式。在持存意义上的东西，不再作为对象而与我们相对而立。海德格尔探讨了黑格尔关于机器的规定。黑格尔曾经将机器界定为“独立的工具”。海德格尔认为，从手工业的工具方面看，黑格尔的说法是正确的。但是这一思考没有根据机器所属的技术之本质。若从持存的视角看，由于机

① 《海德格尔选集》（下卷），孙周兴选编，上海三联书店 1996 年版，第 933 页。

② 同上书，第 934 页。

③ 同上。

器是从对可订造之物的订造而来，因而它绝对是不独立的。

其次，海德格尔对**摆置**展开了一系列的链式追问，进而指出，尽管人能够通过种种方式把此物或彼物表象出来，使之成形，并且推动它，但“其中显示出来或隐匿起来的无蔽状态，却是人所不能支配的”。[①]这就说明人本身已经受到逼迫，而去开采自然能量，从而使这种订造着的解蔽得以进行。这样，“人不也就比自然更原始地归属于持存”。[②] 如同其祖辈那样以同样步态行走在相同的林中路上的护林人，不管其知道与否，已为木材应用工业所订造，即护林人已被订造到纤维素的可订造性中去了，而随后又有一系列的需求→逼迫→订造：纤维素被纸张的需求所逼迫，纸张则被送交给报纸和画刊。而报纸和画刊摆置着公众意见，使之去挥霍印刷品，以便能够为一种被订造的意见所安排。由于人比自然能量更原始地受到逼迫，也即被逼迫订造中，因而人从来就没有成为一个“纯粹的持存物”。人通过从事技术，参与了作为一种解蔽方式的订造。但是，“订造得以在其中展开自己的那种无蔽状态从来不是人的制品，同样也不是作为主体的人与某个客体发生关系时随时穿行于其中的那个领域”。[③] 因之，不论人在哪里开启其耳目，敞开其心灵，在心思和追求、培养和工作、请求和感谢中开放自己，他都会看到自己已经被带入无蔽领域中了。如果说人以其方式在无蔽状态范围内解蔽着在场者，那么他只不过是应合于无蔽状态之呼声而已；即便在他与此呼声相矛盾之处，情形亦然。所以，如果说人通过研究和观察把自然当作他的表象的一个领域来加以追踪，那么，他已经为一种解蔽方式所占用，这种解蔽方式逼迫着人，要求人把自然当作一个研究对象来进攻，直到连对象也消失于持存物的无对象性中。

---

① 《海德格尔选集》（下卷），孙周兴选编，上海三联书店 1996 年版，第 936 页。

② 同上。

③ 同上。

再次，通过概念的链式类推，引出了“座架”，进而揭示现代技术的本质。海德格尔指出：“现代技术作为订造着的解蔽决不是纯粹的人的行为。因此，我们也必须如其所显示的那样来看待那种逼迫，它摆置着人，逼使人把现实当作持存物来订造。那种逼迫把人聚集于订造中。此种聚集使人专注于把现实订造为持存物。”[①]进而他通过类推，从“原初地把群山”展开为“山的形态”，而贯通着起伏毗连的群山的东西是“聚集者”，它被称之为“山脉”。再类比到情绪方式中—— 我们的这样那样的情绪方式由之得以展开→原初聚集者→称之为“性情”。由此引出了“座架”一词来指认那种逼迫着的要求。在他看来，正是这种要求把人聚集起来，使之去订造作为持存物的自行解蔽的东西。

海德格尔要将通常的意义的“书架”或“骨架”，指认为“座架”。为了证明这种用法的合法性，他又采取了回溯型词源类比法，即以柏拉图用 εἱoos 一词来“表示在任何事物和在每个个别事物中现身的东西”[②] 说明方法为类比模式，用“座架”一词来表示现代技术的本质。因为在日常语言中，εἱδos 的意思是某个可见的事物提供给我们的肉眼的外貌。而柏拉图却对此词有非同寻常的要求，要以之来指称那种恰恰不是并且从来不是用肉眼可以感知的东西。但非同寻常之处也还绝不止于此。因为 ἰδέα 不只是命名感性可见事物的非感性的外观。外观（即 ἰοέα）也意味着并且也是在可听事物、可触事物、可感事物以及无论以何种方式可通达的事物中构成本质的东西。在海德格尔看来，与柏拉图在此种以及别种情形中对语言和思想所要求的东西相比较，用“座架”一词来表示现代技术的本质，就几乎是无伤大体的。

海德格尔继而进一步阐述“座架”的内涵。一方面，“座架”意

① 《海德格尔选集》（下卷），孙周兴选编，上海三联书店 1996 年版，第 937 页。
② 同上书，第 938 页。

味着对那种摆置的聚集，这种摆置摆置着人，也即逼迫着人，使人以订造方式把现实当作持存物来解蔽；另一方面，“座架”意味着一种解蔽方式，它在现代技术之本质中起着支配作用，而其本身不是什么技术因素。相反，我们所认识的传动杆、受动器和支架，以及我们所谓的装配部件，则都属于技术因素。但是，装配连同所谓的部件却落在技术工作的领域内。“技术工作始终只是对座架之逼迫的响应，而决不构成甚或产生出这种座架本身”。[①] 在“座架”这个名称中的“摆置”一词不仅意味着逼迫，它同时也保持着与它由之而来的另一种“摆置”的相似，即与制造和呈现相似。两者都是解蔽的方式。在座架中发生着无蔽状态，现代技术正是在无蔽状态中，把现实事物揭示为持存物。因此，现代技术既不仅仅是一种人类行为，或不只是一定人类行为范围内的一个单纯的工具。这样，对技术所作的单纯工具的、单纯人类学的规定原则就失效了；这种规定不能通过一种仅仅在幕后控制的形而上学的或宗教的说明来得到补充。“由于现代技术的本质居于座架中，所以现代技术必须应用精确自然科学。”[②] 由此便出现了一个惑人的假象，仿佛现代技术就是被应用的自然科学。只要我们既没有充分追问现代科学的本质来源，也没有充分追问现代技术的本质，这种假象就总能维护自己。

海德格尔指出，我们追问技术，旨在揭示我们与技术之本质的关系。现代技术之本质显示于我们称之为座架的东西中。不过，仅仅指明这一点，还绝不是对技术之问题的回答，“如果回答意味着：应合，也即应合于我们所追问的东西的本质”。[③] 海德格尔再追问道：如果我们现在还要进一步深思座架之为座架本身是什么，那么

① 《海德格尔选集》（下卷），孙周兴选编，上海三联书店 1996 年版，第 938—939 页。

② 同上书，第 941 页。

③ 同上。

我们感到自己被带向何方了？实际上，“座架不是什么技术因素，不是什么机械类的东西。它乃是现实事物作为持存物而自行解蔽的方式”。[①] 他意味深长地说，座架“不仅仅是在人之中发生的，而且并非主要地通过人而发生的”。“座架乃是那种摆置的聚集，这种摆置摆弄人，使人以订造方式把现实事物作为持存物而解蔽出来。作为如此这般受逼迫的东西，人处于座架的本质领域之中。人根本上并不能事后才接受一种与座架的关系。”[②] 因此，我们如何能达到一种与技术之本质的关系以此方式提出的问题无论何时都是来得太迟了。

四　现代技术的本质与“自由”、“澄明”之境

海德格尔由对“给……指点道路”的德语词意：遣送(schicken) 引出了“命运”一词，用来命名“聚集着的遣送”。他认为，只有此种遣送才给人指点一条解蔽的道路。进而阐释了现代技术的本质与“自由”、“澄明”之境的关系。他指出，现代技术之本质给人指点那种解蔽的道路，通过这种解蔽，现实事物或多或少可察知地都成为持存物了。一切历史的本质都由此而得规定。历史既不仅仅是历史学的对象，也不仅仅是人类行为的实行。人类行为唯作为一种命运性的行为才是历史性的。而且，“唯有进入对象化的表象活动中的命运才使得历史性的东西作为一个对象而能为历史学（也即为一门科学）所通达，并且由此而来才使得那种流行的把历史性的东西与历史学的东西相提并论的做法成为可能的”。[③]

作为一种订造的逼迫，座架遣送入一种解蔽方式中，座架就像任何一种解蔽方式一样，是命运的一种遣送，而命运也是产出。由

① 《海德格尔选集》(下卷)，孙周兴选编，上海三联书店 1996 年版，第 941 页。

② 同上书，第 942 页。

③ 同上。

于解蔽之命运总是贯通并支配着人类，但是命运决不是一种**强制的厄运**。海德格尔由对命运的解释，又引出了“**自由**”、“**澄明**”与“开放领域”的概念。在他看来，自由的本质并不归结于**意志或人类意愿**的单纯因果性。“自由掌管着被澄明者亦即被解蔽者意义上的**开放领域**。”① 由此，必须了解“解蔽”、“遮蔽”与“开放”的关系：解蔽（即真理）之发生就在于，自由与这种发生处于最切近和紧密的亲缘关系中。“一切解蔽都归于一种庇护和遮蔽。而被遮蔽着并且始终自行遮蔽着的，乃是开放者，即神秘。”② 显然，海德格尔所说的“开放”，并非我们通常意义上的“开放”。他认为，一切解蔽都来自开放领域，而开放领域之自由既不在于**任性蛮横**的**无拘无束**中，也不在于**简单法则**的**约束性**中。自由乃是澄明之际遮蔽起来的东西，乃是那种一向给一种解蔽指点其道路的命运之领域。这样，“**自由**”、“**澄明**”与“开放领域”，“解蔽”、“遮蔽”与“命运”的关系便被连接起来，形成了一个概念链，你中有我，我中有你，相互诠释。

借助于这一概念链，海德格尔试图说明“现代技术之本质”、“座架”与“命运”之间的关系：现代技术之本质居于座架之中，而座架归属于解蔽之命运。他认为，他所说的“命运”全然不同于所谓“技术是我们时代的命运”中的“命运”。后一个“命运”意味着某个“无可更改的事件的不可回避”，因而带有强制性。而技术之本质是把座架作为解蔽之命运，即**逗留**在命运的开放领域中，此命运绝没有把我们**囚禁**于一种**昏沉的强制性**中，逼使我们盲目地推动技术，或者反抗技术，把技术当作恶魔来加以诅咒。相反的，当我们向技术之本质开启自身时，发现自己出乎意料地为一种开放的要求占有了。因此“技术之本质居于座架中，座架的支配作用归

① 《海德格尔选集》（下卷），孙周兴选编，上海三联书店 1996 年版，第 943 页。

② 同上。

于命运。由于命运一向为人指点一条解蔽的道路，所以人往往走向（即在途中）一种可能性的边缘，即：一味地去追逐、推动那种在订造中被解蔽的东西，并且从那里采取一切尺度”。① 由此就锁闭了另一种可能性，即：人更早、更多并且总是更原初地参与到无蔽领域之本质及其无蔽状态那里，以便把他所需要的对于解蔽的归属性经验为他的本质。

这样，“人便从命运而来受到了危害”。因此，解蔽之命运必然是危险。无论解蔽之命运以何种方式起支配作用，一切存在者自身的那种无蔽状态都蕴涵着危险，即：人在无蔽领域那里会看错了，会误解了无蔽领域。于是，人们根据因果关系来描述一切在场者的地方。与此相应，无蔽状态“自然表现为一种可计算的力之作用联系虽然能够容许一些正确的论断，但恰恰是通过这些成果才能保持那种危险，即：在一切正确的东西中真实的东西自行隐匿了”。②

进而，他得出这样的结论：“解蔽之命运自身并非无论何种危险，而就是这种危险本身。”③ 并且如果命运以座架方式运作，那么“命运就是最高的危险了”。这种危险向我们表明：“一旦无蔽领域甚至不再作为对象，而是唯一地作为持存物与人相关涉，而人在失去对象的东西的范围内只还是持存物的订造者，那么人就走到了悬崖的最边缘，也即走到了那个地方，在那里人本身只还被看作持存物。但正是受到如此威胁的人膨胀开来，神气活现地成为地球的主人的角色了。”④ 由此，便有一种印象蔓延开来，好像周围一切事物的存在都只是由于它们是人的制作品。这种印象导致一种最后的惑人的假象。以此假象看，仿佛人所到之处，所照面的还只是自

---

① 《海德格尔选集》（下卷），孙周兴选编，上海三联书店 1996 年版，第 944 页。

② 同上。

③ 同上书，第 945 页。

④ 同上。

身而已。

然而，“座架不仅仅在人与其自身和一切存在者的关系上危害着人。作为命运，座架指引着那种具有订造方式的解蔽”。[①] 这种订造占统治地位之处，它便驱除任何另一种解蔽的可能性。因此，逼迫着的座架不仅遮蔽着一种先前的解蔽方式，即产出，而且还遮蔽着解蔽本身，与之相随，座架伪装着真理的闪现和运作。遣送到订造中去的命运因而就是最极端的危险。由此，海德格尔进一步指出，危险的并非技术，因为并没有什么技术魔力，相反的，却有技术之本质的神秘。而技术的本质作为解蔽的命运乃是危险。因而，对人类的威胁不只来自可能有致命作用的技术机械和装置。“真正的威胁已经在人类的本质处触动了人类”[②]，座架之统治地位咄咄逼人，带着一种可能性，即：人类也许已经不得进入一种更为原始的解蔽之中，从而去经验一种更原初的真理的呼声。

五　技术之本质中的救渡之途

由于“座架占统治地位之处，便有最高意义上的危险”[③]，海德格尔便引用了荷尔德林的诗句:“但哪里有危险，哪里也有救”[④]，继而阐述了技术之本质中的救渡之途。

首先，他解释“救”的意蕴。但他不是在通常意义上即“抓住有没落之虞的东西，以便保证其以往的持续存在”来探讨“救”的含义，而是揭示出“救”的另一种含义：“把……收取入本质之中，以便由此才首先把本质带向其真正的显现。”[⑤] 如果技术之本质即座架是最极端的危险，按照荷尔德林的诗句所道出的真理，那么，

---

① 《海德格尔选集》（下卷），孙周兴选编，上海三联书店 1996 年版，第 945 页。

② 同上书，第 946 页。

③ 同上。

④ 同上。

⑤ 同上。

座架的统治地位就不可能把每一种解蔽的一切闪烁即真理的一切显现伪装起来。这就是说，正是技术之本质必然在自身中蕴涵着救渡的生长。这是一种对作为解蔽之命运的座架的本质所显露的救渡。正如危险之处有救渡生长，某物生长之处，便是它植根之处，也是它发育之处。“植根和发育隐蔽地、寂静地在其时间内发生。”[①] 但我们不能指望有危险的地方直接而毫无准备地把捉住那种救渡。经过了一番追问，海德格尔指出：“救渡甚至最深地植根着并且从那里生长着。”[②] 据此，就必须再度追问技术。因为，救渡乃植根并发育于技术之本质中。

由此，海德格尔继续追问“本质”一词，并从哲学的**学院语言**、拉丁语中进行了考察，得出了“本质”“意味着某物所是的那个什么”[③]，进而通过对一切种类的相同因素的归纳出“普遍的”种类。由此，类比技术之本质，追问座架是否是一切技术性的东西的**一般种类**。若是，则诸如汽轮机、无线广播发射机、回旋加速器之类，就是一个座架了。这样，就与上述关于“座架”界定矛盾。因而，“座架”一词并不是指任何器械或者哪一种装置。它也不是指有关这样一些持存物的一般概念。虽然作为持存物件，作为持存物，作为订造者，所有这一切以各自的方式归属于座架，但座架决不是**种类意义**上的技术之本质。“**座架**乃是一个**命运性的解蔽方式**”，而“**解蔽乃是那种命运**，此命运一向突兀地并且不能为任何思想所说明分发到产出着和逼迫着的解蔽中并且分配给人类”。[④] 逼迫着的解蔽在产出着的解蔽中有其命运性**渊源**。而同时，座架也命运般地**伪装**着 ποίησις。所以，作为解蔽之命运，座架虽然是技

---

① 《海德格尔选集》（下卷），孙周兴选编，上海三联书店 1996 年版，第 947 页。

② 同上。

③ 同上。

④ 同上书，第 948 页。

术之本质，但决不是种类意义上的本质。

一种新的基础在海德格尔思想中较更为清楚地勾勒出来，即真理是一个在其内部包括其本身错误的事件，是一种掩蔽又拯救的暴露，也应了《关于人道主义的信》中的那句名言："语言是'存在之家'。无论怎样脆弱和富于历史性，这一切都超出了任何自我理解的视阈。"在问题的引导下，海德格尔又引出了"**家**"这个观念。由"家"这一观念的变化无常性和**暂时的变换性**，导引出"**非持续物**"。再追问持续物的永久性，尽管一切现身之物持续着，但持续物是否是永久持续之物，只能根据那种永久持续来识别。"在此永久持续中座架作为解蔽之命运而发生"。[①] 又由歌德曾在中篇小说《奇怪的邻居孩子》中使用永久允诺推导出"持续"和"允诺"两词之间的一致。进而他认为，"**只有被允诺者才持续**"，因此"**原初地从早先而来的持续者乃是允诺者**"。[②]

转而海德格尔又回到关于"技术之本质"追问："作为技术之本质现身，座架乃是持续者。这一持续者根本上是在允诺者意义上运作吗？"[③] 通过这一追问，海德格尔实际上想突破上述关于"座架实际上是一种聚集入逼迫着的解蔽之中的命运。逼迫可以是任何别的东西，唯独不是允诺"[④] 的界定。试图给予"技术之本质"以"允诺"的属性，进而推导出"允诺"与"救渡"的关系。他阐释道："这样或那样遣送到解蔽之中的允诺者，本身乃是救渡。因为这种救渡让人观入他的本质的最高尊严并且寓于其中。这种最高尊严在于：人守护着无蔽状态，并且与之相随地，向来首先守护着这片大地上的万物的遮蔽状态。假如我们尽我们的本分着手去留意技

① 《海德格尔选集》（下卷），孙周兴选编，上海三联书店 1996 年版，第 949 页。

② 同上。

③ 同上。

④ 同上。

术之本质，那么，恰恰在座架中此座架咄咄逼人地把人拉扯到被认为是唯一的解蔽方式的订造之中，并且因而是把人推入牺牲其自由本质的危险之中——恰恰在这种最极端的危险中，人对于允诺者的最紧密的、不可摧毁的归属性显露出来了。”[①] 这样，技术之本质现身在自身中蕴藏着救渡的可能升起。一切皆取决于我们对此升起的思索，并且在追思中守护这种升起。我们要洞察技术中的本质现身之物，而不是仅仅固执于技术性的东西。否则，我们就会与技术之本质交臂而过了。如果思考本质之本质现身在允诺者需要人去参与解蔽，那么就可以表明：“技术之本质在一最高意义上是两义的。”[②] 这种两义性指示着一切解蔽亦即真理的秘密。一方面，座架逼迫入那种订造的疯狂中，此种订造伪装着每一种对解蔽之居有事件的洞识，并因而从根本上危害着与真理之本质的关联。另一方面，座架自行发生于允诺者中，此允诺者让人持存于其中，使人成为被使用者，用于真理之本质的守护这一点迄今为止尚未得到经验，但也许将来可得更多的经验。如此，便显现出救渡之升起。“如若看到技术的两义的本质，我们便在洞察那个星座，即神秘之星辰运行”，而“技术之追问乃是追问此星座，在此星座中发生着解蔽与遮蔽，发生着真理的本质现身”。[③] 人类的沉思能够去思考：一切救渡都必然像受危害的东西那样具有更高的，但同时也是相近的本质。

为了追问这种本质，海德格尔又用其特有的**回溯型词源考证法**，回到“西方命运的发端处”。他认为，也许“有一种更原初地被允诺的解蔽，也许能在那种危险中间把救渡带向最初的闪现，而此危险在技术时代里更多地遮蔽自身，而不是显示自身”。[④] 进而

---

① 《海德格尔选集》(下卷)，孙周兴选编，上海三联书店 1996 年版，第 950 页。

② 同上书，第 951 页。

③ 同上书，第 952 页。

④ 同上。

他从古希腊文“τέχνη”一词含有“把真理带入闪现者之光辉中而产生出来的解蔽”，既“指那种使真进入美的产出”；“也指美的艺术的 ποίησις（创作）”。[①] 由于在西方命运的发端处，各种艺术在希腊登上了被允诺给它们的解蔽的最高峰，而“艺术乃是一种唯一的、多样的解蔽。艺术是虔诚的，是 πρόμος，也即是顺从于真理之运作和保藏的”。[②] 根据加达墨尔的分析可知，海德格尔一般把艺术品描述为自立的、开辟了一个世界的。他努力去把握那种独立于创作者或观赏者的主观性的作品的本体论结构，将“大地”作为与“世界”相对应的概念。[③] 在海德格尔看来，各种艺术并非起于技艺；艺术作品并不是被审美地享受的，而且艺术也非某种文化创造的领域。艺术“是一种有所带来和有所带出的解蔽”，正是在此意义上，“那种贯通并支配一切美的艺术的解蔽获得了 ποίησις这个名称，成为诗歌即诗意的东西的专有名词”。[④] 继而，他顺理成章地由“但哪里有危险，哪里也有救”，再导引出这位诗人的另一句诗：“……**人诗意地栖居**在这片大地上。”[⑤]

这样，就把对于技术之本质的追问导向了艺术。他进而认为，诗意的东西贯通一切艺术，贯通每一种对进入美之中的本质现身的解蔽。因为也许“**美的艺术被召唤入诗意的解蔽之中**”，也许“解蔽更原初地要求美的艺术，以便美的艺术如此这般以它们的本分专门去守护救渡之生长，重新唤起和创建我们对允诺者的洞察和信赖”。[⑥] 尽管作了这样的推测，但他对此没有绝对的把握，他说

① 《海德格尔选集》（下卷），孙周兴选编，上海三联书店 1996 年版，第 952 页。

② 同上。

③ 加达墨尔：《哲学解释学》，夏镇平、宋建平译，上海译文出版社 1994 年版，第 217 页。

④ 《海德格尔选集》（下卷），孙周兴选编，上海三联书店 1996 年版，第 953 页。

⑤ 同上。

⑥ 同上。

“无人能够知道，在最极端的危险中间，是否艺术被允诺了其本质的这种最高可能性”[①]，然而，能引起我们的惊讶，即技术疯狂的到处确立自身，直到通过一切技术因素，使“技术之本质在真理之居有事件中现身”。[②] 由于技术之本质并非任何技术因素，所以，对技术的根本性沉思和对技术的决定性解析必须在艺术领域里进行。因为“只有当艺术的沉思本身没有对我们所追问的**真理之星座**锁闭起来时，才会如此”。[③] 由于海德格尔深切地感到，作这样一种追问时，证实着一种危急状态，即“我们还没有面对喧嚣的技术去经验技术的本质现身，我们不再面对喧嚣的美学去保护艺术的本质现身”，因而他仍然带有一丝感伤：“愈是以追问之态去思索技术之本质，艺术之本质便变得愈加神秘莫测”，而留下的只能是追问的“思之虔诚”。[④]

六 关于海德格尔《技术的追问》的几点辨识

以上通过对海德格尔《技术的追问》文本的隐性伦理与方法论探析，使我们了解了海德格尔对技术本质的思考方法论特质，与其在《世界图象的时代》一样，构筑了一条“追问”的道路。在追问的过程中，他采用了其自创的方法，又整合了历史上哲学大家的方法。尽管海德格尔这种追问方式似乎继续贯彻了胡塞尔现象学提问的方向，进而显现其哲学思想与胡塞尔现象学方法之间有某种联系，但从根本上说，海德格尔的研究内容并非是胡塞尔现象学研究纲领的继续和推论。胡塞尔在其晚年的名著《欧洲科学的危机和超验现象学》中已确认，海德格尔的研究不再是按照他所制定的方向

---

① 《海德格尔选集》(下卷)，孙周兴选编，上海三联书店 1996 年版，第 953 页。

② 同上书，第 953—954 页。

③ 同上书，第 954 页。

④ 同上。

继续前进。正如加达墨尔所说："在很大程度上，海德格尔思想是从实用主义的论题、尼采对自我意识论断的批判、陀思妥耶夫斯基的宗教激进主义推出其哲学结论。"[①] 由于海德格尔哲学在现当代西方思想史上历来是以颠覆传统本体论而异军突起，并产生了深刻的影响。因为"这种哲学冲动已经渗透到各个方面，并在深层起着作用"，似乎"离开它，今天的一切都将不可思议"。[②]

海德格尔《技术的追问》中的方法是集《存在与时间》以来的研究方法于一体。其研究的特征表现为，将关涉技术及其本质的"论题从实际的生活经历、现成的实用意义所指导的知觉，以及把自身作为存在运动来把握的此在的暂时性中分离出来"。[③] 就海德格尔"技术的追问"探究的范围而言，关涉的是技术及其本质之此在的真实性与非真实性、无蔽与掩蔽、真理与谬误之间的内在的、持久的联系性。他试图"寻求真实性和不真实性，真理与谬论之间那种内在的、稳定的互相包含，寻求那种基本的伴随每一种暴露的隐藏，内在地与总体对象化可能性思想相矛盾的隐藏"。[④]

然而，值得注意的是，海德格尔在追问技术本质的过程中，不再像胡塞尔那样仍然坚持严密的认识论方法，而是走向背离理性主义。阿多尔诺认为，严密的认识论方法，恰恰是胡塞尔哲学中的合理因素，但却被海德格尔忽略了。这表明，"海德格尔是通过取消科学认识论来标举他新的内省体悟方式的"。[⑤] 所以，海德格尔必然"动员了范畴观方面的所谓更高贵的尊严，把认识批判的问题当

---

① ［德］加达墨尔：《哲学解释学》，夏镇平、宋建平译，上海译文出版社 1994 年版，第 138 页。

② 同上。

③ 同上。

④ 同上书，第 200 页。

⑤ 张一兵：《无调式的辩证想象》，三联书店 2001 年版，第 142 页。

作前本体论问题并连同它的合法性问题一起清除掉了"。[①] 他既拒绝了唯心主义又拒绝了唯物主义的本体论，其结果必然导致其好古的倾向——采取"回溯型词源考证法"，即以追问的方式，把古代传下来的技术内容"解析为一些原始经验"。[②] 这样，许多在古希腊哲学中内涵没有明晰化的术语，成了海德格尔重新诠释与注解的逻辑起点。这似乎是一种很超脱的新哲学的非二元构架。然而，正像海德格尔自己在批评萨特时所说的，一种哲学否认自己是形而上学并没有解决它是还是不是的问题。回到希腊哲学中的"存在"，试图通过无概念的原始存在状态来定位新哲学的非形而上学性，海德格尔的批判暗藏着不真实。[③] 因为这种"所谓零点上的新开端是严重的健忘症的假面具对野蛮的同情与这种健忘症并不是无关的"。[④] 在阿多尔诺看来，为了抬举自己的某种新的形而上的玄思，回到古代一些哲学规定中的模糊性，并以此作为新开端，这是一种有预谋的"健忘"。因为，健康的哲学建构是不能无视人类思想史的客观进步的。比如，今天我们发现启蒙正在走向自己的反面，但并不意味着我们否定启蒙曾是人类自由思想的客观历史进步。

正像海德格尔论述"存在"是以一种模糊性的使命"治愈'存在'概念的概念性创作、弥补思想与其内容之间的裂痕"[⑤] 一样，在追问技术本质的过程中，他仍然采用了这种方式。而这种通过古代人们不明晰的思想，附加了现代人的隐喻，是否能构成对概念内涵的合理阐释？在阿多尔诺看来，海德格尔的这个"存在"，实际上还是不停息地继续胡塞尔的还原。[⑥] 所不同的是，这个"存在"

---

① ［德］阿多尔诺：《否定的辩证法》，张峰译，重庆出版社 1993 年版，第 66 页。

② ［德］海德格尔：《存在与时间》，三联书店 1987 年版，第 28 页。

③ 张一兵：《无调式的辩证想象》，三联书店 2001 年版，第 144 页。

④ ［德］阿多尔诺：《否定的辩证法》，张峰译，重庆出版社 1993 年版，第 68 页。

⑤ 同上书，第 66 页。

⑥ 同上书，第 67 页。

已经被有意畸变为不可把捉的幽灵式的存在。存在既不能用定义的方法从其属概念中导出，又不能由其种概念来描述。① 在海德格尔那里，技术及其本质的命运也是如此。尽管非概念化的“存在”或者“技术”从形而上学的凝固中逃脱出来，进入了一种诗意地追问，但它不可避免同义反复：此在“为它的存在本身而存在”；此在本身就是澄明，此在是“此之在”。② 对此与海德格尔同时代的雅斯贝尔斯曾评价道：“海德格尔是在同代人当中最令人激动的思想家，精彩，有说服力，深奥莫测。但是，最后空无结果。”③ 正如一位学者风趣地描述的那样：“读海德格尔的书，常常是诗意一把，惊悸一把，然后陷入一片黑暗。”④

在面对海德格尔“技术的追问”时，我们的注意力常常被他一连串的追问和诗意之思所牵制，与此同时，其颠覆传统本体论的哲学建构和内容也被一并接受了。然而，阿多尔诺在《否定的辩证法》一书中却另辟蹊径，要我们关注海德格尔哲学试图遮蔽的东西。在他看来，海德格尔在其颠覆传统本体论的“哥白尼式的革命”之后，“本体论被理解为情愿批准一种不需要有意识地证明的他治秩序”。⑤ 因为他“从来没有打算废除旧本体论，而只是通过一种更加隐秘的逻辑座架使本体论成为无可摆脱的内在需要”。⑥ 因此，在海德格尔的否定性思辨中，“绝对并没有消失，只是成为一种被批判地改造了的东西，僵死的实体存在（存在者）变成了功能性的存在，这个存在仍然是在本体上最优先的东西。这也是说，绝对哲学没有死亡，反而在海德格尔的哲学中凭借着思辨的诗意的

① ［德］海德格尔：《存在与时间》，三联书店 1999 年版，第 5 页。

② 同上书，第 154 页。

③ 转引自［德］萨弗兰斯基《海德格尔传》，商务印书馆 1999 年版，第 140 页。

④ 张一兵：《无调式的辩证想象》，三联书店 2001 年版，第 144 页。

⑤ ［德］阿多尔诺：《否定的辩证法》，张峰译，重庆出版社 1993 年版，第 57 页。

⑥ 张一兵：《无调式的辩证想象》，三联书店 2001 年版，第 129 页。

涂脂抹粉得以盛大复活”。[①] 尽管尼采之后，特别是胡塞尔—海德格尔的哲学，主要批判了传统形而上学的基础本体论。《存在与时间》的问世，通常被人们视为旧本体论被彻底颠覆的标志。然而，阿多尔诺发现，在海德格尔之后，人们对本体论的需要，实际上转变为一种无形的学术运演前提，与过去旧本体论的那种简单的固定化的本原求证相比，它成为一种高深莫测的、动态的玄学追问。它如同市场经济中一只“看不见的手”，控制着人们的运思取向；它虽自然而然却又不可抗拒。诚然，海德格尔消解了传统粗俗的形而上学本体论，但又“在更隐蔽的逻辑层面强化了一种无意识的使人更无法逃脱的新型本体论预设”。[②] 因此，海德格尔没有最终摆脱“逻各斯中心主义”。德里达指出海德格尔是通过“恢复存在对各种在者范畴的‘超越’地位，重新确立这一基础本体论的开端”。[③]

在海德格尔追问技术及其本质的过程中，确实有其过人的思想和深刻之处。比如，他指出“解蔽之命运自身并非无论何种危险，而就是这种危险本身”。[④] 并且如果命运以座架方式运作，那么“命运就是最高的危险了”。这种危险向我们表明：“一旦无蔽领域甚至不再作为对象，而是唯一地作为持存物与人相关涉，而人在失去对象的东西的范围内只还是持存物的订造者，那么人就走到了悬崖的最边缘，也即走到了那个地方，在那里人本身只还被看作持存物。但正是受到如此威胁的人膨胀开来，神气活现地成为地球的主人的角色了。”[⑤] 由此，便有一种印象蔓延开来，好像周围一切事物的存在都只是由于它们是人的制作品。这种印象导致一种最后的惑人的假象。以此假象看，仿佛人所到之处，所照面的只还是自身

① 张一兵：《无调式的辩证想象》，三联书店 2001 年版，第 132 页。
② 同上书，第 131 页。
③ ［美］德里达：《文字学》，上海译文出版社 1999 年版，第 29 页。
④ 《海德格尔选集》（下卷），孙周兴选编，上海三联书店 1996 年版，第 945 页。
⑤ 同上书，第 945 页。

而已。这正是海德格尔对人类中心主义的深刻批判。因为海德格尔富有伦理意蕴的理论反省，实际上从更深的层面上揭示了人们借助于技术，在支配自然构建的“人类事务的秩序”中，已经出现了一种更可怕的不合理性，即“我们在支配自然上的进步或许正日益促成那种据说这种进步会保护人类免遭的灾难，或许正在编织社会粗鄙地长成第二自然”[①]，其结果却越来越表现为主体（人）自身的自我沦丧，同时人的生存条件越来越转变成一种统治人的异己力量。这不仅加剧了人与人之间关系的紧张化，而且导致了人与自然关系的恶化，进而使得危机四伏。正像海德格尔所说，技术作为一种座架，它“不仅仅在人与其自身和一切存在者的关系上危害着人。作为命运，座架指引着那种具有订造方式的解蔽”。[②] 这种订造占统治地位之处，它便驱除任何另一种解蔽的可能性。海德格尔这些思想合理转化为马尔库塞在《单向度的人》中对于科学与政治（统治方式）、科学与文化等伦理关系的全面批判。尽管面对人运用技术在支配自然上的倒错和形成的强大的社会物化力量，海德格尔似乎提出了一种解救之途：“**人诗意地栖居**在这片大地上”与“**思之虔诚**”，然而，并没有真正解决问题。因为，“那种把人排除在创造的中心之外并使人意识到自己无能为力的真理将像一种主观的行为方式一样证明这种无能为力的感觉，使人们与它相一致，因而强化了第二自然的魔法”。[③] 这也就是说，如果仅仅承认人已经不再能成为自己的主人，这实际上是更消极地在“第二自然”面前，成为现状的同谋。[④]

总之，海德格尔以其追问的方式对技术及其本质的探索，既有

---

① ［德］阿多尔诺：《否定的辩证法》，张峰译，重庆出版社 1993 年版，第 64 页。
② 《海德格尔选集》（下卷），孙周兴选编，上海三联书店 1996 年版，第 945 页。
③ ［德］阿多尔诺：《否定的辩证法》，张峰译，重庆出版社 1993 年版，第 64 页。
④ 张一兵：《无调式的辩证想象》，三联书店 2001 年版，第 139 页。

其深刻伦理意蕴的独到见解，也有其内在的缺憾。一方面他采取**“回溯型词源考证法”**阐释了“座架”、“自由”、“澄明”、“开放领域”、“解蔽”、“遮蔽”与“命运”等一系列概念的深刻内涵及其它们之间的关系，进而在更深的层面揭示了技术及其本质。须指出的是，海德格尔关于“座架”、“自由”、“澄明”等概念内涵的阐释均不是常识意义上的认知，而是本真性的直观。① 因而只有当读者进入其视阈之中，才能领略其真谛。另一方面，海德格尔追问技术及其本质，没有真正的引领人们走出当前技术伦理困境。面临当代的技术伦理困境与危机，海德格尔提醒人们应以**“思之虔诚”**，**“诗意地栖居**在这片大地上”。这是海德格尔式的处理人—技术—社会—自然伦理关系的诗意的方式，既给予善待自然诗意般的哲思，又给人留下深刻警示，发人深省。

第三节 《科学与沉思》中的伦理维度

《科学与沉思》② 一文系海德格尔 1953 年 8 月 4 日在慕尼黑作的演讲。与《世界图象的时代》和《技术的追问》相比，《科学与沉思》另有其内在的意蕴。在这篇论文中，海德格尔试图将原来批判和揭示了人类中心主义生成的认识论与方法论基础，从科学与技术、艺术、文化、宗教关系的形而上学意义上颠覆了自近代以来关于实事（科学）与价值无涉的理念和探寻摆脱当代技术伦理困境之

---

① 张一兵：《无调式的辩证想象》，三联书店 2001 年版，第 141 页。

② 《科学与沉思》一文系海德格尔 1953 年 8 月 4 日在慕尼黑作的演讲，1954 年收入《演讲与论文集》，由纳斯克出版社（弗林根）出版。中译文由倪梁康据《演讲与论文集》1978 年第四版译出。

途的基础上，再回到关于科学本质的追问。海德格尔在文中对“纯粹科学是‘无疑的’”[①] 提出诘难，并认为科学的本质中隐蔽着的“不可显现的实事状态”无法通过科学自身达到，任何一门科学，无论是物理学、历史学和文学通过其自身的方式都永远把握不到它作为科学的本质。另外，科学的“基础危机”也决不是科学本身的危机。由此就需要踏上一条由实事本身出发而选择的征途即沉思。沉思的本质在于：探讨意义。

一　作为现实之物理论的科学之追问

首先，海德格尔一开始就指出了“文化”对于科学中的“他物”具有遮蔽性：人们一般用“文化”来称呼那些标志人的精神活动和创造活动的范围。由于科学以及对科学促进与组织也被看作是文化的一部分，进而便被划归到那些为人所珍惜的、出于不同动机而感兴趣的价值之中。然而，海德格尔认为，如果“我们在这种文化的意义上来看待科学，我们就永远无法测量出它的本质的有效范围”。[②] 艺术也有同样的情形：如果仅仅将艺术看作是文化领域中的一个区域，人们对其的本质就永远一无所知。艺术就其本质而言，它是神力和宝藏，在这里，现实之物将它始终隐蔽着的闪光每一次都崭新地馈赠于人，以便它在这光亮中能更纯地看到、更清地听到属于它的本质的东西。

其次，为了揭示被遮蔽的科学的本质，海德格尔展开了链式追问：科学是否只是一种人造之物？人们会不会认为，有一天应当通过人的意愿、通过委员会的决定来对它加以削减？抑或在这里起作用的是一个更大的运命？在科学中起主宰作用的是否是一种与人之单纯求知欲不同的他物？由此，他确认，在科学中的确有一个他物

① 《海德格尔选集》（下卷），孙周兴选编，上海三联书店 1996 年版，第 965 页。

② 同上书，第 956 页。

在起作用。然而他又指出如果我们沉湎于对科学的习惯看法，这个他物对我们就始终隐而不现。[①]

再者，海德格尔在追问科学中“他物”的过程中，陈述了科学的本质：科学是现实之物的理论。这一陈述实际上蕴涵了对科学与现实之物之间的复合伦理关系的揭示。他指出，科学不仅仅是人的一种文化活动。科学是所有那些存在之物借以展现自身的一种方式，并且是一种决定性的方式。科学在西方世界的范围之内以及在西方历史的各个时代中发展出了一种在全球范围内无可比拟的力量，并且，它正在将此力量最终覆盖于整个地球。因而现实中科学被抬举到主宰的地位。科学长期以来“以一种愈来愈决然、但却愈来愈不引人注目的方式锲入到生活的所有组织形式之中：锲入到各种工业、经济、课堂、政治、战争、政论之中”。[②] 进而展现了科学与现实之物之间所包蕴的科学与文化、科学与政治、科学与经济、科学与教育等错综复杂的伦理关系。此前，他曾在《世界图象的时代》一文中指出：“在以技术方式组织起来的人的全球性帝国主义中，人的主观主义达到了它的登峰造极的地步，人由此降落到被组织的千篇一律状态的层面上，并在那里设立自身。这种千篇一律状态成为对地球的完全的（亦即技术的）统治的最可靠的工具。”[③] 现代的主体性之自由完全消融于与主体性相应的客体性之中了。人不能凭自力离弃其现代本质的这一命运，或者用一个绝对命令中断这一命运。因而，他认为，对科学之锲入的认识极为重要。然而，要想对其进行阐述，则必须事先经验到科学的本质所在。

① 《海德格尔选集》（下卷），孙周兴选编，上海三联书店 1996 年版，第 956 页。

② 同上。

③ 海德格尔：《世界图象的时代》，载《海德格尔选集》（下卷），第 921—922 页。

二　"现实之物理论"的"此之在"追问

为了经验到科学的本质所在，海德格尔以其"此之在"的问题视界①，构筑了一条近一现代科学回溯到古希腊人所经验到的知识之本质的求索之路。这样，从科学发展的源头开始，历史地展现科学与自然、生产（经济）、社会的伦理关系，与此同时，展现了原初的发源于古希腊的具有丰富内涵和感性实在性的语言如何转化为抽象的科学概念的历程，进而为从形上层面解构"纯科学"、"科学价值中立论"作了深层的语义哲学铺垫。实际上也为科学伦理学建构了语义学基础。具体表现在以下几个方面：

首先，从哲学的形上维度阐述了对"科学是现实之物的理论"语义追问的合理性。他认为，尽管"科学"这个名称始终是并且仅仅是指近一现代科学，"科学是现实之物的理论"这句话既不适用于中世纪科学，也不适用于古代科学，但是近代知识的突出特点却是汲取了隐蔽于希腊人所经验到的知识之本质中的特征，并且利用希腊知识使自己成为另一种与之相对的知识。而且确立了揭示一直处于遮蔽状态的科学中的"他物"的意义场。在他看来，如果有人在今天敢于以探问、思考并因此而共同应合我们每时每刻都经验到的世界动荡的沉沦，那么他就不仅必须注意到，"现代科学的知识欲彻底地主宰着我们的今日世界，而且他首先要考虑到，对现存之物的任何沉思要想生长、繁荣，只有通过与希腊思者及其语言的对话才能植根于我们历史性此在的基础之中"。② 尽管在现代技术的主宰中，现代技术对古代来说是完全陌生的，但它的本质起源却仍然是在古代。

其次，在方法论上进行**回溯型词源考证——运用"语词考古**

① 海德格尔：《世界图象的时代》，载《海德格尔选集》（下卷），第910页。

② 《海德格尔选集》（下卷），孙周兴选编，上海三联书店1996年版，第957页。

学”的方法[①]对“科学是现实之物的理论”进行追问。在海德格尔看来，历史具有“当下性”。因此，在“科学是现实之物的理论”这句话中，早期的所思、早期的所遇始终是当下的。由于“现实之物”和“理论”是构成科学的“基因”，因而就有以下两个相关的追问之途：

一是，追问科学的研究对象——“现实之物”的语义演变谱系。他指出，“现实之物”是充实着作用者的领域，即充实着那些起作用的事物的领域。而“**起作用**”就是“做”。由于自然的生长与活动也是“做”，并且是在确切的放置意义上的“做”，所以，自然就是放置。而“放置”就是提出、带来、产生某物，也就是指出、带入到在场之中。在这个意义上的做者就是起作用者，就是在其在场之中的在场者。于是，“起作用”一词，即产生：取出、带来。在中世纪的语言中，起作用还意味着房屋、器具、图象的产生；“起作用”一词的含义以后变窄了，它只意味着在缝纫、刺绣、编织意义上的产生。由此，现实之物就是起作用者、被作用者：进入在场的产生者和被产生者。“现实性”便是指：进入在场的被产生的提出、自身产生者的在自身中完善的在场。希腊词“έργον”（工作、作品等）也起源于此。“起作用”和“作品、事业”的基本特征不在于“起因”和“效应”，而是在于，某物进入到无蔽之物中并安置于那里。亚里士多德用来标识在场者之在场的所言说的东西与它们后来在近代获得的含义有着天壤之别，ένργεια 在近代的含义是 Energie（作用力）；έντιελέχεια 在近代的含义则是 Entelechie，即作用性能和作用能力。

由此，“起作用”之思是在场思。罗马人是从作为行动的操作出发，将其翻译成思考。这是一个完全不同的词，并且具有完全不

① 陈爱华：《“技术的追问”之追问》，载《东南大学学报》（哲学科学版）2005 年第 4 期。

同的含义领域。被产生之物现在显现为从一个操作中形成的东西。成果就是从一个行动之中和在行动之后出现的东西：成功。现实之物现在就是成功之物。现实之物现在显现为原因效应的因果性。在因果关系的进程中，先后顺序成为中心，时间过程也随之成为中心。在事实之物意义上的“现实之物”现在构成与那种不保持确定，并且仅仅表现为假象、表现为意见的东西的对立。现实之物现在表现为对象。“对象”这个词到18世纪才产生，并且是作为对拉丁文“客体”（obiectum）的德译。我们现在将那种在中世纪显现为对象的在场者的在场性称之为对置性。对置性则是在场者本身的特征。在场者如何成为表象的对象。

二是，追问科学的属概念即科学的研究成果形态——“理论”的语义演变谱系。他指出，“理论”这个名称起源于希腊语的动词θεωρεíν。相属的主词为θεωρία。而动词θεωρεíν是由两个词干词所组成：θέα和όράω。θέα是指在其中表现出某种东西的外貌、外观，在其中展示出某种东西的外形。柏拉图将在场者在其中表明自身所是的这个外观称之为本质。θεωρεὶν一词的第二个词干词όράω。它意味着：观看某物，看到某物、观察某物。这样就可以得出：θεωρεíν就是观看到在场者在其中显现的那个外观，并且通过这种看而保持对此外观的看。观看者的生活方式，尤其是在它最纯的形态中作为思，是最高的“做”即女神。早期的思者巴门尼德将女神看作是Áλήθεια，即在场者从其中和在其中在场的无蔽性。当我们今天在物理学中谈到相对论、在生物学中谈到进化论、在历史学中谈到循环论、在法学中谈到自然权利论时，“理论”的内涵走向各自的单一化。

三　作为“现实之物理论”方法的伦理本性追问

海德格尔从“理论是对现实之物的观察”这一命题出发，分别对观察、对置、计算、划分专业这些被认为是纯粹的科学方法进行了细致的分析，揭示了“理论是对现实之物的一种极端干预性的加工”[①]，因而“科学是现实之物的理论”不是什么“纯科学”，不是与价值无涉的，而是与主体的需求、价值取向、价值选择、认知水平、加工能力密切相关。如果说在《世界图象的时代》一文中，海德格尔是对作为研究的科学之伦理本质的沉思中，从科学与技术、艺术、文化、宗教关系的形而上学意义上颠覆了自近代以来关于实事（科学）与价值无涉的理念，那么在《科学与沉思》一文中，他进一步从哲学的形上维度、语义学和科学方法论的历史追踪和追问中，颠覆了“科学价值中立论”理论根基。与前者相比，后者更加深刻、全面、寓意深沉。具体表现在如下几个方面：

首先，海德格尔从分析“观察”一词入手，对“纯粹科学是‘无疑的’”[②] 提出诘难。就“观察”一词而言，它与观看相近。何谓观察？观察也是追求，即：处理、加工。因此，对某物的追求就是朝向某物的工作，关注、追踪某物，以便确定某物。这里蕴涵了主体的需求、选择和价值判断。作为观察的理论应当是对现实之物的追踪性和确定性的加工。据此，海德格尔对所谓人们宣称的“纯粹科学是‘无疑的’”提出诘难并指出，现代科学作为在观察意义上的理论是对现实之物的一种极端干预性的加工。自近代以来，将现实之物的在场纳入到对置性之中。科学便与这种对在场的对置性管理相符合，因为科学作为理论尤其根据对置性来要求现实之物。科学调节着现实之物。使现实之物自身在各种情况下各自展示为受作用物。进而产生出对象的区域。这样，科学的观察可以以它的方式来追踪这些对象、追踪其表象所有现实之物从一开始就被改造成可以被追踪确定的杂多对象。这便说明，不仅科学观察的对象，而

① 《海德格尔选集》（下卷），孙周兴选编，上海三联书店 1996 年版，第 965 页。
② 同上。

且科学观察的对象区域、观察的方式与内容都与主体（在场者）的筹划相关。

其次，通过对“对置”——科学的研究对象确立过程的剖析，进一步揭示，现代科学作为现实之物的理论并非不言自明。因为在场者，例如，作为现实之物的自然、人、历史、语言，在其对象性中表明自身，科学与此相一致地成为一门根据对置之物并在对置之物中对现实之物进行确定的理论。因此，作为现实之物的理论的现代科学既不是人的一个单纯创造物，也不是由于受现实之物所迫而产生。恰恰相反，“当在场在现实之物的对置性中表明自身的那一时刻，科学的本质为在场者的在场所利用”。[①] 这里，海德格尔由科学的研究对象确立过程的分析，深刻指出了科学与自然、人、历史、语言的内在关联，科学的本质与在场者的在场需求、目的与价值取向密切相关。事实上，科学活动的伦理本质及其主体的道德责任正是基于此而生成。因为当理论将现实之物的区域确定为各种对象领域时，它事先标画出提问的可能性。“根据严格地被思的概念，对一个行为、一个过程的事先被表象的规定基础是那种被称之为‘目的’的东西的本质。”[②] 因此，任何一个在科学领域内出现的新现象都受到加工，直到它可以合适地被纳入到理论的关键性的对象联系之中。尽管这种联系本身时而会发生变化，但对置性本身的基本特征却是不变的。

再次，通过对人们通常认为的纯粹的计算的本质透析，揭示了计算与计算主体的目的的内在相关性：“通过方程式来期待顺序关系的平衡。”[③] 就广义上的、本质意义上的计算而言，它是指：估计到某物、将某物列入观察范围、指望某物，也就是期待着某物。

① 《海德格尔选集》（下卷），孙周兴选编，上海三联书店 1996 年版，第 966 页。

② 同上书，第 967 页。

③ 同上书，第 968 页。

因而所有对现实之物的对象化都以此方式而是一种计算，无论这种对象化是一种对原因所造成之成果的因果—解释性的追设，还是一种对对象的词法学的想象，或是一种对一个结果联系、顺序联系之根据的确定都不例外。[①] 由此，海德格尔指出，数学也不是一种在数字运算意义上的、以数量结论的确定为目的的计算，恰恰相反，它是这样一种计算——通过方程式来期待顺序关系的平衡，并因此而“计算出”一个对所有可能的顺序而言的基本方程式。因此，计算同样内蕴主体的目的性和价值期待。

复次，通过对划分专业作用的分析，阐述现代科学的本质。由于作为现实之物的理论的现代科学是以方法的优先地位为基础，因而它作为对对象领域的确定必须对这些领域作出相互划分，并将划分出的各个领域纳入到各个专业之中，因此，现实之物的科学必然是专业科学。而对一个对象领域的研究必须在其工作中深入分析，使专业科学的进程成为专门研究。海德格尔认为，这种专业化绝非现代科学的盲目退化或者甚至是现代科学的衰亡征兆。划分对象领域、将它纳入到专业区域，这种做法不但不会分裂科学，相反还为科学提供了区域间的边界交流，它使边缘领域得以显现出来。从这些边缘领域中产生出一股特殊的推动力，从而引发出新的、常常是决定性的提问。

四 沉思科学的本质何以可能

海德格尔在对科学的本质从其构成的“基因”——“现实之物”的“理论”及其方法论的追问之后，进入了对科学的本质中隐蔽着的“不可显现的实事状态”的追问。马克思曾在《资本论·序》中指出：“不管个人在主观上怎样超脱各种关系，他在社会意

① 《海德格尔选集》(下卷)，孙周兴选编，上海三联书店1996年版，第968页。

义上总是这些关系的产物。”① 海德格尔也许深谙其中的真谛，因此，他在追问科学的本质中隐蔽着的“不可显现的实事状态”的过程中，揭示了这种“不可显现的实事状态”实际上就是在科学的本质中隐蔽着的“主—客体关系”。而“主—客体关系作为单纯的关系而占据了优先于主体、客体的地位”。② 这种被规定的具有的稳定性主—客体关系于是首先成为一种纯粹的“关系特征”。如果说此前分析海德格尔有关科学伦理形上维度之思需要解读其有关论述中蕴涵的或者隐涵的话语即走向文本的“后台”，而现在其有关科学伦理形上维度之思已经进入“前台”。然而，海德格尔认为，对于这种科学的本质中隐蔽着的“不可显现的实事状态”无法通过科学自身达到，任何一门科学，无论是物理学、历史学和文学通过其自身的方式都永远把握不到它作为科学的本质。另外，科学的“基础危机”也决不是科学本身的危机。由于科学根本无力科学地探讨它自己的本质，因而科学最终也无法达到主宰着其本质的不可回避之物。由此，他提出，需要“踏上一条由实事本身出发而选择的征途就叫作沉思”。③ 具体表现在如下几个方面：

首先，海德格尔指出，由于科学作为理论已经被固定在由对置性所划分的领域之上，因而它便永远把握不到它作为科学的本质。尽管物质自然的对置性在现代原子物理学中展示出与在传统物理学中完全不同的基本特征，但是现代核物理学和场物理学也还是物理学，即仍然是科学，仍然追踪在其对置性中的现实之物的对象。在从几何物理学到核物理学、场物理学的变化中保持不变的东西在于：自然从一开始就受到作为理论的科学所进行的追踪性确定。因此，其中主—客体关系作为单纯的关系占据了优先于主体、客体的

① 《马克思恩格斯全集》第23卷，人民出版社1972年版，第12页。

② 《海德格尔选集》（下卷），孙周兴选编，上海三联书店1996年版，第970页。

③ 同上书，第977页。

地位。“而当对置性变成了从座架出发，被规定的具有的稳定性主—客体关系于是首先成为一种纯粹的‘关系特征’，即预定特征，在这种特征中，被吞并的不仅有主体，而且也有客体。”[①] 由于自然始终已经从自身出发而在场了，因此，对自然的对象化始终依赖于在场的自然。对于现代自然科学来说，处在其对置性中的自然只是一种方式，即自古以来被称之为 φύσιS 的在场者如何启示自身，如何受到科学加工的方式。科学的表象永远无法改变自然的本质，因为自然的对置性从一开始就仅仅是一种自然表明自身的方式。由于科学作为理论已经被固定在由对置性所划分的领域之上，因而它甚至无法提出：“自然是否不仅不会将它隐蔽的本质显现出来，而且反而会得以逃脱?”[②] 而自然不可回避，理论也永远无法避开在场者，它必须始终依赖于在场者。因此，它便永远把握不到它作为科学的本质。

其次，海德格尔认为，即使历史学、文学等也永远把握不到它作为科学的本质。一是就“历史学”而言，这个词意味着：探查和澄明，因而它意指一种观点。相反，“历史”这个词则意味着某种发生的事情。但历史本身并不是通过历史学才创造出来的。历史学始终无法回答这样的问题：历史的本质究竟是只能由历史学以及对历史学展示出来，抑或历史学的对象化毋宁说是遮蔽了历史。二是再就文学而言，它是否达到了与文学科学的确定相符合的对置性?三是在语言学理论中起作用的是作为不可回避之物的语言。“自然、人、历史、语言对于这些科学来说始终是在其对置性之内就已经起作用的不可回避之物，这些科学依赖于它，但这些科学永远不能够通过它们的表象来改变它的本质充盈。”[③] 海德格尔认为，科学之

① 《海德格尔选集》(下卷)，孙周兴选编，上海三联书店 1996 年版，第 970 页。

② 同上书，第 971 页。

③ 同上书，第 973 页。

所以无力做到这一点，其原因并不在于它们的追踪性确定永无止境，而是在于自然、人、历史、语言所展示的对置性本身的原则中，始终只有一种在场的方式，在场者尽管能够以这种方式显现，但却永远不必一定要以这种方式显现。也许人们以为，科学本身可以在科学之中发现不可回避之物，并且也就能够将它规定为不可回避之物。但在海德格尔看来，这个想法并不正确，因为这种情况从本质上来说是不可能的。物理学作为物理学无法对物理学作出陈述。这里所述的情况适用于任何一门科学。历史学通过这种观察来把握它自身所是的这门科学的历史。但历史学通过这种方式永远把握不到它作为历史学，即作为科学的本质。

再者，海德格尔进而分析了科学的“基础危机”，并指出，这也决不是科学本身的危机。因为“如果科学根本无力科学地探讨它自己的本质，那么科学最终也无法达到那个主宰着它的本质的不可回避之物”。[①] 海德格尔又把这种“不可回避之物”称为“不可显现的实事状态”。之所以如此，是由于这种不可显现之物不会引人注目。换言之，它可能会被看到，但却没有引起特别的注意。就科学的“基础危机”而言，它不仅涉及个别科学的基本概念，而且也决不是科学本身的危机。尽管科学在今天的步履比以往任何时候都更坚定，但人们在科学中却感到不安。即使在经过对科学的多种阐释后，仍然不知道这种不安从何处而来，因何物而引发。尽管人们今天从各种立场出发对科学进行反思，试图由科学本身以扼要概论的形式出发进行说明，或者试图通过对科学史的解释而进行的自身说明，然而，不可显现之物却始终被忽视。之所以如此，其原因在于那个不可回避之物是不可接近的。“科学宁息于不可显现的实事状态中，就像河流宁息于源泉中。”[②] 而现实之物就产生于这种对

① 《海德格尔选集》（下卷），孙周兴选编，上海三联书店 1996 年版，第 974 页。

② 同上书，第 975—976 页。

置性中，对象理论就通过这种对置性来进行追踪，从而确定了各门科学的对象领域、研究对象与对象关系。由此可见，不可显现的实事状态主宰着对置性的始终。

至此，海德格尔便终止了追问，在他看来，“只要指明这个不可显现的实事状态就够了。它本身是什么，这构成一个新的问题。但对此实事状态的指明引导给我们一条达到这个可问之物的征途。在朝向可问之物的征途上所做的游历不是历险，而是归家”。[①] 因为，由此就踏上一条由实事本身出发而选择的征途即沉思。沉思的本质在于：探讨意义。尽管沉思始终比以往习常的教育更暂时、更宽容、更贫困，但沉思的贫困是对一种富足的允诺，沉思需要作为应合的鼓励。应合在适当的时候失去探问的特征，成为简单的言说。这也许就是海德格尔以诗意的方式留我们探索科学中的“他物”及其伦理本性的难题。然而，关于这一难题的提出及其产生的形上追问既体现了海德格尔深刻而独到的哲理思辨，也有其内在的方法论缺憾，既给人警示，又发人深省。

总之，海德格尔在《科学与沉思》一文中，从“文化”对于科学中的“他物”具有遮蔽性的揭示，指出科学长期以来“以一种愈来愈决然、但却愈来愈不引人注目的方式锲入到生活的所有组织形式之中：锲入到各种工业、经济、课堂、政治、战争、政论之中”。实际上蕴涵了对科学与现实之物之间的复合伦理关系的指认。进而他确认，“科学是现实之物的理论”，并以其“此之在”的问题式，追踪了“现实之物”和“理论”的语义演变与概念谱系，历史的展示了原初的发源于古希腊的具有丰富内涵和感性实在性的语言如何转化为抽象的科学概念的历程，进而为从形上层面解构“纯科学”、“科学价值中立论”作了深层的语义哲学铺垫。实际上也为科学伦理学建构了语义学基础。从对科学作为“现实之物理论”方法，如

① 《海德格尔选集》(下卷)，孙周兴选编，上海三联书店 1996 年版，第 976 页。

观察→对置→计算→专业划分的追问中，揭示了其中蕴涵“不可显现的实事状态”的伦理本性：具有的稳定性主—客体关系首先是一种纯粹的“关系特征”。进一步颠覆了“科学价值中立论”理论根基。然而，由于各门科学囿于自身的研究对象的学科视阈即“在场性”，根本无法深入到“不可显现的实事状态”的关系之中探讨其本质，因此唯有通过沉思才能对科学中的“他物”“解蔽”。

尽管在《科学与沉思》一文中海德格尔继续采用了他特有的“高深莫测地成为一种动态的玄学追问”，其沉思依然具有“逻各斯中心主义”的倾向，但是他的《科学与沉思》中蕴涵的科学伦理思想对于我们认识科学及其伦理本性，在探索自然、社会推进科学发展的同时，沉思科学的本质在于：探讨其意义所在，具有醍醐灌顶之功效。如果说在《世界图象的时代》一文中，海德格尔通过对作为研究的科学之伦理本质的沉思，深刻地批判和揭示了人类中心主义生成的认识论与方法论基础，那么，在《科学与沉思》一文中，他进一步从哲学的形上维度、语义哲学和科学方法论的历史追踪和追问中，颠覆了“科学价值中立论”理论根基。这不仅对法兰克福学派批判的理性伦理观、批判的科技—社会伦理观、批判的自然伦理观提供了重要的哲学理论支撑，而且对于我们研究科技伦理的形上理论的认识论与方法论提供了重要的启示与文化资源。

第 三 篇

批判的理性伦理观

“批判理论”是一个影响了20世纪后半期西方思想的术语，该术语是1937年霍克海默在其《批判理论》这一文献中明确提出的。霍克海默用它表示与传统形式理性主义相对立的社会研究理论。须指出，霍克海默所言的“批判”并非源自康德的三大“批判”，而是从马克思政治经济学批判中生发出来的。因为康德所言的批判，是一种方法论，它体现了近代科学思维之形式理性特征。在20世纪的学术中，科学哲学继承了这种“批判”的特征，“把它视为探寻一门严密科学的普遍基础的理论活动，这种理论活动要求从形式上解除一种学说内部的经验和逻辑的矛盾”。[①] 马克思所言的“批判”，从《1844年经济学—哲学手稿》到《资本论》及其手稿，其原初冲动即是包括对资产阶级社会经济、法、道德、政治和上层建筑等诸方面的完整地批判。霍克海默则承继了青年卢卡奇强调形式主义科学是一种传统理论，并针对这种传统理论提出批判理论，尽管他正确地坚持了马克思所开创的具体的社会的认识论思想，把理论研究的任务与时代的变迁直接联系起来，要求理论保持对“现在的批判”，但是与马克思所言的“批判”及其科学伦理观仍然具有异质性。法兰克福学派批判的理性伦理观的理论旨趣在于把人从奴役中解放出来，并且使人清楚地认识到：个人的自由发展依赖于社会的合理建构。[②] 这种批判理论实际地代表着法兰克福学派

---

① 张一兵、胡大平：《西方马克思主义哲学的历史逻辑》，南京大学出版社2003年版，第14页。

② ［德］霍克海默：《批判理论》，李小兵等译，重庆出版社1989年版，第232页。

的发展方向，同时它也奠定了20世纪人本主义理论的批判基调。

就批判理论渊源而言，如前几章分析的那样，与黑格尔、青年马克思、青年卢卡奇等思想家的思想有着内在的关联，正如霍克海默所说，“我最初是通过叔本华才了解哲学的；我同黑格尔和马克思的关系，以及我欲图理解和改革社会现实的渴望，并没有抹掉叔本华哲学留给我的体验，尽管他们之间在政治上是对立的”。[①] 批判理论就不仅仅是德国唯心主义的后代，而是哲学本身的传人，它不仅仅是人类当下事业中显示其价值的一种研究假说，而是创造出一个满足人类需求和力量的世界历史性努力的根本成分。因此，该理论的目的绝非仅仅是增长知识本身。它的目标是在对当时的社会条件进行深刻地分析中，转化为对经济的批判。

在霍克海默看来，批判理论的旨趣即在于深入到事物的世界中，去揭示人与人之间的深层关系。资产阶级社会交往的表面现象表现为物与物之间的等价交换。去发现“非人的事物下面的人的根基”，以及破除表面的同一形式的神秘性。这样，批判传统理性和实证主义成为理性伦理观的主要批判指向，因而在认识论上批判价值与事实分离，揭示价值与事实的历史的互维性，在方法论上，批判传统的同一性逻辑的静止性、机械性和单向度，颠覆工具（技术）理性和实证主义的根基——传统的同一性逻辑，

---

① ［德］霍克海默：《批判理论》序言，李小兵等译，重庆出版社1989年版，第5页。

倡导否定的辩证法便成为批判的理性伦理观的问题式。批判的理性伦理观及其问题式是该学派社会批判理论视阈中的科学伦理思想发展的首要环节。其代表作有：《批判理论》、《否定的辩证法》、《启蒙辩证法》、《理性与革命》、《单向度的人》、《认识与兴趣》等。本篇将主要对霍克海默的《批判理论》同时也辅之其他相关文本，进行文本解读与评析。

批判理论不否认它的原则是由政治经济学这门特殊学科确立起来的，它说明，在人的条件给定了的情况下（当然，这种条件在交换经济的影响下发生变化），交换经济必然导致社会紧张关系的加剧，而这种紧张关系在当今历史时代又必然导致战争和革命。……批判理论的每个组成部分都以对现存秩序的批判为前提，都以理论本身规定的路线与现存秩序作斗争为前提。①

——马克斯·霍克海默

第八章　批判理论的伦理观

法兰克福学派批判理论的伦理观是批判的理性伦理观核心之一。该学派的思想家认为，资产阶级在其革命时期，为反对封建社会关系施加在它身上的限制，曾容忍过批判的理性。即在数学和自然科学方面被容忍。因为资产阶级的统治需要以此作为工具，因为它需要扩张资本以维护对社会的控制。在资本主义社会中，科学的用途已达到非常高的程度，以致它可以被转化为工业技术。资产阶级曾系统地清除过由封建社会遗留下来的思想迷信，但是，它又创造出包裹在新的科学专制主义之下的新迷信。工具理性已渗透到社会的总体结构和社会生活的各个方面，它造就了单向度的社会和单

① ［德］霍克海默：《批判理论》，李小兵等译，重庆出版社 1989 年版，第 215—217 页。

向度的思想文化，成为资本主义社会对人进行全面的统治、控制和奴役的基础。正如霍克海默所说："更加美好和公正的社会，是一个缠绕着罪恶感的目标。"① 因此，作为法兰克福学派思想的核心是批判实证主义及其工具理性，分析工具理性的形成，揭示其危害。在此基础上，形成了他们批判的理性伦理观。

第一节 批判理性及其伦理问题式

批判理性的伦理问题式与批判理性有着密切的关联。批判理性的伦理问题式是批判理性在批判指向和方法论上的伦理表征。

一 两种不同的理性观

在《传统理论和批判理论》一文中，霍克海默对照了两种不同的理性观：传统理性观和批判理性观。他指出，传统哲学家或理论家将理论看作有基本命题和推出命题组成的有逻辑联系的推理系统，即看作一个封闭的科学命题体系；他们将理论变成了一种描述事实的工具，使它起到肯定和维护社会现实的作用。这样，就使理论丧失了它的最本质的特征——批判性和否定性。传统理性观使理论与实践、价值与事实分离，将理论看作脱离社会历史实践的独立的封闭的王国，试图通过纯粹的智力劳动达到一个没有矛盾的理论，而对现实的资本主义采取一种非批判的态度。与此相反，批判的理性观则主张，理论的本质主要不是一个科学的命题体系，而是一种把握现实的思维方式或辩证的理性。它要求人们关注"作为一个整体的社会"，使人们清楚地认识到"个人的自由发展依赖于社

① ［德］霍克海默：《批判理论》序言，李小兵等译，重庆出版社 1989 年版，第 5 页。

会的合理建构”。霍克海默认为，理论的作用不在于描述支离破碎的事实，而在于超越现实，批判和否定现实。因此，理论的真正本性和力量在于它的批判性和否定性，“批判乃具有这样的辩证功用；它并非仅仅依据孤立的材料和概念，而是根据每一历史阶段的原始和整体内涵，根据把这种看作是起决定性作用的东西，来衡量每一历史阶段”。[①] 霍克海默还指出，理论并不是与实践隔绝的（批判），理论与其说是一种特殊的理论，不如说是政治实践的智力部分；理论研究活动并不纯粹派生于逻辑和数学上的智力，它们是一般社会活动的组成部分，只有将它们放到社会过程中才能得到理解。批判理论本身是专门为揭露资本主义社会的矛盾设计的，它是对现存社会的批判，因而，批判理论家关心的是如何摆脱现实的苦难，加速未来公正社会的实现。

在《批判理论》跋中，霍克海默进一步指认了与上述两种不同的理性观相联系的两种不同的认识方式：“一种是以笛卡尔的《方法谈》为基础。另一种是以马克思的政治经济学为基础。”[②] 这两种认识方式具有以下的区别：

首先，研究的依据不同。由笛卡尔创立并广泛运用于特定学科研究的传统意义上的理论，依据产生于当代社会生活诸种问题组织着人们的经验。得之于各门学科的框架使得知识获得了一种形式，这种形式使得知识在任何情形下都能尽可能多的为目的服务。而问题的社会根源、科学运用于中的现实情境以及科学欲以效力的诸种目的，都被科学看作是处在于它自身的东西。而批判的社会理论则把在其整体性中作为他们自身历史生活方式之生产者的人，作为它研究的对象。作为科学之出发点的现实情境并不仅仅被看作依照或然律去证实和预见的原始材料。每一原始材料都不仅仅依赖自然，

① ［德］霍克海默：《批判理论》，重庆出版社 1989 年版，第 236 页。

② 同上书，第 230 页。

而且还依赖人类对它施加的力量。对象、知觉的类型、所提及的问题以及答案的意义，都证明着人类能动性的存在和人类膂力的程度。①

其次，研究的旨趣殊异。传统意义上的理论研究被看作是脱离其他科学和非科学的活动，现代分析已完全丧失与涉及历史性现实的广博知识的联系，它无需了解他实际上置身其中的那些历史目标和趋向。然而，批判理论无论在其概念的形成还是发展的任何阶段上，都极为清醒地使自己把对人类活动的合理组织，看作是应以展开和使其具有合法地位的任务。因为这种理论并不仅仅关注现存的生活方式和已经制定的目标，而且还关注人类及其所有潜能。批判理论必须尊重这些科学的发展，还依靠这些科学在近几十年来发挥了解放性和激动人心的影响，它的目标在于把人从奴役中解放出来。在霍克海默看来，这种崭新的辩证哲学又使人们清楚地认识到：个人的自由发展依赖于社会的合理建构。

作为法兰克福学派的另一位主要代表人物马尔库塞在《哲学与批判理论》一文中对理性作了这样的界定："理性，是哲学思维的根本范畴，是哲学与人类命运联系的唯一方式……理性代表着人和生存的最高潜能，理性和这些潜能是一而二，二而一的东西。"②他在《理性与革命》一书中进一步全面考察了理性概念的内涵，认为理性是一个历史地变化着的概念，进而他列出了理性在哲学史上曾有过的五种含义：一是理性是主体与客体相互联系的中介；二是理性是人们借以控制自然和社会从而获得多样性满足的能力；三是理性是一种通过抽象而得到普遍规律的能力；四是理性是自由的思维主体借以超越现实的能力；五是理性是人们依照自然科学模式形

---

① ［德］霍克海默：《批判理论》，李小兵等译，重庆出版社 1989 年版，第 231 页。

② 参见《现代文明与人的困境——马尔库塞文集》，上海三联书店 1989 年版，第 175 页。

成个人和社会生活的倾向。在阐释理性概念的内涵时，马尔库塞十分强调最后两种关于理性的含义，在他看来，理性原是一种超越现实的批判能力，即是一种批判理性，然而，在自然科学中，理性概念已经被技术的进步所支配，它的批判性逐步地为工具性所代替。按照自然科学的模式塑造人和社会生活已成为当代理性主义的趋势。这样，人在社会生活中就愈是不自由。

二　伦理问题式及其理论渊源

与法兰克福学派批判理性密切联系的批判的伦理问题式如前所述，其生成有着多重的思想渊源。其中黑格尔的理性观、真理观和辩证逻辑是这种批判的理性伦理观的理论出发点；韦伯的理性观是这种批判的理性伦理观生成的理论激活点；卢卡奇的物化论和科学伦理观则是这种批判的理性伦理观的理论运作轨迹。

首先，法兰克福学派批判的伦理问题式蕴涵着对现实的批判性。由于法兰克福学派批判理论家们都对黑格尔哲学作了比较深入的研究并深受黑格尔理性伦理观的影响，具体表现为，法兰克福学派的思想家在对工具理性批判时，处处体现了黑格尔的理性伦理精神，直接以黑格尔的理性伦理观为理论出发点。

一是有些著作甚至是以讨论黑格尔的理性伦理观和辩证法为主旨。如马尔库塞在其代表作之一的《理性与革命》中，一方面，通过对黑格尔哲学体系全面系统的评述，试图说明黑格尔哲学的理性观和否定辩证法的革命性和进步性；另一方面，重新阐述黑格尔哲学和马克思主义的内在联系，提出了一种黑格尔主义的马克思主义，为法兰克福学派批判的理性伦理观奠定理论基础；另外，通过对法国实证主义和法国庸俗社会学的批判，揭露第二国际修正主义的理论根源，以及他们对黑格尔哲学和马克思主义及其两者联系的误解和歪曲。马尔库塞认为，理性与革命是黑格尔哲学的基本精神。为此，他把黑格尔哲学归结为否定哲学。在他看来，理性会按自身的要求不断地否定不合理的现实，以达到现实和理性的一致性。黑格尔辩证法的核心就是否定，它必然与普遍的社会现实不断发生冲突。如果说，马尔库塞是在肯定的意义上，从其批判理论的视阈阐释了黑格尔的否定哲学及其辩证法，那么阿多尔诺在《否定的辩证法》一书中，则从否定的意蕴上，批判了黑格尔辩证法，并且阐述了他的否定辩证法与黑格尔辩证法的异同。在阿多尔诺看来，辩证法始终是对非同一的意识。因而，这种辩证法与黑格尔式的强制性同一辩证法“不能和好”。[①] 虽然黑格尔也看到矛盾，但他的辩证法的目的在于同一，矛盾的历时性展开即是否定之否定，而否定之否定则是新的肯定。由此，阿多尔诺指出：“把否定之否定等同于肯定性是同一化的精髓，……在黑格尔那里，在辩证法的最核心之处一种反辩证法的原则占了优势，即那种主要在代数上把负数乘以负数当作正数的传统逻辑。”[②] 因此，黑格尔辩证法的最终结果是调和矛盾。而阿多尔诺的否定辩证法的目的在于正视矛盾的客观性，从差异到非同一的矛盾关联是辩证法的本质。“它的运动不是倾向于每一客体和其他概念之间的差异中的同一性，而是怀疑一切同一性；它的逻辑是一种瓦解的逻辑：瓦解认识主体首先直接面对的概念的、准备好的和对象化的形式。”[③]

二是法兰克福学派对工具理性批判的基本论点与黑格尔的理性伦理观有一定的渊源关系。黑格尔传承康德哲学的传统，将思维划分为知性和理性，指出了知性思维的局限，肯定了理性思维的价值；法兰克福学派则在黑格尔的基础上将这种划分进一步推进，即将理性划分为工具理性和批判理性，或者主观理性和客观理性，他们批判工具理性或主观理性，坚持和颂扬批判理性或客观理性。黑

---

① 张一兵：《张一兵自选集》，广西师范大学出版社 1999 年版，第 209 页。

② ［德］阿多尔诺：《否定的辩证法》，张峰译，重庆出版社 1993 年版，第 156 页。

③ 同上书，第 142 页。

格尔将客观世界看作是绝对精神的外化；法兰克福学派将资本主义世界看作是工具理性的产物……进而形成了法兰克福学派批判的理性伦理观的哲学基础。

其次，法兰克福学派批判的伦理问题式蕴涵着对资本主义、合理性和统治三者之间内在联系的批判性伦理审思。这种批判性审思一方面与马克斯·韦伯关于理性的特征、形式的论述以及对资本主义、合理性和统治三者之间的联系的规定与阐述有着内在的相关性——法兰克福学派批判的理性伦理观生成的激活点，同时也成为法兰克福学派批判实证主义和工具理性的理论依据。马克斯·韦伯指出了当代科学技术进步对理性观念的影响，表现为经验和知识存在着一种数学化的趋向，在科学和社会行为的组织中追求理性经验和理性证据。他将理性划分为形式理性和实质理性，其中形式理性意味着可计算性、效率和非人性，即理性还原为其形式的工具性，实质理性则有多种意义，它不只是以可计算性为基础，而且包含了人的伦理、政治及其他方面的需要。法兰克福学派十分注重韦伯关于资本主义、合理性和统治三者之间的联系的规定与阐述。在韦伯看来，西方特有的理性观念在一个物质和精神的文化系统中实现自身，这个文化系统在工业资本主义中得到了全面的发展。这个文化系统旨在形成一种特殊的统治类型，这就是已成为现阶段命运的总体官僚政治。因而，对这种文化系统及其官僚政治的批判是批判的理性伦理观的重要伦理特征。法兰克福学派对工具理性的界定与批判不仅借助了黑格尔的理性观，更多的是发挥了韦伯关于资本主义合理性和统治三者之间的联系的规定与阐述，进而论证了工具理性使资本主义统治合理化，并由此断言，当代是工具理性全面统治的时代。因此，作为法兰克福学派的创始人，霍克海默等思想家都将批判实证主义和工具理性当作一项重要的任务。马尔库塞和哈贝马斯则把这种批判进一步引向对科学技术社会功能的伦理批判。另一方面，卢卡奇的物化伦理观对法兰克福学派批判的理性伦理观的生成有着更为直接的影响。因为法兰克福学派是以西方“新马克思主义”为定位，因而作为“新马克思主义”的奠基者之一，首先把韦伯的“合理化”的伦理观与马克思的“商品拜物教”概念相联结，形成了其“物化”概念与物化伦理观。这里所说的物化，如前所述，是指将人的关系还原为物的关系。卢卡奇还将科学技术看作资本主义社会的一种物化形式并加以批判。卢卡奇指出，物化过程的标志是把“合理的机械化”和“可计算性”应用于生活的每一个方面；当把科学技术应用于社会时，它们就转变为资产阶级意识形态的武器。卢卡奇的这一思想不仅在第一代法兰克福学派思想家那里得到了发挥，而且在第二代传人哈贝马斯那里得到了进一步的深化。哈贝马斯在老一代批判理论家关于资本主义以人对自然和人对人的双重统治的观点为基础，进而指出，关键的问题是科学技术的进步使人对人的统治“合理化”，使人的受控制和不自由以服从技术机制的形式。因此，他认为，“技术的合理性并不取消统治的合理性，而是保护了这种合理性”，随着科学技术的进步，便出现了一个“合理的极权社会”。①

再次，法兰克福学派批判的伦理问题式蕴涵着对自休谟以来关于事实与价值两分即“事实中立”说的解构，进而揭示了事实与价值的互维性。这是承继了卢卡奇的科学伦理观并且汲取了同时代具有较大影响力的哲学家的思想如海德格尔在《世界图象的时代》、《科学与沉思》、《技术的追问》中的具有科学伦理意蕴的问题式及其探索。如前所述，卢卡奇从历史辩证法的总体性之维对“什么是事实”进行了追问，在他看来，尽管对现实的一切认识均应从事实出发，而问题就在于：生活中什么样的情况，又是采用了什么样的方法的情况下，才是与认识有关的事实呢？尽管在经济生活中的每一种情况、每一个统计数字、每一件素材中都能找到对研究者来说

① ［德］哈贝马斯：《走向一个合理的社会》，波士顿1971年版，第84—85页。

很重要的事实，但是在这样做时不能忘记：不管对“事实”进行多么简单的列举，丝毫不加说明，这本身就已是一种“解释”。即使这里所说的事实已经为一种理论、一种方法所把握，就已被从它们原来所处的生活联系中抽出来，放到这种理论中去了。这正如马克思曾深刻地说明了在资本主义社会中，劳动对生活进行的这样一种“抽象过程”：“最一般的抽象总只是产生在最丰富的具体的发展的地方，在那里，一种东西为许多所共有，为一切所共有。这样一来，它就不再只是在特殊形式上才能加以思考了。”① 因此，如果运用辩证法：超越所有这些孤立的和导致孤立的事实以及局部的体系，坚持整体的具体统一性来考察实际生活，就会发现：“事实只有在这样的，因认识目的不同而变化的方法论的加工下才能成为事实。”② 海德格尔也认为，科学长期以来“以一种愈来愈决然、但却愈来愈不引人注目的方式锲入到生活的所有组织形式之中：锲入到各种工业、经济、课堂、政治、战争、政论之中”。③ 因而现实中科学被抬举到主宰的地位。科学在西方世界的范围之内以及在西方历史的各个时代中发展出了一种在全球范围内无可比拟的力量，并且，它正在将此力量最终覆盖于整个地球。那么“在科学中起主宰作用的是否是一种与人之单纯求知欲不同的他物？事实正是如此。一个他物在起作用”。④ 他还从科学研究的**筹划本质**，揭示了在一定的科学研究中，“事实”总是存在着一个决定着其“是其所是”的、隐匿着的“是其所应是”的他者。因为科学研究的本质就在于：认识把自身建立为在某个存在者领域（自然或历史）中的程

---

① 参见《政治经济学批判》导言，《马克思恩格斯全集》第 12 卷，人民出版社 1962 年版，第 754—755 页。

② ［匈］卢卡奇：《历史与阶级意识》，杜章智等译，商务印书馆 1995 年版，第 53 页。

③ ［德］海德格尔：《科学与沉思》，载《海德格尔选集》（下卷），孙周兴选编，上海三联书店 1996 年版，第 956 页。

④ 同上。

式。在这里，“程式”不仅仅指方法和程序；因为“任何程式事先都需要一个它借以活动的**敞开区域**。而对这样一个区域的开启，恰恰就是研究的基本过程”。[①] 这样，在某个存在者领域中，如在自然中，当自然事件的某种基本轮廓被**筹划**出来了，研究的基本过程也就完成了。在此基础上，霍克海默进一步深刻地体认到，“人不仅仅在穿着打扮、在外在形式和情感特征上是历史的产物。甚至人们看和听的方式也是与经过多少万年进化的社会生活过程分不开的”。[②]

第二节 批判理论伦理观的特质

批判理论伦理观的特质主要表现为两个方面：一是理论的批判性，主要显现为对现实社会诸现象的批判性省察；二是对实证主义和工具理性的批判：他们从批判理论伦理观的视角，揭示工具理性形成的认识论和方法论根源，并且从不同的侧面指出了工具理性的特征与危害。

一 伦理观的批判性特质

关于批判理论伦理观的特质，霍克海默在《批判理论》中作了较为详尽地阐释。

首先，对流行的东西进行批判。霍克海默认为，这并不意味着对个人观点或品质浅薄地吹毛求疵，好像哲学家就是爱逞能的人一样。这既不是指哲学家对这个或那个孤立的情况大发牢骚，也不意味着哲学家要提出纠正的方法。这种批判的主要目的在于，防止人

① 《海德格尔选集》（下卷），孙周兴选编，上海三联书店 1996 年版，第 887 页。
② ［德］霍克海默：《批判理论》，李小兵等译，重庆出版社 1989 年版，第 192 页。

类在现存社会组织慢慢灌输给他的成员的观点和行为中迷失方向，必须让人类看到他的行为与其结果间的联系，看到他的特殊的存在和一般社会生活间的联系，看到他的日常谋划和他所承认的伟大思想间的联系。“与流行的受欢迎的思想不同，理性从不迷失于单个观念中，虽然这一观念可能在任何时候都是正确的。理性存在于观念的完整系统中，存在于从一个观念发展到另一个观念的历程中，所以每一观念都在它的真实含义上被理解和运用。只有这样的思想才是理性的思想。”① 对人类生存进行合乎理性的组织，是批判理性的真正目的。辩证地净化和改善我们在日常生活中和在科学生涯中遇到的概念世界，教育社会个体正确地思维和行动，已经成为批判理性的目标——实现善。

对于批判理性而言，为了实现这一目标，不是仅仅停留在规范的概论中，而是通过自己真实的研究，看出社会的问题，进而用一种更深入地分析揭示了社会的存在和历史的范畴。因为没有这些范畴，要理解和解决这些问题是不可能的。由此，霍克海默断言：“不管社会问题的研究在哲学中所起的重要作用是否表现出来，是有意识还是无意识，哲学的社会功能不可能从其中找到，它只有从批判性思维和辩证思维的发展中才能被找到。”②

然而，人类并不能按照自己的概念安排好自己的生活。一方面，在人类那些借以评判自己的观念与世界之间存在一道鸿沟；另一方面，在这些观念与人类通过自己的活动而复制的社会之间也存在一道鸿沟。由于这种情况，人类所有的概念和判断都是矛盾的和被误解了的。现在人类看到了自己正在走向灾难或已经陷入了灾难，在许多国家，人类被正在逼近的野蛮状况弄得如此颓丧，以至

---

① ［德］霍克海默：《哲学的社会功能》，载《批判理论》，李小兵等译，重庆出版社 1989 年版，第 251—252 页。

② 同上书，第 253 页。

于几乎完全不能对此进行反抗以保护自己。当代，整体的综合功能已经把哲学置于社会现实的中心，同时也已经把社会现实置于哲学的中心。因而，霍克海默在对柏拉图的乌托邦思想进行了批判性地陈述后认为，现在，乌托邦已不再是处理社会问题的恰当的哲学形式。思想中的矛盾不可能靠理论的沉思得以解决，这一点已经被认识到了。它的解决有待于历史的发展。我们无法在历史发展之外仅仅在思维中实现这种超越。认识并不仅仅和心理学的和伦理学的条件相联系，而且和社会的条件相联系。对纯粹理念之外的完美的政治和社会结构的阐述和说明，既没有任何含义，也不恰当。因此，作为哲学体系的花冠的乌托邦，被关于实际关系和倾向的科学说明所取代了，这些关系和倾向是可以导向人类生活的改善的。这一变化，对哲学理论的结构和内涵有着极为深远的意义。

其次，揭示经济学、科学发展的双重效应。霍克海默指出，与现代的具体科学不同，批判理性即便在对政治经济学进行批判时也仍然把自己看作是一门哲学。因为它的内容在于把在经济学中占统治地位的概念转化为它们的对立面，即揭示其中蕴涵的负效应，如，揭示公平交换中蕴涵的社会不公正、自由经济与垄断控制之间的关系等等。对于科学的发展而言，无论是科学的成就，还是工业技术的进步都不直接等同于真正的人类进步。很明显，尽管有科学和工业的进步，人类在身体、情感和智力的决定性上都会枯竭。"科学和技术仅仅是现存社会整体的组成部分，尽管它们取得了所有那些成就，而其他要素，甚至社会整体本身可能都正在倒退。人类很可能正变得越来越发育不良和不幸，个人可能被摧残，国家可能被引向灾难。"① 尽管我们生活在一个已经废除了民族界限，并在半个多大陆消除了战争状态的国家里是很幸运的。但是在欧洲，

① ［德］霍克海默：《哲学的社会功能》，载《批判理论》，李小兵等译，重庆出版社 1989 年版，第 245 页。

在通信手段变得更快捷、更健全的同时，在距离缩短的同时，在生活习惯变得越来越相似的同时，关税壁垒却越筑越高，各国疯狂地扩充军备，外交关系和国内政治局势都接近甚至已达到战争状态。这种对抗局面在世界的其他部分也同样存在。在日常生活中被正确地看作是合理的和有益的个体行为，会给社会招致浪费甚至破坏。因而，在我们的时代往往“想创造有益的东西的最好愿望，可能会导致它的反面”。这是因为它对于存在于其擅长的专业或职业之外的东西茫然无知，也是因为它把全部兴趣都集中在手边最近的东西上，并误解了它的真正性质，因为后者只有在更大的范围中才能被揭示。

再次，基于上述分析的基础上，霍克海默认为，对于正义而言，善的意志作为正义的意志是一种美好的东西，但仅有这种主观的努力是不够的。正义的称号并不能自然地变成行动，这些行动作为企图时是善的，但不能实现。霍克海默深刻地指出：“每一种衡量标准，不管它的制定者有无善的意向，都可能变成有害的东西，除非它被建立在全面的认识基础之上，并适合实际情况。”① 黑格尔也曾说过类似的话，“完满的正义”会变成“完满的不义”。港口、船坞、堡垒和租税在同样的意义上也可以说是善的，但假如社团的幸福被置之脑后，这些原本是安全和繁荣的要素也会变成破坏的手段。因而，在欧洲，第二次世界大战爆发前的几十年里，我们发现了社会生活的个别要素的混乱发展：巨大的经济企业、沉重的赋税、军队和军事力量的大规模增长、强制性的惩罚，自然科学的片面的研究，等等。还有文明的某些部分以牺牲整体为代价而获得的迅速扩展，而不是出现合理的国内组织和国际关系。人与人之间相互对抗，因而人类作为一个整体受到了摧残。在实际生活中，其“专业精神”只知道牟利，在军事生活中，甚至在科学生涯中，只

① ［德］霍克海默：《批判理论》，李小兵等译，重庆出版社1989年版，第251页。

追求成功。在这种“专业精神”不受检验的时候，它代表着一种社会无政府状态。

但是，哲学研究不同于其他研究，它在已给定出秩序中没有一个划给自己的活动范围。这一生活秩序连同其价值分层，对哲学来说是一个难题。当科学仍然能参考那些已给出的、能为它指明道路的事实时，哲学则必须求助于自身，求助于自己的理论活动。其对象的规定与其纲领的适合程度，远远超过具体科学，即使在具体科学被理论问题和方法论问题深深吸引着的今天也是这样。

霍克海默认为，批判理性的“批判”是一种“既不满足于接受流行的观点、行为，不满足于不假思索地、只凭习惯而接受社会状况的那种努力；批判指的是那种目的在于协调社会生活中个体间的关系，协调它们与普通的观念和时代的目的之间的关系的那种努力，指的是在上述东西的发展中去追根溯源的努力，是区分现象与本质的努力，是考察事物的基础的努力，简言之，是真正认识上述各种事物的努力”。[①] 因而，批判理性的本质并不意味着单纯的否定和驳斥，而是一种理智的、最终注重实效的努力。

二　批判工具理性中彰显的伦理张力

法兰克福学派在批判实证主义和工具理性的过程中，其批判的理性伦理观显现出以下的特征：

首先，进一步颠覆了“事实中立”说，揭示了事实与价值的互维性。“事实中立”说是实证主义和工具理性主要的立论基础和认识论基础。颠覆了“事实中立”说，不仅解构了实证主义和工具理性立论基础，同时也为科学伦理学的建构奠定了认识论基础。正所谓破字当头，立也就在其中。霍克海默认为，感官呈现给我们的事实通过两种方式成为社会的东西：一是通过被知觉对象的历史特

---

① ［德］霍克海默：《批判理论》，李小兵等译，重庆出版社 1989 年版，第 255 页。

性，一是通过知觉器官的历史特性。这两者都不仅仅是自然的东西；它们是由人类活动塑造的东西，但个人却认为自己在知觉活动中是接受的、是被动的。因此，霍克海默认为，甚至在进行认识的个人有意识地从理论上阐述被知觉的事实以前，这个事实就由人类观念和概念共同规定好了。在这里，我们也不应只考虑自然科学实验。当然，通过实验程序获得的所谓客观事件的纯粹性，显然是与技术条件联系着的，而这些条件与物质生产过程的联系就是事件。但在这里，很容易把下面两个问题混淆起来：通过整个社会活动传递事实的问题和测量仪器即个别活动对被观察对象的影响问题。后一个问题虽然是不断苦恼着物理学的问题。人的感官在很大程度上预先决定了后来在物理实验中出现的次序。人反思地记录事实时，他分离现实并把现实的碎片重新连接起来，他关注某些特殊的东西而注意不到其他东西，这个过程是现代化生产方式的结果。

其次，霍克海默和阿多尔诺还指出工具理性产生的根源与方法论基础。他们承继了德国哲学家、社会学家马克斯·韦伯在探索资本主义伦理精神的起源时，不但追溯到基督教，还追溯到犹太教。同样，他们在《启蒙辩证法》一书中，指出工具理性的根源也在犹太教，而到了所谓的“启蒙时期”（相当于资产阶级大革命时代和自然科学创立时期），它已成形并清晰可辨。他们认为，那种旨在征服自然和使人们从世界的魔境中摆脱出来的启蒙精神（解放的理性），追求一种对自然进行统治的知识形式，它抛弃了诸如实质、因果性、属性一类的形而上学范畴，仅把世界归结为其量的方面；它追求抽象的范畴体系，要求思维或理性的抽象的普遍性；这种抽象的普遍性在现实中有其基础，是现实统治的反映。在霍克海默和阿多尔诺看来，这正是启蒙精神特别有害之处。作为后起之秀的晚期法兰克福学派的批判理论家哈贝马斯则以不同的方式表述了与老一代法兰克福学派思想家相同的思想。他指出，努力把人类从偏见中解放出来的理性由于其内在的逻辑而走向自身的反面。在古典启蒙时期

(即以霍尔巴赫等人为代表的启蒙主义时期)，理性自身成为反对现存制度和意识形态的武器，在它那里，恶与假、真理与解放是一回事。因此，在古典启蒙时期，理性的理论活动同自我解放本身的旨趣是结合在一起的，对虚假意识批判的同时也是抛弃这种意识所产生的社会条件的实际行动。但是，随着科学、工艺和组织的进步，这种联系被打破了。理性逐渐丧失了解放的功能，越来越局限于技术效能；它不再提出目的，而只是组织手段；理性具备了工具的特性，它为物质或社会的工艺效劳。于是，理性变成了工具理性。哈贝马斯通过上述分析后指出，理性独立于人的旨趣的妄想，就是实证主义的认识论。这是一种所谓的摆脱价值而不能履行解放功能的科学纲领，但这不过是启蒙在自我毁灭阶段的幻觉而已。

再次，注重理性（科学）与社会的伦理关系的探索。霍克海默指出："作为科学之出发点的现实情景并不仅仅被看作依照或然律去证实和预见的原始材料。在他看来，每一原始材料都不仅仅依赖自然，而且还依赖人类对它施加的力量。"① 人类生产也总具有计划的成分。就个人及其理论碰到的事实是社会地生产出来的而言，这些事实必定具有合理性，即使只是有限意义上的合理性。此外，社会活动总包含着可得到的知识及其应用。因此，人的社会存在不是直接表现为压迫，就是表现为各种力量盲目冲突的结果，但它无论如何也不是自由人有意识地、主动地活动的结果。在这一点上，工具是人类器官的延伸这个命题也可以反过来说成是"人类器官是工具的延伸"。在文明的高级阶段人类是意识的活动不但无意识地决定着知觉的主观方面，而且在很大程度上也决定着客体。工业社会的人们天天见到的感觉世界到处都打上了有目的的劳动的印记：房屋、工厂、棉花、菜牛、人，另外，不但有地下火车、货车、汽

① ［德］霍克海默：《批判理论》，李小兵等译，重庆出版社 1989 年版，第 230—231 页。

车和飞机这类对象，而且还有这些对象被知觉期间的运动。在这个复杂总体里，无法详细地区分开什么东西属于无意识的自然，什么东西属于人的社会活动。在经验的自然对象本身有问题的地方，甚至连这些对象的自然性也要通过社会领域的对比来规定；就此而论，这些对象的自然性也依赖于社会领域。马尔库塞则在其《单向度的人》一书中，进一步从理性（科学）与社会的伦理关系现实运动中，详尽地考察了理性是如何发展为技术理性，逻辑又是如何演变为统治逻辑的。他深刻地指出，在当代，极权主义的技术理性领域是理性观念演变的最新结果。理性之所以由批判理性变成了技术的或工具的理性，是以社会的科学技术的进步作为前提的，同时还有其逻辑方法论的基础。一方面，社会在不断增长的事物和关系的技术积累中再生产自身，亦即生存斗争和对人与自然的开发，变得更为科学、合理。科学的管理和科学的劳动分工大大促进了经济、政治和文化事业的生产率，进而使生活水平进一步提高。与此同时，又在同样的基础上，这一合理的事业产生了一种精神和行为的模式，这种模式证明这一事业最有破坏性和压抑性的特点是合理的，并为之开脱责任。科学一技术理性和操纵还被集结到新的社会控制形式上。另一方面，形式逻辑和数学构成技术理性的方法论基础借助于数学和逻辑的分析，自然被量化和形式化了，这样便导致将现实同内在的目的相割裂，从而把真与善、科学与伦理学分割开来。这样，科学技术理性被认为是中立的，只有对自然规律的探索才是合理的，价值观成了主观的东西，形而上学只是一个假定，人道主义、宗教、道德等不过是理想。由此，剩下的只是一个量化的世界，其客观性愈来愈依赖于主体；在科学技术理性的极端形式中，客体的概念被消除了。形式逻辑的形式化、抽象普遍性和排除矛盾性有其现实的基础，它自身也成为技术理性的基础并成为统治的逻辑。

最后，以反功利主义视角揭示了工具理性的危害。由于工具理性在运作中，只关心实用目的，奉行的原则：有用的便是真理，一切以物或人的用途为转移，因而，具有强烈的功利主义倾向。对此，法兰克福学派的理论家进行了激烈地批判，主张必须使理性具有超越现实并对现实保持批判态度，使之不被“物化”。工具理性在其运作中产生了极其严重的后果：一是使强制性的非人的管理合理化；二是排除了思维的批判性和否定性，进而使统治合理化。如上所述，马尔库塞指出，在发达工业社会中，科学技术已经从特殊的阶级利益的控制中解脱出来，并成为统治的体制；抽象的技术理性已经扩展到社会的总体结构，成为组织化的统治原则。须指出，法兰克福学派批判的理性伦理观的伦理特征亦是其社会批判理论本质特征的显现，关于这一点，将在以下各章中进一步展开讨论。

第三节 关于批判理论伦理观的几点思考

法兰克福学派对工具理性的分析与批判是其理性伦理观的重要内容，这些分析与批判对于我们进一步认识在当代发达的资本主义工业社会，科学技术发展与应用所产生的正负两极效应有一定的理论意义与理论价值，同时，我们也应看到其中包含的局限性。

一 理论价值

从对批判理论伦理观的伦理特征和批判理论伦理功能及其本质探索中，可以清楚地看到法兰克福学派批判的理性伦理观的理论价值。

首先，法兰克福学派注意到当代科学技术进步的巨大的社会功能，同时更注意到科学技术进步给人的思维方式、思想观念及价值观的重大影响。在当代发达的资本主义工业社会，科学技术渗透到了社会总体结构和社会生活的各个方面，还渗透到人的思想意识和价值观之中，改变着人们的思维方式。在这一社会中，实用、效率、技术统治意识取代了自由资本主义时期的价值观（自由、民主、平等等等），并成为衡量一切的标准或成为新的意识形态和资产阶级进行统治和奴役的工具。法兰克福学派在一定程度上看到，当代发达的资本主义工业社会的科学技术的进步所带来的消极影响。同时还从理论上探索当代理性观念演变的最新趋势，试图把握科学技术进步与理性演变之间的关系，从理性或思想的深层揭示当代发达的资本主义工业社会单向度发展的根源，进而揭示工具理性和资产阶级统治之间的联系，并抨击工具理性给社会生活的各个方面，尤其是在思想文化方面造成的危害。

其次，他们十分强调科学技术与社会的伦理关系，注重分析科学发展、经济运作的双重效应，尤其注重揭示其对社会和人产生的负效应。这在工具理性、功利主义盛行时，的确是一服清醒剂。有助于辩证地净化和改善人们在日常生活中和在科学生涯中遇到的概念世界，教育社会个体正确地思维和行动，以实现善——减弱或消除科学发展产生的负效应，把人从奴役中解放出来。他们在批判传统（工具）理性的同时阐发和颂扬了批判理性。尽管他们十分关注科学与人的伦理关系，即关注在现代科学发展的条件下，人的存在、本质、潜能、自由、幸福等等，但他们没有像非理性主义那样，否定和排斥理性的作用，而是力图坚持理性，尤其是黑格尔理性观，认为理性的本质在于它的怀疑精神、超越现实的精神和革命的批判精神，同时又试图汲取非理性主义有关个体性、自由观等方面的思想，以克服传统理性主义过于强调理性的普遍性和必然性等缺陷。

尽管法兰克福学派的理论家们在批判工具理性时也运用了马克思的有关论述，霍克海默甚至还宣称其社会批判理论是以马克思主义作为出发点或参照框架，然而，他们对科学的发展前景及其社会伦理功能等方面与马克思的科学伦理观存在着质的差异。马克思指出："如果说以资本为基础的生产，一方面创造出一个普遍的劳动体系，——即剩余劳动，创造价值的劳动，——那么，另一方面也创造出一个普遍利用自然属性和人的属性的体系，创造出一个普遍有用性的体系，甚至科学也同人的一切物质的和精神的属性一样，表现为这个普遍有用性体系的体现者，而且再也没有什么东西在这个社会生产和交换的范围之外表现为自在的更高的东西，表现为自为的合理的东西。"[①] 因而，只有资本才创造出资产阶级社会，并创造出社会成员对自然界和社会联系本身的普遍占有。由此产生了资本的伟大的文明作用；它创造了这样一个社会阶段，与这个社会阶段相比，以前的一切社会阶段都只表现为人类的地方性发展和对自然的崇拜。只有在资本主义制度下自然界才不过是人的对象，不过是有用物；它不再被认为是自为的力量；而对自然界的独立规律的理论认识本身不过表现为狡猾，其目的是使自然界（不管是作为消费品，还是作为生产资料）服从于人的需要。资本按照自己的这种趋势，既要克服民族界限和民族偏见，又要克服把自然神化的现象，克服流传下来的、在一定界限内闭关自守地满足于现有需要和重复旧生活方式的状况。资本破坏这一切并使之不断革命化，摧毁一切阻碍发展生产力、扩大需要、使生产多样化、利用和交换自然力量和精神力量的限制。然而，法兰克福学派的思想家从批判的理性伦理观的视角，从文化和意识形态批判的层面揭示和批判科学的发展和应用所产生的负效应，并以此代替对资本主义社会的批判，而没有从历史辩证法的高度揭示科学的发展和应用及其产生的负效应与资本主义的发展之间的联系。

二 理论缺陷

通过对法兰克福学派对批判的理性伦理观的理论价值的分析，

① 《马克思恩格斯全集》第 46 卷（上），人民出版社 1979 年版，第 393 页。

可以发现其中具有的重大理论缺陷。

首先，在科学技术与理性的关系上，法兰克福学派片面强调科学技术对理性的消极的伦理效应，只是将科学技术看作一种单向度的或肯定的思维向度，排除了其批判和否定精神的思维向度。但是，从马克思主义的科学伦理观来看：其一，人类正是在改造和征服自然的过程中发展了科学，人类在生产劳动中运用科学改造自然的现实历史发展是整个人类历史发展的本质和一般基础。由于作为人类社会发展本质的生产力就是人改造自然能力的一种功能水平，当代科学技术已上升为第一生产力，正是人“支配自然界的实际力量”的显现。而人类改造自然的劳动生产（直接生活的生产与再生产）是历史的真实起点，也是人类社会存在与发展的最终基础，因此，这种人改造自然的劳动生产“哪怕只停顿一年”，人类就会丧失自己全部的生存基础。① 同样，在科学日益发挥着重要作用的今天，若停止科学的发展或对科学采取“大拒绝”的方式，没有人对外部自然界的改造，没有物质生产力的现实发展，也就没有人的存在，就没有人类社会历史的进步。其二，近代以后科学的发展和应用及其产生的负效应是与资本主义的发展紧密相关。马克思深刻地揭示了这种历史的和辩证的联系，游离出来的资本和劳动创造出一个在质上不同的新的生产部门，这个生产部门会满足并引起新的需要。旧产业部门的价值由于为新产业部门创造了基金而保存下来，而新产业部门中资本和劳动的比例又以新的形式确立起来。“于是，就要探索整个自然界，以便发现物的新的有用属性；普遍地交换各种不同气候条件下的产品和各种不同国家的产品；采用新的方式（人工的）加工自然物，以便赋予它们以新的使用价值；要从一切方面去探索地球，以便发现新的有用物体和原有物体的新的使用属

① 张一兵：《马克思历史辩证法的主体向度》，河南人民出版社 1995 年版，第 21 页。

性，如原有物体作为原料等的新属性；因此把自然科学发展到它的顶点；同样要发现、创造和满足由社会本身产生的新的需要。培养社会的人的一切属性，并且把他作为具有尽可能丰富属性和联系的人，因而具有尽可能广泛需要的人生产出来——把他作为尽可能完整的和全面的社会产品生产出来（因为要多方面享受，他就必须有享受的能力，因此他必须是具有高度文明的人），——这同样是以资本为基础的生产的一个条件。”①

其次，法兰克福学派批判的理性伦理观的理论缺陷主要表现为：一是与其理性伦理观蕴涵着一定的反科学主义和悲观主义倾向有关。尽管他们不像非理性主义那样完全否定理性的作用，也不否认人类进步的可能性，由于法兰克福学派的思想家对科学发展的前景的展望是悲观的，因此他们更注重揭示科学对社会和人产生的负效应，并且夸大了其影响。而这是与马克思主义科学伦理观格格不入的。二是法兰克福学派思想家试图超越理性主义与非理性主义的对立，因而，在其批判的理性伦理观上表现出一种折中、调和的特征。三是由于法兰克福学派划分工具理性和批判理性的根据不足，因而在工具理性概念的形成及其与批判理性对立的问题上，阐释不清晰。在分析工具理性产生的消极影响上，法兰克福学派将资本主义看作是工具理性的产物，因而将对工具理性的批判当作对资本主义社会批判的基础，并且日益以对工具理性及科学技术的批判来代替对资本主义政治制度的批判。

① 《马克思恩格斯全集》第46卷（上），人民出版社1979年版，第392页。

> 有关科学的事实和科学自身只是社会生活过程的组成部分，而为了理解事实或科学的意义，人们一般都要掌握认识历史状况的钥匙，即要掌握正确的社会理论。①
>
> ——马克斯·霍克海默

第九章　实证主义批判

马克斯·霍克海默②（Max Horkheimer，1885—1973），是法兰克福学派的主要代表人物，“批判理论”的倡导者、“西方马克思主义”思潮中的主要人物。在霍克海默“批判理论”的生成过程中，深受康德、叔本华伦理—生命哲学的影响；后来他又研究并汲取了黑格尔、马克思的历史—社会理论；在晚年还接受了弗洛伊德精神分析哲学的一些方法。综观霍克海默思想的发展历程，在他的哲学和社会批判理论中，总是贯穿着两条主线：一是对现实社会问题的批判性研究；二是对一切传统的“意识形态”理论尤其是当代

---

① ［德］霍克海默：《批判理论》，李小兵等译，重庆出版社 1989 年版，第 154 页。

② 霍克海默 1922 年以论文《康德的判断力批判》获得哲学博士学位。1930 年继维也纳著名的马克思主义研究者、法学家、政治家格律恩堡之后，任法兰克福社会研究所所长。同时参与创立《社会研究杂志》，以对社会的现实问题作哲学研究为目标，以对人的具体实践形式的批判为任务，发表了一系列有关批判理论的文章，为之后的法兰克福学派奠定了理论基础。参见《批判理论》中译本序，李小兵等译，重庆出版社 1989 年版，第 9 页。

实证主义哲学方法的激烈批评。正如《批判理论》一书英译本导论作者斯坦利·阿罗洛维茨所说："霍克海默则致力于两条战线的细致的批判中：既批判传统科学的对象，又批判其研究方法。"①

《批判理论》② 一书，是霍克海默的主要代表作，也是法兰克福学派所倡导的批判理论及其方法的纲领性文献。在这部文献中，以相当大的篇幅批判了实证主义和形而上学及其方法论，进而开启了法兰克福学派科技伦理形上维度③研究的先河。霍克海默对实证主义和形而上学批判，主要关涉了对科学技术的研究对象、判断方式，其主要贡献是揭示了科技伦理的本体之维和认识论之维，进而形成了自然与社会之互维性、事实与价值之互维性等问题式。而这正是生成法兰克福学派科学伦理思想的最重要的基础。

第一节 霍克海默缘何批判实证主义与形而上学

霍克海默批判实证主义与形而上学不仅有其深刻的社会经济原

① ［德］霍克海默：《批判理论》导论，李小兵等译，重庆出版社 1989 年版，第 3 页。

② 《批判理论》收录了霍克海默在 20 世纪 30 年代和 40 年代初发表的一系列理论研讨的文章。这些文章，对确立霍克海默的思想基础以至奠定整个"西方马克思主义"的哲学理论基础，都起到了极大的作用。这些文章，也包括了对宗教、科学、政治、经济、哲学、社会、文化、家庭、艺术等诸多社会现象的理论分析，是法兰克福学派对这些现象在理论上的经典表述，尤其影响到马尔库塞、哈贝马斯等人对社会所作的批判性考察。参见霍克海默《批判理论》中译本序，李小兵等译，重庆出版社 1989 年版，第 10 页。

③ 这里提及的"科技伦理形上维度"如第一章所述，主要关涉对科学技术的研究对象（本体论）、判断方式（认识论）、追求目标（价值论）、科学技术活动主体的主体性进行伦理追思，进而生成了科技伦理的本体之维、认识论之维和学理之维以及主体性之维，因而涉及自然与社会之互维性、事实与价值之互维性、真与善之互维性和科学自由与意志自由之互维性。

因和阶级关系的变化，而且科学的发展确有脱离人的倾向，进而导致人们思维方式静止和片面化。正如斯坦利·阿罗洛维茨在《批判理论》导论中阐述的那样，法兰克福学派思想核心——批判理论对实证主义的抨击，在美国的发展一直是最困难，而且也是最关键的。因为“美国思想与最有吸引力的实证主义学说——实用主义是同一的。实用主义是一种没有理论的理论”。[①] 关于“实证主义”，马尔库塞作了这样的阐释：“自从‘实证主义’一词的最早使用，可能是在圣西门学派那里。自那时以来，这个术语已经包含：(1) 认知的思想靠事实经验而生效；(2) 认知的思想重视的是作为一种确定性和精确性模式的物理科学；(3) 相信认识的进步取决于这种重视。结果，实证主义把一切形而上学、先验主义和唯心主义都当作蒙昧主义的倒退的思想方式加以反对。”[②] 尽管在这里，马尔库塞所指认的“实证主义”是孔德的实证主义、马赫的经验批判主义和逻辑经验主义，但在霍克海默及其法兰克福学派那里，“实证主义”是一个广义的概念，实用主义、操作主义、语言分析哲学等，从严格意义上并不属于实证主义的哲学流派也被划归到“实证主义”之中。因此，霍克海默关于“实证主义”的意蕴相当于“科学主义”。霍克海默对实证主义的批判即是对科学主义的批判。

一　技术控制与极权体制

首先，在霍克海默所处的时代，革命运动面临低潮，新的社会目标使人看到的不是希望，而是恐怖和失望。他看到，“极权制国家中，年轻人的斗争所争取的自由，正是那个在非极权制国家中面临永恒威胁的自主性”。而且，“更加美好和公正的社会，是一个缠

---

① ［德］霍克海默：《批判理论》导论，李小兵等译，重庆出版社 1989 年版，第 6 页。

② ［美］马尔库塞：《单向度的人》，张峰等译，重庆出版社 1988 年版，第 166 页。

绕着罪恶感的目标”。[①] 人们常常事与愿违，理想化为泡影。20世纪上半叶欧洲资本主义国家出现了经济危机和萧条。无产阶级本可以利用这个机会推翻资本主义的统治，而且当时人们普遍认为只要工人和知识分子团结一道，就可以阻止法西斯主义上台。但这一切，都没有成为现实，反而“一方面为未来的刽子手的产生准备了条件，一方面呼唤或至少容忍着刽子手的产生”。[②] 在霍克海默看来，社会的压迫和统治不是哪个阶级、哪种集团之间的问题，而是整个人类所面临的问题。这样，他们就把注意力集中在社会普遍的统治和压迫形式——总体的技术控制。其中包括对社会生活的集中化调节、对每一生产细节的管理、对社会进程的严格的合理化设计。正如霍克海默所说：“社会已进入到一个新阶段，其上层不再被一些竞争着的企业家所代表，而是被管理层、联合企业、议会所代表。从属阶级的物质条件，创造出一些不同于早期无产阶级的政治和心理趋势。个人同阶级一样，现今也已被融入社会中。”因此，“极权政府并不是一种偶然情形，而是社会运动的那种方式的表现。技术的完善、商业和交往的扩大、人口的增加，都迫使社会走向一种更加严厉的管理形式中”。[③] 按照在服务于工业的科学与服务于社会控制的宗教和世俗的精神意识形态，以及当下流行的劳动分工，出现了实证主义与形而上学同时存在的格局。一方面，实证主义思想否定普遍的东西与人的思维有任何关联（假如不是不存在的话），它认定既定的表面现实的合理性，并记录下这个现实的变化；另一方面，形而上学摈弃实证主义对具体事物的屈从，追寻着一种能给予人的存在以意义的目的论。但是在霍克海默看来，由于科学

① ［德］霍克海默：《批判理论》序言，李小兵等译，重庆出版社1989年版，第5页。

② 同上书，第2页。

③ 同上书，第4页。

并不给人以任何超越性意义，它仅仅断定事实，其核心即是让思想与外部现实统一起来；而形而上学是实证主义唯名论的另一面，其普遍性是抽象的。假如上帝是不存在的，那么，追求目的的绝对理念也会被告知要遭到经验科学的断然否定。因此，“实证主义与形而上学，作为资产阶级思想的两个方面，是资产阶级统一的世界观”。①

其次，霍克海默发现工人阶级及其组织日益被近期资本主义的极权体制所包围。不仅资产阶级自由主义被剥夺了它的批判感受力，而且由于商品交换的出现以及所有文化形式都被归结为现金关系，这也深深地影响了工人阶级和社会主义运动。由于战后形而上学理智地为德国独裁统治体系铺平了道路，所以，新实证主义思想方式吸引了形形色色的反法西斯主义集团。那时，科学主义的主要兴趣已经不再专注于反对这种有社会意义的观念了。这些理论家通常认为，他们工作的目标在于消除那些阻碍数学和自然科学进步的障碍。为了反对极权主义狂热寻找理智武器，尤其是大学里的年轻人，仍然留恋这种哲学的光荣的过去。在大学里，这种哲学自命为反对形而上学最彻底的学派。然而，这种哲学在其现有的形式下，仍然受到现存社会秩序的牢固束缚，与形而上学毫无区别。虽然这种哲学与极权国家的关系初看起来可能不太明显，但就其实质而言，新浪漫主义形而上学和彻底的实证主义一样，其根源都在于当前中产阶级的可悲状况。由于放弃了一切通过自身活动来改变自己的境况的希望，害怕彻底改变社会制度的中产阶级就投入了资产阶级经济领袖的怀抱。②

---

① ［德］霍克海默：《批判理论》导论，李小兵等译，重庆出版社 1989 年版，第 5 页。

② ［德］霍克海默：《对形而上学的最新攻击》，载《批判理论》，李小兵等译，重庆出版社 1989 年版，第 134—136 页。

二　科学及其思维方式的异变

霍克海默批判实证主义与形而上学除了上述原因以外，还有其更直接和深层的原因，伴随科学视野的萎缩而出现的事实是：一套暧昧的、僵固的、拜物的概念却能够一直发挥作用；而这时人们真正需要的则是让它们与事件的动态运动相联系，以便对它们作出深入的理解。[①] 在霍克海默看来，社会进程出现的新情况是科学及其思维方式对社会和人们的影响。这种思维方式的特点是静止性、片面性、机械性、抽象性。它的最大作用是把个人接合到社会的某一机械过程中，而丧失了对社会整体运动的把握和批判能力。正如霍克海默所说，"当对一个更加美好的社会的关注，让位于去证明当下社会应当是永恒不变的东西的企图后，一种致命的、瓦解的因素就浸入到科学中"。[②] 尽管科学使现代工业体系成为可能；科学是人类心灵的工具，是人类世界和自然界的信息贮存；是研究者的知识装备，并被研究者用以影响社会、创造社会价值。但是，霍克海默认为，科学的这些发展，并没有证明实用主义的知识理论是正确的。因为知识的真理性应当表现为外在于科学的外在目的的实用性追求。决定一个判断的真实和虚伪并不取决于人类兴趣，而应在人类理论水平的提高过程中去寻找检验真理的标准。但是，在驳斥真理的实用论和相对论时，又不应用实证主义的方法，把理论和行为领域截然划分开，因为理论的方向、方法以及理论的对象，都离不开人。然而，在霍克海默看来，在他所处的时代中，科学的确有脱离人的倾向。一方面，是科学所影响的社会经济进程日益脱离人的

---

① ［德］霍克海默：《批判理论》中译本序，李小兵等译，重庆出版社 1989 年版，第 14 页。

② ［德］霍克海默：《科学及其危机札记》，载《批判理论》，李小兵等译，重庆出版社 1989 年版，第 3 页。

需要而发展。例如，“经济平衡只有在付出了人类资源和物质资源的重大毁灭的代价后才会恢复”；[①] 另一方面，科学的记录性、描述性的静态方法，日益难以把握飞速的社会发展。科学拒绝以适当的方式处理与社会进程相联系的问题，结果便导致一种内容和方法上的肤浅性，这种肤浅性反过来又表现在对科学涉及的不同领域之间的动态联系的忽略上，而且还以极为不同的方式影响到科学自身诸种原理的实际运用。

尽管现代物理学重新调整了科学的方法，加强了对主体的注意。但是，它仍然不能描述出诸如“生命”这些具体的实在的真正的内蕴。而哲学和形而上学的思考仍然受到直觉方法的制约。因而，它同科学一样，都不能揭示处于“历史发展中，处于真实、活生生的社会生活中的东西”。霍克海默进而认为：“不仅形而上学，而且还有它所批评的科学，皆为意识形态的东西；后者之所以也复如是，是因为它保留着一种阻碍它发现社会危机真正原因的形式。”[②] 科学由于其在西方精神文化传统中的真理性地位和在工业及社会物质生活中所取的实用性效果，更是一种具有很大欺骗性的肯定文化。因为科学所倡导的实证精神和方法，是与辩证法——把社会作为一个整体来加以动态考察的批判方法——相悖的。这样，科学便成为一种意识形态。[③] 意识形态的出现依赖于人们在经济生

---

① ［德］霍克海默：《批判理论》中译本序，李小兵等译，重庆出版社 1989 年版，第 13 页。

② 同上书，第 14 页。

③ 霍克海默所说的“意识形态”，是有其特定含义的。在霍克海默以及许多“西方马克思主义”看来，所谓意识形态是指与真理对立的东西，即“任何一种掩盖社会真实本质的人类行为方式”，皆为意识形态的东西。他们认为，在资本主义社会，信仰、科学理论、法则、文化体制这些哲学的、道德的、宗教的、认知的活动都具有意识形态的特征，因为它们都系后来马尔库塞所说的那样，是对资本主义的整个社会框架加以接受和认可的“肯定文化”的表现。参见霍克海默《批判理论》中译本序，李小兵等译，重庆出版社 1989 年版，第 14—15 页。

活中的地位，而不是简单的一种幻象或欺骗。实际上，它是为了解决人们社会矛盾和利益之间紧张冲突的一种手段。然而，一旦它成为人们认可并不加批判而盲目接受和崇拜后，它就成为掩盖社会真实矛盾和过程的东西了。在霍克海默看来，“经济在很大程度上被垄断控制，然而在世界范围中，它又分崩离析、混乱不堪。它虽然更加发达，然而比以往更无力使人类摆脱困境”。经济中出现的矛盾情况尤其可以看出科学在当代发展中遇到的困境——这是由科学所表现的双重矛盾所决定的：一方面“科学认定这样一个原则：它的每一步都具有批判的根基，然而，它所有步骤中最重要的一步即科学任务的确定，却缺乏理论的根基，似乎是随意选定的”；“另一方面，科学必须涉及全部相关的知识，然而，它对它自身的存在以及它的工作的方向所依的东西，即社会立于其上的全部关系，却尚未实实在在地把握住。”① 这两对矛盾是科学中互相依赖的两对矛盾，它极大地阻碍了人们对科学以及客观社会现实的认识。因而，霍克海默认为只有批判科学和实证的思维方式，才能认识资本主义社会纷繁复杂的现象，探寻克服科学思维的危机和科学的或实证危机的出路，建立一种反映当下社会境况即社会的诸种矛盾的正确理论。

第二节 科学与形而上学两重关系的伦理透视

在《批判理论》一书中最令人注目的是霍克海默从学理层面和意识形态层面对科学与形而上学之间两重性关系的深刻揭示。

---

① ［德］霍克海默：《批判理论》中译本序，李小兵等译，重庆出版社 1989 年版，第 15 页。

为了厘清科学与形而上学关系的两重性，霍克海默从学理层面厘清什么是“形而上学”？他指出，所谓形而上学“论述的是本质存在、实体、灵魂和不朽，而科学对这类研究却没有多大用处。形而上学要求理解存在、把握总体，要求通过每个人都可以获得的认识方法揭示不依赖于人而存在的世界的意义。形而上学从实在的内部结构里推引出为人行事的箴言，诸如‘人的最适当最有价值的活动是致力于最高观念、致力于先验的东西或第一原因’这类箴言。一般说来，形而上学理论完全符合于下述信念，即苦难对绝大多数人是一种永恒的必然性的信念，以及个人必须永远屈服于现存权力结构的信念”。①

一 科学与形而上学的对立与相互联系

就形而上学而言，霍克海默认为：“直接启示的权威性在现代虽然已被大大动摇了，但形而上学体系仍然企图用自然理性来论证信仰范畴，维护那种认为人类生活具有更深远的意义的信念。”②不过，所有这类企图都没有结果。

首先，形而上学的论断总是与那种应该支持这些论断的思想形式相冲突。自然（科学）理性与形而上学范畴之间的不相容性，可以由下面这两个历史过程中看到：形而上学体系间的相互拆台和科学对形而上学概念的摈弃。形而上学声称自然理性属于它，但科学才是自然理性的真正家园。再就科学而言，20 世纪的科学教科书很少谈论实体本身、人和灵魂，并且根本不提永恒的意义。科学家们从不认为他们理论的有效性在逻辑上要依赖于这类观念，不管这类观念是作为公设还是作为必然属性。反之，他们不需要形而上学

① ［德］霍克海默：《对形而上学的最新攻击》，载《批判理论》，李小兵等译，重庆出版社 1989 年版，第 134—136 页。

② 同上书，第 128 页。

的帮助，就能把他们的体系归结为比过去更为简单的原理。这样，在他们的理论里，没有形而上学范畴和道德范畴的地位。霍克海默认为，这并不意味着科学，而是在现实世界后面建立它自己的特殊世界。而表达物理学概念的数学公式中包含的关于孤立的物理世界的知识，借助于高度发达的技术、精密仪器和精确的计算方法直到今天才被人们获得。知觉世界与物理世界间联系的复杂性，并不妨碍这种联系，而且随时都能被证明。

其次，霍克海默认为，尽管科学与形而上学在现实中是对立的，但是它们之间还有多层面的相互联系。一是随着科学的发展，科学已成为“一个特定的社会在与自然斗争时所调集的知识的主体”。① 除了作为抽象的科学学科——数学和理论物理学，还大致上追求纯粹的科学目的，提供了较少受到歪曲的知识形式以外，其他科学学科与日常生活模式和实用性混杂在一起，而这种实用性表面上似乎证明了它们的现实主义性质。二是不管是私人的思想观念还是公众的思想观念，都离不开覆盖一切的意识形态。因此，同时保持科学和形而上学的意识形态就是十分必要的。从形式上看，科学知识被认为是正确的，但形而上学观点同时也被保留下来了。单靠反映自然和社会的混乱现实的科学，不满的群众和有思想的个人就会处于危险和绝望的境地。由于人的真正存在属于有别于自然史或单纯人类史的领域，因此，对设计的信仰和科学就连在一起，否认观察和科学理论乃是荒谬的事情。三是整个科学的主体不过是经过提炼的资产阶级个人的经验知识罢了。资产阶级社会无论如何也不能根除幻想。同以往一样，形而上学幻想和高等数学是他们智力的构成要素。哲学仅仅是以某种方式系统地调和这两种要素的场所。四是，由于杰出科学家们的兴趣变得越来越专门，他们对某些

① ［德］霍克海默：《对形而上学的最新攻击》，载《批判理论》，李小兵等译，重庆出版社 1989 年版，第 129 页。

问题的回答的天真朴素性，与他们在科学活动中使用的方法的精确性和严格性发生了越来越强烈的冲突。量子理论的创始人马克斯·普朗克根据自己的科学经验，一方面，他完全承认，一切事件，甚至“心灵王国”的事件，都是由自然现象决定的；另一方面，他又不愿意放弃自由意志这个形而上学概念，因为他所持的道德和政治观点以这个概念为前提。五是科学家们在考察他们为之服务的社会时忧虑不安，因为他们受到的教育是以资产阶级传统为基础的。他们得到的报偿：金钱、地位和影响，证明了他们对社会整体的贡献。可是，他们认为这个社会“有许多地方令人不舒服”。[①] 他们不敢怀疑现存的社会形式，因而企图在唯心主义良心观和自由观这类形而上学信念中寻找庇护所。哲学把科学的客观性、严密性与这类信念拼补成世界观，以便“保证我们的生活行为与我们的自我协调一致，从而获得内心的宁静”。[②] 霍克海默还以辛辣、讽刺的口吻指出，正是靠着这种内心的宁静，专家学者们平心静气地眼看着人类的毁灭。

二　协调科学与形而上学的企图缘何陷入了两个极端

霍克海默不仅揭示了科学与形而上学的对立与联系，而且进一步分析了各式各样的协调科学与形而上学的企图缘何都陷入了两个极端？一个极端主张科学是唯一可能的知识形式，残余的形而上学思想必须给科学让路；另一个极端反对单纯作为理智技能的科学，认为这种理智技能仅仅符合于对人类实存的次要考虑；真正的知识必须从科学中解放出来。在战争期间和战争之后，这种反科学观点的典型代表是浪漫的唯灵论、生命哲学以及实质的和存在主义的现象学。新形而上学是宗教的分支，它保留了人们主要是由于他自己

① ［德］马克斯·普朗克：《论意志自由的本质》，莱比锡 1936 年版，第 24 页。
② 同上。

而不是由于现存社会秩序的缘故才仰望的信念。这表明人们不满意加在他身上的评价，不满意他所经历的东西。理解这种形而上学试图加以补偿的评价的真实本质，并不要在太长的时间。一个没有金钱、名望或有势力的亲戚的人，一个除了他天生的潜能外一无所有的人，当他仅仅作为一个人去面对社会时，就会发现他在这个世上的实际价值是什么。他马上就会发现，再也没有比他的人性品质更无足轻重的东西了。这些品质得到的评价极低，以至市场里的价格表都不屑于列上它们。因为在严密科学中，只承认作为生物学概念的人，这反映了人在现实世界里的命运。人本身不过是一个物种的成员罢了。在这个商业社会里，尽管人人都有其特殊之处，但人人平等仍然是人们意识中的重要部分。因此，资产阶级必定经常轻视他自己，同时又推崇他自己，追求自身的利益。每个人都处在他自己那个宇宙的中心。至于外部世界，他在那里是多余的。

由此，霍克海默深刻地洞悉到，形而上学梦想则是逃避这些深深铭刻在人们灵魂中的日常生活经验的方法，是根除这些经验的尝试。孤立的、无足轻重的个人能在这些梦想里与超人的力量、全能的自然和生命之流或无穷无尽的世界打成一片。形而上学赋予他的实存以意义，说明他在这个社会中的命运只是暂时现象。形而上学断定，通过个人的内心决定，通过形而上的人格自由，现象世界才有价值。形而上学涉及的是本来的、真正的实存。轻视经验证据偏爱虚幻的形而上学世界的根源，在于资产阶级社会中解放了的个人与他在这个社会的命运之间相互冲突。然而，霍克海默指出，这种对科学的哲学轻蔑，在个人生活里起着鸦片烟的作用，在社会里则起着欺骗的作用。而实证主义则敌视一切带有幻想的东西。在实证主义看来，只有经验——科学已经承认的严格意义上的纯粹经验，才能叫做知识。认识既不是信念也不是希望。人类知识的最恰当表述是实证科学。至于别的东西，科学的出发点直接观察和日常生活语言，也可以作为原始的工具。

霍克海默在分析为什么协调科学与形而上学的企图缘何都陷入了两个极端的过程中，凸显了批判理论视阈中事实与价值之互维性的伦理问题式。在他看来，发达的资本主义社会，科学与形而上学的对立与联系，实际上是生活世界的原则与意义世界的原则之间的对立与联系，它既可以表现为事实与价值的对立与联系，又可以显现为科学与道德的对立与统一。

第三节　实证(经验)主义演变及特征的伦理审视

在透视了科学与形而上学的对立与联系之后，霍克海默将批判的重心聚焦于实证主义。他在分析实证主义的本质的过程中，以批判理论的伦理视阈，揭示其要害——否定非人事物的人性基础。现代经验主义与理性主义的区别就在于，关于知觉的定位。由于现代经验主义强调通过知觉进行证实，其科学观具有僵化性和无批判性。在此基础上，霍克海默还揭示了经验主义者思想中的悖论及其危害。

一　实证主义的本质：否定非人事物的人性基础

首先，霍克海默从哲学史考察了实证主义的样态，并指出，笛卡尔和斯宾诺莎这样的形而上学家只是有了这种实证主义思想的萌芽，而孔德和斯宾塞作为实证主义者虽然给这种思潮命了名，但他们那里的“世界观”杂质太多，无法代表真正的实证主义。当代实证主义通常一方面溯源于休谟，另一方面溯源于莱布尼茨。它把怀疑的经验主义与那种试图为了科学而舍弃丰富多彩性的理性逻辑结合起来。它所追求的知识理想是以数学形式表达出来的，从尽可能少的公理推出的普遍科学，是保证对一切可能发生的事件进行计算的体系。社会也要用这种方法加以说明。实证主义承认，这最后一点只是一种相当渺茫的理想，但它仍然希望在不远的将来会彻底澄清社会现象，并使它们与整个体系的基本要素建立适当的联系。由此，他认为，最新实证主义流派本质上是经验主义与现代数理逻辑的结合。① 他转引了伯特兰·罗素在 1935 年国际科学的哲学大会上的讲话："在科学中，自从伽利略时代以来就存在着这种结合；但在哲学中，直到我们这个时代为止，那些受数学方法影响的人都是反对经验主义的人，而经验主义者又不怎么懂数学。数学与经验主义的联姻产生了近代科学；三个世纪后，同样的结合正在产生第二个孩子——科学的哲学，它可能注定要度过同样伟大的生涯。因为它能独自提供理智气质，借着这种气质。才有可能找到治疗现代世界痼疾的方法。"②

其次，霍克海默分析了逻辑经验主义与从前的经验主义的异同。一是两者的共同之处在于，它们都认为，一切关于对象的知识，归根结底都来源于感觉经验事实。因此，卡尔纳普认为，一切概念都"可以还原为与给予的材料有关的根本概念——直接的经验内容"。③ 至于理论的真理性（或不如说理论的或然性），科学则诉诸观察和经验，以之为最高的法庭。一般说来，在一切领域里，认识活动的终点都是成功地预言感觉材料的出现。二是传统的经验主义和它的现代继承者之间的确有所不同。前者捍卫个人的权利，认为社会是为了个人的利益而组织起来的。科学也不得不为个人辩护：它向个人保证，科学只断言每个人都能看到和听到的东西。它

① ［德］霍克海默：《对形而上学的最新攻击》，载《批判理论》，李小兵等译，重庆出版社 1989 年版，第 136 页。

② ［英］伯兰特·罗素：《科学的哲学大会》，载《国际科学的哲学大会会刊》第 1 期，巴黎 1996 年版，第 11 页。

③ ［德］鲁道夫·卡尔纳普：《旧逻辑与新逻辑》，载《认识》第 1 卷，莱比锡 1930 年版，第 24 页。

向个人说明，物理学和其他所有科学，都不过是个人自己日常经验的纯粹形式和浓缩表达罢了；换句话说，除了比较有系统、允许个人较快地适应现实这一点之外，它们与个人在实际生活中使用的方法没什么区别。因此，人的学说虽然是一种有限的学说，但它构成了这种哲学的内容。它证明，科学不但开始于感觉经验，而且不得不经常求助于感觉经验。而后者——现代经验主义甚至在其关于概念和判断的起源理论中，也完全无视这种关系。作为明确限定的理智技术，物理学总是与观察者表述的判断打交道，而不是直接与观察资料打交道。

再次，霍克海默指出，经验的标准并不是感觉印象（如同洛克和休谟所认为的那样），而是表述印象的判断。因为在逻辑经验主义者看来，科学的唯一任务是建立一个能够推出这类命题的系统，正如这类命题能由观察者的判断、由“记录句子”证实一样。如果描述符号借助定义或重新确立的原理，可以还原为出现在记录句子中的符号，它就被认为是可以接受的。① 因此，科学以及科学的哲学就不得不对付只呈现为句子的给予的世界了。仅就世界是语言的内容来说，科学家才关心世界。他只考虑正式记录下来的东西。对经验借以转化为记录的过程进行分析，是经验心理学的事情。

霍克海默在分析了经验主义在各个阶段对知识对象的看法变化后，深刻地指出，这种变化的实质证明了资产阶级思想越来越浅薄，越来越不愿意看到非人事物的人性基础。② 无论如何，我们关于世界的知识起源于我们的感觉这个原则贯穿于所有阶段。由于这个原则的意义被限制在“每个关于自然事物或历史的论断都必须参

① ［德］鲁道夫·卡尔纳普：《语言的逻辑句法》，阿梅瑟·斯米顿译，纽约—伦敦1937年版，第319页。

② ［德］霍克海默：《对形而上学的最新攻击》，载《批判理论》，李小兵等译，重庆出版社1989年版，第138页。

照相应的经验”这个陈述，所以它的攻击矛头仅仅指向来世信仰。

二 现代经验主义与理性主义的区别

霍克海默认为，现代经验主义与理性主义的区别就在于，关于知觉的定位。

在理性主义看来，理性主义与关于世界的知识起源于我们的感觉这一原则并不矛盾，只是它没把这一原则单独作为哲学的根本规律罢了。理性主义相信，我们能够彻底控制自然和社会，因而它专注于理智地洞察世界，专注于理性的运用方法。数学根据主体自身创造的原则产生对象。最高的洞见与存在的基础一致；它们既非来自个别经验，也不是任意确定的。它们是合理思想的固有性质；每个秘诀都必须屈服于它的构造能力。在理性主义那里，每个存在物都必须证明自己在知觉中的合法地位。不过，一件事物要是仅仅通过知觉为我们所知，那么，这件事物就仍然是纯粹的自在之物。只有当我们有能力亲自制造这个事物时，它才变成为我之物。

而现代经验主义则强调通过知觉进行证实。这是经验主义的全部内容。经验主义只坚持存在的东西，坚持事实的保证。“世界就是所发生的一切东西……世界分解为事实。”① 就未来而言，科学特有的能动性不是构造，而是归纳。某种事情在过去越是经常发生，它在未来就越会发生。知识只涉及存在的东西及其重复出现。存在的新形式，尤其是那些产生于人的历史能动性的新形式，则不包括在经验主义理论之中。那些不是简单地得自流行的意识模式、而是产生于个人的目的和决心的思想，简言之，一切超越了现存的东西和重复发生的东西的历史倾向，都不屈于科学的范畴。经验主义还把这种检验限制在中立的、客观的和不规范的视角上，即限制在归根结底是孤立的视角上。人们可以改变与新的观察资料相冲突

① ［奥］路德维希·维特根斯坦：《逻辑哲学论》，伦敦1922年版，第21页。

的物理学规律，也可以拒不承认新的证据。这里无论如何也不存在必然的因素。作出决定时的权宜考虑不在理论规定之列。经验主义否认思想能够评价观察资料及科学联结观察资料的方式。它指定，已被认可的科学和符合于现存状况的特定结构与方法是理智的最高权威。

霍克海默极为深刻地揭示了经验主义者的科学观的僵化性和无批判性——科学不外是安排和重新安排事实的体系，至于从无限多的事实中进行挑选的活动则是无关紧要的。经验主义者的科学观主要表现为，一是科学被认为类似于一组容器，它被填得越来越满，并通过经常维修来保持它的良好状态。社会对事实的选择、描述、接受和综合似乎既无重点、又无方向。这样，“这个过程从前被等同于理智的能动性，但它与能够影响它、从而能够给它提供方向和意义的任何能动性都没有关系”。[①] 因此，无论是唯心主义叫做理念和目的的东西，还是唯物主义叫做社会实践和意识的历史能动性的东西，就其被经验主义承认为认识的条件而言，实际上，只是作为观察对象而不是作为构造因素和指导力量与科学发生关系。二是反对技术科学学科的批判，不能从外部引进，只能由当时的知识装备起来并由特定的历史目标规定方向的思想。因为没有哪种思想方式能够既适合于科学方法和科学结论，受到那些可能批评科学的概念形式和结构模式的特定利益的欢迎。霍克海默指出，经验主义和教条主义一样僵死地看待知识结构，从而也同样僵死地看待现实结构（就现实结构能够被认识而言）。对经验主义来说，“这种思想以及这种思想传达到认识过程、从而保持了认识过程与历史生活间有意识的联系的批判的、辩证的环节，是根本不存在的”。[②] 同样，

① ［德］霍克海默：《对形而上学的最新攻击》，载《批判理论》，李小兵等译，重庆出版社 1989 年版，第 140 页。

② 同上书，第 141 页。

在经验主义看来，也不存在有联系的范畴，一切都是它预先假定特殊的视角和关心方向，并且对本质与现象、变化中的同一性与目的的合理性，以及人、人格和社会概念与阶级作出区别。经验主义者即使在例外的情况下使用这类概念，也把它们限制在纯粹的分类作用上。

三 经验主义者思想中的悖论及其危害

霍克海默不仅深刻地揭示了经验主义者的科学观的僵化性和无批判性，而且还揭示了经验主义者思想中的悖论——尽管经验主义者攻击理性主义的基本概念，攻击先天综合判断，即攻击不能由任何经验加以驳斥的实质性命题，他们仍然假定了永恒的存在形式。从理论上说，经验主义者认为，整个世界都在一个确定的系统里并有其位置，但这个系统从来都不是终极的。“谈论唯一的、包罗万象的科学体系，乃是荒谬的事情。”[①] 然而，经验主义者又认为一切知识的正确形式和物理学相同，而物理学是可以用来表述一切的伟大的“科学的统一”，这实际上就是假定了某些永恒形式。这类论断就是先天判断。经验主义者进一步说，一切科学概念的意义都是由物理操作规定的。他没有看到，从物理学中使用的特殊意义来看，形体概念涉及十分具体的主观因素，实际上包括了整个社会实践。他关于科学的统一的理想概念是以天真和谐的信念为基础的。这种信念以及现代经验主义的整个体系，归根结底都属于正在消逝的自由主义世界。人们能就任何问题与任何人达成谅解。在经验主义看来，这是“幸运的巧合”。人们不必为了确定它的意义和重要性而去进行分析，只要简单地把它实体化为“经验的完全普遍化的

---

① [德] 奥托·纽拉特:《作为“范例”的百科全书》，载《综合杂志》1936 年第 12 期，第 188 页。

结构性质"[①] 就行了。

霍克海默还从伦理关系和历史辩证法的视阈深刻地揭示了经验主义原则的先验性和形而上学性。

首先，如果相信这个原则在任何历史时刻都基本适用，就必然导致非历史的和非批判的知识概念，就必然要把自然科学研究中使用的特殊方法普遍化。这个信念还导致下述看法：以历史地规定了的利益对抗为基础的理论差别，不应由斗争与反斗争，而应由"判决性实验"来解决。[②] 这样，个人之间相互和谐的关系就变成了事实，这种关系甚至比自然规律更具有普遍性。它在某种程度上变成了不变的事实，而这刚好与理性主义和先验主义的原则一致。

其次，逻辑经验主义虽然有某些别的论断，但它仍然坚持认为，知识的形式是一成不变的，因而认为人与自然的关系和人与人的关系也是一成不变的。理性主义也认为，一切主观的和客观的可能性都植根于个人已经拥有的洞见，但理性主义既使用现存客体、也使用人的能动的内在努力和观念来构造未来的标准。在这一点上，理性主义与现存秩序的联系，不如那种包含着新奇混乱的、缺乏可预言性的概念的经验主义密切。

再次，经验主义者思想中的悖论也存在于其完全拒绝主体概念中。经验主义者认为，发展或趋向仅仅意味着对象的可能行为，意味着由于观察到事件的规律性而能作出预言。每个对象在一定的环境或境况中的已知行为方式是那种境况的部分趋向，可能的事件就是一切部分趋向的结果。行为主义心理学试图单用处理无机物的科学概念和方法来阐述人的理论。某人可能赞成行为主义观点，认为历史趋向似乎不同于物理趋向，因为前者包含着人的意志。但行为

① ［德］鲁道夫·卡尔纳普：《科学的统一》，伦敦 1934 年版，第 65 页。

② ［德］霍克海默：《对形而上学的最新攻击》，载《批判理论》，李小兵等译，重庆出版社 1989 年版，第 143 页。

主义宣称，人的意志与其他自然规律没什么两样。威廉·詹姆斯曾指出，每个自愿的行动都是由先前的思想决定的活动。儿童从观察中发现，他如果预先考虑一个特殊的活动或行动，就能完成这个活动或行动。特殊的观念和思想与特定的活动和行动之间的关系，同两个带有相反电荷的相邻的金属球与电花的关系完全相同。在动机和原因之间并没有质的差距，它们都仅仅是有规律地产生特定事件的条件。

在此基础上，霍克海默进一步指出了，这种经验主义原则在现实中的危害性。在实证主义（维也纳学派）的著作中表达出来的确信这个经验主义原则对由富丽堂皇的表面照耀着的彻底统一和极有秩序的世界，然而在这个世界里却充满了痛苦和不幸。那么这种原则对于现实而言具有什么意义呢？其特殊的意义就在于——“如果全部科学都以经验主义为榜样，如果理智不再为了揭示比我们那些善意的日报报道的更加深入的世界而坚持并确信应该探查混乱不堪的观察资料，那么，它就将被动地参与维护普遍的非正义的工作”。[①] 因而这种实证主义思想无疑会受到独裁者、残酷的殖民地总督和虐待狂似的监狱长的欢迎。马尔库塞则在《单向度的人》中通过指出语言分析本质，深刻揭示了这种经验主义原则在现实中的危害性。他指出：“语言分析在物化的日常领域上调整自身，按照这个物化的论域来揭示和澄清这种言论，因而抽掉了否定性，抽掉了异化的和对抗的以及不能按照既定用法来理解的东西。这种分析通过分类和区分意义，把意义割裂开来，从而使思想和语言净化掉矛盾、幻想和超越。”[②] 然而，就我们本身而言，不像在语言分析中那样，作为常识的主体，也不是作为“净化了的”科学计量的主体，而是作为人同自然和社会的历史斗争的主体和客体。事实就是

① ［德］霍克海默：《对形而上学的最新攻击》，载《批判理论》，重庆出版社 1989 年版，第 146 页。

② ［美］马尔库塞：《单向度的人》，张峰等译，重庆出版社 1988 年版，第 154 页。

他们在这种斗争中所表现的东西。

第四节　逻辑经验主义方法论局限的伦理观照

霍克海默在对实证（经验）主义演变及特征的伦理审视中，不仅揭示了其要害是否定非人事物的人性基础，而且分析了经验主义思想中的悖论及其原则在现实中的危害性。在此基础上，他进一步质疑作为当代对实证主义思维方式——逻辑经验主义方法论。因为逻辑经验主义方法论是这种经验主义原则的全面展现，并且通过科学及其成果的应用影响人们的思维方法，进而使思维方式单向度化（马尔库塞语）。霍克海默指出，由于逻辑经验主义承认那些形式科学构成了其特殊利益领域，因而逻辑经验主义不同于仅仅确立事实的思想，它对现存事物秩序的态度是相当谨慎的。传统逻辑忠于自己的起源，总想把存在的最普遍的性质包括在它的根本原理之中；相反，现代逻辑宣称它不包括任何东西，根本没有内容。它的句子不应揭示任何现实内容。确切地说，全部逻辑和数学系统都只是外延上有区别的，用于科学和日常生活中的概念、判断和推理的句子系统。在罗素看来，逻辑的功能是研究这些逻辑要素，进而为各种不同的判断形式建立基本的系统。这种逻辑之所以叫做形式逻辑，就是因为它只是使用符号要素，而不管符号要素与实在的关系，即不管它们是真还是假。但是，霍克海默通过对逻辑经验主义方法论的伦理观照，却得出与怀特海、罗素相反的结论：形式逻辑和数学命题不能从经验材料中推导出来。

一　对形式逻辑分离内容与形式的质疑

首先，霍克海默认为，形式逻辑和数学命题很难说明和规定脱离了内容的形式。一些形式逻辑和数学命题论著的一般步骤如下：举几个通常很明白地表示了各种事实或存在的例子，然后说明这些例子虽有不同，但它们在形式上仍然是相同的，变化的仅仅是内容。在举出各种有关苏格拉底的命题（其中的主词苏格拉底是相同的）之后，罗素说，选取（说）命题系列，“苏格拉底喝毒药”、“柯勒律治喝毒药”、“柯勒律治吃鸦片”。霍克海默则指出，在这一系列中，虽然形式未变，但所有的要素都改变了。因此，形式不是另一个要素，而是联结要素的方式。比如，在举出的命题里，无疑存在着这样的事实：被表示的对象是完全相同的东西；在这种情况下，就要把形式叫做变化的东西。实际上，这正是联结要素的方式的变化。

其次，逻辑对没有内容的语言形式系统的解释，表明自己是不可靠的。尽管通过分析科学的形式要素，逻辑有可能发现概念的模糊之处和明显的矛盾，揭示以前没有注意到的替代概念，并有可能用比较简单的理论结构取代比较复杂的理论结构，使同一学科或不同学科的各种不同的表达形式协调起来，从而建立更大的一致性。像数学一样，它用符号表示一切形式要素，甚至试图用它们来表示一切演算。逻辑用代数方法处理用符号表达的陈述（尤其是推理中的陈述），从而避免了许多误解并提高了清晰性。由此，逻辑十分自豪地说，它不同于现今具体科学所做的工作，它一点儿也不增加知识的贮藏。它的目的是帮助科学阐述它们的结果，并使它们达到一致。可以说，它的纲领就是把科学研究“合理化”。在卡尔纳普看来，“不存在一种关于与科学命题并列的特殊命题的理论或系统的哲学”。[①] 然而，霍克海默认为，设想逻辑的发展能改变经验主义的一般性质，这是一个误解。因为对逻辑没有内容的语言形式系

① ［德］鲁道夫·卡尔纳普：《旧逻辑与新逻辑》，载《认识》第1卷，莱比锡1930年版，第26页。

统的解释，即分离形式与内容，是根本做不到的事情。

再次，若不求助于逻辑之外的考虑，把形式与内容分离开来的想法就只是一种幻想。在霍克海默看来，虽然这种想法在理论物理学里（分离起源于那里）似乎有道理，因为与公式化和重复公式化的定律相比，被理解为孤立的知觉的"当下给予的东西"只起极小的作用。但是，这门学科在社会领域里只能由极端无聊的例子来证明，这绝非偶然。因为"在社会科学里，与实际判断和决定的联系是一开始就证明了的。每种语言表达都有确定的含义。判断是个复合符号，其中的个别符号不是与确定的存在相联系，就是与不确定的存在相联系"。① 因此，可以用处理其他任何确定事物的方法来处理判断；我们可以抽出和代换其中的元素，用柯勒律治代换苏格拉底，等等。② 为了保持判断的性质并用无内涵的结构取代它，我们必须遵守特定的符号代换规则。尽管对这种规则系统的详尽阐述主要是在数学所遇到的逻辑困难的推动下完成的，它现在已经形成为受到特殊培育的现代逻辑分支。但是，霍克海默强调，"确定一种符号连接是否可以称作有内部含义的过程，即区分有意义的陈述和无意义的声音连接的过程，不能脱离关于实际问题的具体决定"。③

在上述质疑的基础上，霍克海默指出，目前普遍盛行的观念是，逻辑学家只需依靠其他学科的同仁或记者和商人去搜集既定的事实就行了；然后，他就能通过平静的研究从这些事实中抽象出形式概念。这种虚妄的观念把逻辑降低为一种完全局限在可信的科学分类系统范围之内的、仅仅探索固定概念之间的关系的思想。

① ［德］霍克海默：《对形而上学的最新攻击》，载《批判理论》，李小兵等译，重庆出版社 1989 年版，第 164 页。

② ［德］鲁道夫·卡尔纳普：《符号逻辑概要》，维也纳 1929 年版，第 3 页。

③ ［德］霍克海默：《对形而上学的最新攻击》，载《批判理论》，李小兵等译，重庆出版社 1989 年版，第 164 页。

二 对形式逻辑合理性的质疑

霍克海默认为，如果把固定概念并入它们在其中承受了特殊意义的结构的思想，就很难被形式逻辑学家理解。因为逻辑学家在判断人类事务时会囿于琐碎无聊的要素和关系。正如在日常生活中一样，他在科学中发现，除了数学公式之外，只有无数个句子。即使把这些句子同上下文分开，它们的意思也不会被误解。这些句子中包含的概念能够清楚地溯源于“根本概念”，而这些根本概念又可以溯源于任何人任何时间都能在这个社会中重复出来的经验。有关的经验涉及在不同程度上确定无疑的性质和结构。“类人猿是有接合起来的躯体、有带关节的四肢和几个质外壳的动物。”这个陈述，作为动物学陈述无疑是有意义的；而像“洪堡在美国旅行”或“汤米头痛”这类句子的意义，也没有什么问题。然而，霍克海默指出，“我们一旦断言法院判决公正与否、断言一个人的智力水平高低，就会碰到困难。如果我们作出一种意识形式先于另一种意识形式的陈述，作出商品是使用价值和交换价值的统一的陈述，或者，如果我们宣布现实是合理的或不合理的，也会碰到困难”。① 因为这些判断的有效性不能靠统计调查来确定，不管调查是在普通人中进行的还是在学者中进行的。在这里，经验“给予的东西”都不是某种直接的、为一切人共有的和独立于理论的东西，而是由这些句子存在于其中的整个知识构架作为中介传递过来的东西，即使这个构架指称的实在不依赖于意识而存在。这种理论整体与人及给予的世界的精确关系不能确切地加以规定。正如“日常生活语言和分类系统语言是具体的、历史的统一一样，智力产品虽然可能在许多方面与那些系统一致，但仍有其

① ［德］霍克海默：《对形而上学的最新攻击》，载《批判理论》，李小兵等译，重庆出版社 1989 年版，第 165 页。

独特的结构和历史”。[①] 思想借以传递给予的东西借以揭示、区分、转换对象之间的联系的方式以及借以表达思想和经验间的相互作用的语言结构，都是表象的样式或类型。这是形式逻辑无法逾越的障碍。

因此，在霍克海默看来，现代逻辑的成就仅仅与实践的合理性、与一种根据现存形式复制生活的思想有关。它的整体结构和它提出的所有定律都服务于这个目的。[②] 它宣称，它把从对熟知的观念的比较和系统关联产生的原则叫做思想形式。这里，有一项引起反对的东西，即对“思想”这个术语的可疑使用。霍克海默认为，把“思想”这个名称限制在这种逻辑从其中选择自己的例子的那些事例之中，根本没有理由。因为我们把现象的一定复合叫做思想。按照旧的自然科学方法，如果我们碰上具有特殊结构和独特的思想构造物，我们就不得不重新阐述我们的思想概念。例如，把那个思想概念看作是更大的种中的一个属。而逻辑经验主义者则行使自由选择的权力——拒绝扰乱人心的记录句子。他的办法是预先挑选某些观念，并规定它们不同于所有其他观念（其中有许多观念曾在人类历史上起过重要作用，而且仍然会起重要作用），它们自身就是真实可靠的。这正证明了其逻辑立场的偏颇性，同时与其经验主义原则也是完全对立的。

霍克海默还认为，逻辑经验主义的符号逻辑虽有某些创新（如类型论），但它在本质上仍与形式逻辑一致。它的价值还是值得怀疑。因此，对符号逻辑和形式逻辑来说，在一个那里易受反对的东西，在另一个那里同样会受到反对。“形式”是从由概念、判断和种类及范围受到限制的其他理论构造物组成的材料中作出的抽象。

① ［德］霍克海默：《对形而上学的最新攻击》，载《批判理论》，李小兵等译，重庆出版社 1989 年版，第 165 页。

② ［德］霍克海默：《批判理论》，李小兵等译，重庆出版社 1989 年版，第 166 页。

"如果一种逻辑学说自称是逻辑本身，那么，它因此就已经抛弃了形式主义：因为它的陈述要求有实际内容并将导致长远的哲学后果。"① 但是，现代逻辑的特征就是不知道这一点，它的无知就是它与它所严厉抨击的亚里士多德和黑格尔的实质逻辑的不同之处。另一方面，如果某种逻辑明确禁止它的命题具有标准模型，或否认可以从那些命题中引出批判性的结论，并借此抑制它对普遍性的要求（不过，这种要求在历史上总是与逻辑这个名字连在一起的），那么，它就会失去哲学特性，尤其会失去它以经验主义方式表现出来的反形而上学特征。

三　逻辑与经验主义的冲突

首先，霍克海默从历史的发展中透视了逻辑与经验主义的相互冲突。因为逻辑和数学总是经验主义体系难以解决的难题。一是约翰·斯图亚特·密尔和恩斯特·马赫都试图从可疑的心理学材料中推出逻辑命题，但是这一尝试显然失败了。休谟则显得十分明智，他不打算这样推导数学和有关命题。因而观念之间的明显联系和经验事实并存于他的著作之中，然而这两者之间的相互关系却不清楚。二是贝克莱则认为，数学是仅次于唯物主义的祸害，他在《分析学家》和其他论著中，公开地、毫不动摇地用他的经验主义与现代科学的发展相对抗，宣称拥护《圣经》和健康的常识，而不考虑现代数学的利益。实际上，他却严重地威胁了现代数学的开端。三是一切经验主义者都想把感觉知识和理性知识严格分离开来，因而他们必然要重复贝克莱的哲学历程从经验主义到柏拉图主义。洛克在《人类理智论》中，将道德和数学描述为独立于经验但又对经验有效的东西。因此，霍克海默断言，

① ［德］霍克海默：《对形而上学的最新攻击》，载《批判理论》，李小兵等译，重庆出版社 1989 年版，第 167 页。

与经验主义的现代变种一样，早期经验主义基本著作中也包含着科学的经验概念与存在于这种概念中的理性因素的矛盾。只是经验主义的现代变种把这个矛盾的两个极端都弄到了它的名称上。

其次，霍克海默揭示了现代形式主义的逻辑思想方法的矛盾性。一是当它碰到整体上或个别部分不适合于其思想概念的理论结构时，它不认为它自己的原则的普遍性有问题，而是非难不好摆弄的对象，不管这个对象的构成或性质可能如何。二是其追随者认为，思想是一种“在一切时间和一切地点都必定绝对有效的认识事物的方式”[①]，那是错误的。因此，他们经常拒绝把“行政权力”给思想。然而，他们同时却要求所有的思想都符合于经验标准。三是经验主义者把亚里士多德、康德和黑格尔看作是世界上头等疯子，把他们的哲学看作是科学的真空。这样看的最重要的理由是他们的观念不符合符号逻辑系统，这些观念与经验主义的“根本概念”或“原始经验”的关系有问题。新经验主义者浅薄自大地对智力活动的产品作出判断，这样可能在实际上有碍经验主义者的人格。

罗素偶然遇到了黑格尔的《逻辑》，发现在这个体系里逻辑和形而上学是同一的。他的说明如下：黑格尔相信，依靠先天的推理，我们就能证明世界必定具有各种重要的和有趣的特性，因为若无这些特性，世界就会是不可能的和自相矛盾的。因此，从宇宙的性质能够仅由宇宙在逻辑上必定是自洽的这一原则推演出来而论，它叫做“逻辑”的东西就是一种关于宇宙性质的研究。[②]霍克海默认为，单从这个原则推不出关于现存宇宙的任何重要东西。

---

① ［德］霍克海默：《对形而上学的最新攻击》，载《批判理论》，李小兵等译，重庆出版社 1989 年版，第 168 页。

② 同上书，第 168—169 页。

第五节 批判理论与实证(经验)主义的异质性

霍克海默强调，批判理论与实证（经验）主义的异质性主要在方法论与主体观的异质性和理论旨趣的异质性，就后者而言，不仅表现在历史上不断发生变化的事实、发现价值与科学（事实）不可分离研究旨趣的异质性，而且表现在是否从利益意识的立场分析形势。

一 方法论与主体观的异质性

首先，霍克海默阐述了批判理论与实证主义在方法论上的异质性。一是在那些在实证主义者看来是孤立事实的累积，如果经过批判理论辩证思想的处理，就能成为十分深刻的东西。在辩证的理论中，这些个别的事实总出现在组成每个概念并试图从总体上反映实在的确定联系之中。二是在经验主义方法论中，概念和判断都是孤立自有的东西，是能够堆叠、替换和部分重塑的个别建筑石块。除了那些例外情况，这种方法摧毁了一切事物的意义。那些例外情况包括琐碎无聊显而易见的陈述或既不涉及社会问题也不涉及历史问题的陈述。而辩证思想把经验的要素并入经验结构之中；这种经验结构不仅对科学为之服务的有限目的来说是重要的，而且对辩证思想与之相联系的历史利益来说也是重要的。当思想不得不创造一幅活的事物的图画，创造一幅个别部分和整体的功能仅仅在理智过程的终点才能分辨开来的图画时，经验主义显得完全无能为力时，而辩证思想却能够运作自如。

其次，与实证主义完全拒绝主体概念不同，批判理论强调，有意识的个人并不仅仅关注自然科学所一般要求的特定预言及实践结果的可能性，当一个拥有健全理智的积极的人看到世界的肮脏状况时，改变这种状况的欲望就会成为主导性原则；他会用这个原则去组织给予的事实，并把这些事实纳入一种理论之中。不但方法和范畴，而且就连理论的转变也只有联系他的立场才能理解。反过来说，这种方法和范畴既揭示了他的健全理智，又揭示了他的世俗品格。正确的思想取决于正确的意志，恰如正确的意志取决于正确的思想。因而，理论对有意识地行动的个人的意义与它对经验科学家的意义大不相同。对后者来说，理论形式是从通行的科学实践那里接受过来的约定俗成的东西。可是，“一旦思想超出了给定的社会生活因素，理论模式就不是先天给定的，而是对经验要素的构造，是对个人从长远利益立场上看到的现实的有意识的反映”。[①] 与他的探索活动联系在一起的构造和表述过程是知识的正当组成部分。在经验主义者看来，物理学中的物体是“一连串由某些因果联系衔接起来的事件，但它们又有足够的统一性，能够拥有同一个名称”。[②] 这类名称的用途是作为“方便的速记符号”，至于它们到底与什么样的东西相联系，大家很少有不同意见。不过，看看我们人类世界就会明白，有关因果关系统一和表达方便的看法，并不像物理学里那样整齐地相互一致。在自主行动的个人看到统一和相互依赖的地方，奴隶意识看到的只是不同。反过来说也是如此。可是，在前者反抗（例如）上面提到的压迫和剥削制度时碰到统一的地方，这“一连串的事件”就没有被看作是“速记符号”和虚构，而被看作是痛苦的现实。

二　理论旨趣的异质性

首先，与实证主义**非历史的和非批判的知识概念不同**，在批判

---

① ［德］霍克海默：《对形而上学的最新攻击》，载《批判理论》，李小兵等译，重庆出版社 1989 年版，第 157—158 页。

② 同上书，第 519 页。

理论即辩证理论中，整个社会表现的主观兴趣在历史上不断发生变化这个事实。这没有被辩证理论看作是错误的标志，而被看作是知识的内在因素。“辩证的社会理论的所有基本概念，诸如社会、阶级、经济、价值、知识以及文化，都是完全由主观兴趣支配的理论脉络中的成分和部分。”① 构成历史世界的倾向和反倾向代表了一种发展，这种发展若无更加合乎人性的意志，若无主体必须在自身之中体验或创造的意志，就无法被把握。而经验主义者甚至不承认“密集”这个词的倾向性和反倾向性，而他却正是通过这种倾向性和反倾向性才常常把“粗俗的”语言概念与他的公式联系起来。在我们虚构的国家发生彻底转变之后，就连经验主义者也会承认它是人类真正的组织形式（尽管他一定看不起这种表达方式）。即便在导致那种转变的斗争期间，这种人类组织制度仍然决定了参与群体的意识。假如这些群体由正当的利益加以引导，他们就不必非得断言无法从经验上证明的个别事实不可。合理的知识并不反对经过检验的科学结果；不过，它与经验主义哲学不同，它拒绝以这些结果为终点。

其次，实证主义认为，把价值与科学严格区分开来是现代思想最重要的成就之一，而批判理论的旨趣则发现价值与科学（事实）不可分离。**经验科学无法看到关键之点，即共同利益和真正人性存在的观念。**② 经验主义声称，这种观念产生的根源是把个人欲望、道德信念及思想感情同科学混淆在一起。它进一步争辩说，其他目标都可以摆在自由意志旁边，而判定这些目标中哪个合适却不是科学的任务。它会坚持认为，在参加斗争的人们达到他们的目标之前，决定他们的观念和整个理论的利益与其他欲望没什么区别，而

① ［德］霍克海默：《对形而上学的最新攻击》，载《批判理论》，李小兵等译，重庆出版社1989年版，第158页。

② 同上书，第159页。

且一点也不比它们优越。这种论证断言，完全由利益支配的理论概念无法与客观的科学相容。经济学家和其他社会科学家至迟在19世纪中叶就已经建立了他们关于人类顺利进化图景的理论和体系。可是，近几十年来，纯粹科学家却不愿意重视它们。他们摒弃一切有意识的社会冲动，只让无意识的冲动支配他们的工作。他们承认他们的问题，并学会了从他们的科学地位和学术或公众的状况出发，恰当地检验他们的解决方法和“预言”的指导方针。这些价值判断自由的现代辩护士美化下述事实，即思想起次要作用，它已经成了未来极其模糊的工业社会的通行目标的婢女。统治势力可以利用已经放弃了一切决定性功能的思想，而科学家正好帮了他们的忙：科学家对价值的诽谤性解释恰恰表现了这种放弃。他们无视支配者理论反思的个别步骤的指导方针，坚持认为这种冷漠无情即是科学的严密性，并借此答应做个顺民。他们的态度正像专制国家里公民的态度，后者认为，默默地忍受压迫就是忠于他们的统治者。

再次，理智的严密性对那些从利益意识的立场看待形势的人与对那些试图排除利益考虑的人同样重要。不费吹灰之力就可以证明，存在着一种澄清历史局势的顽强的党派偏见。另一方面，严格坚持给予的事物虽然可能是在具体学科中取得成就的根源，但它容易阻碍关于人类和社会事务的洞见。辩证思想预计人类会毁于战争和无穷无尽的野蛮行为，因而毅然谈论普遍利益，把有关的东西与无关的东西分开，并据此构造它的观念。在这样做时，它并非总能找到坚定的支持者。由于人民群众仍然容易盲目地拒绝任何代表他们的利益去思想或行动的人，所以辩证思想的困难就更大。经验主义者常常说，社会理论除了还不像物理学那样发达之外，它与物理学没有任何实质性的差别。的确，社会理论家之间并不像物理学家之间那样盛行一种和谐的精神。但不能由此推论说，社会理论概念的形成必须无限地推迟，也不能说共同利益、人类能力的限制、幸福及增长这类范畴与科学毫无关系。社会理论由含糊和怀疑相伴随这个事实有着十分根本的原因。在物理学里，选择材料和概念的工作可以冷静地进行。可是，在社会科学里，同样的工作却要求作出有意识的决定，因为其他任何事物都保持在假定的客观性的状态。某些当代社会学流派就正处在这样的状态之中。正因为经验主义真理概念与任何主观利益或要求合理社会的愿望没有关系，所以它也不具有这种利益必定包括的不确定性。它把知识降低到了一种资产阶级职业的水平。从事这种职业的人帮助登记分类和复制普通人的经验。当 9/10 的人都承认大白天看见了鬼怪并把无辜的社会集团定为魔鬼和恶魔时，当他们把无耻之徒提拔为神职人员时，就是说，当令人绝望的混乱状态——一种通常是社会瓦解的前导的混乱状态占据支配地位时，显而易见，经验主义的知识概念根本不能制止这种"经验"的扩展，不能批评"普通知识"。霍克海默风趣地调侃道："当无思想的群众疯了的时候，无思想的哲学也不会正常。"①

三　作为颠覆实证主义思维方式的否定的辩证法

对实证主义思维方式的批判，必然导致对这种思维方式的颠覆。如果说霍克海默和马尔库塞等思想家着力于批判了实证主义及其思维方式时，那么阿多尔诺则致力于提出了一种旨在颠覆实证主义思维方式的否定的辩证法。在其代表作《否定的辩证法》中，他明确指出，否定的辩证法"怀疑一切同一性；它的逻辑是一种瓦解的逻辑：瓦解认识主体首先直接面对的是概念的、准备好的和对象化的形式"。② 它是对非同一性的一贯认识。因为，客体本身是非同一性的。阿多尔诺所指认的"客体"，是指哲学思维的对象，即存在一定

① 霍克海默：《对形而上学的最新攻击》，载《批判理论》，李小兵等译，重庆出版社 1989 年版，第 161 页。

② ［德］阿多尔诺：《否定的辩证法》，张峰译，重庆出版社 1993 年版，第 142 页。

时间、空间、受一定时间和空间所规定的那些个别的、特殊的事物。阿多尔诺认为，否定的辩证法不仅仅考察“客体”即“被思考的对象”，而且也考察“主体”即“普遍意识”，这样，这种否定的辩证法又是一种逻辑学和认识论。这种思维方式具有如下的特点：

首先，使思维摆脱形式逻辑的同一律。阿多尔诺指出：“在近代哲学中，‘同一性’一词有几种意思。……同一性还标志着每一思维对象与自身的同一，即 A＝A。”①思维对象与自身的同一乃是形式逻辑的同一律。但在阿多尔诺看来，思维、概念不能穷尽对象，而不能穷尽对象就意味着不能同一。由于任何一个对象都不是被整体地认识的，所以，否定的辩证法的要旨就在于改变概念性质的这种倾向，赋予它一个面向非同一性的转机。②由于概念与对象不具有同一性，形式逻辑的同一律不能成立，因而思维就应摆脱形式逻辑的同一律。这就要求人们不要对对象进行本质抽象，作出同一的肯定，而在绝对不相容的对立中思维。这样，“这种辩证法与黑格尔的辩证法不再一致了。它的运动不是趋于每一对象和其概念之间的差异的同一；而是怀疑一切同一性”。③

其次，消除对一切概念的崇拜。这是以非同一性为基础的。阿多尔诺认为，“解除概念的魔力乃是哲学的解毒剂。它阻止概念不断升级而成为自身的绝对”。④因为任何一个概念都不能穷尽它们的对象，那么，概念本身已经包含了非概念的成分。“尽管由于把非概念作为它们的意义包括进来，使非概念在倾向上成了它们的平等物，因而使它们作茧自缚。概念的实质对概念自身来说是内在的，即精神的，同时又是先验的，即本体的，意识到这一点，就能

① ［德］阿多尔诺：《否定的辩证法》，张峰译，重庆出版社 1993 年版，第 139 页注。

② 同上书，第 11 页。

③ 同上书，第 142 页。

④ 同上书，第 10 页。

摆脱概念拜物教”。[1] 为了进一步消除人们对概念的崇拜，阿多尔诺对概念提出了以下两点质疑：其一，概念只体现普遍，从而不能与作为特殊的对象同一。因为普遍概念所包含的同一，基本上与概念所规定的特殊不同。特殊性这个概念同时即是它的否定，它不能揭示直接名称所不能说明的事物。其二概念不能把握运动。“概念的内在要求是它始终不变地建立秩序，并以这种不变性来反对它包含的东西的变化。”[2] 就概念否认变化而言，概念的形式乃是虚假的。

再次，提倡反体系性。阿多尔诺从消除对一切概念的崇拜中，进一步引申出反体系性。所谓反体系性，是指反对任何理论体系否认人能达到对事物总体的本质即“整体同一性”的认识。在阿多尔诺看来，辩证法是研究矛盾的，而矛盾就是非同一性，因此，不能像黑格尔所说的那样，通过把握“矛盾的整体同一性”，建立包罗万象的理论体系。人不可能把握不断变化，不断否定着的事物的矛盾整体，如果说把握到了，那么，这种“总体的矛盾不过是总体同一化表现出来的非真理性”。[3] 我们要加以区分的东西之所以会呈现出分歧、不协调、否定，是由于我们意识结构迫使它求得统一，正是由于这种结构对总体的要求，将它用以衡量任何与它不一致的事物的尺度。基于这样的情况，阿多尔诺要求思维放弃建立整体认识和理论体系的企图。

第六节　实证主义批判伦理视阈的几点辨识

霍克海默等法兰克福学派的批判理论家在对逻辑实证主义的

---

① ［德］阿多尔诺：《否定的辩证法》，张峰译，重庆出版社 1993 年版，第 10 页。

② 同上书，第 151 页。

③ 同上书，第 4 页。

批判中，主要从事实与价值互维性的伦理问题式出发，揭示了它的方法的根本缺陷并用辩证的方法去加以弥补，但是，他所理解的社会现实以及运用的辩证方法与马克思主义仍有一段距离。尤其是他试图以一种“诗意”的形而上学去打破逻辑实证主义对人及其现实的沉默，不能不说是开启了之后的“西方马克思主义”以美学的方式从事社会批判以及归回到人的心灵拯救为唯心主义道路。此外，还强使逻辑实证主义一些纯学术的认识论研究也得适应社会—历史进程的需要，也暴露出他在批评当代学术思潮时的简单化倾向和庸俗社会学倾向。而这些，都影响到之后的“西方马克思主义”的发展。

一 诘难实证主义思想及其原则的伦理意义与局限

首先，霍克海默深刻地揭示了实证主义的要害是它忽视和回避甚至掩盖了社会的现实。他指出：“堆在科学家那里的”纯粹感觉经验的事实，“就跟堆到不中用的政府那里的自发拥护政府的示威活动一样多。这个政府无疑知道怎样把对这门科学的详尽分类、核对和调整用作它那无所不包地的控制机器中的一个仪器。但是，由这些科学手段得到的关于世界和人的图景，可能与那个时代实际上能达到的真理大不一样。那个国家的居民由于受制于摧毁每个人内心自由的经济机器，由于被狡诈的教育和宣传方法阻止了智力发展；也由于他们被恐怖和畏惧弄得不知所措，他们可能会受歪曲的印象的支配，作出违反他们真正利益的事情，从而在每种感情、每种表达和每个判断中，都充满着欺骗和谎言。他们所有的行动和表达都被控制了（就控制这个词的严格意义而言）。因此，他们那个国家既像一个精神病院又像一座监狱，而那个国家顺利进行的科学研究却不会注意到这一点。他们的科学能够发展物理学理论，既能在食物化学和战争化学方面、又能在天文学方面起到突出作用，并能在创造使人类精神错乱和自我消灭的方面达到前所未闻的高度”。[①] 之所以要全部引述这段话，是因为它对以后的批判理论（尤其是马尔库塞《单向度的人》一书的写成）提供了重要的理论纲领。

值得指出的是，虽然霍克海默在对逻辑实证主义的批判中揭示了它的方法的根本缺陷并用辩证的方法去加以弥补，但是，他所理解的社会现实以及运用的辩证方法与马克思主义仍有一段距离。尤其是他试图以一种“诗意”的形而上学去打破逻辑实证主义对人及其现实的沉默，不能不说是开启了之后的“西方马克思主义”，以美学的方式从事社会批判，以及归回到人的心灵拯救为唯心主义道路。此外，还强使逻辑实证主义一些纯学术的认识论研究也得适应社会—历史进程的需要，也暴露出他在批评当代学术思潮时的简单化倾向和庸俗社会学倾向。而这些都影响到之后的“西方马克思主义”的发展。

其次，反实证主义的理论基础上的唯物主义以及对逻辑实证主义掩盖社会现实的批判，构成批判理论的总体特征。这些总体特征，表明批判理论对资本主义社会的一些具体问题有所触及，尤其是对资本主义社会中意识形态的消极作用有所揭露。但是，这些都并不说明批判理论揭示出资本主义社会本质性的东西。与马克思《资本论》中对资本主义社会经济运行的规律的深刻、全面把握相比，霍克海默的理论及其方法就显得相形见绌了。这里，我们也看出马克思与霍克海默尔分析资本主义社会时在总体上的一个重大差别，前者着重分析资本主义社会客观经济运动结构，后者则局限在资本主义社会主观的思想意识形态表现上。而这一点，正是霍克海默和其他“西方马克思主义”者与马克思的根本差异之处。

虽然霍克海默把唯物主义当作批判理论的立论基础，并以此去

---

① ［德］霍克海默：《批判理论》中译本序，李小兵等译，重庆出版社 1989 年版，第 21 页。

研究资本主义社会的现实状况的做法，在一定意义上，是比较积极的理论选择；但是，就其对唯物主义的理解来看，在根本上缺乏辩证唯物主义的宏大的内容和方法论，尤其是缺乏对基本社会矛盾把握的历史辩证法。这不能不影响到霍克海默的思想演变和"西方马克思主义"在后期向唯心主义方向的发展。"西方马克思主义"对社会的批判虽然在一定意义上具有唯物主义倾向，但在根本上仍然受到当代唯心主义学说尤其是弗洛伊德、存在主义等学说的影响，最终以对个人的重视压倒了对社会发展规律的研究，最后落入悲观失望的境地。

正如霍克海默所说："随着对完臻体系的绝对适用性的信仰消逝，文化形式、它们的节奏、内在联系以及整齐划一这一系列东西，遂成为精神构造的工具。"思想重心的发展由客观发展到主观，由唯物转向唯心，这就是当代哲学的特点。霍克海默在一定意义上，看到了资产阶级哲学发展的趋向和弱点。因此，它在理论上首先就要提出重新恢复唯物主义的权威，恢复对客观历史进程而不是对主观精神领域的重视。这一点，成为他的批判理论及"西方马克思主义"哲学的一个重要出发点。

二　关于实证主义思维方式批判的意义与局限

首先，从上述法兰克福学派的批判理论家对实证主义单向度思维方式层层推进的批判中可以看到以下几个特点：一是他们分别从形式逻辑和语言分析哲学的视角对单向度思维方式的特点、危害进行了剖析和批判。他们深刻地指出，实证主义在"事实中立"论的名义下，割裂了现象与本质、理论与实践、价值与事实的内在联系；进而又排除了科学理论研究中的价值因素，对现实采取了回避的态度，对社会现实中的苦难和不合理的方面漠然置之；实证主义使理论研究脱离社会文化背景，无视社会文化因素对理论及其发展的影响，将科学活动看作脱离社会生活和科学活动主体主观意志及情感的纯客观操作；为了获取片面的经验事实而牺牲社会现实，使哲学丧失了自身应有的批判性，使思维方式单向度化——仅仅成为一种单纯的逻辑分析或语言分析的工具。二是揭示了逻辑经验主义的形式主义的局限性：只注重对科学命题或理论结构的静态逻辑分析；把科学哲学归结为科学的逻辑，忽视科学命题和理论的实际内容及其动态发展；揭示了经验与逻辑之间无法克服的内在矛盾。

其次，在上述对实证主义单向度思维方式两方面的批判中，也显现出法兰克福学派的批判理论家思想的局限性与观点的偏颇性。一是在对形式逻辑的批判上，霍克海默和马尔库塞在一定程度上看到了形式逻辑的局限性：形式逻辑是没有内容的语言形式系统，它只注重思维对象的思维形式，而不关心或者无视思维的内容，追求抽象的普遍性和形式上的有效性，却无法把握活生生的现实矛盾。但是他们没有充分肯定形式逻辑的作用，更多地采取了否定的态度。常常把对形式逻辑的批判代替对形式主义的批判，把形式主义与形式逻辑混为一谈。一方面，没有看到形式逻辑的同一性也有其客观的基础：事物的相对静止和相对稳定状态；没有看到形式与内容也有相对独立性。另一方面，没有看到形式主义与形式逻辑的区别，形式逻辑作为一种思维规律，要求在同一思维过程中，对同一思维对象须保持思维的确定性、一贯性和明确性的确有其合理性，这是人们交流思想的必要条件，否则人们的思想就难以沟通。此外，法兰克福学派的批判理论家对于形式主义的批判仅仅限于现象的表层，未深入到科学理论的历史发展中反驳形式主义。二是在对辩证逻辑的阐述中，有其可贵的一面：在实证主义横行，辩证法受到普遍非难的时期，法兰克福学派的批判理论家们能够公开为辩证逻辑辩护，并力图用辩证法批判实证主义、揭露时弊；他们强调，运用辩证逻辑研究现实的矛盾运动，要求形式与内容的结合，等等。然而，法兰克福学派的批判理论家们不仅与黑格尔的辩证法有区别，而且与马克思的辩证法也有本质的差异。就阿多尔诺来说，如前所述，他主张否定的辩证法。在他看来，“辩证法始终是非同一性的意识”，因而，具有非强制性和非同一性，是完全革命的和开放的。显然，“这种辩证法与黑格尔的强制性的同一辩证法是‘不能和好’的”。[①] 尽管在黑格尔的辩证法中，也涉及到矛盾，而“矛盾的历时性展开即是否定之否定，可是否定之否定却是新的肯定性”[②]，因此，阿多尔诺认为：“把否定之否定等同于肯定性是同一化的精髓，……在黑格尔那里，在辩证法的最核心之处，一种反辩证法的原则占了优势，即那种主要在代数上把负数乘负数当作正数的传统逻辑。”[③] 因而，黑格尔辩证法的最终归宿是调和矛盾。那么，否定了黑格尔的强制性的同一辩证法，是不是回归到马克思的辩证法了呢？回答是否定的。因为一方面，法兰克福学派的批判理论家们未能处理好辩证逻辑与形式逻辑的关系，只强调形式逻辑与辩证逻辑的异质性，看不到在思维过程中，两者的相关性；另一方面，不了解主观辩证法即辩证逻辑与客观辩证法的关系，排除了客观辩证法，使辩证逻辑失去了客观基础；另外，片面强调了辩证法的革命性，使之成为一种只进行批判、否定而不继承、肯定的、“大拒绝”的否定的辩证法，因而，具有一定的虚无主义和浪漫主义倾向。

再次，对科学的批判、对理性的危机以及由此引发的社会现象的分析，在马克思主义的理论中本是一个重要的课题。霍克海默及“西方马克思主义”的思想家们的失误并不在于他们提出了这些问题，而是在于他们本身对科学的批判也像旧的形而上学对科学及实

---

① 张一兵：《张一兵自选集》，广西师范大学出版社 1999 年版，第 209 页。

② 同上。

③ ［德］阿多尔诺：《否定的辩证法》，张峰译，重庆出版社 1993 年版，第 156 页。

证思维的批判一样，缺乏辩证的一贯性。他们忽略了科学的历史和现实成就，他们低估了科学思维方法对人类理性思维的积极作用，尤其是他们把对科学及实证思维方式的批判当作解开资本主义社会根本矛盾的核心思路，这一切，都使他们在对资本主义社会的批判中离马克思主义的真实内涵越走越远，而成为一种根本上不同于马克思主义的社会批判理论。这些都表现在他们对资本主义社会政治、经济、文化、艺术等现象的具体批判中。

第四篇

批判的科技—社会伦理观

如前所述，随着科学技术的迅猛发展，在垄断资本主义国家那里科学技术日益变成了控制和统治的工具；科学技术渗透到社会生活的各个领域乃至人的内心世界，使资本主义社会中早已存在着的人的异化现象愈益严重，使人的心理倍感压抑。法兰克福学派的主要理论家如霍克海默、阿多尔诺、弗洛姆、马尔库塞和哈贝马斯等分别反思启蒙运动，揭示启蒙的伦理悖论，批判作为政治统治的科学技术和作为意识形态的科学技术，这样，该学派从科学技术社会功能的现实层面，进一步解构了“事实（科学）中立”说，揭示了传统的同一性逻辑在现实中的危害性，进而生成了其批判的科技—社会伦理观及其问题式。

该学派在对科学技术社会功能的批判中，形成了其批判的科技—社会伦理观与该派对工具理性和实证主义的批判有着密切关系。正是通过批判工具理性，揭示了工具理性的危害，进而确立了批判的理性伦理观；又通过批判实证主义，揭示了科学研究对象并非“事实中立”，而是具有一定的社会属性；指出了实证主义单向度思维的局限，剖析了实证主义的科学主义拒斥形而上学的内在悖论，阐明了其反实证主义的伦理观及方法论，这样，就为他们对科学技术社会功能的批判奠定了基础。因此，批判的科技—社会伦理观及其问题式是该学派社会批判理论视阈中的科学伦理思想发展的第二环节，也是由面向理论转向直面现实的重要环节。与第一环节的批判的理性伦理观相比，这一环节的科学理论思想产生的社会影响力与震撼力远远超过了前者。

本篇将对自霍克海默以来的批判的科学技术社会伦理观进行评析，着重评析霍克海默和阿多尔诺合著的《启蒙辩证法》、马尔库塞的《单向度的人》和哈贝马斯的《作为“意识形态”的技术与科学》中蕴涵的科技社会伦理观。

为什么人类不是进入到真正合乎人性的状况，而是堕落到一种新的野蛮状态。我们低估了对此进行阐述的困难，因为我们对现代意识仍然深信不疑。即使多年来我们已经觉察到，现代科学工作中的伟大发现，是以理论教养的不断衰退为代价的，但是我们总还是认为，科学要进一步发展，首先得使我们集中于批判和继续研究专门的学说。①

——马克斯·霍克海默、特奥多·威·阿多尔诺

第十章　启蒙及其伦理悖论

《启蒙辩证法》是法兰克福学派的经典著作之一，是由霍克海默和阿多尔诺合著的、一部以反思现代性及其作为现代性发端的启蒙概念的力作。两位大师在反思的现代性及其作为现代性发端的启蒙概念的过程中，有许多发人深省的论述。今天，在高技术迅猛发展的同时，诸如环境、网络、基因技术等各种与高技术发展相关的伦理问题却不断地困扰着人类。重读《启蒙辩证法》，进一步发掘其中的批判理论之伦理纬度，对于我们正确处理高技术与人—社会—自然的伦理关系，具有深刻的启迪作用。

① ［德］霍克海默、阿多尔诺：《启蒙辩证法》导言，洪佩郁等译，重庆出版社1990年版，第1页。

第一节 启蒙、神话与启蒙精神及其悖论

什么是启蒙？如何理解启蒙？怎样评价启蒙？在《启蒙辩证法》一书中，霍克海默、阿多尔诺以较大的篇幅解读了启蒙的概念，进而揭示了启蒙及其内蕴的悖论："从进步思想最广泛的意义来看，历来启蒙的目的都是使人们摆脱恐惧成为主人。但是完全受到启蒙的世界却充满着巨大的不幸。"①

一 启蒙及其悖论

首先，在《启蒙辩证法》导言中他们进行这样发人深省的追问："为什么人类不是进入到真正合乎人性的状况，而是堕落到一种新的野蛮状态。……现代科学工作中的伟大发现，是以理论教养的不断衰退为代价的。"② 即使启蒙本身没反映出这种衰退的因素，但是，启蒙就确定了自己的命运。当进步的敌人意识到进步的破坏性时，盲目实用的思想就丧失了扬弃的性质，因此也就失去了与真实性的联系。由此他们认为，应该将"启蒙的自我摧毁"，作为研究的第一个对象。在他们看来，"启蒙和真理这两个概念，都不能理解为单纯思想史的，而应理解为现实的。正如启蒙表达了完全体现为个人和机制观念的资产阶级社会的现实运动，真理也不单是理性的意识，而是现实的意识形态"。③ 这里，

① [德] 霍克海默、阿多尔诺：《启蒙辩证法》，洪佩郁等译，重庆出版社 1990 年版，第 1 页。

② 同上。

③ 同上书，第 1—2 页。

意识形态[①]系价值的概念，具有一定的功利性和效用性，它与启蒙一样，是以满足资产阶级狭隘的阶级利益服务的。

其次，启蒙及悖论不仅表现为“启蒙的自我摧毁”，而且这种“自我摧毁”同样也会降临至启蒙倡导者自身。霍克海默、阿多尔诺解析了作为近代启蒙的倡导者——“实验哲学之父”[②] 培根的知识启蒙思想概念及其发展的悖谬。培根极力主张，以启蒙消除神话，用知识来代替想象。培根关于人具有理解事物本性这一值得庆幸的尊严的思想在当时产生了深刻的影响。[③] 他认为战胜迷信的理性可以指挥失去魔力的自然界。知识就是权力，它既无限地奴役生物，也无限地顺从世界的主人。知识正像为工厂中的资产阶级经济和战场上的一切目的服务一样，它也不管你系何出身而为一切企业

① 作为西方马克思主义的先驱者卢卡奇在论述意识形态的虚假性时，主要是针对剥削阶级的意识形态而言的，认为这种意识形态为掩盖本阶级利益，歪曲地反映现实，因而，具有虚假性和欺骗性。法兰克福学派对意识形态概念的解释的外延十分宽泛，其中既包括社会意识的诸形式，又包括科学与技术。因而，法兰克福学派的意识形态批判遍及哲学、政治、道德、文化艺术以及科学技术等领域。哈贝马斯亦认为，意识形态是“现存的非真理”。

② ［法］伏尔泰：《十二封哲学书信》，载《伏尔泰全集》第 22 卷（加尼埃编），巴黎 1879 年版，第 118 页。

③ 培根十分鄙视传统的大师，因为他们“最初认为，其他人知道他们不知道的东西；后来又认为，他们知道其他人不知道的东西。但是轻信，违心地怀疑，轻率地得出答案，夸夸其谈地教训人，害怕反驳，从兴趣出发，漫不经心地对待自己的研究，文字拜物教；一知半解——诸如此类的情况使人类丧失了理解事物本性的值得庆幸的尊严，而采用空洞的概念和进行混乱的实验，因此人们可以很容易地想象出，采取这种冠冕堂皇的办法会得出什么样的后果”。原始印刷机的发明引起了科学界的变化；大炮的生产引起了战争的变化；指南针的制造引起了金融、贸易和航海业的变化。但在培根看来，人们只是偶然地作出了这些发明。……“今天，我们只是在思想中掌握了自然界，而实际上却不得不服从自然界的束缚；但是，如果我们愿在发明中受自然界的指挥，那么我们在实践中就可以指挥自然界”［参见培根《对知识的颂扬。关于人的哲学的论文集》，载《弗朗西斯·培根全集》第 1 卷（巴锡尔·蒙塔古编），伦敦 1825 年版，第 254 页］。参见霍克海默、阿多尔诺《启蒙辩证法》，重庆出版社 1990 年版，第 2 页。

家服务。商人比国王能更直接地运用技术，技术与技术借以得到发展的经济系统是一样的民主。技术就是这种知识的实质。知识的目的不在于概念和观念，不在于侥幸地了解而在于方法，在于利用其他人的工作和资本。培根认为，人们想从自然界学到的东西，都是为了运用自然界，完全掌握自然界和人。除此以外没有别的目的。比如，收音机是理想化的印刷机，轰炸机是更有效的大炮，遥控系统是更准确可靠的指南针。

尽管培根在进行知识启蒙过程中竭尽全力，而具有讽刺意味的是，今天，人们面对真实思想的胜利，他的唯名论的信条却被怀疑为形而上学，把他关于烦琐哲学的谈论看作是夸夸其谈。

再次，霍克海默、阿多尔诺进一步追踪培根以后启蒙的走向——消除世界的魔力就要根除泛灵论思想，但同样令人啼笑皆非的悖论是，当初培根的启蒙思想竟然也被列入要根除的行列。培根曾经说过，研究的“真正目的和科学的任务”不在于那种把人们称作真实的满足，而是在于“程序”；有效的工作程序，不在于“有说服力的、轻松的、权威的或卓有成效的说明，或者某种明确的理由，而是在于通过工作和劳动，通过揭露过去不知道的细节，更好地塑造和服务于生活”。[①] 然而，人们在研究新时代的科学时却放弃了思维。正像古希腊芝诺学派用一切偶然现象和恶劣现象来类比人和人的产物，而崇奉多种神，现在最新的逻辑学把所创造的语言文字诬蔑为伪造的钱币，认为人们还不如用中性的筹码来代替这种伪造的钱币。人们用公式来代替概念，用规则和偶然性来代替原因。原因只是衡量科学批判的最后的哲学概念，似乎因为只有这个概念是旧观念为科学批判所提供的，是所创造的原理的最后的世俗化。这样，实体和质量、能动和受动、存在和定在都应该根据时间

① 培根：《解释自然界的基点》（论文集），载《弗朗西斯·培根全集》第1卷，伦敦1825年版，第281页。

下定义，这曾经是培根以来哲学界深为关切的事，但是科学已经不用这些范畴了。这些范畴被人们看作是旧形而上学的理论偶像，并且已变成了过去客观实体和权力的纪念。之所以如此，是因为神话是用这些范畴表现和编造了生与死；西方哲学借以它规定其永恒的自然秩序的范畴。

最后，霍克海默、阿多尔诺指出了关于启蒙精神人权的观念的悖谬——人权不过是来自旧有的普遍的观念。启蒙精神在柏拉图和亚里士多德的形而上学遗著中，找到了把普遍的真理要求看作上层的语言。形式逻辑是统一化的大学校[①]，它为启蒙者提供了预计世界的公式。而柏拉图最后的著作中，用数字表示的理念的神秘的等式，说明了希望摆脱一切神话学的愿望：数字成了启蒙的规则。同样的等式也支配了资产阶级的法律和商品交换。“如果你把不等的东西加上相等的东西，而得出了不等的东西，难道这个规则不是法律和数学的基本原理吗？相互的和协调的法律与几何的和算术的比例之间，难道不是真正一致的吗？”[②] 资产阶级社会是由等价物支配的。资产阶级社会通过把不等的东西归结为抽象的量，而使不等的东西变成可以进行比较的东西。

二　神话与启蒙精神

霍克海默、阿多尔诺在上述解析的基础上，进一步分析了神话与启蒙精神的关系并指出，在神话中，可以解读启蒙精神。古代人们试图摆脱对精灵鬼怪的恐惧，就通过精灵鬼怪的图像、神秘的宗教仪式，来影响自然界。而从这时开始，就萌发了启蒙精神：最终

① ［德］霍克海默、阿多尔诺：《启蒙辩证法》，洪佩郁等译，重庆出版社1990年版，第5页。

② ［英］培根：《认识的进程》，载《弗朗西斯·培根全集》第2卷（巴锡尔·蒙塔古编），伦敦1825年版，第126页。

摆脱掌握和操纵的力量——用隐蔽的特性的幻想去支配物质。对凡是不能预料的和可利用的东西，启蒙精神都认为是可疑的。一旦启蒙精神不受压迫者的阻挠而得到发展，它就会勇往直前。启蒙精神之所以总是可以引用反叛的那些神话，那是因为这些对立的神话可以作为反面论证，把它们作为谴责启蒙精神的破坏性的理性的原理。启蒙精神作为神话的基础，向来都是用人神同形同性论，用主体的设想来解释自然界的。① 超自然的东西，精灵鬼怪都是人恐惧自然的影像。按照启蒙精神看来，许许多多神话中的形象都是一样的，他们都来自主体。奥狄浦斯解答了斯芬克斯的谜："这就是人。"启蒙精神毫无区别地、不变地重复了这个答案，而不管这种人的影像是具有客观的内容，概括了--种秩序，还是表达了对凶恶势力的恐惧，对获得拯救的希望。

首先，统一现象的理想典范是一切言行遵循的制度，启蒙精神只有通过统一的现象才能认识存在和所发生的东西。启蒙精神的理性主义表达方式和经验主义表达方式，对此并没有区别。如果说各个学派对公理的解释各不相同，那么，统一科学的结构却始终是相同的。培根的一般知识假设②在**多元论**的研究领域内被经常运用，莱布尼茨的一般规则也常被作为根据。从状况和安排中得出各种形式，从事实中得出历史，从物质中得出事物。培根也认为，在最高原理与观察定理之间，应该有通过普遍性的阶段表现出来的清楚的逻辑联系。

尽管启蒙精神最终通过这一形式表现出来，现代实证论用诗来表明了这一点。从帕米尼德直到鲁泽的口号都是一致的，他们都要坚持摧毁神和质量，对所发生的现象进行科学计算时，而不运用过去神话

① 色诺芬、蒙台涅、费尔巴哈和萨洛蒙·莱纳赫在这方面意见都是一致的。参见莱纳赫《俄耳甫斯》（F. 西蒙斯译自法文版），纽约—伦敦 1909 年版，第 6—7 页。

② ［英］培根：《扩大的知识》，载《弗朗西斯·培根全集》第 8 卷（巴锡尔·蒙塔古编），伦敦 1825 年版，第 152 页。

中解释事物的观点。但是为启蒙精神所摧毁的神话本身，已经是启蒙精神自己的产物。因为神话想报道、指出、说明根源，从而阐述、确定、解释根源。神话通过记载和收集，加深了对根源的阐述。每一个宗教仪式，都体现着对所发生的事，以及由巫术影响的一定过程的看法。宗教仪式的这种理论因素，在最早的民间叙事诗中已经独立化了。正如悲剧诗人所发现的神话，已经表明了培根推崇为目的的那些原理和权力。代替地上神灵鬼怪出现的，是天庭和天庭的等级制度，代替巫术师和部落所作的召唤鬼神的活动而出现的，是分成不同等级的祭祀活动，以及受约束者被命令决定的活动。从这时起，存在就分裂为逻各斯，这种逻各斯随着哲学的进步而归结为单子，单纯的基点，以及外部一切事物和生物群。每一个真正的定在与实在之间的点都交织着其他一切点。世界无区别地听从于人的支配。在这点上，犹太教的创造史是与奥林匹斯宗教一致的。只有无条件地服从的人，才能站在群神面前。主体只有认识一切关系的原则的权力才能觉醒。面对这种理性的统一性，神与人的区别就变成无关紧要的事情了，很早以来，荷马的批判就已经指出了这种坚定的理性。管理万物的精神与创造万物的神相似，都是自然界的主宰，与神相像的人具有支配定在的主权，是主人，具有指挥权。

其次，霍克海默、阿多尔诺认为，正是经历了上述过程，神话变成了启蒙，自然界变成了单纯的客观实在。接着，他们从以下三个方面，分析了科学与巫术的异同：一是科学家在运用事物的过程中，总是把事物的实质看成为他掌握的实体。这种等同性构成了自然界的统一性。与之相比，巫术的召唤鬼神，既没有以主体的统一性，也没有以自然界的统一性为前提。萨满的宗教仪式，求助于外部的风、雨和蛇，或者求助于病中的鬼，而不求助于物体和事物。巫术求助的不是同一种精灵；它同时变换着代表许多不同的精灵的各种假象，但是它并不否定统治权，因为它把统治权转变为衰退的世界所依据的纯粹真实。巫术师所排斥的某物是看不见的权力的类似物，而不是排斥作为某物基础的统一的宇宙。人只有作为这样的类似物才能达到本身的同一性。这就是精神与其相应物的同一性，亦即质量的形式的统一性。否则自然界就成了单纯划分的混乱的物体。二是单纯占有的万能的本身成了抽象的同一性。在巫术中，敌人的枪、敌人的头发、敌人的姓名所表现的东西，同时就代表他个人；献祭的动物就代表了神。诚然，祭祀时用代替物，这表明了向推理逻辑的进步。尽管牝鹿代表女儿，羊羔代表初生的婴儿，但是牝鹿和羊羔仍然必须具有自己的质量，它们已经表现出了种类。它们具有本身特有的性质。与被选中的一个代表迥然不同，普通的神圣是不能相互代替的。而科学则结束了这种情况。科学中没有普遍神圣的特殊的代表：即使有献祭的动物，但是也不代表神。代表性转变成了效益性。一个原子不能被代表，而是作为物质的特殊形态而被捣毁；家兔不能被代表，只不过是作为一个动物，由于实验者的需要而被解剖。因为在有效益的科学中区别是经常变动的，所以一切都变成一种物质。三是相对于僵化不变、固定的一成不变的宗教仪式，科学对象都似乎应该是灵活的。巫术世界中包含有区别，而在语言的形式中区别本身也消失了。[①] 存在物之间的纷繁复杂的联系，受到了有思想的主体与无思想的对象之间的关系的排斥，受到了具有合理意义的东西与只有偶然意义的东西之间的关系的排斥。在巫术的发展过程中，梦和观念不仅仅是事物的标记，而且是与事物由于类似或名字联系在一起的。这种关系不是设计出来的关系，而是种类之间密切的关系。巫术与科学一样都是有目的进行的，但是科学是按照巫术模仿自然进行的，并不是更进一步的远离客体。科学决不是建立在“思想万能”的基础上的，在思想与实在没有彻底分开的时候，不可能出现“过高估计精神过程对实在的作用”的现象。弗洛伊德认为“毫不动摇地相信支配世界的能力”[②]

① ［美］罗伯特·H. 洛威：《文化人类学入门》，纽约1940年版，第344—345页。

② ［奥］弗洛伊德：《死的禁忌》，载《弗洛伊德全集》第9卷，第110页。

是巫术，是违时的。他认为只有借助成熟的科学，才能符合实际地支配世界。通过包罗万象的工业技术来代替局限的实际医治办法，只有当思想对客体独立化，正如我符合实际的独立的思想时，才能实现。

再次，霍克海默、阿多尔诺阐述了启蒙精神何以在与神话的互动中得以生成。一是揭示了启蒙精神代替了神话的必要条件：通过语言发展了古代神话中的信念，以及民间宗教中吸取的完美的真实要求以后，太阳的、宗教制度的神话本身才成为可以衡量哲学水平的启蒙精神。只有从这时起，启蒙精神才代替了神话。神话学本身推动了启蒙精神不断的发展过程。在启蒙精神的发展过程中，总是不可避免的、必然的有一定的理论观点受到毁灭性的批判，而只存下来一种信念，直到精神的概念，真理的概念，甚至启蒙精神的概念变成了泛灵论的巫术。神话中的英雄毁灭，从寓言中编造出来的逻辑结论所遵循的必然性的原理，不仅支配着一切，成为严格的形式逻辑的规则和西方哲学的各种理性主义的体系。二是霍克海默、阿多尔诺深刻地洞悉到，正如神话已经进行了启蒙，启蒙精神也随着神话学的前进越来越深地与神话学交织在一起。启蒙精神从神话中汲取了一切原料，以便摧毁神话，并作为审判者进入神话领域。比如，在神话中，必须为过去进行忏悔，才能出现一切新的现象。而启蒙精神却认为：过去的让它过去吧！事实将会消失。认为主动与反动是相等的学说，主张在人们的幻想外化以后很久还要重建对定在的威力，通过这种威力的重建与被重建的定在一致起来，从而摆脱它的威力。① 但是巫术的幻想越是消失，在规律性的名义下，这种威力的重建就会更加无情地控制住各个领域内的人们。人们不但对此毫无察觉，反而通过自己在自然规律中的对象化，却肯定地感到自己是自由的主体。

---

① ［德］霍克海默、阿多尔诺：《启蒙辩证法》，洪佩郁等译，重庆出版社 1990 年版，第 9 页。

三　启蒙精神与新的强制

霍克海默、阿多尔诺深刻地指出，启蒙精神摧毁了旧的不平等的、不正确东西的直接的统治权，但同时又在普遍的联系中，在一些现存的关系中，使这种统治权永恒化，进而导致了新的强制。

首先，启蒙精神用以反对神秘的想象力的原理，就是神话本身的原理。正如千瘪的知识显然不是什么新的东西，它们只不过再现了幻想的、人们摈弃了的知识。启蒙精神散布了基尔加德对他的基督教伦理学的颂扬，以及神话中关于神秘力量化身的海格立斯的一切，它去掉了不能统一衡量的一切东西。不仅在思想中消除了质量，而且使人们变成与实在相同。由于在市场上不考虑人们的出身，所以交换者可以自由地促使在市场上能买到的商品的生产。如果每个人在过去得到的都是他本身特有的、与其他人不同的东西，那么现在他就会更肯定地得到与其他人相同的东西。但是过去从来没有完全实现这种情况，所以在整个自由主义发展阶段，启蒙精神都始终是赞同社会的强迫手段。被操纵的集体的统一性就在于否定每个个人的意愿，这是对那种能使被操纵的集体统一的社会的嘲讽。这明显地表现在希特勒统治时期的青年组织中出现的乌合之众，并不是倒退到旧的野蛮时期的现象，而是镇压平等的胜利，是正义的平等发展为非正义的平等。法西斯主义的假神话暴露出自己是史前时期的真正神话，因为真正的神话体现出了对自然的报复，而虚假的神话盲目地把这种报复体现在祭祀上。

其次，每一个企图强制摧毁自然界的尝试，都只会在自然界受到摧毁时，更加严重地陷入自然界的强制中。[①] 欧洲文明就是沿着这个途径过来的。启蒙的工具——抽象与它们的客体的关系，就像抽

① ［德］霍克海默、阿多尔诺：《启蒙辩证法》，洪佩郁等译，重庆出版社 1990 年版，第 11 页。

象彻底消除掉它的概念的命运一样被彻底消除了。通过把自然界中的一切都变成可以重复的抽象，以及抽象使一切为之服务的工业统治权的平等化。主体与客体的距离是抽象的前提，它是以主人通过所支配的东西所获得的事物的距离为基础的。随着国王作为武装的贵族的首领统治着土地上的奴隶，而医生、预言者、手工业者、商人等管理着交往的资产阶级世界的形成，形成了诸神之上的最高的神。随着游牧生活的结束，形成了以固定财产为基础的社会制度。统治与劳动相互分离。一个像奥德修斯的财产主，“从远方领来了有严密划分的，包括放牛人、牧羊人、养猪人和仆人的一大群人。到了黄昏，当他从他的城堡中看到，万盏灯火照亮了四周的土地时他才安然地入睡，因为他知道，这时他勇敢的仆人正在守卫，不让野兽进入动物苑，把小偷赶走，保护着他”。[①] 思想的概括化，正如他们对谈话方式的推理逻辑的运用，对概念的掌握，都是在支配现实的基础上得到提高的。他们摒弃巫术继承人，排除旧的混乱的观念，用统一的概念表达了用命令划分的、由自由人确定的生活制度。这些做法本身，确定和安排了服从世界的秩序，不久以后，又使一般的真实与所支配的思想统一起来，但是思想与真实之间又有确定的区分。认识严禁模拟式的巫术，认识触及的是现实的对象。

第二节 启蒙概念辩证解读的伦理维度

通过上述对霍克海默、阿多尔诺解读的启蒙概念的考察可知，

① G. 格洛茨：《希腊方形回纹饰史》，载《古代史》，巴黎 1938 年版，第 1 卷，第 140 页。参见霍克海默、阿多尔诺《启蒙辩证法》，洪佩郁等译，重庆出版社 1990 年版，第 11 页。

这里霍克海默、阿多尔诺解读的启蒙概念不是狭义的对启蒙概念的释义，而是广义的即从人类思想史、认识史、社会发展史和科技发展史等多学科的交汇中鸟瞰启蒙概念的生成与发展。与之相关的“启蒙的概念”不仅包括对启蒙自身所作的概念阐释，而且蕴涵了从人类思想史、认识史、社会发展史和科技发展史等多学科的交汇中，揭示了启蒙精神的否定性或辩证本质及其生成与发展的过程。

一　启蒙精神否定性的伦理本质

首先，在神话的和启蒙精神的正义性中，罪恶与忏悔，幸福与不幸都是连在一起的。善良的权力与凶恶的权力，神圣的力量与非神圣的力量也不是完全互相分离的。它们就像形成与灭亡、生与死，夏天和冬天一样连在一起。[①] 一是一切未知的、生疏的东西都是本原的，不可分的；它们都是通过事物才能认识，而不是在事物以前能够认识的定在。因而，这是在经验范围内的超验。因此，凡是原始人认为是超自然的东西，都不是作为物质实体对立物的精神实体，而是自然的东西与各个环节的交错。自然界具有双重的表现：假象和本质，结果和力量。二是正是由于人们对自然界具有双重的表现所产生的各种自然现象的惧怕，才形成神话和科学，而神话和科学就是启蒙精神的表达。有生命的东西与没有生命的东西的分裂，把一定的地方确定为鬼怪神灵居住的地方，这只是出自先泛灵论。而实际上，在先泛灵论本身中已经出现了主体与客体的分离。三是主体与客体的分离使得概念从一开始就是辩证思维的产物。人们经常把概念定义为它所表达的东西的统一的特征，在概念中，每个东西始终只是当它成了它所不是的那个东西时，它才是它所是的那个东西。这是客体化的定义的原本形式，在这种定义中概

① ［德］霍克海默、阿多尔诺：《启蒙辩证法》，洪佩郁等译，重庆出版社 1990 年版，第 12 页。

念和事物是相互分离的，这种情况在荷马的史诗中已经大大地发展了，在现代实证科学中又有了超越。但是这种辩证是无力的，因为它是从恐惧的叫喊中发展出来的，这种叫喊就是恐惧本身的双重化、同义反复。只有不再有什么不知道的东西时，人才不再有恐惧。这时才为取消神话学开辟了途径。

其次，由上可知，启蒙精神把有生命的东西与无生命的东西一致起来——将自然界生命现象或神话中的群神以概念的形式表达，而神话则把无生命的东西与有生命的东西一致起来——将一切令人恐惧的现象拟人化或神化。这样，启蒙精神使神秘的恐惧心理彻底发生变化。实证论的纯粹内在性，它的最终产物只不过是一种似乎普遍的禁忌。它根本不再允许在外部表现出来，因为单纯外部的观念就是恐惧的真正源泉。"一切有生命的东西，都是以无生命的东西为代价的：每个幸福，都是以不幸为代价的。"[①] 人和神都试图在他们活动期限内，找到符合其他尺度的松动点，而不是盲目地听任命运，让它在最后战胜他们。甚至他们战胜厄运的正义性，也具有他们的这些特点；他们的正义性是符合人们——希腊的原始人和受周围世界威胁和折磨的社会中的野蛮人——的理解力的。平等对文明制度中的惩罚和活动起着调节的作用。神话观念就是对自然关系也是完全没有作用的。从混沌一团前进到文明制度，在文明制度中人与自然的关系不是直接的，而是通过人们的意识发挥其威力的，而根本没有改变平等的原则。但是人们正是从崇拜他们过去只是像其他生物一样所服从的东西中，而获得这种进步的。在以前，是偶像服从平等规律。现在，平等本身成了偶像。律师看不清问题，不只是意味着问题不应干涉法律，而且也意味着不能自由决定问题。

再次，启蒙精神导致了科学与艺术的生成及其分离。就神话和巫术程序而言，具有重复的性质。这种性质就是象征性东西的核

① ［德］霍克海默、阿多尔诺：《启蒙辩证法》，重庆出版社 1990 年版，第 13 页。

心，即永远被想象的一种存在或过程，这种过程在表示象征时总是会重复引起事件。不穷尽性，不断的更新，含义具有持续性等不仅是一切象征的东西的属性，而且是它们特有的内容。群神还包括曼纳本身体现了作为普遍威力的自然界。在启蒙精神中，群神具有先泛灵论的特征。随着科学与诗的明确分离，借助这种分离而形成了语言中发生作用的分工。字在科学中成了标志；在不同的艺术中，字分成了声音、图像以及特殊的字，而不是通过加法、联想或是艺术各自加以再现。语言作为标志用来进行运算，以认识自然界、满足要求、模仿自然界。语言作为图像构成映象，以反映整个自然界，满足要求，认识自然界。只有随着启蒙的不断进步，才能出现完全模仿已经存在的东西的真实的艺术作品。为了把分为两个文化领域的艺术和科学，联合成共同的文化领域的通常流行的综合艺术和科学的做法，最终总是使它们完全对立起来，因为这两个领域具有相互转化的特有趋势。用新实证论观点解释的科学将变成唯美主义、空洞的符号体系，完全是为了达到使体系超验化的目的，就是说，为了进行数学家早已骄傲地宣布为他们的事业的游戏。但是积分反映的艺术已经运用到实证科学的技术上。这种艺术实际上是再一次变成了世界，变成了思想意识上的双重化，变成了有效益的再现。标志符号与图像的分离是不可避免的。但是，如果无知地自满地再一次使一方面独立化，那么，任何使这两方面孤立的原理都会破坏真实性。

由此可知，启蒙的本质具有双重否定性：一方面使人们摆脱恐惧成为主人，另一方面“完全受到启蒙的世界却充满着巨大的不幸”。同时启蒙精神的生成与发展的过程蕴涵了科学与艺术由经验上升为理论、由对特殊现象的研究上升为普遍公式或原理的过程。其中蕴涵了诸多的相互关系，如启蒙精神与神话的交互关系、启蒙精神与古代哲学的关系，启蒙精神与巫术、宗教的关系、启蒙精神与科学和艺术的关系、科学和艺术与巫术的关系、科学和艺术与语言的关系等等。不仅如此，追踪启蒙精神的生成与发展的过程，实际上，揭示了科学（技术）中内蕴的自然与社会、事实与价值、真与善、科学自由与意志自由等科技伦理形上范畴及其关系的历史性生成与发展。

二 启蒙概念解读的局限与启示

诚然，仅仅从启蒙的视角追踪科学与社会的发展，其理论上的偏颇性是显而易见的。对此，哈贝马斯指出："霍克海默和阿多尔诺（还有波洛克的国家资本主义理论）发现，政治制度、所有的社会制度和日常生活，都没有留下任何理性的蛛丝马迹。对他们来说，理性成了字面意义上的乌托邦，它失去自身的地位，成了全盘否定的辩证法问题。"[①] 他敏锐地感到，从《启蒙辩证法》开始，旧批判理论已经走入死胡同。为了寻找出路，他认为只有从规范基础上进行变革，引入新的理论范式，才能释放它的批判潜能。他认为，由意识哲学转向语言哲学，由工具理性批判转向交往理性，由历史哲学批判转向现代性的社会科学研究，才是唯一合理的出路。[②] 但是，无论是霍克海默、阿多尔诺还是哈贝马斯都未真正摆脱从爱利亚学派开始的那种走向事物背后的彼岸理念论。[③] 因为在他们的分析中，"从神到人、从逻辑学到人的类本质、从自我意识到劳动的自主活动……如果仅仅是一个形而之上的逻辑命题，都还只是哲学家的一种职业对象。这种前提哪怕是更换一万次，……也都还是**从观念和逻辑出发的**"。[④] 正如马克思所指出的："这是陈旧的幻想：改变现存的关系仅仅取决于人们善良意志，现存的关系就

① ［德］哈贝马斯：《理性的辩证法》，载《泰勒斯》（英文），1981 年秋季号。

② 汪行福：《走出时代的困境——哈贝马斯对现代性的反思》，上海社会科学院出版社 2000 年版，第 10 页。

③ 张一兵：《回到马克思》，江苏人民出版社 1999 年版，第 441—442 页。

④ 同上书，第 441 页。

是一些观念。哲学家那样当作职业，也就是当作行业来从事的那种与现存关系脱节了的意识的变化，其本身就是现存条件的产物，是和现存条件不可分离的。这种在观念上的超出世界而奋起的情形就是哲学家面对世界的无能为力在思想上的表现。他们的思想上的吹牛每天都被实践所揭穿。”[①] 实际上，从批判理论转向交往理性，仅仅是一种理论范式的转变，丝毫不能动摇发达工业社会存在的根基，其出路要么走上悲观主义的道路，要么为发达工业社会存在作辩护。

然而，霍克海默、阿多尔诺关于启蒙概念的解读，有其分析的深刻性和独到性，因而对于我们分析科学是如何借助于启蒙、形式逻辑方法、语言从巫术、神话、哲学中脱胎出来的不无启迪。由“形式逻辑是统一化的大学校，它为启蒙者提供了预计世界的公式。而柏拉图最后的著作中，用数字表示的理念的神秘的等式，说明了希望摆脱一切神话学的愿望：数字成了启蒙的规则。同样的等式也支配了资产阶级的法律和商品交换”[②]，这一历史逻辑，为我们进一步追问当代科技伦理的本体之维：自然与社会之互维性、科技伦理的认识论之维：事实与价值之互维性、科技伦理的价值论之维：真与善之互维性、科技伦理的主体性之维：科学自由与意志自由之互维性提供重要的思想文化资源。

---

① 《马克思恩格斯全集》第 3 卷，人民出版社 1960 年版，第 440 页。

② ［德］霍克海默、阿多尔诺：《启蒙辩证法》，洪佩郁等译，重庆出版社 1990 年版，第 5 页。

这个社会总的说来是不合理的。它的生产力破坏了人类的需要和能力的自由发展，它的和平是靠连绵不断的战争威胁来维持的，它的增长靠的是压制那些平息生存斗争——个人的、民族的和国际的——现实可能性。①

——赫伯特·马尔库塞

第十一章　作为政治统治的科学技术的伦理批判

批判作为政治统治的科学技术是法兰克福学派批判的科技—社会伦理观的一个重要论题。如前一章所述，霍克海默与阿多尔诺在他们合著的《启蒙辩证法》中，提出了这样的主题：启蒙运动的目的总是在于使人们摆脱恐怖，确立其统治权，但是被完全启蒙了的世界却处在福兮祸之所伏的境况。在他们看来，“启蒙运动的纲领就是要消除这个着魔的世界：取缔神话，用知识代替幻想”。② 实际上，启蒙运动却表现出以下的悖论：一是，尽管启蒙旨在反对神化，破除迷信，可自己却走向了迷信、神话。二是启蒙旨在正确地认识世界，而实际上却歪曲了世界；启蒙旨在增强人的能力，却导

① ［美］马尔库塞：《单向度的人》导论，张峰等译，重庆出版社 1988 年版，第 2 页。

② 上海社会科学院哲学研究所外国哲学研究室编：《法兰克福学派论著选集》，商务印书馆 1998 年版，第 117 页。

致了统治的合理化并且将约定俗成的模式当作自然的、合理的模式要求人们接受；启蒙旨在极权主义，但也像任何体系一样，它也是一种极权主义。这种极权主义既表现在对自然的态度上，又表现在对人的态度上。一方面通过启蒙人的权利在不断增长，但却以异化为代价，人基于异化并通过异化行使自己的权力。这样，“启蒙就像一个独裁者对待人民一样对待万物，一个独裁者熟悉人民，意指他能操纵人民；科学家们认识万物，则意指他们能驾驭万物，因此，科学家的潜力顺从他自己的目的”。① 另一方面，启蒙精神所产生的认识论，使我们在对自然有支配权的范围内认识自然，进而控制自然，奴役自然。“由于自然被破坏了，每一种想要取消对自然奴役的企图都更加深入地陷入被奴役之中，由此产生欧洲文明的进程。”②

不仅如此，启蒙运动的极权主义还表现为对自然的统治与对人的统治携手并进。因为随着技术生活的安逸，统治的持续性通过更加严重的压抑产生一种本能的固定法，想象衰退了。个人不仅被社会的物质生产所统治，机器的进化已经转变为统治机器的进化，在数学思维的物化形式中，机器和机构向那些忘却了思想的人报仇。因而，霍克海默和阿多尔诺得出结论，启蒙就是对群众的全面欺骗，“启蒙运动正像它的浪漫主义的敌人所指责它的那样，具有毁灭性”。③ 因此，启蒙所体现的不可阻挡的进步的悲剧就在于，它又是不可阻挡的倒退：自然在倒退，社会在倒退，人类也在倒退。这种倒退实际上从启蒙过程的一开始就被决定了。但是，人类却还被启蒙所带来的进步

---

① 上海社会科学院哲学研究所外国哲学研究室编：《法兰克福学派论著选集》，商务印书馆 1998 年版，第 123 页。

② 同上书，第 126 页。

③ 同上书，第 154 页。

所迷惑，还陶醉于启蒙的胜利果实之中，没有看到被这些表象所遮蔽的凶恶的事实。

赫伯特·马尔库塞则在霍克海默和阿多尔诺对启蒙批判的基础上，进一步对作为发达工业社会意识形态的科学技术进行批判。《单向度的人》[①] 便是马尔库塞对发达工业社会意识形态批判的代表作。该著作出版于 1964 年，它标志着马尔库塞思想的一次重大转折，它既是马尔库塞对现代文明，特别是美国文明的批判。该书的内容共分为三个部分：一是批判了“单向度[②]的社会”——当代资本主义社会；二是，批判了“单向度的思想”——当代哲学；三是，提出了当代哲学的使命。这里主要涉及马尔库塞对发达工业社会意识——（在马尔库塞看来是）当代科学技术的批判。在批判的过程中，他将当代科学技术当作一种新的控制形式，当作造成发达工业社会及其思想文化单向度的根源，当作工具理性和实证主义思想基础加以批判，正是在此基础上形成了一种以剖析科学技术的消极社会功能为着眼点的科技社会伦理观。他的科技社会伦理观的内涵是通过他对科学技术与政治统治、科学技术与需求、科学技术与技术理性的关系等方面的批判表现出来的。[③]

---

① 马尔库塞认为，在发达的工业社会里，批判的意识已消失殆尽，统治已成为全面的，个人已丧失了合理地批判社会现实的能力。所谓“单向度的人”就是指丧失了这种能力的人。

② 马尔库塞用“单向度”一词指出现代资本主义的技术经济机制对一切人类经验的不知不觉的协调作用。他认为，发达资本主义以前的社会是双向度的社会。在那个社会里，私人社会和公共生活是有差别的，因此，个人可以合理地批判地考虑自己的需求。而现代文明即在发达的工业社会里，批判的意识已消失殆尽，在科学、艺术、哲学、日常思维、政治体制、经济和工艺各方面都是单向度的。

③ 陈振明：《法兰克福学派与科学技术哲学》，中国人民大学出版社 1992 年版，第 297 页。

第一节　科学技术与新的控制形式

马尔库塞把发达工业社会定义为按技术的观念和结构而运转的政治系统。因为，在当代发达工业社会中，技术合理性的“目的”，在运作中已使当代社会倾向于极权主义并且成为一种新的控制形式。因此，他在阐发其批判的科技社会伦理观时，首先从对科学技术与政治统治关系的批判切入。

一　科学技术与政治统治关系的伦理批判

马尔库塞认为，在当代发达工业社会中，起决定性作用的是科学技术。在《单向度的人》一书的第一章“新的控制形式”的一开头，他就指出：“在发达的工业文明中盛行着一种舒适、平稳、合理、民主的不自由现象，这是技术进步的标志。”① 对此，哈贝马斯曾说过，在马尔库塞眼里，“当代技术和科学取得统治地位，成了理解一切问题的关键”。② 因为，技术进步已扩展至控制与调节系统，并创造出一些生活和权利形式，这些形式能够调和与这个系统对立的力量，击败或驳倒了为摆脱奴役和控制而提出的所有抗议。“不仅是社会的一种恐怖主义的政治协调，而且也是一种非恐怖主义的经济—技术协调，这种协调靠既得利益来操纵需求。因此，它就排除了一个反对整体的有效的反对派的出现。不仅特定的政府或政党形式有助于极权主义，而且特定的生产和分配体系也有助于极权主义。”③ 在这种社会中，生产和分配

---

① ［美］马尔库塞：《单向度的人》，张峰等译，重庆出版社 1988 年版，第 3 页。
② ［德］哈贝马斯：《作为意识形态的技术与科学》，载《哲学译丛》1978 年第 6 期。
③ ［美］马尔库塞：《单向度的人》，张峰等译，重庆出版社 1988 年版，第 4—5 页。

的技术装备由于日益增加的自动化因素，不是作为脱离其社会影响和政治影响的单纯工具的总和，而是作为一个系统在发挥作用；生产的技术手段趋于极权性，它不仅决定着社会需要的职业、技能和态度，而且决定着个人的需要和愿望；它消除了私人与公众之间、个人需要和社会需要之间的对立；对现存的制度来说，技术成了社会控制的新形式。

因之，马尔库塞进一步指出，作为一种新的控制形式的当代科学技术决不是中立的，它具有明确的政治意向性，发挥着意识形态的功能。他指出，面对着这个社会的极权主义特点，技术“中立”的传统观念不能再维持下去了。不能把技术本身同它的用处孤立开来；技术的社会是一个统治体系，它已在技术的概念和构造中起作用。在他看来，科学技术之所以具有政治意向性，发挥着意识形态的功能，是因为：一是技术作为工具或手段并不是政治上清白的，它在现存工业社会中特殊的设计和应用构成了人对人统治方式的基础。因而技术是社会控制新形式的。在目前阶段，“技术的控制像是增进一切社会集团和利益群体的福利的理性之体现——以致所有矛盾似乎都是不合理的，所有反作用都是不可能的”。① 技术创造出一个极权社会，它为特定的历史规划服务。二是技术作为一种总体体系和文化形式，为现存社会的合理性辩护，它预先封闭了对社会的不满和反抗，阻止人类向自由解放迈进，因而取代了传统的意识形态。“在这种文明最发达的地区，社会控制已投入要害之处，甚至个人的抗争也从根本上受到侵袭。思想上的和情感上的拒绝‘服从’，显得神经过敏和苍白无力。”② 私人空间越来越被技术的现实所侵犯和削弱。多种多样的投入过程几乎凝固在机械的反应中。人们主要通过模仿，使自己与其所在的社会，因而同整个社会

① ［美］马尔库塞：《单向度的人》，张峰等译，重庆出版社 1988 年版，第 10 页。
② 同上书，第 10 页。

直接同一。

二　科学技术本质向单向性的演变

如上所述，由于作为一种新的控制形式的当代科学技术决不是中立的，它具有明确的政治意向性，发挥着意识形态的功能，这样，科学技术在其本质上具有单向性、实证性、功利性和对现存事物的顺从性，进而适应于成为统治工具和意识形态。

在科学技术本质向单向性演变的过程中，人们心灵试图同现状相对立的“内在”向度被削弱了，而正是在这一向度内，否定性思维的力量是理性的批判力量。现在“这一向度的丧失，是发达工业社会平息并调和矛盾的物质过程的意识形态方面的相应现象”。[①] 马尔库塞指出，这种意识形态被现实同化，并不意味着“意识形态的终结”。恰恰相反，在一种特定意义上，由于今天的意识形态就在生产过程本身中，所以发达工业社会比起其他的前辈来更是意识形态的。因为科学技术通过大众的传播手段，住房、食物和衣物等商品，娱乐和信息工业不可抵抗的输出，它们都带有规定了的态度和习惯，都带有某些思想和情感的反应，这些反应或多或少“愉快”地把消费者同生产者整体结合起来。这样，就使得产品具有了灌输和操纵功能；它们助长了一种虚假意识，而这种虚假意识又回避自己的虚假性。随着这些产品在更多的社会阶层中为更多的个人所使用，它们所具有的灌输作用就不再是一种宣传，而成为人们的一种生活方式，或者说它是一种“好的生活方式”——它阻碍着质变。进而出现了一种单向度的思想和行为模式。在这种模式中，人们既定的行动理念、理性目标，或者被排斥，或者被这种模式的既定体系及其量的扩张的合理性所重新定义。

---

① ［美］马尔库塞：《单向度的人》，张峰等译，重庆出版社 1988 年版，第 11 页。

马尔库塞深刻地体察到，科学技术的统治也就是科学技术的异化。在他看来，科技进步本应使人类生存环境改善，使社会结构趋于合理，使人获得自由，进而更好地发挥人的自主性和创造性，从必然王国进入自由王国。然而，实际情形正好相反，技术创造了一个富裕的当代工业社会，提高了人们的物质生活水平，但并未改变人的命运，使人获得自由，反而使人日益变成技术、物质资料的生产和消费的奴隶，人与社会的关系、人与人的关系、人与自身及其工作的关系相异化。因之，发达工业社会是人全面受压抑的社会，技术和文明对人实行了全面的统治和管理。由此，马尔库塞深刻地指出："在一个压制性总体的统治下，自由可以成为一种强有力的统治工具。个人可以进行选择的范围，不是决定人类自由的程度，而是决定个人能选择什么和实际上选择什么的根本因素。"① 一切社会关系变成了单一的、片面的技术关系，个人自由的理性变成技术理性，社会协调并统一了人的生产、消费和娱乐，排除了一切对立或反抗的因素。这样，科学进步造就的是单向度的社会、单向度的人和单向度的思维方式。因此，科学技术所带来的发达工业社会是一个病态或畸形的社会。在工业社会最发达的地区，到处显示出两个特点：趋于完善技术的合理性，和在既定的制度内进一步遏制这种趋势。这反映了这种文明的内在矛盾：其合理性中的不合理因素。这是它的"成就"的标志——把技术和科学攫为己有的工业社会，为更有效地统治人和自然，为更有效地使用它的资源而组织起来。而当这些"成就"打开了人类现实的新向度时，这个社会就成了不合理的。因为"社会的压制性管理愈是成为合理的、生产的、技术的和全面的，被管理的个人借以打碎他们的奴役枷锁并获得自由的手段和方式也就愈不可想象"。② 这进一步说明，有助于生存

① ［美］马尔库塞：《单向度的人》，张峰等译，重庆出版社1988年版，第8页。

② 同上书，第7页。

斗争的制度不会有利于生活安定，作为目的的生活，在性质上不同于作为手段的生活。

第二节 科学技术与新阶级结构的形成

马尔库塞认为，科学技术的进步不仅已扩展至控制与调节系统，并创造出一些生活和权利形式，而且还导致“新阶级结构”的生成。由此，他提出了一种新的人伦关系学说——“新阶级结构论”。[①]

一 新的人伦关系——“新阶级结构”何以生成

马尔库塞指出，这种“新阶级结构”之所以生成，主要与科学技术对人的需求控制密切相关。在他看来，追求物质享受并不是人的本质特征，在人的各种原始欲求中，追求物质享受并不是人的重要的欲求。因此，物质需求的满足并不能给人带来幸福。他对“真实需求”和“虚假需求”作了一定的区分。他认为：“什么是真实需求，什么是虚假需求，这个问题应该由个人来回答。……只有当他们能自由地作出自己的回答时，才能这么说。只要他们不能够自主，只要他们被灌输和操纵（下降到他们的本能上），就不能认为他们对这一问题的回答是他们自己的。”[②] 但是在发达工业社会中则通过制造“虚假需求”，使人们产生了“不幸中的幸福感”。[③] 如按照广告来放松、娱乐、行动和消费，爱或恨别人所爱或恨的东西，以实现“强迫性的消费”。因此，这里所说的“虚假的需求”

① 张一兵：《折断的理性翅膀》，南京出版社1990年版，第264页。

② ［美］马尔库塞：《单向度的人》，张峰等译，重庆出版社1988年版，第7页。

③ 同上书，第6页。

是指那些在个人的压抑中由特殊的社会利益强加给个人的需求：这些需求使艰辛、侵略、不幸和不公平长期存在下去。一旦把这种需求强加于人后，便会在需求上趋于单向度。

因为，这些需求具有一种社会的内容和功能，这种内容和功能是由个人控制不了的外部力量决定的；这些需求的发展和满足是受外界支配的（他治的）。不管这些需求可以多么完全地成为个人本身的需求，并在这些需求的满足中找到自我，这些需求仍将是它们一开始的样子——一个靠统治利益来实行压制政策的社会的产物。然而，社会需求却成功地向个人需求转移，实现了需求的单向性或曰“一体化”①，马尔库塞指出：“我们再次面临发达工业文明的一个最令人苦恼的方面：它的不合理性的合理特点。它的生产力和效率，它增加和扩大舒适面，把浪费变成需求，把破坏变成建设的能力，它把客观世界改造成人的身心延长物的程度，这一切使得异化的概念成了可怀疑的。人民在他们的商品中识别出自身；他们在他们的汽车、高保真度音响设备、错层式房屋、厨房设备中找到自己的灵魂。那种使个人依附于他的社会的根本机制已经变化了，社会控制锚定在它已产生的新需求上。”② 由此又带来了利益的一体化，即人们把自己的利益和命运同社会的利益和命运联系在一起，似乎统治者的统治不再仅仅是维持某些特权，而是在维持全体人的利益。这样就导致了原有阶级结构的变化生成了一种新的阶级结构，进而形成了一种新的人伦关系。

二 新的人伦关系何以运作

由于科学技术的高度发展，这种新的人伦关系首先表现为，使

① 俞吾金、陈学明：《国外马克思主义哲学流派》，复旦大学出版社 1990 年版，第 275 页。

② ［美］马尔库塞：《单向度的人》，张峰等译，重庆出版社 1988 年版，第 9 页。

统治变形为行政管理。生产的工艺组织对于管理和指挥的影响日益转化，“统治让位于行政管理。资本主义的老板和所有者正在失去作为责任总管的身份，他们在公司机器中正发挥着官僚的职能”[①]，而不拥有生产资料所有权的大企业集团，却直接与生产相联系，处于决定性地位，从而形成一个新的实际的统治集团。

统治变形为行政管理便导致了发达工业社会阶级结构的变化。一方面，工人阶级内部构成的变化，即职业层的趋同化。在发达工业社会中，由于日益完备的劳动机械化，由于强调把体力变成技术上的和精神上的技能，标准化使生产性工作和非生产性工作趋同。在关键性的企业中，同白领工作相比，蓝领工作正在衰落，出现了蓝领工人白领化，即非生产性工人的数目不断增长。另一方面，在发达工业社会中，“机械化使花费在劳动中的体力的数量和强度日益减少。这种演变对马克思的工人（无产者）概念有很大影响”。[②] 因为那时的无产者即使使用机器劳动，也基本上是在劳动过程中花费和消耗体力的体力劳动者，进而引起了他们对非人剥削现象的反抗。这在马尔库塞看来是工资奴役和异化——古典资本主义的生理学和生物学向度。然而，在当代发达资本主义国家，虽然仍然维持着剥削，但日臻完善的劳动机械化改变了被剥削者的态度和境况。因而，在被组织起来的工人身上，原来的那种否定性已不明显了。

由于上述的劳动特点和生产工具的变化，改变了劳动者的态度和意识，与此同时，新技术的劳动世界迫使工人阶级的否定立场日益衰弱：它不再表现为同现存社会活生生的矛盾，而是资产阶级与无产阶级之间的“同化”和“联合”。加之，现代管理和消费方式愈来愈把工人和工厂“融合”起来，形成了一种较大的相互依存

① ［美］马尔库塞：《单向度的人》，张峰等译，重庆出版社 1988 年版，第 29 页。

② 同上书，第 22 页。

性，工人们“热望”参加解决生产问题，甚至工人在工厂里也有既得利益——通过“入股”“参与”资本主义企业，这样就与资产阶级取得了需求和愿望方面的同化，生活标准的同化，政治生活和闲暇活动中的同化。尽管如此，马尔库塞仍十分清楚地看到：“所谓的阶级差别平等化显示了它的意识形态功能。”① 尽管工人和他的老板可以享受同样的电视节目并游览同样的娱乐场所，打字员可以打扮得像她的顾主的女儿一样花枝招展，黑人也能挣到一辆卡迪拉克牌汽车，人们可以读着同样的报纸……似乎人们只是在他们的商品中识别出自身；他们似乎只在其汽车、高保真度音响设备、错层式房屋、厨房设备中找到自己的灵魂。然而，这种同化并不表明阶级的消失，而是表明那些用来维护现存制度的需求和满足在何种程度上被下层人民所分享。因为无论是采用行政管理的控制（而不是采用饥饿、人身依附、暴力等肉体的控制），还是繁重劳动特点上的变化；无论是各个职业阶级的同化，还是消费领域里的平等，都没有弥补这样的事实：有关生与死、个人安全和国家安全的决定，都是在个人不能控制的地方做出的。发达工业文明的奴隶，是地位提高了的奴隶，但仍然是奴隶。

第三节　科学技术与作为单向度的思维方式的技术理性

在发达工业社会，科学技术的进步不仅成为一种新的控制与调节形式，导致了“新阶级结构”的生成，而且“极权主义的技术合理性领域是理性观念的最后变形”②，形成了技术理性及其单向度

① ［美］马尔库塞：《单向度的人》，张峰等译，重庆出版社 1988 年版，第 9 页。

② 同上书，第 106 页。

的思维方式。在批判这种技术理性及其单向度的思维方式的过程中，马尔库塞揭示了，在当代技术理性已渗透到社会的总体结构和社会生活的各个方面，成为发达工业社会对人实行全面奴役和统治的思想基础。他的这一思想也是其批判的科技社会伦理观的认识论与方法论基础。

一　技术理性合理性之伪

马尔库塞从揭示“发达工业的被封闭的操作领域，造成了自由与压制、生产与破坏、增长与倒退之间可怕的和谐”[①]入手，指出其凸显的技术理性合理性之伪——不合理性的合理特点之欺骗性：它的生产力和效率，它增加和扩大舒适面，把浪费变成需求，把破坏变成建设的能力。因为在发达工业社会，这种技术的合理性不仅适用于机械化的工厂、工具和资源开发，而且也适用于“科学管理”所安排的适合机器操作程序的劳动方式。在这个社会里，主体和客体成了总体中的工具，而总体以其极为强大的生产力的成就获得了它的存在理由。这个社会的最高承诺，就是为日益增多的人们提供更为舒适的生活，而生活在这个社会中的人们，已经想象不出有一个性质不同的言论和行动世界，因为遏制和操纵颠覆性想象力和行动的能力，业已成为现存社会的一个组成部分。随着那些蕴涵技术合理性的产品在更多的社会阶级中为更多的个人所使用，它们所具有的灌输作用就不再是一种宣传，而成了一种生活方式——比以前的要好得多的生活方式，它阻碍着社会和人们思想方式的质变。这样，便出现了一种单向度的思想和行为方式，在这种方式中，那些在内容上超出了既定言论和行动领域的观念、渴望和目标，或被排斥，或被归结为这一

① ［美］马尔库塞：《单向度的人》，张峰等译，重庆出版社1988年版，第106页。

领域的几项内容。它们被既定体系及其量的扩张的技术合理性所重新定义。这个社会就成为一个完全静态的生活体系：自行推进它的压制性生产力和富有效益的协作。对技术进步的遏制，同它按既定方向增长，并行不悖。“随着技术合理性成为更好的统治的巨大载体，便创造了一个真正极权主义的世界，使社会和自然、心和身为维护这个世界而处于长期动员状态。”① 由于物化凭借其技术形式而走向极权主义，组织者和管理者本人便越来越依赖于他们组织和管理的机器，因而人就处于纯粹工具的地位，退化到物的境地，是作为工具，作为物而存在。

正如马克思所说，社会存在决定社会意识。与人作为工具，作为物而存在相适应，人们的幸福意识随之产生。所谓幸福意识就是相信现实的就是合理的。这种幸福意识反映着新的顺从主义，这种顺从主义是转化为社会行为的技术合理性，并且它达到了在前所未有的合理性程度。它维持着这个社会——已经减少了而且在其最发达的地区已经排除了以前阶段的较原始的不合理性，因而比以前更有规则地延续和改善生活。在这个社会里，毁灭性的战争未曾发生；纳粹灭绝人口的集中营已被清除。幸福意识在其表达上，现象与现实、事实与因素、实质与属性之间的紧张状态趋于缓解。“自主、发现、证明和批判的因素，退居于指派、断定和模仿之后。魔术般的、权力主义的和仪式性的因素充斥了言语和语言。言论丧失了作为认识和认识评价过程之环节的媒介。”② 那些理解事实并因而超越事实的概念，正在失去它们真正的语言表现力，而是趋于表现和助长理性与事实、真理与既定真理、本质与存在、事物与其功能的直接同一。即便推理也是作为科学技术语言之外的思维习惯，塑造着一种特定的社会政治行

① ［美］马尔库塞：《单向度的人》，张峰等译，重庆出版社 1988 年版，第 18 页。
② 同上书，第 82 页。

为主义的表现。在这一行为领域里，语词和概念趋于一致，或者说，概念趋于被语词同化。概念所具有的内容仅仅是在公布的标准化用法上语词指派的内容，而语言能反应的不过是公布的标准化的行为（反应）。语词成了陈词滥调，而且支配言语或写作。因此，大众传播阻碍了意义的真正发展。对此，马尔库塞指出："如果语言行为封闭概念的发展，如果它阻碍抽象和中介，如果它向直接的事实投降，那么它也就拒绝承认事实背后的因素，因而拒绝承认事实，承认历史的内容。"① 由于统一起来的实用语言，是一种不可调和的反批判和反辩证的语言。在这种语言中，操作和行为的合理性同化了越轨、否定和敌对的理性因素。在社会中，这种实用言论就成了协调和奴役的载体。

在上述批判分析的基础上，马尔库塞在"单向度的思想"中，在方法论上，运用了类似于其老师海德格尔的回溯式的追问——追溯了自古希腊以来的理性，如何从批判理性演变为技术（工具）理性的历程，并指出实证主义或分析哲学的流行是技术理性及其单向度的思维方式盛行的表征。须指出的是海德格尔的回溯式的追问主要是语义学意蕴上的，而马尔库塞的回溯式的追问则具有哲学方法论的意蕴。他指出，在西方思想传统上，"现存的不可能是真实的"和"凡是现实的，就是合理的"这两个陈述都以其简略公式，显示了一种作为自身逻辑指南的理性观念——二者都表达了同样的概念，即现实的对抗性结构，以及力图理解现实思想的对抗性结构。理性＝真理＝现实，这一等式则把主观的和客观的世界结合成一个对立统一体。在这个等式中，理性是颠覆性力量、"否定性力量"，作为理论理性和实践理性，

① ［美］马尔库塞：《单向度的人》，张峰等译，重庆出版社 1988 年版，第 84 页。

它确立了人和万物的真理。[①] 西方思想的最初旨趣和它的逻辑并不是哲学一个专门学科意义上的逻辑，而是借以把现实的理解为合理的那种思维方式的逻辑，即它力图证明这种理论和实践的真理不是主观的，而是客观的条件。他还在《哲学与批判理论》一文中，阐述理性的本质与功能。在他看来，理性是哲学思维的根本范畴，并且是哲学与人类命运联系的唯一方式，代表着人和生存的最高潜能。[②] 在古希腊哲学中，"理性是把真实的东西同虚假的东西区别开来的认识能力，因为真理（和虚假）是存在、现实的首要条件，而且只是在这一基础上才有命题的属性"。[③] 真实的言论、逻辑，揭示并表达着真正存在的东西，因而它们有别于类似存在（现实）的东西。就存在胜于非存在而言，真理是一种价值。而非存在并不就是虚无，它是存在的潜在性和对存在的威胁——破坏。为真理而斗争就是反对破坏的斗争，"拯救"存在的斗争，只要争取真理的斗争"拯救"现实免于破坏，那么真理就担负并保证着人类生存。真理在本质上是人类的设计。在这个意义上，"认识论本身就是伦理学，而且伦理学也是认识论"。[④] 真与善、事实与价值、科学与伦理是相互联系的统一体，因为如果人学会了观察和认识什么是真正存在的，那么他将按照真理来行动。

二 批判理性何以演变为技术理性

理性之所以从批判理性演变为工具理性，在马尔库塞看来，不

① ［美］马尔库塞：《单向度的人》，张峰等译，重庆出版社 1988 年版，第 105 页。

② 参见《现代文明与人的困境——马尔库塞文集》，三联书店 1989 年版，第 175 页。

③ ［美］马尔库塞：《单向度的人》，张峰等译，重庆出版社 1988 年版，第 106 页。

④ 同上书，第 107 页。

仅与科学技术的进步相关，而且有其方法论基础。一方面，如前所述，社会在一个日益增长的技术积累中再生产自身，生存斗争和人对自然的开发变得更加科学和合理，科学管理和科学分工，极大地促进了经济、政治和文化等各个部门的生产效率，其结果就是更高的生活标准。这一理性事业产生了一种精神和行动模式，它甚至为这一事业的最具有破坏性的特征辩护、开脱，这样，技术理性和操纵结成社会的控制形式。① 另一方面，实用的大众传播构成了单向度世界的外层，它训练人们忘记否定的东西，或把否定的东西变成肯定的东西，这样"人们就能继续发挥自己的功能，虽被贬低，却心安理得"。② 与此同时，发达工业文明的被封闭的操作领域，造成了自由与压制、生产与破坏、增长与倒退之间可怕的和谐。

这个操作领域在理性观念中是作为一种特定的历史设计被预先指定的。技术阶段和前技术阶段共有某些基本的关于人和自然的概念，这些概念表现了西方思想的连续性。在这个连续体内，不同的思维方式彼此摩擦；它们属于不同的理解、组织、改造社会和自然的方式。稳定性倾向同理性的颠覆性因素相冲突，肯定性思维的力量同否定性思维的力量相冲突，直到发达工业文明的成就使单向度的现实取得了战胜一切矛盾的胜利。另外，形式逻辑和数学构成技术理性及其单向度的思维方式形成的极为重要的方法论基础。因为借助于数学和逻辑的分析，自然被量化和形式化，现实与先天的目的，真与善，科学与伦理等被割裂开来。在这种方法论中，科学技术理性是中立的，只有对自然规律的探索才是合理的，价值观是纯主观的，形而上学只是一个假定，人道主义、宗教、道德等不过是理想而已。③ 这样，剩下的只是一个量化的世界，其客观性越来越

① ［美］马尔库塞：《单向度的人》，张峰等译，重庆出版社1988年版，第101页。

② 同上书，第124—125页。

③ 同上。

依赖于主体。在科学技术理性的极端形式中，一切自然的问题都消解于数学和逻辑之中，客体的概念则被消除。形式逻辑的形式化、抽象性和排除矛盾性有其现实的基础，它自身成为技术理性的基础并发展成为统治的逻辑。

由此，马尔库塞认为，作为一种单向度思维方式或思维逻辑技术理性，是一种理解世界的方式或处理理论知识的方式。技术理性主要有以下的特征：一是技术理性是在技术、理性和逻辑的基础上形成的；二是技术理性以自然科学的模式来衡量知识，尤其是以定量化和形式化作为知识标准；三是技术理性把世界理解为工具，关心的是实用目的；四是技术理性强调其中立性的特点，将事实与价值严格区分。因而，技术理性是一种单向度的或肯定性的思维方式。在马尔库塞看来，作为单向度思维方式的技术理性具有极大的危害性，它排除了思维的批判性和否定性，其本质是统治的合理性，进而适用于维护社会的统治制度。在当代，抽象的技术理性已经扩展到社会的总体结构，成为组织化的统治原则。自动化技术理性的出现则是一种独特的统治形式，对自然的理性控制和对工作过程的官僚控制，或者通过整合，或者通过对偏离的有效压制，构成了实际不会遭到反对的社会“幸福意识”的基础，在政治、经济和文化三个层次上，发生了需求的管制和进步思想的消除。

第四节 作为政治统治的科学技术伦理批判的几点思考

以上，我们着重从《单向度的人》的文本解读中，梳理了马尔库塞关于作为政治统治的科学技术伦理批判的主要思想及其批判的科技—社会伦理观。

一　理论逻辑辨析

马尔库塞批判的科技—社会伦理观具有以下的理论特色：一是作者在语境的设定与运作上，采取了哲学的批判理论语境，即以一种否定性的话语为运作，同时也辅之以类似于海德格尔式的回溯式追问——追溯了自古希腊以来的理性。在他看来，否定性是理性的本质，“理智就是颠覆力”。二是马尔库塞在对科学技术与政治统治的伦理批判和阐发其批判的科技—社会伦理观的过程中，从其显性理论逻辑来看，主要依据的不是弗洛伊德的文明理论，而是他早年研究黑格尔哲学的主题：人类解放的先验理性准则。马尔库塞认为，由于人总是要追求“美的生活”，就要摆脱劳苦和邪恶的现存，而现存总是不完美的，因此，它的发生总“渗透着否定性”，进而人的现实存在“是”又总是包含着“应当”，这便是双向度的理性。由此，他认为，在黑格尔的哲学中，历史进入了辩证法，原来那种“本质与现象、‘是’与‘应该’之间的本体论的张力，成为历史的张力，对象世界的‘内在否定性’被理解成历史的主体——与自然和社会作斗争的人——的作用”。[①] 人的主体，特别是人的先验本质的否定性能力是辩证法最重要的方面，否定性和批判性是人类历史的本真性。当马尔库塞用这样一种尺度去衡量当代资本主义社会时，就得出了单向度的人的结论。[②] 他指出：“思想、言论和良心的自由——正像它们所助长和保护的自由企业一样——曾在本质上是批判的观念，旨在用一种更丰富、更合理的文化来取代一种过时的物质的和精神的文化。这些权利和自由一旦被制度化，就开始分

① ［美］马尔库塞：《单向度的人》，张峰等译，重庆出版社 1988 年版，第 120—121 页。

② 张一兵：《折断的理性翅膀》，南京出版社 1990 年版，第 252 页。

担它们已作为其一个内在部分的社会的命运。结果取消了前提。”①因为，思想的独立、自主和政治反对权，在一个日渐能通过组织需要的满足方式来满足个人需要的社会里，正被剥夺它们基本的批判功能。

从其隐性理论逻辑来看，具有海德格尔对科学的沉思和技术追问的理论印记。如海德格尔从科学与技术、艺术、文化、宗教关系的形而上学意义上揭示了科学乃是现代的根本现象之一；揭示了科学中被遮蔽的“他物”性，从科学研究的筹划本质，进一步解构了“事实中立”说；他洞悉了科学本身作为研究具有企业活动的特点及其对于科学活动主体与社会及其自身利益关系；对技术“座架”本质的深刻解析与阐释等等，在马尔库塞这里都得到了进一步的阐发。与海德格尔不同的是：其一在批判的运演中，马尔库塞将其理论批判的矛头直接指向现实；而海德格尔则将对现实的批判转化为一种哲学或语义学的追问。其二在话语的运用上，马尔库塞采用了无须转义的批判性哲学话语，语言犀利，直切时弊；而海德格尔则采取了一种隐喻式的、非常态意义上的话语，读起来晦涩艰深，需反复回味和体悟。其三在方法论上，马尔库塞采用的是批判理论的哲学逻辑；而海德格尔则是形而上的哲学沉思。

二　理论价值与局限

马尔库塞以多重视角对科学技术在当代资本主义社会中的作用，即对科学技术与政治统治的关系进行了反思，其中确有一些极富启迪性的和有价值的深刻见解，同时又有其超越现实的浪漫方面。其深刻的方面就在于，他揭露了在发达工业社会中，资产阶级利用科学技术维护自己统治的事实，进而造成了政治、经济、文化等各个领域中的种种异化现象，使“发达的工业文明中盛行着一种舒适、

① ［美］马尔库塞：《单向度的人》，张峰等译，重庆出版社1988年版，第3页。

平稳、合理、民主的不自由现象”，因为在那里“自由可以成为一种强有力的工具”。由此，他揭示了在发达工业社会中，科学技术的社会伦理本质及其巨大的社会伦理功能。具体表现为以下几个方面：

一是科学技术的被（尤指阶级或者社会集团）操控性。现代科学技术从其目标的确立、研究过程到成果的应用推广都受到占统治地位的阶级或社会集团的操纵与控制。从而使“以社会必要的但痛苦的操作机械化来压抑个性，以更有效更多产 公司来集中个人企业，调节装备上不平等的经济主体之间的自由 争，剥夺掉那些妨碍国际资源组织的特权和民族主权”，“这种技术秩序还涉及到一种政治和思想的协调”。[①] 因而，便以一种舒适、平稳、合理、民主的不自由取代了原来令人痛苦、动荡、不合理、不民主的不自由，形成了一种对社会与个人的新的控制形式。他又指出，在这种环境下，我们的大众媒介几乎毫无困难地把特殊利益当作一切懂事的人的利益来兜售。社会的政治需要成了个人的需要和渴望，这些需要的满足推进了商业和公共福利，整体成了理性的根本体现。因此，发达工业社会的特色就在于“它在绝对优势的效率和不断增长的生活标准这双重基础上，依靠技术，而不是依靠恐怖来征服离心的社会力量”。[②]

二是科学技术的社会性，即揭示了科学技术的社会伦理本性与功能。马尔库塞认为，在现代资本主义社会中，科学已不是某种代表历史进步的“中立概念”，而是充满着政治含义，因为“在工业文明的发达阶段科学合理性转化为政治权利，表现为历史选择发展中的决定因素”。[③] 科学一旦在技术中付诸实施，便开始为特定的历史计划所追求的特定目标服务，资产阶级已把科学装进它的剥削

① ［美］马尔库塞：《单向度的人》，张峰等译，重庆出版社 1988 年版，第 3 页。

② ［美］马尔库塞：《单向度的人》导言，张峰等译，重庆出版社 1988 年版，第 2 页。

③ 同上书，第 195 页。

和压迫的武器库中。在这样的情况下，科学方法虽然为征服自然提供了更加有效的手段，但它通过对自然的征服，又提供了促使更加有效地统治人的一整套工具。科学技术成果本身直接充当起资本主义的辩护士，成为当代资本主义社会中最大最有效的意识形态控制。在马尔库塞看来，当今的资本主义社会“它在绝对优势的效率和不断增长的生活标准这双重基础上，依靠技术而不是依靠恐怖来征服离心的社会力量”。[①] 科学技术成了一种先验的决定人的生活的操作系统，是“有助于组成社会控制和社会凝聚的新的更有效和更令人愉快的形式”。[②] 一方面，科学技术本身的发展极大地增长了经济、政治和文化部门的生产率；另一方面，科学技术的这一合理的事业产生了一种精神和行为的类型，这种类型证明这一事业最有破坏性和压抑性的特点是合理的，并为之开脱责任。科学技术的合理性和操纵被结成新的社会控制形式。[③] 由于现代资本主义将大规模的工业研究、科学技术和增值综合为一个系统，这就使得科学技术失去独立性，而成为行政化的控制手段。国家利用科学不仅仅是为了实现技术任务，更是为了维护资本主义制度本身。这样，科学技术便有了双重职能：既是第一生产力，又是意识形态。科学的观念成为社会经济、政治以及整个社会生活的唯一标准，人们仿佛生存在一种科学的合理的社会之中，好像不是什么资产阶级在统治国家，而是一种超人的客观的力量在进行公正的统治。由于资本主义统治的方式已经发生了改变，越来越变为技术的、生产的甚至有益的统治，从而使“人们同统治制度的协调与和谐已达到前所未有

① ［美］马尔库塞：《单向度的人》导言，张峰等译，重庆出版社 1988 年版，第 2 页。

② 同上书，第 6 页。

③ ［美］马尔库塞：《单向度的人》，张峰等译，重庆出版社 1988 年版，第 124 页。

的程度”。[①] 同时，它有效地窒息了那些要求解放的需求，维护和开脱富裕社会的破坏力和压制性功能。[②] 因而，他指出：“自由选举主人并没有废除主人或奴隶的地位”，而仅仅证明这种控制的有效性。因此，资本主义也就成了一种永恒的自然存在物了。这样，科学技术作为工具或手段并不是政治上清白的，它在现存工业社会中特殊的设计和应用构成了人对人统治方式的基础。同时技术作为一种总体体系和文化形式，为现存社会的合理性辩护，它预先封闭了对社会的不满和反抗，阻止人类向自由解放迈进，因而取代了传统的意识形态。由于科学技术在其本质上具有单向性、实证性、功利性和对现存事物的顺从性，进而适应于成为统治工具和意识形态。

三是科学技术的渗透性。一方面，它以器物文化的形式渗透到生产力之中，从而导致了生产工具的变革，改变了生产力内部的人与机器之间的关系，人的直接因素已越来越降到次要的地位，劳动者在生产中的作用越来越小，而生产工具（大机器和自动化机器）的作用越来越成为主要的生产力。因而，在先进的机械化阶段，“机器本身变成了机械工具和关系的体系”。另一方面，科学技术便以关系文化的形式渗透到生产关系之中，导致了生产关系的新变化，由于科学进步，社会管理的技术化、专业化，使生产资料所有者日益脱离生产，不掌实权，而被掌握科学技术和管理经验的经理集团所代替。因此，在所有制的法律定义丝毫不变的情况下，生产资料所有者在握有实权的经理集团和他的雇员面前日益无能为力，加之，现代管理和消费方式愈来愈把工人和工厂“融合”起来，进而导致了社会主要的人伦关系——阶级关系发生了变化。新技术的

---

① ［美］马尔库塞：《爱欲与文明》序，黄勇、薛民译，上海译文出版社 1987 年版，第 14 页。

② ［美］马尔库塞：《单向度的人》，张峰等译，重庆出版社 1988 年版，第 8 页。

劳动世界迫使工人阶级的否定立场日益衰弱：它不再表现为同现存社会活生生的矛盾，而是资产阶级与无产阶级之间的"同化"和"联合"。由于机器本身变成了一个机械的工具和关系的体系，因而超出了个别的劳动过程，从而"资本主义发展已经改变了这两个阶级的结构和功能，致使它们不再像是历史变革的动因。一种维护和改善制度现状的凌驾一切的利益，在当代最发达的地区把以前的敌对者联合了起来"。① 进而形成了单向度的社会。另外，科学技术还以观念文化的形式向认知方式、思维向度和价值判断渗透，以自然科学的模式来衡量知识，尤其是以定量化和形式化作为知识标准；把世界理解为工具，关心的是实用目的；将事实与价值严格区分。因此，形成了单向度的或肯定性的思维方式。

尽管在马尔库塞的科技—社会伦理观的内涵中有不少深刻的理论闪光点，对我们认识第二次世界大战西方社会的现状有一定的借鉴作用，但这仅仅是从文化伦理层面进行的剖析。这正是马尔库塞的科技—社会伦理观的超越现实的浪漫方面，即他只看到了科学技术在发达工业社会即资本主义社会为资本主义生产方式利用所产生的一系列的消极现象，并将这种消极性归咎于科学技术本身，因而对科学技术采取了否定性和激进的批判态度。这种对科学技术进行文化伦理批判的直接结果：一是导致了反科学技术的观念，全面"拒绝科学技术"；二是导致了社会发展的悲观主义，认为资本主义是永恒的。因而，在实践中，这种批判也不可能为西方社会的改革和进步指明科学的方向。

事实上，当代科学技术也有其积极的伦理社会效应的方面：它是人了解自然、社会和人自身奥秘与规律，使人—社会—自然协调发展的强大的、具有决定性的力量，人类要想摆脱在自然和社会中的奴役状态，超越现阶段的科学技术应用中的异化状态，实现人类

① ［美］马尔库塞：《单向度的人》导言，张峰等译，重庆出版社 1988 年版，第 4 页。

和社会的彻底解放，最终还得靠大力发展科学技术来实现。这也是马克思主义科学伦理观与马尔库塞科学伦理观根本区别之所在。历史将进一步确证马克思关于“科学技术是推动历史前进的巨大杠杆”的论断。正是由于马尔库塞在其科技社会伦理观基本框架上的偏差，就使其科技社会伦理观落入了非科学的主观偏执之中。虽然，由于科学技术的发展和广泛运用，引起了当代资本主义统治方式、管理方式和人伦关系（尤其是阶级关系）的新变化，但这种变化只是在资本主义生产方式内的有限度的调整，它并没有根本改变起深层的无法解脱的对抗性矛盾，资本主义的本质否定仍然植根于自身的政治经济结构之中，资本主义的最终灭亡也只能基于这种历史性的客观生产方式的内在瓦解。① 而马尔库塞离开了现实的经济基础批判科学技术在当代资本主义社会的新现象，并将这种视角引向一种文化伦理批判，从而使其科学伦理观中闪光点便在其否定中湮灭。正如马尔库塞在该书的最后所言：“社会批判理论并不拥有能弥合现在与未来之间裂缝的概念，不作任何许诺，不显示任何成功，它只是否定。”② 这说明，马尔库塞如同其他西方马克思主义者一样，只能导致一种悲观的结论。另外，马尔库塞未将科学技术在特定历史阶段和特定社会中的运用的伦理特征即特定社会、特定阶段科学技术的社会伦理本性与科学技术本身所具有的伦理本质加以区别，进而导致了对科学技术伦理本质了解的含混性与片面性。当然，马尔库塞的科技—社会伦理观对我们发展和应用科学技术也有一定的启示：一是必须正确确立发展科学技术价值目标即需以造福人类为宗旨；二是必须注重科学技术应用的合理性即以人—社会—自然的协调发展和人的全面发展为最终目标。

---

① 张一兵：《折断的理性翅膀》，南京出版社 1990 年版，第 319 页。

② ［美］马尔库塞：《单向度的人》，张峰等译，重庆出版社 1988 年版，第 216 页。

> 生产力在其科技发展的水平上，在生产关系面前似乎有了一种新的状态和地位。这就是说，生产力所发挥的作用从政治方面来说现在已经不再是对有效的合法性进行批判的基础，它本身变成了合法性的基础。①
>
> ——尤尔根·哈贝马斯

第十二章　作为“意识形态”的技术与科学的伦理批判

作为“意识形态”② 的技术与科学，这一命题是法兰克福学派第二代的代表人物尤尔根·哈贝马斯在《作为“意识形态”的技术

---

① ［德］哈贝马斯：《作为“意识形态”的技术与科学》，李黎、郭官义译，学林出版社1999年版，第41页。

② 法兰克福学派对意识形态概念的解释的外延十分宽泛，其中既包括社会意识的诸形式，又包括科学与技术。因而，法兰克福学派的意识形态批判遍及哲学、政治、道德、文化艺术以及科学技术等领域。法兰克福学派之所以对意识形态进行批判，与他们对意识形态的产生、本质和功能的特殊解释相关。阿多尔诺运用弗洛伊德关于意识与文明的理论，研究了意识形态的社会功能，发现一切意识形态的目的在于建立一种社会同一性，而社会中的个人之间则是极不同一的，因而，意识形态所希冀的社会同一性实际上是虚假的。由此，他把意识形态的本质特征描述为虚假性或非真实性。哈贝马斯亦认为，意识形态是“现存的非真理”。作为西方马克思主义的先驱者卢卡奇在论述意识形态的虚假性时，主要是针对剥削阶级的意识形态而言的，认为这种意识形态为掩盖本阶级利益，歪曲地反映现实，因而，具有虚假性和欺骗性。然而，法兰克福学派则把虚假性扩展为是一切意识形态所固有的普遍特性，断言意识形态系价值的概念，并具有功利性和效用性，以满足狭隘的阶级利益。

与科学》[①] 中明确提出的。然而，把科学技术视为意识形态，或认为科学技术执行着意识形态的职能，并不是哈贝马斯的创见。法兰克福学派老一辈的理论家们，在其早期著作里，在批判“科技异化”问题上，就把科技批判和意识形态批判结合在一起，把科学技术的社会功能同意识形态的社会功能相等同，认为科学技术起着掩饰多种社会问题、转移人的不满和反抗情绪、阻挠人们选择新的生活方式、维护现有社会统治和导致社会堕落的意识形态作用。法兰克福学派的奠基人霍克海默就曾指出：“不仅形而上学，而且还有它所批判的科学本身，皆为意识形态的东西；科学之所以是意识形态，是因为它保留着一种阻碍人们发现社会危机真正原因的形式……所有掩盖以对立面为基础的社会真实本质的人的行为方式，皆为意识形态的东西。”[②] 如上面论及的马尔库塞的名著《单向度的人》，也对科技异化为意识形态的问题，作了较为深入、全面和系统的论述和批判。马尔库塞认为，科学技术本身成了意识形态，是因为科学技术同意识形态一样，具有明显的工具性和奴役性，起着统治人和奴役人的社会功能。哈贝马斯关于科学技术执行着意识形态的职能，或者科学技术即是意识形态的理论，则进一步发展了霍克海默和马尔库塞的科学伦理思想。同时这又是他试图进行历史

---

① 《作为“意识形态”的技术与科学》是尤尔根·哈贝马斯 1968 年 8 月问世的一本重要论文集。其中大多发表于 1963 年至 1967 年。只有《作为“意识形态”的技术与科学》一文是这年 7 月为纪念马尔库塞 70 诞辰而写的。这篇文章既是对其他篇文章中的论点的进一步发挥，又是同马尔库塞的科技进步观点的辩论。哈贝马斯在《作为“意识形态”的技术与科学》一文中，提出了以下的思想：一是对法兰克福学派老一辈代表人物，特别是对马尔库塞把技术与科学作为传统的意识形态来批判的观点和对科技进步的悲观主义论点提出了异议；二是在分析和论述晚年资本主义社会发展趋势的基础上，对马克思的某些基本理论作了新的解释；三是提出了预防科学技术在发展方向及其使用中产生的副作用及危险性的设想——政治科学化的理论。

② ［德］霍克海默：《科学及其危机札记》，载《批判理论》，重庆出版社 1989 年版，第 5 页。

唯物主义“重建”的序曲。因为在《作为“意识形态”的技术与科学》一文中，哈贝马斯提出，要对马克思赖以提出的历史唯物主义的基本设想的范畴框架，有一个新的解释。[①] 因而，他从技术社会伦理的视角对马克思的科学伦理观和唯物史观提出一系列的质疑。笔者在阐述其科技社会伦理观的同时将有针对性地进行评析。

第一节 韦伯的“合理性”和马尔库塞伦理观批判

由于哈贝马斯科学技术的意识形态性的阐释，主要是在对马克斯·韦伯的“合理性”概念的内涵和马尔库塞的科技—社会伦理观评析和批判的基础上进行的。

一 韦伯的“合理性”与马尔库塞伦理观剖析

哈贝马斯首先对马克斯·韦伯使用“合理性”或“理性”这个概念进行了剖析。他指出韦伯使用“合理性”是为了规定资本主义的经济活动形式，即资产阶级的私法所允许的交往形式和官僚统治形式。“合理化或理性化的含义首先是服从于合理决断标准的那些社会领域的扩大。与此相应的是社会劳动的工业化，其结果是工具活动（劳动）的标准也渗透到生活的其他领域（生活方式的城市化，交通和交往的技术化）。”[②] 哈贝马斯为了说明上述两种情况，引入了目的理性的概念。他认为，在技术化中，目的理性活动的类型涉及到工具的组织；在城市化中，目的理性活

① ［德］哈贝马斯：《作为“意识形态”的技术与科学》，李黎、郭官义译，学林出版社 1999 年版，第 71 页。

② 同上书，第 38 页。

动的类型涉及到生活方式的选择。计划化可以被理解为第二个阶段上的目的理性的活动：计划化的目的，是建立、改进和扩大目的理性活动系统的本身。社会的不断“合理化”是同科技进步的制度化联系在一起的。当技术和科学渗透到社会的各种制度从而使各种制度本身发生变化的时候，旧的合法性也就失去了它的效力。指明行为导向的世界观的世俗化和“非神化”，即全部文化传统的世俗化和“非神化”，是社会活动的“合理性”不断增长的反面。

其次，哈贝马斯分析了马尔库塞的科技—社会伦理观与韦伯合理性思想的内在联系。韦伯从资本主义企业家和工业雇佣劳动者的目的理性活动中，从抽象的法人和现代的行政管理官吏的目的理性活动中得出，科学技术的标准与合理性概念具有内在的联系。因而，马尔库塞深信，在韦伯所说的“合理化”中要实现的不是“合理性”本身，而是以合理性的名义实现没有得到承认的政治统治的既定形式。因为这种合理性涉及到诸种战略的正确抉择，即技术的恰如其分的运用和（在既定的情况下确定目标时的）诸系统的合理建立。所以，这种合理性使得反思和理性的重建脱离了人们在其中选择各种战略、使用各种技术和建立诸种系统的全社会的利害关系，所以它要求的是包含着统治（不管是对自然的统治还是对社会的统治）的一种活动类型。因而，在对韦伯的批判的基础上，马尔库塞得出结论：“技术理性的概念，也许本身就是意识形态。不仅技术理性的应用，而且技术本身就是（对自然和人的）统治，就是方法的、科学的、筹划好了的和正在筹划着的统治。统治的既定目的和利益，不是‘后来追加的’和从技术之外强加上的；它们早已包含在技术设备的结构中。技术始终是一种历史和社会的设计；一个社会和这个社会的占统治地位的兴趣企图借助人和物而要做的事情，都要用技术加以设计。统治的这种目的是‘物质的’，因此它属于技术理性的形式本身。"①

与这一结论相关，马尔库塞在1956年就曾揭示了一种特殊现象：在先进的工业资本主义社会中，统治具有丧失其剥削和压迫的性质并且变成"合理的"统治的趋势，而政治统治并不因此而消失："统治仅仅是维持和扩大作为整体的国家机器的能力和利益决定的。"② 统治的合理性以维护这样一个（社会）系统为标准，这个系统允许把同科技进步联系在一起的生产力的提高作为它的合法性的基础，尽管另一方面，生产力的水平也是这样一种潜力：以这种潜力为标准，"个人被迫承受那些牺牲和负担，愈来愈表现为没有必要和不合理"。马尔库塞认为，在个人愈来愈严重地屈从于巨大的生产设备和分配设置的情况中，在个人的业余时间不为个人所占有的情况中，在建设性的和破坏性的社会劳动几乎难以分辨地融合在一起的情况中，人们可以看到客观上多余的压制。但是这种压制有可能自相矛盾地从人民群众的意识中消失，因为统治的合法性具有一种新的性质，即日益增长的生产率和对自然的控制，也可以使个人生活愈加安逸和舒适。

由此，哈贝马斯认为，伴随着科技进步而出现的生产力的制度化的增长，破坏了一切历史的伦理关系。从生产力制度化的增长中获得它的合法性机遇。那种认为生产关系可以用于发展生产力的潜力的思想，由于现存的生产关系表现为合理化社会的技术上必要的一种组织形式而不能成立。因而，马克斯·韦伯所说的"合理性"在这里具有一种双重性：对生产力的状况来说，它不仅仅是批判的标准，即人们可以借助它揭露历史上过时的生产关系所具有的客观的压制性，而且同时也是辩护的标准，可以说这种生产关系作为一

① ［德］哈贝马斯：《作为"意识形态"的技术与科学》，李黎、郭官义译，学林出版社1999年版，第39—40页。

② 同上书，第40页。

种功能上合法的制度框架，本身也有其存在的权利。甚至可以说，“合理性”作为批判的标准同它的辩护的标准相比，它的作用钝化了并且在制度内部变成了应该修正的东西。因此，“生产力在其科技发展的水平上，在生产关系面前似乎有了一种新的状态和地位。这就是说，生产力所发挥的作用从政治方面来说现在已经不再是对有效的合法性进行批判的基础，它本身变成了合法性的基础”。[①]

由于不能把科学和技术的合理性看作逻辑的不变规则和能够得到有效控制的活动的不变规则，它就成了一种把历史上形成的，因而是暂时的先验的包含在自身之中的东西。马尔库塞对此持肯定态度并认为，“现代科学的原理都是先验地建构起来的。所以，它们作为抽象的工具，可以为自行完成和有效监督的宇宙服务。理论上的操作主义最终同实践的操作主义是一致的。那种引导人们不断地、更加有效地控制自然的科学方法，借助于对自然的控制也为人对人的不断地变得更加有效的统治提供了纯粹的概念和工具”。[②] 当代，统治不仅借助于技术，而且作为技术而永久化和扩大化了；而技术给扩张性的政治权力——它把一切文化领域囊括于自身——提供了巨大的合法性。在这个宇宙中，技术也给人的不自由提供了巨大的合理性，并且证明，人要成为自主的人、要决定自己的生活，在“技术上”是不可能的。“因为这种不自由既不表现为不合理的，又不表现为政治的，而是表现为对扩大舒适生活和提高劳动生产率的技术设备的屈从。因此，技术的合理性是保护而不是取消统治的合法性，而理性的工具主义的视野展现一个合理的极权的社会。”[③]

哈贝马斯进而认为，韦伯的“合理化”不仅是社会结构变化的

① ［德］哈贝马斯：《作为“意识形态”的技术与科学》，李黎、郭官义译，学林出版社 1999 年版，第 41 页。

② 同上书，第 41—42 页。

③ 同上。

一个漫长过程，而且也是弗洛伊德所说的“合理化”真正的动机，即维护客观上过了时的统治，被诉诸技术的无上命令掩盖了。因为科学技术的合理性本身包含着一种支配的合理性，即统治的合理性。因此，在哈贝马斯看来，现代科学的合理性是历史的产物的这种见解，既归功于马尔库塞，也归功于胡塞尔关于欧洲科学危机的论述和海德格尔关于西方形而上学的瓦解的理论。尽管布洛赫曾提出过这样的观点，科学以及现代技术已经受到资本主义歪曲的合理性，使得纯粹的生产力失去了它的纯洁性，然而，只有马尔库塞才把“技术理性的政治内容”当作分析晚期资本主义社会的一种理论出发点。由于它不是从哲学上去阐述这种观点，所以，这种见解的种种困难就会显现出来。

二　马尔库塞伦理观批判与“主体通性”的提出

哈贝马斯指出了马尔库塞的科技—社会伦理观中的摇摆性。他认为，假如马尔库塞对于社会分析所依据的现象，即技术和统治——合理性和压迫——的特有的融合，即在科学技术的物质的先验论中潜藏着一种由阶级利益和历史状况所决定的世界设计，那么，离开了科学技术本身的革命化来谈论解放，似乎是不可思议的。马尔库塞试图结合人们从犹太教和基督教的神话中所熟知的“复活已经毁灭了自然”的许诺，进而研究一种新的科学观念：一种普遍承认的观念。马尔库塞写道：“我试图指出的是，科学依靠它自身的方法和概念，设计并且创立了这样一个宇宙，在这个宇宙中，对自然的控制和对人的控制始终联系在一起。这种联系的发展趋势对作为整体的宇宙产生了一种灾难性的影响。人们用科学来把握和控制的自然，重新出现在既生产又破坏的技术装备中，这种技术装备在维持和改善个人生活的同时，又使个人屈服于（他们的）主人——技术装备。因此，合理的等级制度和社会的等级制度融为一体。如果情况果真如此，那么能够消除这种灾难性的联系的进步方向的变化，也将会影响科学结构本身，即影响科学的规划。"①

哈贝马斯认为，马尔库塞不仅始终注意不同理论，而且也注意原则上不同的科学的方法论。因为在马尔库塞看来，人们赖以把自然当作一种新的经验客体的那种先验框架，不再是工具活动的功能范围。这样，一种能使自然的潜能释放出来和得到保护的观点，代替了可能的技术支配的观点：（宇宙中）"存在着两种统治：压迫的统治和解放的统治。"同这种观点相对立的是：只有当至少一种可选择的设计是可思议的时候，现代科学才能被理解为一种历史的唯一的设计。

哈贝马斯赞成阿尔诺特·盖伦曾经提出的观点：在技术和目的理性活动的结构之间，存在一种内在联系。他认为，假若我们把有效开展的活动范围理解成合理决断和工具活动的统一体，那么我们就能够用目的理性活动的逐步客体化的观点重建技术的历史。因之，技术的发展同解释模式是相应的。在此基础上，哈贝马斯阐释了人—技术—自然的伦理关系，"如果说技术的发展遵循一种同目的理性和能够得到有效控制的活动的结构相一致的逻辑，即同劳动的结构相一致的逻辑，那么，只要人的自然组织没有变化，只要我们还必须依靠社会劳动和借助于代替劳动的工具来维持我们的生活，人们也就看不出，我们怎样能够为了取得另外一种性质的技术而抛弃我们现有的技术。我们不把自然当作可以用技术来支配的对象，而是把它作为能够和我们相互作用的一方。我们不把自然当作开采对象，而试图把它看作是生存伙伴"。② 为此，哈贝马斯又引入了一个新的主体通性的伦理范畴作为对上述思想或人—技术—自然伦理关系的一种概括。他认为，在主体通性尚不完善的情况下，我

① 哈贝马斯：《作为"意识形态"的技术与科学》，李黎、郭官义译，学林出版社1999年版，第43页。

② 同上书，第45页。

们可以要求动物、植物甚至石头具有主观性，并且可以同自然界进行交往，在交往中断的情况下，不能对它进行单纯的改造。因而，在人们的相互交往尚未摆脱统治之前，自然界的那种被束缚着的主观性就不会得到解放。只有当人们能够自由地进行交往，并且每个人都能在别人身上来认识自己的时候，人类方能把自然界当作另外一个主体来认识，而不像唯心主义所想的那样，把自然界当作人类自身之外的一种他物，而是把自己作为这个主体的他物来认识。

在哈贝马斯看来，技术的成就不能用自然界来代替。对现有技术的选择，是与一种可以选择的行为结构联系在一起的。马尔库塞在《单向度的人》一书的许多章节中指出，革命化是制度框架的变化，而生产力本身并不受这种变化的影响。科技进步的结构是不变的，发生变化的只是起指导作用的价值。新的价值将转化成可以用技术手段解决的任务。创造新事物是科技进步的方向。但是，合理性的标准本身却始终不变。“技术作为工具的宇宙，它既可以增加人的弱点，又可以增加人的力量。在现阶段，人在他自己的机器设备面前也许比以往任何时候都更加软弱无力。”①哈贝马斯认为，马尔库塞在这里，再次说出了生产力在政治上的纯洁性，进而更新了生产力和生产关系的关系之经典定义。但是，并没有对生产力和生产关系之间的新格局给予准确的描述。在他看来，科学技术特有的“合理性”一方面标志着一种不断增长着的、如以往一样威胁着制度框架的过度发展的生产力的潜力；另一方面也是衡量起着限制作用的生产关系本身的合法性的标准，这种合理性的双重性如同马尔库塞所说：“当对自然的改造导致了对人的改造，并且当‘人的创造物’产生于社会整体并且又回到社会整体时，技术的先验论就是一种政治的先验论。然而，人们仍然可以认为，技术世界的机械

① ［德］哈贝马斯：《作为“意识形态”的技术与科学》，李黎、郭官义译，学林出版社 1999 年版，第 46 页。

系统‘本身’对于政治目的来说仍然是中性（中立）的，它只能加速或者阻挠社会的发展。”① 电子计算机既可以为资本主义的管理服务，又可以为社会主义的管理服务；……然而，如果技术成了物质生产的普遍形式，那么它就制约着整个文化；它规划的是历史的总体性——一个“世界”。

第二节　科学技术意识形态化的伦理解读

哈贝马斯指出，马尔库塞用技术理性的政治内涵的表述掩盖的问题，可以从范畴上精确地加以确定。在他看来，科学技术的合理形式，即体现在目的理性活动系统中的合理性，正在扩大成为生活方式，成为生活世界的“历史的总体性”。韦伯曾经希望使用社会的合理化来描述和解释这个过程。在哈贝马斯看来，他们两个人都没有令人满意地、成功地描绘和解释这个过程，因此他对这一问题提出了自己的见解。

一　交往关系伦理解释框架的提出

哈贝马斯通过对韦伯的合理化的伦理观进行解析和批判，提出了交往关系的伦理解释框架，从理论的显层面上看，他是以此分析科学技术意识形态化的社会活动背景；然而，从深层次即他的实际意图来看，他是想用交往关系的伦理框架替代马克思关于“物质生活的生产方式制约着整个社会生活、政治生活和精神生活的过

---

① ［德］哈贝马斯：《作为“意识形态”的技术与科学》，李黎、郭官义译，学林出版社 1999 年版，第 47 页。

程”[①] 之论断，用“劳动”和“交往关系”代替马克思把生产力与生产关系作为揭示社会发展过程的一对基本范畴。

如果说韦伯曾经试图用“合理化”的概念去把握科技进步对正处在“现代化”进程中的那些社会的制度框架所起的反作用，那么哈贝马斯则提出了一个有别与此的交往关系的伦理解释框架。

首先，交往关系的伦理框架的出发点是劳动和相互作用之间的根本区别。他把“‘劳动’或曰目的理性的活动理解为**工具的活动**，或者**合理的选择**，或者两者的结合。工具的活动按照技术规则来进行，而技术规则又以经验知识为基础；技术规则在任何情况下都包含着对可以观察到的事件（无论是自然界的还是社会上的事件）的有条件的预测”。[②] 这些预测本身可以被证明为有根据的或者是不真实的。合理选择的行为是按照战略进行的，而战略又以分析的知识为基础。分析的知识包括优先选择的规则（价值系统）和普遍准则的推论。这些推论或是正确的或是错误的。目的理性的活动可以使明确的目标在既定的条件下得到实现。但是，当工具的活动按照现实的有效控制标准把那些合适的和不合适的手段组织起来时，战略活动就只能依赖于正确地评价可能的行为选择，而正确的评价是借助于价值和准则从演绎中产生的。

其次，哈贝马斯还把“以符号为媒介的相互作用，理解为**交往活动**”。[③] 相互作用是按照必须遵守的规范进行的，而这种规范规定着相互的行为期待，因而，相互作用必须得到至少两个行动的主体（人）的理解和承认。社会规范是通过制裁得到加强的，它的意义在日常语言的交往中得到体现。当技术规则和战略规则的有效性

---

① 《马克思恩格斯全集》第 2 卷，人民出版社 1957 年版，第 82 页。

② ［德］哈贝马斯：《作为“意识形态”的技术与科学》，李黎、郭官义译，学林出版社 1999 年版，第 49 页。

③ 同上。

取决于经验上是真实的，或者分析上是正确的命题的有效性时，社会规范的有效性则是在对意图的相互理解的**主体通性**中建立起来的，而且通过义务得到普遍承认来保障。在两种情况下，破坏规则具有不同的后果。破坏了有效的技术规则或者正确的战略的非法行为，之所以不允许，是由于它造成了恶劣的后果。破坏现行规范的越轨行为，其结果是受制裁，而制裁只是表面上的，更重要的是，目的理性活动所掌握的规则，使我们具有熟练的纪律性：（牢记在）内心深处的规范使我们具备了（伟大人物的）人格结构；技巧使我们能够解决问题；种种动机使我们可以执行统一的规范。

再次，人们可以根据两种行为类型，“按照目的理性的活动和相互作用在社会诸系统中是否是主要的，来区别社会诸系统。社会的制度框架是由规范组成的，而这些规范指导着以语言为媒介的相互作用。但是，事实上也存在着一些系统（如，韦伯所说的经济系统或者国家机器），在这些系统中，制度化了的主要是目的理性的活动命题”。[①] 同时，在哈贝马斯看来，也存在着如家庭和亲属这样一些系统。它们主要是以相互作用的道德规则为基础。只要人们的行为是由制度框架决定的，那么，这些行为同时就得受具有法律效力的和伦理的相互限制的行为期待的指导和强制。只要人们的行为是由目的理性活动的子系统决定的，那么，它们就得遵循工具的活动模式和战略的活动模式。保证人们的行为能够完全遵循既定的技术规则和所期望的战略，只有通过制度化来实现。

二　科学技术意识形态化的社会制度背景的伦理辨析

哈贝马斯根据上述的伦理理论的解释构架辨析了科学技术意识形态化的社会制度背景。

① ［德］哈贝马斯：《作为“意识形态”的技术与科学》，李黎、郭官义译，学林出版社 1999 年版，第 50 页。

首先，他对文明社会与“传统社会”作了区分。他认为，符合文明标准的社会制度代表着人类发展史中的一个既定阶段。它们同比较原始的社会形态的区别就在于：一是有一个中央集权统治（即有一个不同于部落组织的国家统治组织）；二是社会分裂为社会经济的阶级（即分配给个人的社会负担和补偿是按照他的阶级属性，而不是根据亲缘关系的标准）；三是任何一种重要的世界观（神话、文明社会中的宗教），其目的都在于使统治的合法性产生一定的效力。[①] 比较发达的技术和社会生产过程的分工组织，使得剩余产品有了可能，而文明社会是在比较发达的技术和社会生产过程的分工组织基础上建立起来的。文明社会的存在有赖于随着剩余产品的产生而出现的问题的解决。

其次，他运用目的理性活动的子系统的话语系统界定了“传统社会”：（它们的）制度框架是建立在对整个现实——宇宙和社会——所作的神话的、宗教的或形而上学的解释的毋庸置疑的合法性基础上的。只要目的理性活动的子系统的发展保持在文化传统的合法的和有效的范围内，传统社会就能存在下去。如建立在农业和手工业的经济基础上的文明社会，只是在一定的限度内才容忍了技术的更新和组织的改进。前资本主义的生产方式、前工业化的技术和前现代的科学的稳定模式，使得制度框架同目的理性活动的子系统的独特关系有了可能，即以社会劳动系统和在社会劳动中积累起来的、技术上可以使用的知识为出发点，这些自身发展着的子系统，虽然取得了可观的进步，但却从未使自身的“合理性”发展成为使统治合法化的文化传统的权威受到公开威胁的程度。这是这种制度框架的“优越性”。这种优越性虽不排除生产力的巨大潜力能使（制度框架）的结构发生种种变化，但它排除了使合法性的传统

---

① ［德］哈贝马斯：《作为“意识形态”的技术与科学》，李黎、郭官义译，学林出版社1999年版，第51页。

形式发生严重瓦解潜力。这种能够经受攻击的优越性是传统社会区别于实现了现代化的社会的一个具有重大意义的标准。这种“优越性的标准”适用于有国家组织形式的阶级社会的所有情况，这些情况的特征是，每个人都具有的传统的文化价值不会受到明确的怀疑。

再次，他认为，资本主义的生产方式是一种能够保证目的理性活动的子系统不断发展，从而动摇了（传统社会的）制度框架在生产力面前的传统的“优越性”。在世界史上，资本主义是第一个把自行调节的经济增长（机制）加以制度化的生产方式，即资本主义首先创造了工业化主义，然后工业化主义才能从资本主义的制度框架中摆脱出来，并且才能以私人的形式被固定在不同于资本增值的机制上。在传统社会进入现代化的过程中，其社会的界限并不是以制度框架的结构变化，而是以在比较发达的生产力的压力下被迫发生为特征的，这是自古以来人类发展史的必然发展过程。换言之，生产力发展水平的更新，使目的理性活动的子系统不断发展，从而通过对宇宙的解释使统治的合法性的文明形式成为问题。因此，资本主义是由一种生产方式决定的，这种生产方式不仅提出了统治的合法性问题，而且也解决统治的合法性问题。这种合法性不再得自于文化传统的天国，而是从社会劳动的根基上获得。财产私有者赖以交换商品的市场机制，确保交换关系的公平合理和等价交换。其资产阶级的意识形态，用相互关系的范畴把交往活动的关系变成了合法性的基础。

最后，哈贝马斯指出，过去传统统治是政治统治，即在一切文明的社会中，这种制度框架同政治统治体制曾经是同一的。只有随着资本主义生产方式的出现，制度框架的合理性才能直接同社会劳动系统联系在一起。只有在这个时候，所有制才能从一种政治关系变成一种生产关系，因为所有制本身的合法性是依靠生产的合理性，即交换社会的意识形态，而不再是依靠合法的统治制度。确切地说，统治制度是依靠生产的合法关系来取得自身存在的权利的：这就是从洛克到康德的合理的自然法的本来内容。社会制度框架仅仅在间接意义上是政治的，在直接意义上是经济的。哈贝马斯认为，资本主义生产方式比以往的生产方式优越，“可以从以下两个方面加以阐述，一是它建立了一种使目的理性活动的子系统能够持续发展的经济机制；二是它创立了经济的合法性；在其之下，统治系统能够同这些不断前进的子系统的新的合理性要求相适应”。①韦伯则把这种适应过程理解成“合理性”。一旦新的生产方式随着财产和劳动力的区域性的交换活动的制度化，同时随着资本主义经营的制度化得到确立，便会自下产生一种持续性的适应压力。这样，诸种传统的联系：劳动和经济交流的组织、交通运输网、情报通讯网、法律允许的私人交往关系，以及从财政管理角度出发的国家的官僚体制都将日益屈从于工具合理性或者战略合理性的条件。于是，在现代化的压力下，形成了社会的基本设施。它涉及到了军事、教育、卫生，以至家庭等一切社会领域，并且迫使城市和乡村的生活方式都市化，即迫使每一个人在其中受到熏陶的集团文化随时都能够从相互作用的联系“转向”目的理性的活动。

三　关于交往关系伦理解释框架的评析

哈贝马斯的上述分析确实抓住了资本主义社会生产力和生产关系的某些新变化，比如，科学技术的发展对生产力的发展起着日益突出的推动作用，并成为生产力的重要构成部分；科学技术已被作为资本主义统治的重要工具，进而使高度发展的生产力具有维护统治合法性的作用；因而在晚期资本主义社会，生产力的高度发展并不能直接引起解放运动；尽管生产力与生产关系在资本主义社会也

① ［德］哈贝马斯：《作为“意识形态”的技术与科学》，李黎、郭官义译，学林出版社 1999 年版，第 55 页。

存在着矛盾，但借助于科学技术，国家在一定程度上具有调节这种矛盾的功能。哈贝马斯的这些考察的确有助于人们把握当代资本主义社会中生产力与生产关系在科学技术高度发展的条件下其矛盾运动的新形式、新特点。

然而，这些矛盾运动的新形式、新特点并不说明或解决了资本主义社会存在的生产力的社会化与生产资料的私人占有之间的根本冲突。当代显现出的资本主义社会生产力与生产关系之间矛盾的调节，只是一种暂时的有限的现象。而哈贝马斯仅仅注重当下现象的分析，这恰恰是哈贝马斯交往关系伦理解释框架的根本性的缺陷之所在。

第三节　作为意识形态的科学技术对马克思主义的影响

哈贝马斯认为，自 19 世纪的后二十五年以来，在先进的资本主义国家中，“出现了两种引人注目的发展趋势：一是国家干预活动增加了；国家的这种干预活动必须保障（资本主义）制度的稳定性；二是科学研究和技术之间的相互依赖关系日益密切；这种相互依赖关系使得科学成了第一位的生产力”。[①] 这两种趋势破坏了制度框架和目的理性活动的子系统的原有格局；而自由发展的资本主义曾经以这种格局显示了自身的优点。因而，哈贝马斯便得出结论：运用马克思根据自由资本主义社会正确提出的政治经济学的重要条件消失了[②]，而马尔库塞的基本论点——技术和科学具有统治的合法性功能，为分析改变了的格局提供了钥匙。

---

① ［德］哈贝马斯：《作为“意识形态”的技术与科学》，李黎、郭官义译，学林出版社 1999 年版，第 58 页。

② 同上。

一 作为第一位生产力的科学技术与国家的干预活动

首先，在哈贝马斯看来，由于科学技术的发展，经济体制同政治体制的关系发生了变化；政治不再是一种上层建筑现象。国家通过干预对经济发展过程所作的持续性调整，是从抵御放任自流的资本主义的、危害制度的功能失调中产生的。由此，他又认为，马克思在理论上揭露的公平交换的基本意识形态实际上瓦解了。① 私人经济的资本增值形式，只有通过国家对起周期性稳定作用的社会政策和经济政策的改进才能得到维持。社会制度框架重新政治化了，它已不再同生产关系即同那种保障资本主义经济交往的司法制度相一致，以及同保障资产阶级国家制度的一般措施相适应。这样，批判的社会理论就不再采用政治经济学批判的唯一方式。而当公平交换的意识形态瓦解了，人们就不再用生产关系直接地批判统治制度了。因此，政治不是以实现保障经济体制的稳定和发展，消除功能失调和排除那些对制度具有危害性的冒险行为为导向实践的目的，**而是以解决技术问题为导向。**

其次，旧式的政治仅仅是借助于统治的合法性形式，规定自身与实践目的的关系：对“美好生活”的解释，目的是建立相互作用的联系。与此相反，当今占统治地位的补偿纲领仅仅同被控制的系统的功能相关；它不管实践问题，因而也不管关于接受似乎只涉及民主的意志形成的标准的讨论。技术问题的解决不依赖公众的讨论。在这个制度内，国家活动的任务表现为技术任务。所以，国家干预主义的新政策，要求的是广大居民的非政治化。随着实践问题的排除，政治舆论也就失去作用。另一方面，社会制度框架始终是和目的理性活动系统相区别。社会制度框架的组织，仍旧是一个受

① ［德］哈贝马斯：《作为“意识形态”的技术与科学》，李黎、郭官义译，学林出版社 1999 年版，第 58 页。

交往制约的实践问题，并不只是以科学为先导的技术问题。

在上述的论述中，哈贝马斯提出了一个值得注意的观点，科学在当代成了第一位的生产力。同时指出了科学技术又产生了对社会的不良后果：国家干预活动增加了；国家的这种干预活动保障了（资本主义）制度的稳定性，进而使人们产生了一种错觉，这些国家的政治不是以实现保障经济体制的稳定和发展，消除功能失调和排除那些对制度具有危害性的冒险行为为导向实践的目的，而是以解决技术问题为导向。整个社会出现了关注技术问题，而置政治问题于不顾。因而，科学技术成了既控制自然又控制人的一种新形式，它成功地阻挠了人们议论社会基础，广大居民的非政治化，政治舆论也就失去作用。哈贝马斯揭示了科学技术资本主义运用的负面性社会伦理功能：在科学技术合理性掩盖下的资本主义的不合理性，这是哈贝马斯科技—社会伦理观具有理论价值和合理之处。然而，他由此对马克思关于经济基础与上层建筑的学说提出的质疑却暴露了其历史观上的误区。由于科学在当代成了第一位的生产力，在发达的资本主义社会，国家干预的作用日益增强，并已深入到各个领域。这是上层建筑因素向经济基础渗透、转化的表现。哈贝马斯强调这一点，是值得我们在研究当代资本主义社会中经济基础与上层建筑的关系时应该注意的。但须指出的是：其一，上层建筑因素向经济基础渗透、转化，并不能消除这矛盾的两个方面的质的规定性及其差异。哈贝马斯由强调了当代发达资本主义社会由于科学技术的意识形态化使上层建筑因素向经济基础渗透、转化，进而否定了上层建筑与经济基础在质的规定上的差异性，用概念规定的相对性来否定这两个概念内涵的确定性。其二，上层建筑因素向经济基础渗透、转化，也不能否定经济基础对上层建筑的决定性、上层建筑必须适应经济基础发展的原理。而哈贝马斯则由强调上层建筑因素向经济基础渗透、转化，断定在晚期资本主义社会与国家中，马克思根据自由资本主义社会正确提出的政治经济学的重要条件消失了，这显然是错误的。

二　技术与科学的意识形态作用

哈贝马斯认为，自19世纪末叶以来，标志着晚期资本主义特点的另一种发展趋势，即技术的科学化趋势日益明显。技术与科学具有意识形态的作用主要表现在以下几个方面：

首先，由于**技术和科学便成了第一位的生产力**，大规模的工业研究，科学、技术及其运用结成了一个体系。在这个过程中，工业研究是同国家委托的研究任务联系在一起的，而这首先促进了军事领域的科技进步，进而科技情报资料从军事领域流回到民用商品生产部门。因此，在哈贝马斯看来，运用马克思的劳动价值学说的条件就不存在了。[①] 因为当科学技术的进步变成了一种独立的剩余价值来源时，在非熟练的（简单的）劳动力的价值基础上技术研究和发展方面的资产投资总额，是没有多大意义的；而同这种独立的剩余价值来源相比较，马克思在考察中所得出的剩余价值来源即直接的生产者的劳动力就越来越不重要了。

其次，只要生产力还明显地同从事社会生产的人的合理决断和使用工具的活动紧紧地联系在一起，生产力就可以被理解成为日益增长的技术支配力量的潜力。但是，不能把生产力同置身于其中的制度框架相混淆。然而，随着科技进步的制度化，生产力的潜力就能够使劳动和相互作用的二元论在人的意识中变得越来越不重要。尽管社会利益仍旧决定着技术进步的方向、作用和速度，但是，社会利益十分清楚地说明社会系统是一个整体，所以社会利益同维护社会系统的兴趣是一致的。在这种情况下，科学和技术的准独立的进步，表现为独立的变数，而最重要的各个系统的变数，例如经济

① ［德］哈贝马斯：《作为“意识形态”的技术与科学》，李黎、郭官义译，学林出版社1999年版，第62页。

增长，实际上取决于科学和技术的这种准独立的进步。因此就产生了这样一种看法：**“社会系统的发展似乎由科技进步的逻辑来决定**。科技进步的内在规律性，似乎产生了事物发展的必然规律性，而服从于功能性需要的政治，则必须遵循事物发展的必然规律性。”① 在哈贝马斯看来，更为重要的是，技术统治论的命题作为隐性意识形态，甚至可以渗透到非政治化的广大居民的意识中，并且可以使合法性的力量得到发展。这种意识形态的独特成就是，它使社会的自我理解同交往活动的坐标系以及同以符号为中介的相互作用的概念相分离，并且能够被科学的模式代替。同样在目的理性的活动以及相应的行为范畴下，人的自我物化代替了人对社会生活世界所作的文化上既定的自我理解。

再次，社会的有计划的重建所依据的模式，产生于对系统的研究。按照自我调节的系统的模式去理解和分析各个企业和组织，甚至政治的或经济的局部系统和整个社会系统，原则上是可能的。哈贝马斯认为：“如果人们同意A. 盖伦的观点，认为技术发展的内在逻辑就在于目的理性活动的功能范围逐步替代人的机体，并且转移到机器上，那么，技术统治的愿望就可以被理解为这种发展的最后阶段。只要人是创造者，它不仅能第一次完全把自身客体化并同他的产品中表现出来的独立活动相对立；人作为被创造者，如果能把目的理性活动的结构反映在社会系统的层面上，那么人也能够同他的技术设备结为一体。”② 按照这种观点，迄今为止由另外一种行为类型所体现的社会的制度框架，似乎被目的理性活动的子系统（即包含在目的理性活动之中的子系统）吸收了。尽管这种技术统治的愿望至今还未变为现实，但是，作

---

① ［德］哈贝马斯：《作为“意识形态”的技术与科学》，李黎、郭官义译，学林出版社1999年版，第63页。

② 同上书，第64页。

为意识形态，它一方面为新的、执行技术使命的、排除实践问题的政治服务；另一方面，它涉及的正是那些可以潜移默化地腐蚀我们所有制度框架的发展趋势。权威国家的统治，让位于技术管理的压力。

三　关于技术与科学的意识形态作用的几点评析

上述哈贝马斯通过阐释技术与科学具有意识形态的作用，强调由于**技术和科学成了第一位的生产力**，大规模的工业研究，科学、技术及其运用结成了一个体系，运用马克思的劳动价值学说的条件就不存在了。对此须进行评析，才有助于我们在科学技术高度发展的背景下正确理解马克思的劳动价值学说。

首先，在晚期资本主义社会（哈贝马斯语），由于科学技术的发展、自动化程度不断提高，进而使其生产率有了惊人的提高，但在生产过程中，体力劳动的能量与强度大大减轻，以至于在其中已不占主导地位。然而，这只是表明劳动力结构的变化，这种变化又主要表现为在晚期资本主义社会中，脑力劳动已成为劳动者的主要劳动方式，社会财富主要由脑力劳动所创造。① 因而，由此并不能得出从事生产的劳动者已经不重要的结论。就生产而言，其中既包括体力劳动又包括脑力劳动。尽管在现代化生产中，由于机械化和自动化的实现，生产者大多由把自己的体力直接投入生产过程变为对生产过程的监督与“旁观”或主要从事对自动化系统的程序编制、操作、监视、调节与维修，但产品的生产仍然是由生产者参与即投入一定的体力与脑力才得以完成。如果说在机械化和自动化的实现以前，生产者在生产过程中的决定作用主要是通过体力劳动体现的，那么在机械化和自动化的实现后，生产者在生产过程中的决定作用主要是通过脑力劳动，运

① 欧力同、张伟：《法兰克福学派研究》，重庆出版社 1990 年版，第 407 页。

用现代的技术与技能体现的。

其次，由于现代化的生产过程仍然是生产者操控的，那么使产品价值增值的仍然是生产者的活劳动，而不是机器的死劳动。只是使产品价值增值的源泉已由原来的体力劳动变为脑力劳动而已。[①]机械化自动化的机械体系仅仅是生产者的劳动手段和一种固定资本，正如马克思所说：“资本不创造科学，但是它为了生产过程的需要，利用科学，占有科学。”[②] 若没有生产者的劳动（掌握了科学技术的生产者的体力和脑力劳动）将其投入生产过程，不要说使产品价值增值，就连自身的价值转移都难以实现。诚然，在现代化的大生产中，机器不再是个别的生产工具，而是一种机器的体系或多种机器的复合体系；生产者也不再是以独立的个体投入到生产过程之中，随着机械化和自动化的实现和机器的体系化，生产者亦结成了一个生产者共同体，这样就使得生产者个体的劳动量已无法测定。然而，若对生产者共同体和机器体系来考察，生产者共同体的劳动量仍然是可以测定的，进而生产者使产品增值的量也是可以测定的。这就确证了马克思关于活劳动与死劳动关系的阐释并没有因机械化和自动化的实现而失去其理论的现实基础，事实证明，在当代的现代化生产中生产者的活劳动仍然是创造价值的源泉。[③] 显然，哈贝马斯“运用马克思的劳动价值学说的条件就不存在了”的观点是站不住脚的。

再次，由于在现代化大生产中产品的价值依然是生产者所创造，那么其中蕴涵的剩余价值也依然是生产者所创造的。只是由于机械化和自动化的实现使剩余价值的构成发生了变化，即由于科学技术的运用，使相对剩余价值量对绝对剩余价值量的比例大大提高了，

① 欧力同、张伟：《法兰克福学派研究》，重庆出版社 1990 年版，第 407 页。
② 《马克思恩格斯全集》第 47 卷，人民出版社 1979 年版，第 569 页。
③ 欧力同、张伟：《法兰克福学派研究》，重庆出版社 1990 年版，第 407 页。

脑力劳动所创造的剩余价值远远高于体力劳动所创造的剩余价值。[①]正像马克思所指出的那样，“由于自然科学被资本用作致富手段，从而科学本身也成为那些发展科学的人的致富手段，所以，搞科学的人为了探索科学的**实际应用**而互相竞争”。[②] 可见，在晚期资本主义社会发展和运用科学技术的目的是为了榨取更多的剩余价值。

第四节　晚期资本主义社会科学技术发展的新动向

晚期资本主义社会科学技术发展的新动向，在哈贝马斯看来，**技术统治的意识同以往一切意识形态相比较，“意识形态性较少”**。[③]在晚期资本主义社会系统中，那些同维护生产方式紧密联系的利益，不再是阶级的利益，它们不再带有明显的（阶级）局限性。进而，哈贝马斯便误认为，资本主义社会由于上面提及的两种发展趋势，业已发生了这样的变化，以至于使马克思学说的两个主要范畴——阶级斗争和意识形态——再也不能不根据情况而加以运用。

一　科学技术发展的新动向

首先，随着私人经济的资本价值增值，依旧隐含在社会结构中的冲突永远是潜在的、带有最大的可能性的冲突。“这种冲突同那些尽管受生产方式制约，但不再可能具有阶级冲突形式的冲突相比较，居于次要地位。”[④] 因为旨在避免对社会系统造成危害的统治制度，它所排斥和摒弃的恰恰是“统治”，即直接的政治统治或以

---

① 欧力同、张伟：《法兰克福学派研究》，重庆出版社 1990 年版，第 407 页。

② 《马克思恩格斯全集》第 47 卷，人民出版社 1979 年版，第 571 页。

③ ［德］哈贝马斯：《作为“意识形态”的技术与科学》，李黎、郭官义译，学林出版社 1999 年版，第 69 页。

④ 同上书，第 66 页。

经济为媒介的社会统治，只要它用这样的方式进行统治：一个阶级主体把另一个阶级主体作为可以同自己相等同的集团来看待。但是，这并不是意味着阶级对立的消亡，而是阶级对立的潜伏。阶级的特殊差别依然以集团文化传统的形式和以相应的差异形式继续存在；这种差异不仅表现在生活水平和生活习惯上，并且也表现在政治观点上；尤其是依靠工资度日的阶级将受到比其他集团更为严重的社会不平等现象的打击。在直接生活机遇的层面上，维护制度普遍化的兴趣，甚至在今天，仍旧是在特权结构中确定下来的，对主体来说完全独立的兴趣，似乎是没有的。但是国家调节的资本主义中的政治统治，随着抵御对制度的危害，本身包含着一种超越了潜在的阶级界限的、对维护分配者的补偿部分的关心。

其次，冲突领域从阶级范围内转移到没有特权的生活领域内，决不意味着严重的潜在冲突的消除。在晚期资本主义社会里，尽管没有特权的集团的界限，但仍带有集团的特征，那些生活状况恶化的集团和享有特权的集团的对立，就不会表现为社会的和经济的阶级对立。因此，在一切传统社会中曾经存在的并且出现在自由资本主义中的那种基本关系，将成为次要的关系，即处于制度化了的、暴力的、经济剥削的、政治压迫的关系中的双方之间的阶级对立，将成为次要的。双方的交往是畸形的和受限制的。道德的辩证法失去作用，产生了后历史学的独特假象。原因是："生产力的相对提高，不再是理所当然地表现为一种巨大的和具有解放性后果的潜力；现存的统治制度的合法性在这种巨大的、解放性的潜力面前，将不堪一击。"[①] 因为在哈贝马斯看来，现在第一位的生产力——国家掌管着科技进步本身——已经成了（统治的）合法性的基础这种新的合法性形式，显然已经丧失了意识形态的旧形态。一

① ［德］哈贝马斯：《作为"意识形态"的技术与科学》，李黎、郭官义译，学林出版社 1999 年版，第 68 页。

方面，技术统治的意识同以往一切意识形态相比较，**“意识形态性较少”**，因为它没有那种看不见的迷惑人的力量；另一方面，当今那种占主导地位的，并把科学变成偶像，因而变得更加脆弱的隐性意识形态，比之旧意识形态更加难以抗拒，范围更为广泛，它在掩盖实践问题的同时，不仅为既定阶级的局部利益作辩解，并且站在另一个阶级一边，压制局部的解放的需求，而且损害人类要求解放的利益本身。

再者，技术统治的意识不是合理化的愿望和幻想。不能把资产阶级的意识形态归结为一种合理的和摆脱了统治的，双方都满意的相互作用的基本形态；而技术统治的意识不大可能受到反思攻击，因为它所表达的不再是“美好生活”的设想。[①] 在哈贝马斯看来，新旧意识形态的区别表现在两个方面：一是由于资本关系受确保群众忠诚的政治分配模式的制约，它建立的不再是一种没有得到改进的剥削和压迫。阶级对抗能够继续存在的前提是，给阶级对抗作基础的镇压历史地被人们所意识，并且以不断变化的形式作为社会制度的特征被稳定下来，因此，技术统治的意识不能像旧的意识形态那样以同一种方式建立在对集体的压制上。二是群众对制度的忠诚，只有借助于对个人需求的补偿才能产生。这样，反映在技术统治意识中的不是道德联系的颠倒和解体，而是作为生活联系的范畴——全部“道德”的排除。普通的实证论思想使日常语言的相互作用的坐标系失去作用，而统治和意识形态就是在日常语言的相互作用的坐标系中，在畸形的交往条件下形成的，而且也可以通过反思得到清楚地观察。

通过技术统治的意识得到合法化的人民大众的非政治化，同时也是人在目的理性活动范畴中，以及在有适应能力的行为范畴中的

① ［德］哈贝马斯：《作为“意识形态”的技术与科学》，李黎、郭官义译，学林出版社 1999 年版，第 69 页。

自我具体化或自我对象化，即科学的物化模式变成了社会文化的生活世界，并且通过自我理解赢得了客观的力量。技术统治的意识形态核心：是实践和技术的差别的消失——这不是这种新格局的概念，而是失去了权利的制度框架和目的理性活动的独立系统之间的新格局的反映。

二　关于科学技术发展新动向的几点评析

首先，哈贝马斯揭示了晚期资本主义社会科学技术发展的新动向：一是技术统治的意识同以往一切意识形态相比较，**“意识形态性较少”**，因为它没有以往的意识形态的那种看不见的迷惑人的力量即不制造幻想、蛊惑和宣传等欺骗手段，而是采取透明的直接的方法把自己的力量诉诸客观的合理性；二是当今占主导地位的，并把科学变成偶像，因而变得更加脆弱的隐性意识形态，比之旧意识形态更加使人难以抗拒，其作用的范围更为广泛，无孔不入，因为它在掩盖实践问题的同时，不仅为既定阶级的特殊的局部利益服务、为其作辩解，并且站在另一个阶级一边，压制局部的解放的需求，而且损害人类要求解放的利益本身。三是与以前旧的意识形态不同，反映在技术统治意识中的不是道德联系的颠倒和解体，而是作为生活联系的范畴——全部“道德”、价值和理想的排除，人们之间的相互作用，在畸形的交往条件下形成，通过技术统治的意识得到合法化的作用下，人民大众趋于非政治化。应该说，哈贝马斯的确看到了当代科学技术的进步对晚期资本主义社会的巨大影响，尖锐地揭露了资产阶级利用科学技术直接为维护自己的统治服务，即为统治的合法性辩护这一事实，批判了在晚期资本主义社会，尽管科学技术迅猛地发展，科学的物化模式变成了社会文化的生活世界，并且通过自我理解赢得了客观的力量，然而，政治民主化、人们之间的交往关系的发展、人类争取解放的利益本身进程却遭受挫折和损害。哈贝马斯关于科学社会的伦理批判是对晚期资本主义社会科学技术应用负效应的批判，对于我们认识发达资本主义社会的弊病和当代科学技术异化的种种表现不无借鉴意义。同时，也可以引发我们对科学技术的合理应用的思考。

其次，我们更应该看到，在哈贝马斯关于科学社会的伦理批判即对科学技术意识形态化的批判中，存在的方法论的误区。为此有必要重温一下马克思的有关论述，马克思在提及研究精神生产和物质生产之间的联系时指出："首先必须把这种物质生产本身不是当作一般范畴来考察，而是从一定的历史的形式来考察。例如，与资本主义生产方式相适应的精神生产，就和与中世纪生产方式相适应的精神生产不同。如果物质生产本身不从它的特殊的历史的形式来看，那就不可能理解与它相适应的精神生产的特征以及这两种生产的相互作用。从而也就不能超越庸俗的见解。这一切都是由于'文明'的空话而说的。"① 而哈贝马斯在其科学社会的伦理批判即对科学技术意识形态化的批判中，并没有具体地、科学地考察西方社会的生产方式、政治经济制度是如何影响和制约人们的文化心理结构的；而是抛开特定的社会历史背景，片面地强调科学技术的负效应，把科学技术用作晚期资本主义社会的意识形态和论证资本主义存在合理性的基础，进而他还认为，"虽然生产力从一开始就是社会发展的动力，但是，生产力似乎并不像马克思所认为的那样，在一切情况下都是解放的潜力，并且都能引起解放运动，至少从生产力的连续提高取决于科技进步——科技的进步甚至具有使统治合法化——的功能以来，不再是解放的潜力，也不能引起解放运动了"。② 即科学技术成了人类获得解放的障碍。显然，由于他在方法论上与马克思的历史辩证法相背离，因而，必然导致其结论与马

---

① 《马克思恩格斯全集》第26卷（上），人民出版社1972年版，第296页。

② ［德］哈贝马斯：《作为"意识形态"的技术与科学》，李黎、郭官义译，学林出版社1999年版，第72页。

克思科学伦理观相背离，并且也与马克思关于科学与意识形态的关系的理论相背离。这正如孙先生所说：“西方马克思主义由于脱离了马克思学说的唯物主义基础，虽然它一再声称要发扬马克思主义的批判精神，但是这种批判早已不是像马克思本人那样，针对着资产阶级社会的物质基础和社会矛盾，而是针对着它们在文化和意识形态领域的反射和回声。并且，这种充其量只是针对副本而不是针对本原的批判，也不是服从于工人运动的实际斗争，而是被当作目的本身。”[①] 尽管哈贝马斯对科学技术意识形态化的批判有其独到的深刻之处，但只是一种“针对副本而不是针对本原的批判”，因而根本不能动摇资本主义的根基，反而起了维护资本主义统治的作用。

① 张一兵：《折断的理性翅膀》序，南京出版社 1990 年版，第 3 页。

火药把骑士阶层炸得粉碎，指南针打开了世界市场并建立了殖民地，而印刷术……变成科学复兴的手段，变成对精神发展创造必要前提的最强大的杠杆。①

——马克思

第十三章　批判的科技—社会伦理观之辨识

为了进一步分析法兰克福学派批判的科技—社会伦理观的理论价值与缺陷，有必要首先探讨一下马克思历史唯物主义的科学伦理观。在第二章中就青年马克思人本主义的科学伦理观及其变革进行了探讨，这里主要阐释马克思在《1857—1858 年经济学手稿》和《1861—1863 年经济学手稿》中的科学伦理思想。

第一节　马克思经济视阈中的科学伦理观

马克思一直非常重视科学技术在社会发展中的作用。如前所述，

① 《马克思恩格斯全集》第 47 卷，人民出版社 1979 年版，第 427 页。

他早在《1844年经济学—哲学手稿》中，就曾阐发了科学对社会的发展和人的发展的重要作用。在《1857—1858年经济学手稿》中，他进一步指出了科学转变为直接生产力的趋势，在《1861—1863年经济学手稿》中，对这一原理又作了详细的论述。马克思指出，只有应用机器的大规模协作才第一次使自然力即风、蒸汽、电大规模地从属于直接的生产过程，使自然力变成社会劳动的因素，而自然力的应用是同科学作为生产过程的独立因素的发展相一致的，生产过程成了科学的应用，而科学反过来成了生产过程的因素，每一项发现都成了新的发明或生产方法的新的改进的基础。因此，他对这一部分加的标题是《机器——自然力和科学的应用》。马克思还研究了有关19世纪中叶纺织、造纸、指南针、机器制造等主要工业部门工艺过程的大量资料，指出机器生产的特点是自动化和联合化，并把工厂制度看作是和机器生产相适应的劳动组织。在这里值得注意的是，马克思在《1857—1858年经济学手稿》和《1861—1863年经济学手稿》中所阐释的科学伦理思想与在《1844年经济学—哲学手稿》中的思想①，尽管在批判科学的资本主义非人性的运用方面具有一致性，但还有以下的异质性：一是在理论出发点上，马克思已经从思辨的人本主义理论的出发点转变为历史唯物主义的出发点，进而由原来的思辨的人本主义的科学伦理观转变为历史唯物主义的科学伦理观；二是在阐释科学伦理观方面，已从原来应然的伦理价值阐发科学伦理观转变为从经济学的研究和对科学成果及其应用的实际考察中展开论述；三是对科学发展的前景，已从思辨的人本主义的乐观憧憬转变为基于对社会发展规律与科学发展规律的内在必然的联系中得出乐观主义的结论。这正如恩格斯所说："在马克思看来，科学是一种在历史上起推动作用的、革命的力量。"② 下面主要

① 参见本书第4章第2节。

② 《马克思恩格斯全集》第19卷，人民出版社1963年版，第375页。

对马克思在《1857—1858年经济学手稿》和《1861—1863年经济学手稿》中所论及的经济视阈中的科学伦理思想阐述如下：

一 科学对生产力与生产关系的影响

马克思这两部手稿中阐述他的科学伦理思想，总是与他研究科学对生产力的推进，从而促使生产关系的变化紧密相关。他指出："随着一旦已经发生的、表现为工艺革命的生产力革命，还实现着生产关系的革命。"① 首先，马克思高度评价火药、指南针、印刷术三大发明对瓦解封建制度所起的革命作用。他指出："火药把骑士阶层炸得粉碎，指南针打开了世界市场并建立了殖民地，而印刷术……变成科学复兴的手段，变成对精神发展创造必要前提的最强大的杠杆。"② 与此同时，马克思深刻地揭示了协作、分工和机器这种劳动的生产力，在资本主义制度下，却变成资本的生产力，特别是机器的资本主义应用，使工人阶级和资产阶级之间的关系的对立日益加深。机器这种过去劳动的产物，似乎是独立的，不依赖于活劳动的，它不受活劳动支配，而是活劳动受资本支配，机器这种铁人起来反对有血有肉的工人。"机器体系的这条发展道路就是分解——通过分工来实现，这种分工把工人的操作逐渐变成机械的操作，而达到一定地步，机器就会代替工人（关于力的节省问题）。因此，在这里直接表现出来的是一定的劳动方式从工人身上转移到机器形式的资本上，由于这种转移，工人自己的劳动能力就贬值了。"③

同样，由于在资本主义制度下，生产力和生产关系处于对抗性的矛盾之中，科学表现为同劳动相异化的、敌对的并统治劳动的权

① 《马克思恩格斯全集》第47卷，人民出版社1979年版，第473页。

② 同上书，第427页。

③ 《马克思恩格斯全集》第46卷（下），人民出版社1980年版，第216页。

力。马克思还揭示了科学作为社会发展的一般精神产品在这里同样表现为直接包括在资本中的东西（而这种科学作为同单个工人的知识和技能脱离开来的东西，它在物质生产过程中的应用只可能依靠劳动的社会形式），表现为自然力本身，表现为社会劳动本身的自然力。“社会本身的普遍发展，由于在对劳动的关系上这种发展被资本所利用，所以对于劳动来说作为资本的生产力起作用，因而也表现为资本的发展，而且，越是随着这种发展而发生劳动能力的贫乏化，至少是大量劳动能力的贫乏化，就越是表现为资本的发展。”[①] 但是，马克思还是深信，随着科学技术的进一步发展，工人阶级终将从机器的奴隶变为机器的主人，成为科学技术的主人。

其次，马克思通过分析了使用机器的目的，揭示了科学对生产力、生产关系影响的伦理本质。一是由于资本“采用一切技艺和科学的手段，增加群众的剩余劳动时间，因为它的财富直接在于占有剩余劳动时间；因为它的**直接目的**是**价值**，而不是使用价值”。[②] 因而，使用机器的目的是减低商品的价值，从而减低商品的价格，使商品变便宜，也就是缩短生产一个商品的必要劳动时间，但不是缩短工人生产这种变便宜的商品所花费的劳动时间。实际上，这里的问题不在于缩短工作日，而在于——凡是在资本主义基础上发展生产力的场合都是如此——缩短工人为再生产其劳动力所必需的劳动时间，换句话说，就是缩短工人为生产其工资所必需的劳动时间，因而缩短工人为自己劳动的工作日部分，即他的劳动时间的**有酬**部分，并通过缩短这一部分而延长他无偿地为资本劳动的工作日部分，即工作日的**无酬**部分，他的**剩余劳动时间**。其结果一方面使工人与企业主的关系更加对立。因为随着机器的使用，使企业主侵吞工人劳动时间的贪欲进一步增长，“而工人的工作日——在尚未

① 《马克思恩格斯全集》第 48 卷，人民出版社 1985 年版，第 41 页。
② 《马克思恩格斯全集》第 46 卷（下），人民出版社 1980 年版，第 221 页。

受到法律的强制干预之前——不是缩短了，相反地却延长到了超过它的自然界限，不仅相对剩余劳动时间增加了，而且总劳动时间也增加了”。[①] 二是为了抵抗罢工等等和抵抗提高工资的要求而发明和应用机器。罢工大部分是为了阻止降低工资，或者是为了迫使提高工资，或者是为了规定正常工作日的界限。同时，这里的问题总是（或多半是）关系到限制绝对的或相对的剩余劳动时间量，或者关系到把这一剩余时间的一部分转给工人自己。为了进行对抗，资本家就采用机器。在这里，机器直接成了缩短必要劳动时间的手段。同时机器成了资本的形式，成了资本驾驭劳动的权力，成了资本镇压劳动追求独立的一切要求的手段。在这里，机器就它本身的使命来说，也成了与劳动相敌对的资本形式。棉纺业中的走锭精纺机、梳棉机，取代了手摇纺纱机的所谓搓条机（在毛纺业中也有这种情况）等等，所有这些机器，都是为了镇压罢工而发明的。发明这些新式机器的结果，或者是使以前的劳动形式成为完全多余的（例如，由于发明走锭精纺机，纺纱工人以前的劳动就成为多余的了）；或者是减少所需要的工人的数目，以及使新的劳动比以前的劳动简化（例如，使用精梳机，梳毛工的劳动被简化了）。三是马克思还深刻地洞悉到，“机器——一旦被资本主义使用，已经不再处于其原始阶段，大部分已经不再只是比较有力的手工业工具”[②]，而必须以**简单协作**为前提。这样就导致了工人之间原有伦理关系的变化，因为简单协作，对机器来说，比对以分工为基础的工场手工业来说，是一个更为重要的因素，在工场手工业中，简单协作只表现在实行简单的倍数原则，也就是说，不仅把各种不同的操作分配给各种不同的工人，而且也有人数比例，即把一定数量的小组工人分配到各种操作上，而每一个这样的小组工人都从属于某一种

① 《马克思恩格斯全集》第47卷，人民出版社1979年版，第384页。

② 同上书，第359页。

操作。

再次，使用机器使劳动过程和价值形成过程之间的差别日益增大，进而使资本家对工人的剥削愈益加深。马克思指出："由于使用机器，劳动资料具有巨大的价值量，而且表现为庞大使用价值，劳动过程和价值形成过程之间的上述差别日益增大，并且成为生产力发展和生产特点中的一个重要因素。"① 例如，在安装了机械织机的工厂中，机器等的磨损在一天的劳动过程中是很小的；因此，在单个商品或者甚至在全年的产品中再现出来的机器价值部分，相对来说也是很小的。在这里，过去的物化劳动大量地进入劳动过程，而资本的这部分只有相对来说很小的一部分在这个劳动过程中耗费掉了，即进入价值形成过程，因而作为价值的一部分再现在产品之中。因此，不论进入劳动过程的机器以及同它一起被利用的建筑物等所表现的价值量多么大，同这价值总量相比，它进入每天的价值形成过程，从而进入商品价值的部分相对来说是很小的；它使商品相对地变贵，但并不显著，而且比机器所代替的手工劳动使商品变贵的程度要小得多。所以，同样，不论用于机器的资本部分，和用于活劳动（这些机器作为生产资料服务于活劳动）的资本部分相比是多么大，如果再把现在单个商品中的机器价值部分，和同一商品消耗掉的活劳动相比，这个比例仍然是很小的。机器和劳动加进单个产品中的价值部分，和原料本身的价值相比，也是很小的。

因而，"只有使用机器，大规模的社会生产才有力量使代表大量过去劳动的产品（即巨大的价值量）全部进入劳动过程；使它们作为生产资料全部进入劳动过程；而进入单个劳动过程内进行的价值形成过程的，只是它们的相应的较小部分"。② 以这种形式进入

---

① 《马克思恩格斯全集》第 47 卷，人民出版社 1979 年版，第 368 页。

② 同上书，第 368 页。

每一个单独的劳动过程的资本是大量的，但是在这个劳动过程中它的使用价值被消耗和用掉的部分，从而应该补偿它的价值部分，是比较小的。机器作为劳动资料是全部地发挥作用，但是，它加进产品的价值只是它在劳动过程中丧失的那一部分，而丧失的这种价值取决于机器的使用价值在劳动过程中磨损的程度。

二 科学转变为直接生产力的条件

科学发挥其社会伦理的功能的一个重要前提是转变为直接的生产力。首先，马克思在《1857—1858年经济学手稿》中，揭示了科学转变为直接生产力的一个重要条件是资本主义社会化大生产的发展对科学表现出强烈的渴求。在他看来，固定资本在生产过程内部作为机器同劳动相对立，而整个生产过程不是从属于工人的直接技巧，而是表现为科学在工艺上的应用，只有到这个时候，资本才获得了充分的发展，或者说，资本才造成了与自已相适应的生产方式。可见，"资本的趋势是赋予生产以科学的性质，而直接劳动则被贬低为只是生产过程的一个要素。同价值转化为资本时的情形一样，在资本的进一步发展中，我们看到：一方面，资本是以生产力的一定的现有的历史发展为前提的，——在这些生产力中也包括科学，——另一方面，资本又推动和促进生产力向前发展"。[①] 马克思还考察了18世纪下半叶及以后机器体系的生成及其作用。18世纪下半叶的无水轮和无针状齿轮的水磨运作的科学原理：实际上与蒸汽机是一样的，——由于动力平衡的消失而产生运动。18世纪末，水磨成为机器体系：利用六台磨的组合，而且沿着梯子自动地（借助于阿基米得螺旋）把谷物送顶楼，再通过与磨连接的机械把谷物弄净以后，从那里经过磨上的漏斗把谷物倒入磨盘，然后，当面粉冷却时，机器自动把它送到放着面粉桶的地方，并自动装进桶

① 《马克思恩格斯全集》第46卷（下），人民出版社1980年版，第211页。

内。稍后，出现了用蒸汽机推动的磨，进而产生了近代的机器体系。如，英国伦敦阿尔比昂磨坊的20台磨用两台蒸汽机推动。马克思在作了上述考察后指出："水（风）磨和钟表，这是过去传下来的两种机器们的发展还在工场手工业时代就已经为机器时代做了准备。"[①] 因此，人们用"磨"这个词来表示一切由自然力推动的劳动工具，甚至表示那些以手作为动力的较复杂的工具。因为在磨中，已经具备或多或少独立的和发展了的、相互并存的机器基本要素：动力；动力作用于其上的原动机；处于原动机和**工作机**之间的传动机构——轮传动装置、杠杆、齿轮等等。与此同时，马克思指出："钟表是由手工艺生产和标志资产阶级社会萌芽时期的学术知识所产生的。"[②] 由于钟表提供了生产中采用的自动机和自动运动的原理，因而，与钟表的历史齐头并进的是匀速运动理论的历史。尤其在商品的价值具有决定意义，因而生产商品所需要的劳动时间也具有决定意义的时代，钟表具有十分重要的作用。

其次，马克思指出，机器工业体系的形成是在前一个形式的范围内创造出来的。正像各种不同的地质层系相继更迭一样，在各种不同的社会经济形态的形成上，各个时期也不是突然出现的，相互截然分开的。在手工业内部，孕育着工场手工业的萌芽，而在有的地方，在个别范围内，为了完成个别过程，已经采用机器了。后面这一点在真正工场手工业时期更是如此，工场手工业在个别过程中采用水力和风力（或者还采用了只是作为水力和风力的代替者的人和畜力）。但是，这种情况只发生在个别场合，不决定占统治地位的时期的性质。最伟大的发明——火药、指南针和印刷术——属于手工业时期，如同钟表（一种最奇异的自动机）也属于这个时期一

① 《马克思恩格斯全集》第47卷，人民出版社1979年版，第427页。

② 同上书，第428页。

样。哥白尼和刻卜勒[①]在天文学方面最天才的和最革命的发现，同样也属于那机械观测工具都还处于幼年阶段的时代。纺纱机和蒸汽机的制造也同样是以制造这些机器的手工业和工场手工业，以及在上述时期已有所发展的力学科学等等为基础的。进行了这一考察后，马克思认为："在这里，起作用的**普遍规律**在于：后一个生产形式的物质可能性——不论是工艺条件，还是与其相适应的企业经济结构——都是在前一个形式的范围内创造出来的。"[②] 机器劳动这一革命因素是直接由于需求超过了用以前的生产手段来满足这种需求的可能性而引起的。而当需求超过供给时，就在手工业基础上作出了新的发明，并且是作为在工场手工业占统治地位的时期所建立的殖民体系和在一定程度上由这个体系创造的世界市场的结果而产生的。随着表现为工艺革命的生产力革命的发生，就出现了生产关系的革命。

再次，马克思指出，只要机器由工场手工业使用，机器的制造也就同手工业生产或以分工为基础的工场手工业生产相适应。一旦机器生产成为占统治地位的生产，它的生产资料（它所使用的机器和工具）本身就应当是用机器生产的。因此，"大生产——应用机器的大规模协作——第一次使自然力，即风、水、蒸汽、电大规模

① 尼卡拉·哥白尼（Nicolaus Koppernigk，1473—1543年）波兰数学家与天文学家，"日心说"的提出者。

约翰·刻卜勒（John Kepler，1571—1630年）德国天文学家，又可以译为"开普勒"（参见贝尔纳《历史上的科学》，伍况甫等译，科学出版社1983年版，第239页）。刻卜勒把他的前代及同代天文学家所得到的关于行星运动的大量知识，加以总结并系统化为三条定律，亦称为刻卜勒三定律：（1）行星运行的轨道是椭圆的，太阳在其一个焦点处；（2）太阳中心与行星中心间的连线在轨道上所扫过的面积与时间成正比例；（3）行星在轨道上运行一周的时间平方与其至太阳的平均距离的立方成正比例（参见W.C.丹皮尔：《科学史及其与哲学和宗教的关系》，李珩译，商务印书馆1975年版，第193页）。

② 《马克思恩格斯全集》第47卷，人民出版社1979年版，第473页。

地从属于直接的生产过程，使自然力变成社会劳动的因素”。[1] 尽管这些自然力本身没有价值，它们不是人类劳动的产物，但是，机器是有价值的，它本身是过去劳动的产物，因而，只有借助机器才能占有自然力。因此，“自然力作为劳动过程的因素，只有借助机器才能占有，并且只有机器的主人才能占有。同时，由于这些自然因素没有价值，所以，它们进入劳动过程，却并不进入价值形成过程。它们使劳动具有更高的生产能力，但并不提高产品的价值，不增加商品的价值。相反，它们减少单个商品的［价值］，因为它们增加了同一劳动时间内生产的商品量，因而减少了这个商品量中每一相应部分的价值”。[2] 只要这些商品参与劳动力的再生产，劳动力的价值就减少了，或者说，再生产工资所必需的劳动时间就缩短了，而剩余劳动则增加了。可见，资本之所以占有自然力本身，并不是因为它们提高商品价值，而是因为它们降低商品价值，因为它们进入劳动过程，而并不进入价值形成过程。只有在大规模地应用机器，从而工人相应地集结，以及这些受资本支配的工人相应地实行协作的地方，才有可能大规模地应用自然力。

三　科学使命的扭曲与超越

马克思在这两部手稿中，深刻论述了在资本主义生产方式下科学运用的正负两极伦理效应：一方面推动了社会生产力的发展，另一方面成为资产阶级生产财富和致富的手段，成为资产阶级压迫工人的工具。尤其对后者即资本主义生产方式下科学的非人运用，马克思进行了深刻的揭露和批判。首先，自然因素的应用——在一定程度上自然因素被列入资本的组成部分——是同科学作为生产过程的独立因素的发展相一致的。生产过程成了科学

---

① 《马克思恩格斯全集》第 47 卷，人民出版社 1979 年版，第 569 页。

② 同上。

的应用，而科学反过来成了生产过程的因素即所谓职能。每一项发现都成了新的发明或生产方法的新的改进的基础。只有资本主义生产方式才第一次使自然科学为直接的生产过程服务，同时，生产的发展反过来又为从理论上征服自然提供了手段。科学获得的使命是：成为生产财富的手段，成为致富的手段。因为“只有在这种生产方式下，才第一次产生了只有用科学方法才能解决的实际问题。只有现在，实验和观察——以及生产过程本身的迫切需要——才第一次达到使科学的应用成为可能和必要的那样一种规模”。① 进而使科学得到了利用。马克思深刻地揭示道，资本不创造科学，但是它为了生产过程的需要，利用科学，占有科学。这样，科学作为应用于生产的科学同时就和直接劳动相分离，然而，在此以前的生产阶段上，有限的知识和经验是同劳动本身直接联系在一起的，并没有发展成为同劳动相分离的独立的力量，因而整个来说从未超出制作方法的积累的范围，这种积累是一代代加以充实的，并且是很缓慢地、一点一点地扩大的（凭经验掌握每一种手艺的秘密）。手和脑还没有相互分离。

其次，马克思进一步指出，在这里，机器的特征是“主人的机器”，而机器职能的特征是生产过程中（“生产事务”中）主人的职能，同样，体现在这些机器中或生产方法中，化学过程等等中的科学，也是如此。“科学对于劳动来说，表现为异己的、敌对的和统治的权力，而科学的应用一方面表现为传统经验、观察和通过实验方法得到的职业秘方的集中，另一方面表现为把它们发展为科学（用以分析生产过程）；科学的这种应用，即自然科学在物质生产过程中的应用，同样是建立在这一过程的智力同个别工人的知识、经验和技能相分离的基础上的，正像生产的［物质］条件的集中和发展以及这些条件转化为资本是建立在使工人丧失这些条件，使工人

① 《马克思恩格斯全集》第47卷，人民出版社1979年版，第570页。

同这些条件相分离的基础上的一样。"[①] 况且，工厂劳动使工人只能获得某些操作方法的知识；因此，随着工厂劳动的推广，学徒法废除了；而国家等为争取童工至少学会识字和阅读的斗争表明，科学在生产过程中的上述应用和在这一过程中压制任何智力的发展，这两者是一致的。当然，在这种情况下会造就一小批具有较高熟练程度的工人，但是，他们的人数决不能同"被剥夺了知识的"大量工人相比。

再次，马克思指出，即使作为一切知识的基础的自然科学本身的发展，也像与生产过程有关的一切知识的发展一样，仍然是在资本主义生产的基础上进行的，这种资本主义生产第一次在相当大的程度上为自然科学创造了进行研究、观察、实验的物质手段。"由于自然科学被资本用作致富手段，从而科学本身也成为那些发展科学的人的致富手段，所以，搞科学的人为了探索科学的**实际应用**而互相竞争。"[②] 另一方面，发明成了一种特殊的职业。因此，"随着资本主义生产的扩展，科学因素第一次被有意识地和广泛地加以发展、应用并体现在生活中，其规模是以往的时代根本想象不到的"。[③] 18 世纪，数学、力学、化学领域的发现和进步，无论在法国、瑞典、德国，几乎都达到和英国同样的程度。发明也是如此。然而，在当时它们的资本主义应用却只发生在英国，因为只有在那里，经济关系才发展到使资本有可能利用科学进步的程度。因为当时，特别是英国的农业关系和殖民地起了决定性的作用。与此同时，马克思也深刻揭示了在科学应用于资本主义生产过程中所内蕴的工人与资本、工人与资本家之间不协调的伦理关系："只有资本主义生产才第一次把物质生产过程变成科学在生产中的应用，——变

① 《马克思恩格斯全集》第 47 卷，人民出版社 1979 年版，第 571—572 页。

② 同上书，第 572 页。

③ 同上。

成运用于实践的科学，——但是，这只是通过使工人从属于资本，只是通过压制工人本身的智力和专业的发展来实现的。”[1] 此外，马克思还指出了科学分离出来成为与劳动相对立的、成为服务于资本的独立力量对于科学发展的影响。在马克思看来，正是科学的这种分离和独立（最初只是对资本有利）成为发展科学和知识的潜力的条件。

第二节　两种科学伦理思想的异质性

以上通过对法兰克福学派批判的科学伦理观与马克思的科学伦理思想（主要是《1857—1858 年经济学手稿》和《1861—1863 年经济学手稿》马克思在经济视阈中所阐释的科学伦理思想）的探索，使我们体悟到法兰克福学派批判的科学伦理观与马克思的科学伦理思想的异质性主要表现在以下几点：

一　对科学技术的社会应用及其功能的判定不同

马克思立足与历史辩证法的广阔视野并基于对社会发展规律的深入考察，进而深信“随着大工业的发展，现实财富的创造较少地取决于劳动时间和已耗费的劳动量，较多地取决于在劳动时间内所运用的动因的力量，而这种动因自身——它们的巨大效率——又和生产它们所花费的直接劳动时间不成比例，相反地却取决于一般的科学水平和技术进步，或者说取决于科学在生产上的应用”。[2] 当这种科学，特别是自然科学以及和它有关的其他一切科学的发展，又和物质生产的发展相适应并能对它们加以最有利的调节，使其造

① 《马克思恩格斯全集》第 47 卷，人民出版社 1979 年版，第 576 页。

② 《马克思恩格斯全集》第 46 卷（下），人民出版社 1980 年版，第 217—218 页。

福于整个社会。然而马尔库塞与哈贝马斯揭示科学技术资本主义运用的负性社会伦理功能：在科学技术合理性掩盖下的资本主义的不合理性，与此同时，把这一方面片面地强调并加以扩大，因而认为，当代，统治不仅借助于技术，而且作为技术而永久化和扩大化了；而技术给扩张性的政治权力——它把一切文化领域囊括于自身——提供了巨大的合法性。在这个宇宙中，技术也给人的不自由提供了巨大的合理性，并且证明，人要成为自主的人、要决定自己的生活，在“技术上”是不可能的。“因为这种不自由既不表现为不合理的，又不表现为政治的，而是表现为对扩大舒适生活和提高劳动生产率的技术设备的屈从。因此，技术的合理性是保护而不是取消统治的合法性，而理性的工具主义的视野展现一个合理的极权的社会。”①

二　对科学技术发展作用展望的迥异

对科学技术在社会发展和人的全面发展中的作用展望迥异。马克思深刻地洞悉到，虽然随着资本主义生产的扩展，科学因素第一次被有意识地和广泛地加以发展、应用并体现在生活中，其规模是以往的时代根本想象不到的。与此同时，科学也成为生产财富和致富的手段。然而，一旦直接形式的劳动不再是财富的巨大源泉，劳动时间就不再是，而且必然不再是财富的尺度，因而交换价值也不再是使用价值的尺度。群众的剩余劳动不再是发展一般财富的条件，同样，少数人的非劳动不再是发展人类头脑的一般能力的条件。于是，“以交换价值为基础的生产便会崩溃，直接的物质生产过程本身也就摆脱了贫困和对抗性的形式。个性得到自由发展，因此，并不是为了获得剩余劳动而缩减必要劳动时间，而是直接把社会必要劳动缩减到最低限度，那时，与此相适应，由于给所有的人

① ［德］哈贝马斯：《作为“意识形态”的技术与科学》，李黎、郭官义译，学林出版社 1999 年版，第 42 页。

腾出了时间和创造了手段，个人会在艺术、科学等等方面得到发展”。[①] 进而为社会的发展和人的全面发展奠定了物质的和技术的基础。而马尔库塞仅仅局限于对发达资本主义社会科学技术的资本主义运用的伦理批判之中，认为当代资本主义社会的统治即是科学技术的统治也就是科学技术的异化。在他看来，科技进步本应使人类生存环境改善，使社会结构趋于合理，使人获得自由，进而更好地发挥人的自主性和创造性，从“必然王国”进入“自由王国”。然而，实际情形正好相反，技术创造了一个富裕的当代工业社会，提高了人们的物质生活水平，但并未改变人的命运，使人获得自由，反而使人日益变成技术、物质资料的生产和消费的奴隶，人与社会的关系、人与人的关系、人与自身及其工作的关系相异化。因之，发达工业社会是人全面受压抑的社会，技术和文明对人实行了全面的统治和管理。由此，马尔库塞指出：“在一个压制性总体的统治下，自由可以成为一种强有力的统治工具。个人可以进行选择的范围，不是决定人类自由的程度，而是决定个人能选择什么和实际上选择什么的根本因素。”[②] 一切社会关系变成了单一的、片面的技术关系，个人自由的理性变成技术理性，社会协调并统一了人的生产、消费和娱乐，排除了一切对立或反抗的因素。这样，科学进步造就的是单向度的社会、单向度的人和单向度的思维方式。因此，科学技术所带来的发达工业社会是一个病态或畸形的社会。

三 对科学技术历史作用的评价不同

对科学技术在历史上所起推动作用的评价不同。马克思始终把科学技术看作是一种在历史上起推动作用的、革命的力量。马克思深刻地指出，尽管只有资本主义生产才第一次把物质生产过程变成

① 《马克思恩格斯全集》第46卷（下），人民出版社1980年版，第218—219页。
② ［美］马尔库塞：《单向度的人》，张峰等译，重庆出版社1988年版，第8页。

科学在生产中的应用，但是资本本身是处于过程中的矛盾，因为它竭力把劳动时间缩减到最低限度，另一方面又使劳动时间成为财富的唯一尺度和源泉。因此，资本缩减必要劳动时间形式的劳动时间，以便增加剩余劳动时间形式的劳动时间；因此，越来越使剩余劳动时间成为必要劳动时间的条件。“一方面，资本调动科学和自然界的一切力量，同样也调动社会结合和社会交往的力量，以便使财富的创造不取决于（相对地）耗费在这种创造上的劳动时间。另一方面，资本想用劳动时间去衡量这样创造出来的巨大的社会力量，并把这些力量限制在为了把已经创造的价值作为价值来保存所需要的限度之内。生产力和社会关系——这两者是社会的个人发展的不同方面——对于资本来说仅仅表现为手段，仅仅是资本用来从它的有限的基础出发进行生产的手段。但是，实际上它们是炸毁这个基础的物质条件。”① 哈贝马斯在对科学技术的社会伦理功能的负效应进行批判时，的确看到了当代科学技术的进步对晚期资本主义社会的巨大影响，尖锐地揭露了资产阶级利用科学技术直接为维护自己的统治服务，即为统治的合法性辩护这一事实，批判了在晚期资本主义社会，尽管科学技术迅猛地发展，科学的物化模式变成了社会文化的生活世界，并且通过自我理解赢得了客观的力量，然而，政治民主化、人们之间的交往关系的发展、人类争取解放的利益本身进程却遭受挫折和损害。由于他抛开特定的社会历史背景，片面地强调科学技术的负效应，把科学技术看作晚期资本主义社会的意识形态和论证资本主义存在合理性的基础，进而他还认为，“虽然生产力从一开始就是社会发展的动力，……但是，生产力似乎并不像马克思所认为的那样，在一切情况下都是解放的潜力，并且都能引起解放运动，至少从生产力的连续提高取决于科技进步——科技的进步甚至具有使统治合法化——的功能以来，不再是

① 《马克思恩格斯全集》第46卷（下），人民出版社1980年版，第219页。

解放的潜力，也不能引起解放运动了”。[①] 即科学技术成了人类获得解放的障碍。因此，法兰克福学派对科学技术发展的前景是悲观的。

四 两种科学伦理思想的异质性辨识

为什么法兰克福学派批判的科学伦理观与马克思的科学伦理思想会有如此大的异质性？我们可以从孙先生对西方马克思主义所作的评价中得到启示：对于无产阶级的解放而言，“如果不首先弄清统治它的这种物质力量的历史起源和发展规律，无产阶级的解放就是不可能的。如果仅仅满足于宣称这种物质力量只是人的本质的异化、物化，并傲然地责备用唯物主义的科学态度去研究其起源和发展规律的哲学是‘见物不见人’的机械论，是为‘物化意识’所蒙蔽的丧失‘主体性’的哲学，那么这种貌似深刻的哲学‘洞见’，恰恰是被马克思本人所彻底清算了的德国唯心主义的时髦伪装”。[②] 同样，对于晚期资本主义社会科学技术的资本主义应用所产生的种种异化现象，不能仅仅停留在现象的分析上，甚至把资本主义社会的种种弊端归咎于科学技术，而应该弄清这种异化现象的起源与发展的趋向，寻求消除这种异化的途径。法兰克福学派由于仅仅停留在文化与伦理批判的领域，尽管他们摆出了一副对马克思的唯物史观进行修正的架势，还提出了一系列的质疑，但由于在方法论上背离马克思主义的历史辩证法，因而，他们不仅不能真正揭示导致晚期资本主义社会科学技术的资本主义应用所产生的种种异化现象的物质力量的历史起源和发展规律，而且陷入历史唯心主义而不能自拔。

尽管马克思的《1857—1858 年经济学手稿》和《1861—1863 年经

① ［德］哈贝马斯：《作为“意识形态”的技术与科学》，李黎、郭官义译，学林出版社 1999 年版，第 72 页。

② 张一兵：《折断的理性翅膀》序，南京出版社 1990 年版，第 4—5 页。

济学手稿》距今已有一个多世纪，但其中所阐发的科学伦理思想是立足于社会经济发展的规律和科学技术发展的规律之上，并且正确地揭示了科学与社会、科学与自然、科学与人之间的伦理关系，至今不仅对于我们全面认识科学对社会的作用，正确处理科学与社会、科学与自然、科学与经济、科学与人的关系，制定科学活动和科学成果合理应用的伦理规范都有深远的指导意义与理论价值，而且对于我们探索科学技术的合理应用和消除上述异化现象的途径与方法亦有现实意义。

第 五 篇

批判的自然伦理观

从上述两篇阐述中可知，无论事实（科学）与价值的关系，还是作为政治统治或者作为意识形态科学技术都有其生成的本体基础——自然。因此，该学派将理论研究兴趣由批判工具理性、批判实证主义和批判科学技术，转向并聚集于对马克思自然概念的考量，这既是理论逻辑发展的要求——深入到本体论层面解构“事实（科学）中立”说，而且也是面对日益凸显的环境问题，所进行的理论反思。其主要贡献在于，揭示了自然与社会的内在关联，自然概念的社会本质，以及自然的控制与人（社会）的控制的相互关联性。这样便生成了其批判的自然伦理观。同时批判的自然伦理观或关于人与自然关系的伦理理论是法兰克福学派科学伦理思想建构的本体论基础。关于自然伦理观霍克海默、阿多尔诺、马尔库塞、弗洛姆等人都从不同的视角阐发了自己的见解，但是，他们在理解马克思关于人与自然或自然与历史（社会）、自然史与人类史以及自然观和历史观统一的思想时，主要承继了青年卢卡奇的思想，往往只强调其统一性，而忽视了其差别性；在强调自然与历史的统一时，用历史替代了自然；在强调实践在人与自然关系中的地位时，用实践主体替代了实践客体；在强调自然观和历史观的统一时，又用历史观（社会本体论或社会辩证法）、否定自然观（自然本体论或自然辩证法），否定了马克思自然观的世界观意义，突出地表现在他们对恩格斯的自然辩证法的指责和攻击，将承认自然的客观性和自然辩证法当作本体论的残余来加以拒绝。

然而，作为法兰克福学派第二代传人之一的施密特，在自然伦理观方面则独树一帜。尽管他在一定程度上承继了法兰克福学派自然伦理观的传统，但由于他是从马克思中期与成熟期的经济学著作，特别是马克思的《资本论》和 1857—1858 年的“手稿”入手，因而，生产了较新的理论视界，生成了独具特色的自然伦理观。进入 20 世纪 70 年代以后，法兰克福学派的自然伦理观又产生了新的转向，即汲取了生态学及生态伦理学的思想，主要以莱斯为代表。莱斯作为马尔库塞的弟子，传承了法兰克福学派批判的自然观，在其代表作《自然的控制》中，阐释了这种新的自然伦理观。

> 卢卡奇正确地指出，一切有关于自然的意识以及展现着的自然本身是受历史、社会所制约的。但是，在马克思看来，自然不仅仅是一个社会的范畴。从自然的形式、内容、范围以及对象性来看，自然决不可能完全被消融到对它进行占有的历史过程里去。如果自然是一个社会的范畴，那么社会同时是一个自然的范畴，这个逆命题也是正确的。①
>
> ——阿尔弗雷德·施密特

第十四章　自然观的形上伦理意蕴

施密特②在阐释马克思自然概念的过程中，有其独到的理论视角即试图从马克思中期与成熟期的经济学著作，特别是马克思的《资本论》和《1857—1858年经济学手稿》入手，并据此，对当时

---

① ［德］施密特：《马克思的自然概念》，欧力同等译，商务印书馆1988年版，第67页。

② 施密特（Alfred Schmidt，1931—），德国当代哲学家，西方马克思主义法兰克福学派第三代的左派代表人物。出生于柏林，早年在法兰克福大学攻读哲学、社会学和历史，后执教于法兰克福大学和法兰克福劳动学院。1972年任法兰克福学派社会研究所所长。主要著作有：《马克思的自然概念》（1960年）；《尼采认识论中的辩证法问题》（1963年）；《康德与黑格尔》（1964年）；《列斐伏尔和现代对马克思的解释》（1966年）；《工业社会的意识形态》（1967年）；《经济学批判的认识论概念》（1968年）；《论批判理论的思想》（1974年）；《什么是唯物主义？》（1975年）；《作为历史哲学的批判理论》（1976年）；《观念与世界意志》（1988年）等（参见施密特《马克思的自然概念》中译本序，欧力同等译，商务印书馆1988年版，第1页）。

西欧流行的具有存在主义与神学色彩的种种倾向即想把马克思的学说还原成（在结果上）以非历史的、早期著作（特别是《1844年经济学—哲学手搞》亦称“巴黎手稿”）的异化问题为中心的“人本主义”的倾向提出挑战，因而极具战斗性，同时又有一定的理论深度，更重要的是，施密特在阐释马克思自然概念的过程中，也揭示了自然的社会伦理本质，生成了一系列自然与社会之互维性的问题式，其中包括人与自然伦理关系的理论前提：自然概念所具有的社会—历史性质；人与自然的互维性：自然是人类实践的要素，自然的社会中介性；人与自然伦理关系的互动机制：“自然的人化”和“人被自然化”，自然的社会中介和社会的自然中介。进而为人与自然的伦理关系的探索奠定了哲学的形上维度，也为法兰克福学派的自然伦理观的生成奠定了学理基础。

第一节　自然的社会—历史性

施密特在《马克思的自然概念》一书的序言中阐发了马克思的自然概念的规定性，进而揭示了人与自然伦理关系的理论前提。他指出：把马克思的自然概念从一开始同其他种种自然观区别开来的东西，是马克思自然概念的社会—历史性质。

一　马克思自然概念的历史生成

在马克思的自然概念的生成过程中，在一定程度上受到了费尔巴哈的自然概念与黑格尔的自然概念的影响。

首先，施密特考察了费尔巴哈与黑格尔自然概念之间的联系。他认为，费尔巴哈对黑格尔的批判是从自然概念开始的。因为在黑格尔看来，自然对理念来说是一个派生的东西，“自然在时间上是最先有的东西，但绝对先在的东西却是理念；这种绝对先在的东西是终极的东西，是真正的开端，起点就是终点”。[①] 黑格尔的自然哲学可以理解为关于他在形式中的理念科学。在自然中，理念以尚未纯化为概念的直接形式呈现在我们的面前，它是处于无概念性中所设置的概念。在黑格尔看来，自然不是在其自身中自我规定的存在，而是呈抽象的一般形式的理念为复归其作为纯粹精神的自我，所必需经过的外化阶段。黑格尔还认为，在自然逐渐摆脱其外在性而产生心灵的时候，能从自然推衍出一般自然的非物质性，一切物质的东西都被在自然中起作用的自在的精神所扬弃，由于这种扬弃是在心灵中完成的，因此，心灵就体现为一切物质的东西的观念性、一切非物质性。与此不同，费尔巴哈概括了其“否定一切讲坛哲学”纲领：“哲学家必须把人还没进行过哲学探讨的东西，也就是同哲学相对立的东西，把反对抽象思维的东西，从而把在黑格尔体系中一切被贬低到注释地位的东西，提升为哲学的正文。”[②] 因此，在费尔巴哈看来，哲学必须不是从自身开始，而是从它的对立方面、从非哲学方面开始。

其次，施密特阐述了费尔巴哈与马克思自然概念的异同。一是费尔巴哈上述关于哲学必须不是从自身开始，而是从它的对立方面、从非哲学方面开始的这一思想在一定程度上影响了马克思。马克思曾说过：“一切科学都必须以自然科学为基础，一门科学在它不能找到自己的自然基础之前，只不过是一种假说。”[③] 二是马克思的自然概念超越了费尔巴哈的感性直观。尽管费尔巴哈深刻地指出：“所谓实在，或者所谓理性的主体，仅仅是人。是人在思维，既不是自我在思维，也不是理性在思维。”[④] 他还认为：“实在的东

---

① ［德］施密特：《马克思的自然概念》，欧力同等译，商务印书馆1988年版，第10页。

② 同上书，第11—12页。

③ 同上书，第12页。

④ 同上书，第13页。

西不可能以完整的形态而只能以片段的形态表现在思维中。”[①] 然而，费尔巴哈把人看作是和人类以前的自然密切相关；自然作为整体，是非历史的匀质的基质，因而是一成不变的原始自然，自然具有原始直接性。与费尔巴哈相比，马克思则前进了一大步。因为马克思不仅把感性直观，而且还把整个人类实践导入作为认识过程的一个构成环节，把自然消融于主客体的辩证法，将自然看作人类实践的要素，又看作存在万物的主体，从而既克服了黑格尔唯心主义自然观的抽象性，又克服了费尔巴哈自然观的直观性，生成了非本体论的唯物主义自然观。[②]

再次，施密特指出，马克思之所以提出非本体论的唯物主义自然观，与其批判黑格尔的自然观和辩证法的“神秘形式”密切相关。黑格尔把存在于人之外的物质世界这个第一自然，说成是一种盲目的无概念性的东西。在黑格尔那里，当人的世界在国家、法律、社会与经济中形成的时候，使“第二自然”[③] 是理性和客观精神的体现。马克思的看法与之相反：即黑格尔的“第二自然”本身具有适用于第一自然的概念，即应把它作为无概念性的领域来叙述，在这无概念性领域里，盲目的必然性和盲目的偶然性相一致；黑格尔的“第二自然”本身仍是第一自然，人类终究不会超脱出自然历史。[④] 马克思正是通过批判黑格尔对一切直接事物的中介性思想作唯心主义的解释，在把主体和客体都看作“自然”的范围内，

---

① ［德］施密特：《马克思的自然概念》，欧力同等译，商务印书馆 1988 年版，第 14 页。

② “本体论”在施密特那里具有“导致一种终极的世界观或一种独特的形而上学”的含义。正是基于这样的理解，施密特认为，马克思的自然概念是非独断的，它防止自然受形而上学的神化，或使之免于僵化成终极的本体论原则，因而是非本体论的。

③ 黑格尔：《法哲学原理》序言，柏林 1956 年版，第 28 页。

④ 关于这点，见《恩格斯 1865 年 3 月 29 日给 F. A. 朗格的信》，参见《马克思恩格斯全集》第 31 卷，人民出版社 1972 年版，第 469 页。

坚持费尔巴哈的自然主义的一元论。同时，“马克思把自然和一切关于自然的意识都同社会的生活过程联系起来，由此克服了这种一元论的抽象的本体论性质。因为，人作为中介的主体，作为从有限时空上规定了的人，他们本身也是那以他们为中介的实在事物的组成部分，所以是关于直接事物的中介事物的特点”。[①] 由此，施密特风趣地说，在马克思的版本中不会导致唯心主义。须指出，马克思这里所说的自然直接性和费尔巴哈所说的相反，它是打上社会烙印的，并且对于人及其意识来说，它仍然保持着其在产生上的优先性。因而，马克思的自然概念，用恩格斯的话来说，“在于从世界自身来说明世界”。[②] 这种自然概念在下述意义上是“独断的”[③]，即它从理论构成中，排除掉任何被马克思称之为神秘主义或意识形态的东西。但同时，又有宽宏大量地非独断性，因为它防止自然受到形而上学的神化，或者使之免于僵化成终极的本体论原则。这种自然是认识的唯一对象。一方面它包含了人类社会的各种形态，同时，它又依附于这些形态而出现于思想和现实之中。人们总是以他们和自然斗争的形式为模式，从其形形色色的文化领域来理解世界，因此，马克思与费尔巴哈一样，把一切关于超自然存在的领域的概念，都看作是对生活的否定结构的反映：历史的运动是人与人以及人与自然的一种相互关系。

二　自然概念的社会—历史性

自然概念的社会—历史性是人与自然伦理关系的理论前提。马克思认为，自然是“‘一切劳动资料和劳动对象的第一源泉’

① ［德］施密特：《马克思的自然概念》，欧力同等译，商务印书馆 1988 年版，第 17 页。

② 参见《自然辩证法》，《马克思恩格斯全集》第 20 卷，人民出版社 1971 年版，第 365 页。

③ ［德］施密特：《马克思的自然概念》，第 18 页。

就是说，他把自然看成从最初就是和人的活动相关联的。他有关自然的其他一切言论，都是思辨的、认识论的或自然科学的，都已是以人对自然进行工艺学的、经济的占有之方式总体为前提的，即以社会的实践为前提的”。① 施密特指出，马克思在分析人与社会、人与自然关系的现状时发现，人与社会如同人与自然的关系。因为在用来对付自然的生产力方面，人依旧没有成为主人，这些生产力难以作为固定的形式，作为同它的创造者自己的本质相对立的“第二自然”被无法理解的社会组织起来。在施密特看来，马克思之所以认为，人与社会如同人与自然的关系，是因为人所把握、支配了的社会过程，依然是一种自然关系，因为在生产力的一切形态中，人的劳动力“不过是一种自然力的表现”。② 以此为切入点，施密特从“历史的自然和自然的历史”的关系中，阐述了马克思的自然概念。

首先，施密特认为，在马克思那里，自然的各种形态彼此合乎规律地产生是不证自明的。它们并不从所谓先于人的总体意义的概念出发。而黑格尔和18世纪一般的机械唯物主义者一样，把自然看成是互不关心的存在物之物质分离状态，在他那里，严格意义上的自然史并不存在，因为思维的考虑必须放弃那类模糊不清的、根本上属于感性的概念，例如，尤其是所谓植物产生于水，尔后较高级动物的组织产生于较低级动物的组织等观念。施密特指出，黑格尔之所以受到批评是因为，他以抽象的唯心主义考察自然。在黑格尔看来，绝对精神构成形式逻辑与反思哲学的特征。尽管黑格尔在自然的图像中得到了概念的具体化，但是其逆论又是自然概念的一

① ［德］施密特：《马克思的自然概念》，欧力同等译，商务印书馆1988年版，第2—3页。

② 参见《哥达纲领批判》，《马克思恩格斯全集》第19卷，人民出版社1963年版，第15页。

个抽象物，自然受到拙劣的报复。[①] 与之相反，在马克思看来，正如不存在那种必须从“精神史”来探究的、采取观念衍生形态的纯粹内在一样，也不存在作为自然科学认识对象的完全不受历史影响的纯粹自然。作为合规律的、一般领域的自然，无论从其范围还是性质来看，总是同被社会组织起来的人在一定历史结构中产生的目标相联系。[②] 人的历史实践及其肉体活动是连接这两个明显分离的领域的愈趋有效的环节。不仅如此，马克思还把迄今的人类社会历史作为一个“自然史的过程”来看待[③]，它首先具有这样的批判意义：“经济学规律，在一切……无计划生产中作为人对它们没有支配力的客观规律，采取自然规律的形态与人们对立。”[④] 马克思认为，尽管人从漫长的史前史中获得了经验，即取得一切技术上的胜利，但最终获胜的依然是自然，而不是人。正如霍克海默和阿多尔诺所说的那样，一切技术上的胜利，是一种作为社会控制不了的、“人绞尽脑汁想出来的现代工业社会的全部机器，只不过是把自己撕成碎片的痛苦的自然”。[⑤]

其次，在马克思看来，不存在自然与社会的绝对分离，因而在自然科学和历史科学之间不存在根本方法的不同。例如，他在《德意志意识形态》中写道：“我们仅仅知道一门唯一的科学，即历史科学。历史可以从两方面来考察，可以把它划分为自然史和人类史，但这两方面是密切相连的；只要有人存在，自然史和人类史就

① ［德］施密特：《马克思的自然概念》，欧力同等译，商务印书馆 1988 年版，第 36 页注。

② 同上书，第 45 页。

③ 参见《资本论》，《马克思恩格斯全集》第 23 卷，人民出版社 1972 年版，第 12 页。

④ 《反杜林论》，参见德文版 1953 年版，第 447 页。

⑤ ［德］霍克海默尔、阿多尔诺：《启蒙辩证法》，法兰克福 1969 年版，第 270 页。

彼此互相制约。”[①]“自然界和历史之间的对立”[②]是意识形态学家们制造出来的，这是由于他们从历史中排除掉人对自然的生产的关系。马克思在批判布鲁诺·鲍威尔时说：自然和历史不是“两种不相干的‘东西’”。[③]在人的面前总是摆着一个“历史的自然和自然的历史”。[④]

这里须明确一下马克思关于“历史”内涵。马克思认为，历史是不断地重新开始的各个个别过程的连续，它只有依靠关于世界片断的哲学才能把握，而这种哲学有意识地放弃了仅从一个原理出发去进行完整无缺的演绎这一要求。理解了以往人类历史的人，决不应据此以为理解了世界的意义。施密特以马克思对特定社会，即对资产阶级的资本主义社会的具体分析，阐述马克思“历史”概念的特征。马克思的唯物主义与达尔文的学说同样，它并不是对总体的说明，倒是根据事实来把握历史过程，而不诉诸形而上学的独断论，“正像……种变说所要求的完全不是说明‘全部’物种形成史，而只是把这种说明的方法提高到科学的高度，同样，历史唯物主义也从来没有企求说明一切，而只是企求指出‘唯一科学的’（马克思在《资本论》中的话）说明历史的方法”。[⑤]

再次，施密特指出，马克思不仅揭示了自然历史过程和社会历

---

① 参见德文版《马克思恩格斯全集》第 1 卷、第 5 卷，《德意志意识形态》，第 567 页。这段原文正如普及本（柏林，1953 年）所见到的那样，没有被《德意志意识形态》的最后版本所采纳（《马克思恩格斯全集》中文版第 3 卷，而把这段删去的文字附录在第 20 页注释，参见施密特《马克思的自然概念》，第 42 页注）。

② 参见《德意志意识形态》，《马克思恩格斯全集》第 3 卷，人民出版社 1960 年版，第 44 页。

③ ［德］施密特：《马克思的自然概念》，欧力同等译，商务印书馆 1998 年版，第 49 页。

④ 同上书，第 42 页。

⑤ 《列宁全集》第 1 卷，人民出版社 1984 年版，第 125—126 页。列宁在这里援引《资本论》，《马克思恩格斯全集》第 23 卷，第 409 页注（89）。

史过程之间的联系，而且也十分关注两者之间的差异性和社会规律的特殊性。马克思尤其注意到他的理论与达尔文的关系："达尔文注意到自然工艺史，即注意到动植物的生活中作为生产工具的动植物器官是怎样形成的。社会人的生产器官的形成史，即每一个特殊社会组织的物质基础的形成史，难道不值得同样注意吗？而且，这样一部历史不是更容易写出来吗？因为，如维科所说的那样，人类史同自然史的区别在于，人类史是我们自己创造的，而自然史不是我们自己创造的。"① 正是由于这种差异的存在，因而不允许人们像社会达尔文主义及其形形色色的变种那样，把大自然规律简单地搬到社会关系中去。马克思在致库克曼的一封信中，尖锐地批判了F. A. 朗格企图以抽象的自然科学公式，忽视人类历史的丰富内容："朗格先生……有一个伟大的发现：全部历史可以纳入一个唯一的伟大的自然规律，这个自然规律就是《struggle forlife》即'生存竞争'这一句话（达尔文的说法这样应用就变成了一句空话），而这句话的内容就是马尔萨斯的人口规律，或者更确切一些，人口过剩规律。"②

第二节 自然与社会的互维性

如前所述，施密特认为，马克思不仅把感性直观，而且还把整个人类实践导入作为认识过程的一个构成环节，把自然消融于主客体的辩证法，将自然看作人类实践的要素，又看作存在万物的主体；不仅揭示了自然历史过程和社会历史过程之间的联系，而且也十分关注两者之间的差异性和社会规律的特殊性。从而既克服了黑格尔

① 参见《资本论》，《马克思恩格斯全集》第23卷，人民出版社1972年版，第409—410页注（89）。

② 《马克思恩格斯全集》第32卷，人民出版社1974年版，第671—672页。

唯心主义自然观的抽象性，又克服了费尔巴哈自然观的直观性，还批判了社会达尔文主义及其形形色色的变种。由于将自然看作人类实践的要素，在马克思那里，自然既独立于人又以人和社会为中介，这样，自然与人、自然与社会便结成了一定的伦理关系。自然的伦理意蕴即表现为，自然与（人）社会之互维性的问题式便由此生成。

一　自然是人类实践的要素

首先，在施密特看来，自然之所以引起马克思的关注，在于它是人类实践的要素。这是自然与（人）社会之互维性的问题式生成的前提。马克思在《巴黎手稿》（即《1844年经济学—哲学手稿》）中明确指出，“抽象的、孤立的、与人分离的自然界对人来说是无”。只要自然界在尚未被加工时，它在经济上就是毫无价值的，“单纯的自然物质，只要没有人类劳动物化在其中，也就是说，只要它是不依赖于人类劳动而存在的单纯物质，它就没有价值，因为价值不过是物化劳动”。[①] 马克思在批驳斯宾诺莎的实体概念时，他抨击自然无需人的中介而自在存在的观念；在批驳费希特的自我意识、整个德意志唯心主义的主观概念时，他批判了使意识及其机能独立于人的观念，认为进行中介作用的主体不只是精神，也包括作为生产力的人；最后，他在黑格尔的绝对，即实体与主观的统一之上，看到了这两个因素所结成的统一不是具体的、历史地产生的，而是“被形而上学地改装了”的统一。正如自然不可能脱离人那样，反过来，人和他的各种精神活动也不可能脱离自然，人的思维能力是一种自然史的产物。因此，马克思说，思维过程就是自然过程：“思维过程本身是在一定的条件中生长起来的，它本身是一个自然过程，所以真正能理解的思维只能是一样的，而且只是随着发展的成熟程度

① 参见《1844年经济学—哲学手稿》，《马克思恩格斯全集》第46卷（上），人民出版社1979年版，第337页。

(其中也包括思维器官发展的成熟程度) 逐渐地表现出区别。”[①]

其次，在马克思的自然概念中，自然与（人）社会之互维性的问题式不仅体现在与人相关的自然，而且还渗透在先于人类和社会的自然的存在问题。在马克思看来，关于先于人类和社会的自然的存在的问题不是“抽象地”提出来的，它们总是已经以对自然作理论的和实践的把握之一定阶段为前提的。因此，在被称之为绝对第一的基质之中，一切都已经同在理论的、实践的活动中产生的东西交织在一起，所以它们决不是绝对第一的东西。施密特援引了马克思在《资本论》中论及科学中的研究方法和叙述方法的关系问题时的论述，进一步证明这一思想。马克思说：尽管“在形式上，叙述方法与研究方法不同。研究必须充分地占有资料，分析各种发展形式，探寻这些形式的内在联系。只有这项工作完成以后，现实的运动才能适当地叙述出来。这一点一旦做到，材料的生命一旦观念地反映出来，呈现在我们面前的就好像是一个先验的结构了”。[②] 但是，在人所创造的社会史之类的对象中，研究方法和叙述方法即使有种种形式上的不同，实质上依然是相互吻合的。与此相反，脱离人的一切实践去对自然进行解释，这从根本上讲，只能是对自然的漠视。因此，关于人和自然的“生成”的问题，与其是形而上学的问题，还不如说是历史的社会的问题：由于在马克思看来，全部所谓世界史不外是人类通过人的劳动的诞生，是自然界对人来说的生成。所以，在他那里有着关于自己依靠自己本身的诞生、关于自己的产生过程的显而易见的无可辩驳的证明。[③] 既然人和自然界的实在性，亦即人对于人来说作为自然界的存在和自然界对人来说作为人的存在，

① 《马克思 1866 年 7 月 11 日致库格曼的信》，参见《马克思恩格斯全集》第 32 卷，人民出版社 1974 年版，第 541 页。

② 参见《资本论》，《马克思恩格斯全集》第 23 卷，人民出版社 1972 年版，第 23 页。

③ 《马克思恩格斯全集》第 42 卷，人民出版社 1979 年版，第 121—122 页。

已经具有实践的、感性的、直观的性质，所以，关于某种异己的存在物，关于凌驾于自然界和人之上的存在物的问题，亦即包含着对自然界和人的非实在性的承认的问题，实际上已经成为不可能了。

再次，自然与（人）社会之互维性的问题式表明，人对于自然的关系是以人们之间的相互关系为前提的，所以劳动过程作为自然过程，它的辩证法把自己扩展成为一般人类史的辩证法。[①] 在马克思看来，一方面，一切自然存在总是已经从经济上加过工的，从而是被把握了的自然存在；另一方面，无论在哲学上还是在自然科学上，自然的概念都不能脱离社会实践而对自然起作用。由于自然产生出作为意识活动之主体的人，自然才成为辩证法的，人作为“自然力”[②] 是和自然本身对立的。劳动资料和劳动对象在人那里相互发生关系，自然是劳动的主体—客体。由于人逐渐地消除外部自然界的疏远性和外在性，使之和人自身相互作用，为自己而有目的地改造它，自然辩证法才存在于人变革自然的活动中。[③] 在劳动中，人把自己对象化，但并非用劳动去“设定”自然的对象性本身，对于马克思来说，中介不同于设定。[④] 人的本质“仅仅是通过对象而被设定的，正因为它本来就是从自然来的，所以它就通过对象而被设定。所以，在设定的活动中，它不是从自己的‘纯粹的活动’跌进创造对象的活动，而不过是证明把对象的产品作为该对象的活动、作为对象的自然本质的运动而已”。[⑤]

---

① 施密特：《马克思的自然概念》，欧力同等译，商务印书馆 1988 年版，第 58 页。

② 参见《资本论》，《马克思恩格斯全集》第 23 卷，人民出版社 1972 年版，第 202 页。

③ 这可以看作施密特试图超越恩格斯的自然辩证法的概念，所做出的理论阐述（参见施密特《马克思的自然概念》，第 58 页注）。

④ 马克思在他所强调的黑格尔的“和解”的概念里看到了这种同一性，在那里，事实、矛盾着的东西的中介作为一个被积极设定的东西出现。

⑤ 《神圣家族》，参见德文版，第 84 页。

还有，正如劳动是形式的“价值创造者”一样，自然物质是实质的“价值创造者”。[①] 因此，自然与（人）社会之互维性的问题式蕴涵于劳动的性质中。自然物质与劳动的分离决不可能是绝对的。在个别的使用价值中，也许能够设法把劳动、因而把来自活动的人的东西，同由自然赋予的作为商品体的“物质的基质”的东西抽象地分离开来。可是，如果说到感性世界的整体，那么把自然物质从使之变化的实践的社会方式中分离出来，这实际上是办不到的。在马克思看来，关于劳动产品的完成，我们一般地并不能断定人与自然物质在量与质上占有怎样的比例。说这种关系在形式上并不能断定，是因为这些因素的作用过程成为辩证法的过程。[②] 如同还未被人所渗透的自然物质，在其原始的直接性上和人对立一样，劳动产品、劳动加工自然物质而构成的使用价值的世界——人化的自然——一旦作为客观的东西，作为不依赖于人而存在的东西，就和人相对立。人类生产力作为知识的以及实践的东西，由于给自然物质打上自己的烙印，因而与其说否定了不依赖于意识的自然物质的存在，不如说完全确证了它的存在。被人加工过的自然物质，依然是感性世界的构成要素，“例如，用木头做桌子，木头的形状就改变了，可是桌子还是木头，还是一个普通的可以感觉的事物”。[③]

最后，在作为劳动结果的已完成的事物中，以劳动为中介的运动消失了，但自然与（人）社会之互维性，依然通过作为其结果的事物，在进入下一个劳动过程的时候，再次被降低为劳动这个中介运动的单纯要素中显现出来。在一个生产阶段中是直接的东西，在

① 施密特：《马克思的自然概念》，第63页。

② 参见《德意志意识形态》，《马克思恩格斯全集》第3卷，人民出版社1960年版，第48—49页。

③ 参见《资本论》，《马克思恩格斯全集》第23卷，人民出版社1972年版，第87页。

另一个生产过程中是被中介的东西。“当一个使用价值作为产品推出劳动过程的时候，另一个使用价值，以前劳动过程的产品，则作为生产资料进入劳动过程。同一个使用价值，既是这种劳动的产品，又是那种劳动的生产资料。所以，产品不仅是劳动过程的结果，同时还是劳动过程的条件。”①

二　自然的社会中介性

施密特指出，马克思一开始就承认自然被社会所中介。以笔者之见，这正是自然与（人）社会之互维性的问题式的核心。在《德意志意识形态》中，马克思认为，人与自然的关系首先不是理论关系而是实践关系，无论从自然科学的考定范围还是从它的方法论，甚至从它的往往称之为事物的内容而言，它都是由社会所规定的；在《费尔巴哈提纲》中，马克思从直观唯物主义转变为新唯物主义，马克思强调感性世界是工业和实践的产物，但这个以社会为中介的世界同时也是一个在历史上先于一切人类社会而存在的自然世界，因而，外部自然界的优先地位仍然保存着，即马克思又坚持了自然界及其规律对于社会中介要素的先在性。作为自然与（人）社会之互维性的问题式的核心的自然的社会中介性，主要表现在以下几个方面：

首先，施密特认为，自然本身在很大程度上也是被中介的东西。为此他援引了马克思在《德意志意识形态》中的有关论述，费尔巴哈特别谈到自然科学的直观，提到一些秘密只有物理学家和化学家的眼睛才能识破。但是如果没有工业和商业，自然科学会成为什么样子呢？……甚至连最可靠的感性对象也只是由于社会发展、由于工业和商业往来才提供给他的。……甚至这个“纯粹的”自然科学也只是由于商业和工业，由于人的感性活动才达到自己的目的和获得材料的。这种活动、这种连续不断的感性活动与创造、这种生产，

① 参见《资本论》，《马克思恩格斯全集》第23卷，人民出版社1972年版，第205页。

是整个现存感性世界的非常深刻的基础，只要它哪怕只停顿一年，费尔巴哈看来，不仅自然界将发生巨大的变化，而且整个人类世界及他（费尔巴哈）的直观能力，甚至他本身的存在也就没有了。[①] 与此同时，这个以社会为中介的世界同时也是一个在历史上先于一切人类社会而存在的自然世界。因此，尽管承认了社会要因，“外部自然界的优先地位仍然保存着，而这一切当然不适用于原始的通过自然发生的途径产生的人们”。[②] 但是，这种区别（即人类社会以前的自然与社会中介过的自然间的区别）只有在人被看成是某种与自然界不同的东西时才有意义。在施密特看来，“把马克思的自然概念一开始同其他种种自然观区别开来的东西是马克思自然概念的社会—历史性质”。[③] 由此进一步发挥了他的“自然的社会中介和社会的自然中介”的理论（即“相互中介论”）。他认为，马克思的中介理论是批判费尔巴哈和黑格尔等人的自然观的产物，是新唯物主义自然观区别于其他自然观的一个本质特征。马克思批判费尔巴哈的自然观，把整个人类实践导入认识过程，将人和自然看作实践的辩证要素，才使自然观达到具体性。虽然马克思和费尔巴哈一样讲“外部自然的优先地位”，但他批判地保留了这种优先地位只能存在于中介之中的一切说法。马克思不是从本体论、无中介的纯客观意义上来理解自然的，他将自然既看作存在着的万物的总体，又看作人的实践要素，在工业中，人与自然通过社会实践的中介达到统一。

其次，施密特指出，现实中出现的一切目标和目的，都可追溯到适应境况变化而采取行动的人，离开了人就没有任何意义。[④] 只

---

① 参见《德意志意识形态》，《马克思恩格斯全集》第 3 卷，人民出版社 1960 年版，第 49—50 页。

② ［德］施密特：《马克思的自然概念》，欧力同等译，商务印书馆 1988 年版，第 50 页。

③ 同上书，第 2 页。

④ 同上书，第 26 页。

有黑格尔的精神之类的主观扩大到无限世界去时，它的目的才能同时也成为世界自身的目的。因为在黑格尔看来，“有限目的论的观点”是受到限制的，应在绝对精神的理论中遭到扬弃。与此相反，马克思不知道在这世界里除了人所规定的目的之外还有什么别的目的。因此，世界包含的意义无非就是人通过调节自己各种生活条件而达到目的，除此别无他意。“历史能够从一个较恶的社会到达一个较善的社会，历史在其进程中还可能达到一个更善的社会，这是一个事实。然而，历史的道路是在充满了个人的痛苦和悲惨中前进的，这又是另一个事实。在这两个事实之间有一系列解释上的联系，但没有任何辩解的意义。”① 因此，甚至一个更好的社会到来的时候，也没有理由替达到这个社会所经历的充满人类痛苦的过程去辩解。在此基础上，施密特进一步阐述了，马克思的中介理论是马克思对唯心主义中所包含的真理的批判性的吸取。马克思并不像费尔巴哈那样抽象地责难黑格尔的唯心主义，而是看到黑格尔唯心主义的神秘形式下所包含的“世界以主体为中介”的合理性成分。马克思把自然和一切关于自然的意识都同社会生活过程联系起来，既坚持了唯物主义，又克服了费尔巴哈自然主义一元论的抽象性；马克思坚持作为中介主体的人是实在的组成部分。所以，他关于直接事物的中介性观点并不导致唯心主义。

第三节　人与自然伦理关系的互动机制

施密特认为，要理解马克思关于自然的概念，“重要的是阐明关于在每时每刻形态中的物的存在的直接性和中介性的具体辩证

---

① 施密特：《马克思的自然概念》，欧力同等译，商务印书馆 1988 年版，第 92 页。

法”。[①] 他着重从马克思的后期成熟著作《资本论》及其几个准备性的手稿来展开马克思的中介理论的内容，进而从更深的理论层次上揭示了人与自然伦理关系的互动机制：一是“自然的人化”和“人被自然化”；二是自然的社会中介和社会的自然中介性。

一 “自然的人化”和“人被自然化”

施密特揭示了马克思关于以“自然的人化”和“人被自然化”为内容的人与自然之间的物质变换的思想。实际上，这一思想是关于人与自然伦理关系的互动机制的深刻揭示。

首先，施密特分析和阐述了马克思在《1844 年经济学—哲学手稿》中，由于受费尔巴哈和浪漫派的影响，提出的具有人本主义倾向的“自然的人化”和“人被自然化”的思想。马克思还提出了自然主义＝人本主义这样一个公式。对于人与自然的关系而言，马克思曾作了这样的概括，自然作为“就它本身不是人的身体而言，是人的无机的身体”[②]，自然作为人的身体，是“人为了不致死亡而必须与之形影不离的身体”。[③] 在有生命的自然中，同化过程一般使无机的东西转化成有机的东西；同样，在劳动中，人使上述的“无机的身体”和自己同化，使自然越来越成为自己自身的“有机的”构成要素。“说人的物质生活和精神生活同自然界不可分离，这就等于说，自然界同自己本身不可分离；因为人是自然界的一部分。”[④] 但是，这只有在人自身直接属于下述的自然时才是可能的：这种自然绝非仅仅是和他自己的内在性对立的外部世界。

为了说明这一点，马克思还将动物的生产与人的生产进行了

---

① 施密特：《马克思的自然概念》，欧力同等译，商务印书馆 1988 年版，第 64 页。

② 参见《1844 年经济学—哲学手稿》，《马克思恩格斯全集》第 42 卷，人民出版社 1979 年版，第 95 页。

③ 同上。

④ 同上。

比较，并指出，动物在自己占有的对象世界中，被束缚在自己所属类的生物特性中，因而也被束缚在这一世界的一定领域中；相反，人的普遍性的特征在于至少能够占有整个自然，人既然进行劳动，就使“整个自然界——首先就它是人的直接的生活资料而言，其次就它是人的生命活动的材料，对象和工具而言——变成人的无机的身体”。[①] 自然作为劳动的成果以及出发点，是一个“无机的东西”，是劳动占有的对象。人生产时和动物相反，能够“自由的与自己的产品相对立”[②]，这是因为人对自然的关系并不是完全为了满足直接的肉体需要。“动物只是按照它所属的那个物种的尺度和需要来进行塑造，而人则懂得按照任何尺度来进行生产，并且随时随地都能用内在固有的尺度来衡量对象；所以，人也按照美的规律来塑造物体。”[③] 因而，说人靠自然界来“生活”，这句话不只是具有生物学的意义，尤其具有社会意义，人的生物的类生活依靠社会生活过程才开始成为可能。

其次，施密特还解读了马克思后期成熟的经济学著作，在他看来，“马克思使用物质变换概念就给人和自然的关系引进了全新的理解”。[④] 物质变换概念是“马克思对自然整体内部与社会相互渗透关系的确切的最好表达”。[⑤] 因为马克思认识到，自然和人的斗争可以改变，但不能废除。在这里，马克思使用了非思辨的、具有自然科学色彩的“物质变换”这一唯物主义概念来对此加以论证。因为这里“物质变换”以“自然的人化”和“人被自然化”为内

---

① 参见《1844 年经济学—哲学手稿》，《马克思恩格斯全集》第 42 卷，人民出版社 1979 年版，第 95 页。

② 同上书，第 96 页。

③ 同上书，第 96—97 页。

④ ［德］施密特：《马克思的自然概念》，欧力同等译，商务印书馆 1988 年版，第 78 页。

⑤ 同上书，第 79 页。

容，其形式被每个时代的历史所规定。一方面，由于人把自然物中“沉睡的潜力”解放出来，就拯救了它，把死的自在之物转变为为我之物。从某种意义上说，就是延长了依据自然史产生的自然对象的系列，使之在质的最高阶段上延续。通过人的劳动，自然进一步推进了自己的创造过程。这种变革的实际不只具有“社会的”意义，而且具有“宇宙的”意义①，另一方面，正如不依赖于人的自然过程在本质上是物质的、能量的转换一样，人的生产也不能置诸自然的关联之外，自然和社会并不是僵死对立的。在马克思看来，进行社会活动的人作为一种自然力与自然的物质相对立，为了在对自身生活有用的形式上占有自然物质，人就使他身上的自然力——臂和腿、头和手活动起来，当他通过这种活动作用于他身外的自然，并改变自然时，也就同时改变了他自身的自然。所以，人使他的本质力量和被加工的自然物同在，这就是人被自然化。②

二　自然的社会中介和社会的自然中介

“自然的人化”和“人被自然化”作为人与自然伦理关系的互动机制直接体现，还深深地蕴涵于自然与社会的关系互动之中，主要表现为，自然的社会中介和社会的自然中介。

首先，施密特指出，在《资本论》中，马克思独特地发现了物化在商品形式中的历史关系，并力求从现实经济外观去发现隐藏在其中的本质即人的社会关系。这实际上体现了人与自然伦理关系互动的机制的本体维度。在马克思看来“一切社会关系以自然为中介，反之亦然。这些关系总是人与人之间和人与自然之间的关系”。③ 而

---

① ［德］施密特：《马克思的自然概念》，欧力同等译，商务印书馆1988年版，第76页。

② 同上书，第77页。

③ 同上书，第66页。

在《资本论》的草稿中，马克思则“更多地使用哲学范畴，使得自然存在的独立于人和依存于人的关系这个难题得以展开”。[①] 他指出，如同一切自然被社会所中介一样，社会作为整个现实的构成要素，也被自然所中介。马克思把“一切自然存在”都看作人的劳动加工过的、滤过的，是社会劳动的产物，强调人和自然以实际为中介的高度统一。自然是社会范畴，反过来社会也是自然范畴，自然和人、自然和历史是不可分离的，因而，马克思的自然概念具有“社会—历史性”。从这种立场出发，施密特既批判恩格斯，又批判卢卡奇。他说恩格斯试图把辩证法扩展到人类以外的自然界，这有巨大的影响，但恩格斯将自然和历史对立起来，使他们成为两个分离的领域，背离了马克思的自然理论，倒退到独断的形而上学；而卢卡奇首先要求把辩证法限制在社会历史领域，正确地指出自然及一切对自然的意识受历史的制约，这是他的功绩，但他把自然消融到社会历史中，就陷入新黑格尔主义的“现代”观点中去了。

无论在《资本论》的“草稿”中，还是在《资本论》中，马克思在讲到可被占有的物质世界的时候，使用了一些和本体论有细微差别的术语。例如，他在“草稿”中把土地称作“实验场”、“原始的工具”、“原始生产条件”等，在《资本论》中称作“原始的食物仓”、“原始的劳动资料库”。[②] 与此相关联，“巴黎手稿”中的自然是人的无机的身体这一主题，在“草稿”中也以相当注目的具体形式再次表现出来。而且出现在对财产的发生史进行分析中：“蒲鲁东先生称之为财产的非经济起源（他这里讲的财产正是指土地财产）的那种东西，就是个人对劳动的客观条件的，首先是对劳动的自然客观条

① ［德］施密特：《马克思的自然概念》，欧力同等译，商务印书馆 1988 年版，第 69 页。

② 参见《资本论》，《马克思恩格斯全集》第 23 卷，人民出版社 1972 年版，第 203 页。

件的资产阶级以前的关系，因为，正像劳动的主体是自然的个人，是自然的存在一样，他的劳动的第一客观条件表现为自然，土地表现为他的无机体；他本身不但是有机体，而且还是作为主体的无机自然。”①

其次，施密特反复强调，既然一切自然都是实践的产物，那么，就不能离开人的实践去看待自然。这体现了人与自然伦理关系互动的机制的实践维度。虽然马克思所说的自然仍然保留着唯物主义的优先地位，但这种优先地位也只能存在于人的实践及人的意识对自然的“中介”之中。人和自然都是实践的要素，随着工业的发展，自然在社会活动中的地位不断降低，它的客观性“逐渐纳入主观性之中”，凡是能被认识的东西，都是主体所创造的东西，因此，唯物主义才不应该以抽象的物质，而应以实践的具体性作为自己的真正对象和出发点。就生产而言，总是社会的，它总是“个人在一定社会形式中并借这种社会形式而进行的对自然的占有”②，那时，各个个人直接际遇到的是各自互不关心地从事自己的私人劳动：他们生产出来的物的使用价值，是无交换的在“物和人的直接关系中就能实现的”。③ 与此相反，互不相关地从事的私人劳动，其社会性质乃是在劳动产品地交换中，即在社会的总过程中才是明显的。

再次，施密特还发挥了马克思关于自然史和社会史统一的思想，揭示了人与自然伦理关系互动的机制历史维度。他说，马克思把“社会经济形态发展”看作一个自然历史过程，这是从严格的必然性来看待历史过程的，是与先验构成和心理解释无涉的。当然，马克思承认社会规律的特殊性，他和恩格斯一样认为自然史和社会史的

① 参见《1857—1858 经济学手稿》，《马克思恩格斯全集》第 46 卷（上），人民出版社 1979 年版，第 487 页。

② 《马克斯恩格斯全集》，第 46 卷（上），人民出版社 1979 年版，第 24 页。

③ 参见《资本论》，《马克思恩格斯全集》第 23 卷，人民出版社 1972 年版，第 100 页。

区别在于，后者是人创造的，前者则不然，“在马克思看来，自然史和人类史则是在差别中构成统一的，他既没有把人类史溶解在纯粹的自然史之中，也没有把自然史溶解在人类史之中”[①]，因此，一方面要看到社会史是“自然史的一个现实部分”，另一方面又不能忽视自然史过程和社会史过程之间的种种差异。“只有在有意识的主体创造的人类历史为前提的时候，才能谈论历史。自然史是人类史溯往的延长。”[②] 从这种立场出发，施密特批评考茨基，赞扬科尔施，认为前者的《唯物史观》一书有社会达尔文主义倾向，而后者则是为数不多的正确理解了自然和历史的复杂辩证法的作者之一。施密特将自然科学和历史科学的关系当作自然和历史的关系的一个重要方面来加以考察。他批评自狄尔泰和新康德主义以来的将这两种科学割裂开来的做法，认为这种割裂是以把实在分成自然和历史两个截然不同的领域作为前提，而马克思坚持自然和历史的统一，说在人面前总是摆着一个“历史的自然和自然的历史”，自然和历史的对立是意识形态学家制造出来的。因此，马克思坚持自然科学和历史科学的统一，认为只有一门科学（即包含自然史和人类史），“属于人的自然科学或关于人的科学”“都将成为一门科学”。

总之，施密特通过对马克思的自然概念的阐释，揭示了自然的社会伦理本质，其中包括人与自然伦理关系的理论前提：自然概念所具有的社会—历史性；人与自然伦理关系的互动机制：“自然的人化”和“人被自然化”，自然的社会中介和社会的自然中介。揭示了，自然与历史是相互渗透和相互中介的；自然与社会、自然史与人类史是统一的，没有离开人、社会或历史的纯粹客观性的自然，自然是被人或社会所滤过的，它是实践的要素又是实践的产物。

---

① ［德］施密特：《马克思的自然概念》，欧力同等译，商务印书馆 1988 年版，第 38 页。

② 同上书，第 39 页。

> 由“征服”自然的观念培养起来的虚妄的希望中，隐藏着现时代最致命的历史动力之一：控制自然和控制人之间的不可分割的联系。人类控制自然观念的主要功用之一（即它作为一种重要的社会意识形态的作用），是阻碍对人际关系中新发展的控制形式的觉悟。①
>
> ——威廉·莱斯

第十五章　自然的控制与超越的伦理本质

进入 20 世纪 70 年代以后，法兰克福学派的自然伦理观又产生了新的转向，即汲取了生态学及生态伦理学的思想，主要以莱斯为代表。莱斯②作为马尔库塞的弟子，传承了法兰克福学派批判的自然观，在其代表作《自然的控制》中，阐释了这种新的自然伦理观。莱斯在书中对马尔库塞关于“对自然的控制和对人的控制始终

---

① ［加］威廉·莱斯：《自然的控制》，岳长龄、李建华译，重庆出版社 1993 年版，第 6—7 页。

② 威廉·莱斯（William Leiss，1939—）是法兰克福学派著名代表人物马尔库塞的弟子。他在美国圣地亚哥大学获博士学位，从 1968 年开始一直在加拿大安大略省约克大学环境研究所从事教学和研究工作。他的著作主要是研究与环境和生态问题相关的哲学、社会学问题，并把它与对发达资本主义社会的批判结合起来。他曾在《哲学论坛》、《国际社会科学》、《目的》等期刊上发表一系列这方面的文章。《自然的控制》（1972 年）和《满足的极限》（1978 年）是他的代表作。从其思想体系上看，他与法兰克福学派的思想一脉相承。因此，笔者将其自然伦理观纳入本书之中。特此说明。

联系在一起。这种联系的发展趋势对作为整体的宇宙产生了一种灾难性的影响。人们用科学来把握和控制的自然，重新出现在既生产又破坏的技术装备中，这种技术装备在维持和改善个人生活的同时，又使个人屈服于（他们的）主人——技术装备。因此，对合理的等级制度和社会的等级制度融为一体"[1] 的思想作了进一步的发挥，并对"控制自然"这一观念从历史、哲学和社会伦理等方面进行了多层面多视角的深入研究。他揭示了"控制自然"这一观念的内在悖论，阐明了"控制自然"而导致的人与自然（环境）的一系列问题，具有其更深刻的根源——人对人的控制。因而，控制自然与控制人这两方面在历史发展中存在着内在联系，控制自然只是控制人的表征，控制人才是控制自然的伦理本质。探讨这一问题并超越原有的"控制自然"的观念不仅对我们厘清人与自然关系的伦理本质有一定的启迪作用，而且对于协调人与自然、人与环境的关系，使人—社会—自然系统的协同提供了新的视阈。

第一节　"控制自然"的内在悖论及历史生成

莱斯在《自然的控制》一书的序言中指出，控制自然这一概念是自相矛盾的，它既是其进步性也是其退步性的根源。研究它的历史起源和后来的演变，可以揭示这一观念的内在矛盾。他深刻地指出，在由"征服"自然的观念培养起来的虚妄的希望中，隐藏着现时代最致命的历史动力之一：控制自然和控制人之间的不可分割的联系。人类控制自然观念的主要功用之一（即它作为一种重要的社

---

① ［德］哈贝马斯：《作为"意识形态"的技术与科学》，李黎、郭官义译，学林出版社 1999 年版，第 43 页。

会意识形态的作用)，是阻碍对人际关系中新发展的控制形式的觉悟。这一观念的酝酿期正好与一种新的社会理论的兴起相一致，这一新的社会理论强调个人根本平等，是为掩盖在资本主义经济中形成的新的控制形式服务的。

一　“控制自然”的内在悖论及历史生成

莱斯认为，人类利用自然力的性质的转变已经带来了两个相互联系的灾难性后果：一是广泛威胁着一切有机生命的供养基础和生物圈的生态平衡；二是不断扩大的人类对于一个统一的全球环境的激烈斗争。上述每一灾难都会造成这个星球现在形成的一切生物生命的毁灭或剧烈的变化。然而，在探索产生这些危险和避免这些危险的途径中，理解控制自然观念的后果是十分必要的。在这种意识形态的各个阶段曾提出一些批判的假定，这些假定决定着科学和技术的工具性在实现征服自然的目标中发生作用的方式。虽然它们的实质的社会基础消失了，但意识形态的表现却存留至今。进而导致在工业社会的具体社会成就和企图解释那些成就的全面意义的意识形态之间的隔阂加大。

与此同时，人的那些最关键的需要已经被社会的持续不断的控制所扭曲，并且这个问题在现时代变得越来越尖锐。现代经济学起源于人的需求是永无满足的观念，这一观念是经济理论、社会学和心理学（尤其是著名的“消费心理学”领域）的基石之一。它的内涵恰恰是不可避免地服从于自然：人的自然是被一种抵抗合理控制的内在机制所控制，社会注定是无休止地追求满足无止境欲望手段的场所，进而必然引发无穷的对抗和争斗。因此由控制自然观念所带来的广泛的迷惑，势必成为掩盖现代社会发展的最关键的动力源泉之一，即人和自然关系中的控制和服从的辩证法，要求征服自然的人类本身就是被他自己的心理素质所奴役。

莱斯对控制自然观念的内在悖论揭示，没有停留在概念的辨析中，而是深入到历史的发展中，从对有关史料中的精心考察和探索，向人们展示了“控制自然”观念内在悖论的历史生成过程，在研究的基础上他概括了这样一个精辟的命题：“非理性的机巧是在一种长期的错觉（即控制自然的事业本身是被控制的）中被揭示的。”[①] 因而，控制自然观念的内在悖论可以追溯到古代的神话传说、宗教观念和文艺复兴时期的炼金术士的观点。

首先，莱斯从对希腊神话传说的追溯中，剖析了现代乌托邦控制自然的观念及其隐含的悖论。

在希腊神话中，技艺就具有两种或双重的作用，一方面用于生产，另一方面又产生一定的危害和破坏，以至于其功效总是发展或毁灭自身。它表明人类社会在物质产品和文化产品的增长上得益于机械技术，但我们也清楚地看到，剧毒、枪支、战争机械和这类摧毁性发明形成的行业已远远超过了迈诺特尔[②]所具有的残酷和野蛮。

接着莱斯对乌托邦的观点进行了剖析，他指出，自柏拉图的《理想国》出现以后两千年以来，人们期待着一个更好的社会秩序。基于农业经济，在他们尘世的理想所涉及的范围内，这种社会秩序是建筑于可能彻底改变一定前工业经济结构的社会关系的基础之上。随着工业革命的到来，出现了大量的奢侈阶级，并且逐步地传播着一种信念：大量的悠闲和享受是建筑在科学和技术进步基础之上。抱有乌托邦梦想的人总是认为，地球的自然环境包含着对人类幸福和需求满足的充分资源，人类的不幸基本上只是由于未能很好地调整社会关系。然而，关于人类控制自然的程度，在前工业和后工业的概念之间有着本质的不同。在后者的情况下，一般人类自由的可

---

① ［加］威廉·莱斯：《自然的控制》，岳长龄、李建华译，重庆出版社 1993 年版，第 20 页。

② 迈诺特尔：希腊神话中牛头人身的怪物。

能性显然是与以工业技术为基础的工业化生产设施的水平相联系。这种工业技术主宰着人类以一种系统的方式利用和转换自然潜力的工艺技巧。但是，具有讽刺意味的是，这里所依赖的巨大工具——即科学和技术——也被归入了阻挡新的社会到来的种种障碍之中。

莱斯认为，统治自然被视为现代乌托邦观点的一个重要部分。他援引了生物学家勒内·杜布斯的话："现代世界的真实特点就是相信科学知识将来能够被人用来控制和开发自然为自己的目的服务。"① 罗伯特·波古斯兰在他所写的一本关于计算机专家所描绘的乌托邦的观点："我们的乌托邦复兴从扩展人控制自然的追求中获得其原动力。它的最巨大的活力来源于对人们现存的控制物质环境的局限性的不满足，其最巨大的威胁恰好在于其扩展了那些人控制人的手段的潜能。"② 这样，近几个世纪，世界越来越强地被一种强调人和他的环境之区分的二元论的世界观所统治。这种观点实质上接受了一种原理：人的最首要的任务在于逐步建立对所有非人自然的控制。但是现在，人已经逐渐形成了对地球的统治，以致现在正逼近这样一种状况：人建构了自身环境，但控制环境又要求由人来征服人的本性。换言之，人类的活动已成为自然环境中很重要的一个部分，以至于控制自然和控制人成为同一过程的两个方面。这正如马尔库塞所说："人与自然的斗争是不断增强与其社会的斗争。"③ 这就是说，人与人之间的社会斗争逐渐地同化了人与自然的斗争，换言之，人们用以把自然资源转变为满足要求的物品机构越来越被视为是一种政治冲突的重要对象。比如，一种对生态学的关切必然会成为社会运动的一部分，因为转变目前对环境自我毁灭

① ［加］威廉·莱斯：《自然的控制》，岳长龄、李建华译，重庆出版社 1993 年版，第 12 页。

② 同上书，第 13 页。

③ 同上书，第 19 页。

做法的问题不能离开对团体和政府赋予权威决策权力的质疑。同样，在国际事务中，资本主义与社会主义之间的生死竞争，形成了科学和技术改革的疯狂场所，并且因此迫使“控制自然”服从于包含着灾难意义的失控的动力规律。据此，莱斯认为卢卡奇关于自然是一个“社会范畴”观点的正确性。他进一步阐释道，控制自然不单是科学研究的对象，它还是一种深切的期望和使我们的后代们热爱其科学事业；并且，只有通过对这种复杂意义的考察，我们才能发现和揭示这种事业的社会意义与方法。

其次，莱斯从神话、巫术、《圣经》与金属工具的产生，剖析了控制自然观念的内在悖论。

莱斯先是从文化起源方面阐述了控制自然观念的内在悖论。在他看来，各种金属工具的发明和创造从一开始就在人们心理上产生了控制与恐惧的矛盾，这样使得各种金属工具的发明和创造总是带有巫术和神祇的色彩，而其创造者也常被当作巫术师，因为在想象中，他掌握着能使非“自然的”事物出现的秘密程式，在操作中依靠的他的那些创造也带上了神性。人们在使用工具中，一方面产生了优越于自然的态度和感到自身独立的力量，另一方面，又对工具有一种周期性的恐惧感。为了安慰精神，并使那些借以改变自然秩序的工具“人性化”，就需要举行典礼仪式。现代在“文明的”人们中先进技术的冲击和工业化国家中，同样深藏着对人掌握技术科学来处理问题的能力的恐惧。这表明，除了现代技术无可怀疑的优越的理性以外，无论是前工业社会还是工业化社会，科学和技术的工具和程序都没有失去巫术的光环。因此，人类对技术最初形成的内心期望和恐惧继续助长着一种宿命论，依靠它，人们逐渐地接收了人类创造性的成果，同时又担心从它手中爆发出的无法控制的邪恶。

莱斯还从宗教传统方面阐明控制自然观念的内在悖论的思想根源。正像怀特所说，直到 18 世纪，几乎所有伟大的科学家都关注宗教问题，由此概括出他们神学上的关怀，影响着他们关于科学进步意义的观念。在莱斯看来，统治古代世界宗教的一个共同特征就是相信所有自然的对象和场所都具有“精神”。为了确保人们自己不受伤害，必须尊敬这些对象，而在侵占这些自然对象为人所用之前，要求人们通过礼品和礼仪来安慰精神。但犹太基督徒却保持着“精神”与自然相分离并且从外部统治它；犹太教义还认为，对某些领域，人对自然享有着与上帝共有的优越。在所有地上的事物中只有人才具有精神，这样，他不必畏惧自然中某些反对意志的阻挠。《圣经》则表明，地球完全是为了服务于人的目的设计的。这样由于消灭异教徒的泛灵论，基督徒便可以以一种不关心自然对象的心情去开发自然。

莱斯认为，在现代技术科学形成的岁月中，基督教依然强有力地统治着欧洲人的思想；他们的信仰所承认的形象描绘，为新科学的倡导者提供了借以解释其成就的现成范畴。被设想为胜利地控制了自然的科学，似乎只是在自然地完成《圣经》关于人应当是地球的主人的允诺。因为在《圣经》的《创世记》中，上帝宣布了其对宇宙的统治权以及人对地球上具有生命的创造物的派生统治权。《圣经》的说法强调了具有以统治权为基础的绝对权利。正是这个权利因素将人从其他被创造的东西中分离出来。于是人作为地球的主人，就可以“立于自然之外并且公开行使一种对自然界统治权的思想就成了统治西方文明伦理意识的学说一个突出特征”。[1] 这是生成控制自然观念的重要的思想根源之一。由此，莱斯指出，控制自然的观念亦是深深地扎根于西方社会文化传统中的牢固的思想方式，它是一种共识，而不是思想家个人的癖好和错误。

莱斯认为，基督教的教义又通过约束人操纵更高权利的方法来

---

① ［加］威廉·莱斯：《自然的控制》，岳长龄、李建华译，重庆出版社 1993 年版，第 28 页。

遏止人的现世的野心。《圣经》规定，我们周围的自然界有一种与其作为人类活动物质基础的功能完全无关的意义：它是神的创造，所以是神圣的。自然有一种两面性，从它的直接表现来说，作为满足人类维持生命需要的来源，它必然产生功利主义的行为方式（它在结构和细节上还会有很多不同）；但反过来，自然则表现为上帝恩赐的可见证据，从其价值的观点来看，它应当视为一种理解神的意图的辅助手段。

莱斯还指出，文艺复兴是现代控制自然观念的重要理论和方法论的根源。因为这个观念的各种要素都可以从文艺复兴时期的自然巫术理论中找到，如在炼金术、宇宙学、占星术中，在占星家的观点中，甚至在马基雅弗里关于在政治生涯中“控制命运”的格言中找到。莱斯援引了阿列克塞·柯里的观点，即在文艺复兴时期形成了一种对人与自然关系的新的态度。这个时期的文学揭示了一种不断增长的对自然“奥秘”和“效用”的迷恋和一种要识破它们以获得力量和财富的渴望。这种情形日渐增强，以致在17世纪有些作家已经将其描绘为，形成了一种拜物教式的追求。[①] 比如，对数学的迷恋是整个文艺复兴巫术的一个组成部分。数字被视为打开自然秘密的钥匙和巨大力量。为了寻找正确的公式，许多数学天才耗尽心血。直到19世纪数学神秘主义和数学科学还在一定程度上相联系着。又如，对于炼金术士来说，控制自然的目标和自我完善的目标是一致的。因此，“炼金术士是一种帮助自然发展成以其最大限度生产出为人类利益所需要的产品的人”。[②] 当科学精神的守护神强迫自然力在一个领域为人类服务，而这个领域还从未知晓的时候，炼金术就成了科学时代的曙光。征服世界意志的精神根源在炼

① ［加］威廉·莱斯：《自然的控制》，岳长龄、李建华译，重庆出版社1993年版，第35页。

② 同上。

金术文学中。因而，通过科学技术发展物质和征服自然的观念形成于19世纪，并成为今天仍在持续的社会意识的基础。

二　培根的贡献

莱斯认为，培根的目的在于改变文化和哲学的传统观念和实现根本性的制度重建。他一生中最伟大的思想就是有组织地研究科学的思想。培根的伟大成就在于他比任何人都清楚地阐述了人类控制自然的观念，并且在人们心目中确立了他的突出地位。培根将这种观念的危险性与炼金术士们的狂妄幻想相区别，并与当时文化的支配力量即基督教结合起来。进而使这种观念赢得了“尊重”。

在培根看来，宗教和科学进行着一种共同的努力，即补偿被逐出伊甸园所受到的伤害：“人由于堕落而同时失去了其清白和对创造物的统治。不过所失去的这两方面，在此生中都可能部分地恢复，前者靠宗教和信仰，后者靠技艺和科学。”① 培根这一论述主要围绕两个中心：一是从根本上区分罪孽引起的两种不同结果，失去了道德的清白和失去了统治；二是，要求两种不同的事业（宗教和科学）来消减伴随的罪恶。这种区分能够保证培根通过科学的进步控制自然的观念不妨碍上帝的计划；相反，正是通过这些艰难的步伐，使神的旨意得到实现。进而使人们在心理上消解了对控制自然观念的内在悖论的恐惧。因为培根察觉到，反对社会促进科学发展的背后是对人会因扰乱了自然事物的秩序而惹怒上帝的恐惧。因此他竭尽全力地强调科学工作的“清白”。② 由此培根还区分了自然知识和道德知识。他认为，自然就像是工匠制作的产品，它表现

① ［英］弗兰西斯·培根：《新工具》，载《弗兰西斯·培根全集》第4卷，第247—248页。

② ［加］威廉·莱斯：《自然的控制》，岳长龄、李建华译，重庆出版社1993年版，第45页。

了制作者的能力和技巧而不仅是他的设想。这样，培根努力减轻那种科学研究自然会动摇信仰基础的恐惧。

莱斯指出，在培根的论述中，存在一个潜在的矛盾：一方面，控制自然和实现它必须依赖的技艺和科学的“道德清白”是由神所授命的人和自然的关系所派生；换言之，培根是参照堕落以前的人的条件，即当人自身存在于一种道德清白状态并且与全部创造物完全和谐一致的情况下，来证明人类对自然的控制；另一方面，通过技艺和科学恢复对地球的统治对于重建清白状态毫无帮助，因为这是一个完全不同于宗教领域中的道德知识和信仰的问题。值得注意的是，培根在这里通过一种类宗教的形式为科学的进步辩护，他赢得了人们对新的控制自然的观念的广泛接受，同时他又不自觉地在解构宗教观念，即为后人制定了一条使控制自然这一思想逐渐地非宗教化的路线。

莱斯认为，科学和技术的合理性是一种向社会进步输出合理性的完整的、独立的力量，换言之，通过科学和技术进步来控制自然，被理解为一种社会进步的方法。当控制自然的观念被彻底世俗化的时候，包含上帝和人之间契约的道德束缚以及人类的获准的对地球的部分统治就失去了它们的效力。这样，笼罩着培根为新的征服自然辩护的宗教框架解构了，其中的观念就完整地浮现出来，并且对以后产生了深刻的影响。

培根坚决反对人们不愿意努力研究自然的庸俗现象，在他看来，“不愿意从事这种事业的人是卑微的和渺小的，完全可以肯定他既不能赢得自然王国也不能管理它”。[①] 因为征服自然为解放“人类不利地位”提供了希望，这样就为人们从现有的人与自然关系基本状态的生存逆境中解脱出来提供了可能。培根主要想使读者

---

① ［加］威廉·莱斯：《自然的控制》，岳长龄、李建华译，重庆出版社 1993 年版，第 50 页。

相信，知识的增长会改变人与自然的关系，从而使物质的稳定发展成为可能。此外，培根的思想还有另一方面，即知识能使人的思想文雅、大度、适度和柔顺地进行统治；而无知使得他们粗暴、专横和抗逆。这样，知识的进步就带来了两种相互联系的利益：既免除了人和自然关系引起的不利，又免除了人与人之间关系引起的不利。

培根认为，当时的自然哲学脱离了操作效果是无用的。而重建知识的主要障碍是一种根基很深的心理状态。由于依靠自然哲学来提高人利用自然力的能力总是遭到失败，便形成了一种失望的心态，这种心态进而又障碍了对新研究的探求。为了消解人们的失望心态，培根提出了对自然和人类技艺之间关系的新观念和新态度，即一种建立在信心和希望而不是失望基础上的态度，一种把所有的问题维系在“技艺战胜自然”的态度。在培根看来，人类的技艺和知识是人们用以强迫自然服从其命令的武器。同时，他一次又一次地强调，如果我们认真地遵守一种原则，即靠服从自然来支配自然，巨大的报偿就会随之而来。不仅如此，培根还认为，那些对科学进步负有责任的人在很大程度上控制了科技的社会应用。因而须有这样一种信念：拥护新的科学哲学的人同时也具有一种对其工作的道德责任感和一种为更大的推动社会制度发展的任务而奋斗的精神。这表明，培根已敏锐地认识到错误地应用科技发明的内在的危险。由此，培根区分出三种人类抱负：一种在于改善个人利害关系；另一种是寻求长久的国家利益；第三种是努力恢复和提高统治人自己，统治人类种族和统治宇宙的力量。① 而科学进步将成为一种抑制和超越较低价值倾向的人类抱负的工具。

① ［加］威廉·莱斯：《自然的控制》，岳长龄、李建华译，重庆出版社 1993 年版，第 62 页。

三　控制自然观念的演进

莱斯指出，17世纪欧洲的精神生活表现为一种对自然的迷恋。事实上这是迷信自然埋藏着无价“秘密”，人们主张必须有新的思想方法，以便在“捕猎”时，能走入迄今尚未发现的、深藏着奇迹和秘密的自然的洞穴。一旦捕获了这种奇迹和秘密，人们就能够模仿造物主的操作行为。这一时期的宗教，对人如何完成和进行创造工作的说教也以更加“行为主义”化的方式做了重新解释：自然需要人的监督才能使其功能更佳。这种理解意味着一种对自然环境的彻底改变，而不仅是在环境中居住或流浪迁移。这种观念曾被用于对所谓落后地区的征服和殖民做辩护。人作为人与自然之间关系中的主动因素亦是人类文明的关键因素这一信念被不断地增强。

赞颂自然是一种新的信念的思想反映，它包括这一时代杰出思想的知识学派的发展和巩固，进而表明在世界上，人类力量已经成了一种能与其努力的真正价值相匹配，这就是说，自然的奇迹是能够操作的，并且根据造物主的意志，这些隐秘奇迹的发现会提高人们地位和尊严。在这种信念的推动下，科学研究事业赢得了更多的拥护者。同时，这种信念又成了一种精神的助产士，它将后来称之为现代科学（但在当时还称为“自然哲学”）的东西逐渐地与巫术、炼金术和占星术分离开来。

后来，与扩展知识和控制自然现象相联系的科学和机械技艺（后来的技术）的本质改变了，即人们的关注点从自然是一种奇异的过程和新的力量，转向了发现、研究和形成对人的目的有用的那些自然力量所依靠的工具和仪器。到18世纪初，现代派的人占了上风，许多杰出的天才把他们的一生的大部分都贡献给维护科学和数学权利的事业。如方特耐尔认为，科学总是具有一定价值，与怀疑主义、相对主义和实用主义明显的不同，科学修养对于通常的人类实践会有一种文明的影响。科学方法总是将人的精神从无知的囚笼中解放出来。因此，如果科学广泛地用于对社会关系的研究就会产生明显的社会进步。他在著名的“数学和物理学的应用前言”中指出，几何具有工整、有序的精确的优点，“几何的精神”充满了整个知识领域，它甚至还给道德、政治和评论领域的著作以美学的风采。①

在启蒙运动成熟时期，启蒙思想家曾设想以新的科学方法为基础进行社会改革，但却被法国大革命带来的政治影响所湮没。然而，当消除了社会激进主义的科学思想以后，在欧洲思想中，深信不疑的信念是科学和工业的结合确保了社会的进步，并使社会行为的习惯原则得以改革。

据此，莱斯指出，在 17 世纪的哲学发展中，控制自然的观念明确地获得了其现代的、迅速以一种保持着权威性而至今不变的形式，同时形成了这样的观念：通过技艺和科学的进步实现对地球的统治。随之一种信念也逐渐地在人们心中扎下根：认识自然只有通过精细的观察和实验室控制等缓慢而单调的艰苦工作才能获得。作为现代意义上的精密科学与控制自然的期望越来越紧密地统一起来，它的发展最终将达到没有任何离开科学技术的其他控制自然的方法的状况。通过科学和技术征服自然的观念，在 17 世纪以后日益成为一种不证自明的东西。因此，几乎所有哲学家都认为没有必要对“控制自然”的观念做进一步的分析和解剖。这意味着这一短语已经僵化了。

莱斯援引了笛卡尔《方法谈》一书中的阐释：“只要我们熟悉了一些物理学的一般概念……我相信我就不能再隐瞒它们，因为隐瞒是一种罪过，它违背了要求我们尽最大的努力去实现全人类一般利益的规律。因为这些概念使我们了解到，人们可能获得对生活十

---

① ［加］威廉·莱斯：《自然的控制》，岳长龄、李建华译，重庆出版社 1993 年版，第 69 页。

分有用的知识，除了学院中讲授的思辨哲学之外，我们还可以找到一种实践的哲学，依靠它可以认识火、水、气、星球、天体和包括我们自身的所有物体的力和行为。正如我们清楚地了解工匠们的不同手艺一样，我们能以同样的方法把这些概念用于所有它们适用的地方，从而使我们成为自然的所有者和主人。”① 马克思对此评论道：“笛卡尔的《方法谈》表明，像培根一样，他也看到了通过思想方法的变化而引起的人们在生产和实际控制自然的方式上的变化……”② 莱斯认为，在马克思所有时期的著作中，自然概念都是最重要的范畴之一。经过劳动形成的人与自然的相互作用对马克思来说是认识历史的关键。19 世纪的自然科学和工业代表了正在发展着的“人对自然的理论和实践关系”迄今为止的最高形式。马克思认为，要展现这种关系必须清楚地区分其中相互联系的两个方面：一是人本身是一种自然的存在，而他的劳动能力仅仅是自然能力的一种形式；二是人努力去改变自然以满足自己日益增长的需要。马克思指出：“人自身作为一种自然力与自然物质相对立。为了在对自身生活有用的形式上占有自然物质，人就使他身上的自然力——臂和腿、头和手运动起来。当他通过这种运动作用于他身外的自然并改变自然时，也就同时改变他自身的自然。他使自身的自然中沉睡着的潜力发挥出来，并且使这种力的活动受他自己控制。”③

莱斯指出，马克思面对着以 19 世纪中叶的工业系统已经显露出的潜在可能性为基础的人类发展的质变。用机器替代劳动力将逐渐地把人从无尽的劳苦中解放出来，并且可能出现一种新型的人。

① 参见《资本论》，《马克思恩格斯全集》第 23 卷，人民出版社 1972 年版，第 428 页脚注（111）。

② 同上。

③ 同上书，第 202 页。

马克思分析说，在劳动过程只是一个单纯的人与自然间的过程的限度内，它的简单要素在所有社会发展形式中是共同的，但是在阶级分化的社会中，生产资料的发展及其社会形式之间最终出现了不可避免的冲突，这终于导致改变劳动过程具体特征的新制度的建立。这样，在资本主义社会中人们为了满足需求而同自然斗争，但他们的斗争是在一种规定的方式下（即在雇佣劳动的条件下），这与其他的生产方式是完全不同的。在现实中，从控制自然中获得物质利益的分配总是不公平的。无论这种人类控制达到什么程度，某种社会阶级分化的内部冲突都使得人们的生产系统（控制自然是它的一个部分）不可能处于他们的控制之下。要摆脱这种状况只能在无阶级社会。正如马克思在《资本论》第 3 卷的最后一节所写的那样："社会化的人，相互联合的产生者合理地安排他们与自然之间的物质交换，使它处于他们的共同控制之下，而不允许它的盲目的力量来左右他们。"恩格斯认为，在社会主义条件下，人们将第一次成为自然真正的主人，因而成了自己社会化过程的主人。

莱斯认为，这些论述是马克思和恩格斯全部社会研究的结论，同时他们还对 19 世纪或更早时期的社会思想中的控制自然观点的复杂问题提出了最为深刻的见解。马克思认为，控制自然是劳动过程进化的一个要素。在发展的高级阶段，这种控制表现为科学和工业的富有成效的结合。这种研究给马克思的理论以巨大的力量和内聚力。因为它能够使人与自然的不同形式的关系与一种社会变化的理论结合起来。马克思正确地指出，控制自然不是个别社会变化的重要因素，因为一是他期望无产阶级的一般社会意识会与在工业生产中他们的劳动经验所造成的对自然的控制同时发展起来；二是技术也不是资本主义社会后来产生的虚伪意识，一种持久地掩盖不公正和阶级冲突的重要方法的根源。莱斯也看到，控制自然正越来越统一地被解释为人在世界中能力的增长。只有通过科学和工业之间的相互作用才能清楚地表现这种过程。这样，科学的发展，控制自然的发展和人类能力的发展被看作是一回事。

第二节 科学与自然的控制

莱斯对人们几个世纪以来形成的共同理解："人征服自然是通过科学和技术的手段实现的"提出了质疑。他认为，这一论题有可能遮蔽了人控制自然的全部意图；从另一个角度看，这个论题也可看作是对科学和技术事业意义本身的一种歪曲表达。[①] 为了弄清征服（控制）自然与科学、技术之间的关系，莱斯主张把科学和技术分离开来进行探索。

一 科学与控制自然的伦理内涵

首先，莱斯从科学和权利意志的视角对控制自然的观念进行了分析。他认为，在每一个历史时期人都与自然进行斗争以维持自己的生存。为此他企图"控制"周围的环境，就是说他是从环境对其生存的有用性的观点来看待环境的；这显然是一个必然的过程，并且是和一切高速发达的有机生命形态的共同之处。人类历史中的这一现象，其自觉形态的表现就是为使环境服从人的目的而发展出来的各种技术。这种知识形态与另外两种类型的知识即形而上学和宗教思想并存。这三种类型的知识在人类文明的各个阶段和每一发达文化中都以某种形式表现出来。莱斯为了说明人们运用知识控制环境对人生存的有用性，援引了尼采的一段评论："知识作为一种强有力的工具而起作用……一个特殊的族类

① ［加］威廉·莱斯：《自然的控制》，岳长龄、李建华译，重庆出版社 1993 年版，第 91—92 页。

为了维持自身和增强力量，它必须恰当地把实在的概念理解为可计算的和恒常不变的，以便为一种行动方案提供基础。自我保存的功效……是发展各种知识背后的动机——它们的发展是以这样一种方式，即它们的观察满足我们自我保存的需要。换言之，对知识需求程度取决于在一个族类中权利意志增长的程度；一个族类控制一定数量的实在以便成为它的主人，以便把它变成仆人。”①

其次，莱斯着重阐释了舍勒控制学的观点。舍勒认为，新科学认为自己把对自然的研究从一切“形而上学”和“宗教”的假设和教条主义中解放出来。它在这方面努力的历史成就是：科学知识是理解的一种类型，它排除了价值判断和价值决定，科学知识对象本身必然是价值中立的。在他看来，这是把现代科学理解为控制学的最高可能的发展的关键。莱斯认为，舍勒论证的最重要的一点，是试图证明理论的科学结构和科学的技术应用之间的内在联系。舍勒主张，技术不是理论—沉思的科学随后在实践中的应用，而控制学主要是以其理论和实践两方面的统一为特征的。决定概念结构的思想和直觉的实际形式本身是按照选择的原则运行的，这种选择是以坚持对环境的主宰为实践目标。现代科学表现了这种追求的最大可能的发展，因为它努力把全部自然改造成专为人的目的而进行工作的领域。这样，在人的理论和实践活动之间有一种稳定的联系：为生存而斗争的基本实践需要塑造了思想范畴，认识结构的相对的适应性决定着人在世界中实践成功的范围。现代自然科学的成就展示了它们主宰实在的很重要的一部分的决定性证据，并且清楚地证明了它们在按照人的目的改造自然中超过所有别的技术（例如巫术）。

① ［德］考夫曼编：《权利意志》，第480页；威廉·莱斯：《自然的控制》，第95—96页。

莱斯指出，舍勒的主要兴趣是在西方历史上从中世纪到现代时期的转变，他力图发现在这个转变中的基本的价值转换，这种价值转换必然表现在物质和精神生活的各个方面。在中世纪追求权利是集中在对人实行统治，而新的对权利的追求是为了控制物，更确切地说是追求把物改造为有价值的商品。控制自然成为现代时期权利意志的主要焦点，而把控制人降到次要地位。

再次，在阐释了舍勒的观点后，莱斯对这些观点提出了一系列的质疑并进行了批判。一是莱斯指出，舍勒的主要失误是没有仔细考察在科学知识作为控制自然这一观念中所使用的“控制”概念。如舍勒主张，现代科学追求对自然的控制是为人的权利意志服务，那么这种权利的性质到底是什么呢？它又是怎样表现的呢？莱斯认为舍勒在这一点上不是很明确，但为了理解企图控制自然的意义，就必须仔细地解释它与它所为之服务的那些目的之间的关系。二是舍勒没有注意到在科学以实用的、操作的或工具方式控制世界的设想中，包含着严重的含糊性。因为在莱斯看来，如果科学控制自然采取了工具的或实用理性的形式，指导它工作的公认的目标就成为人类的实际需要和欲求。然而，在新近的成就中，既有在较大范围内威胁生态调节的各种实践，也有可能带来生物灾难的各种武器。那么这些成就和人类的需求之间的关系是什么呢？三是莱斯认为，实用概念的两重性产生于一个未被认识的事实，即这些需求在社会中的生存斗争的条件下是矛盾的。而舍勒没有对人的目标和目的的范围进行分析。只说明对自然的科学研究及其技术应用是发生在一种操作的结构内是不够的，关键的问题是在何种特殊的社会背景中它是操作的？如果背景是世界范围的社会集团之间的斗争，那么国家内部和国家之间的激烈的社会冲突就同科学技术进步之间存在一种辩证关系：每一方都迫使其他方面进一步发展科学技术。因此，在追求控制自然的意志中所反映出来的目标，不是各种目标和目的的简单集合，而是包含着互相矛盾的部分的整体。四是莱斯批驳了舍勒对中世纪的和现代的追求权力之间的区别所作的描述，他认为，舍勒把前者作为是以控制人的形式表现，而后者则是以控制物的形式表现，这样将两个领域人为地对置起来是完全不正确的。他指出，尽管这两个时期的统治形式是有区别的，但中世纪的控制形式在很大程度上是依赖于人群中的特殊阶层对于物质手段（不动产）的控制，同样，在现代社会中人对人的控制也没有由于控制物的魔法而成为多余。此外，莱斯认为，舍勒控制学的概念也不完全。因为舍勒“没有看到控制自然作为科学和哲学转变的表现，和控制自然作为与现代时期的社会冲突结构有关的现象，这两者不是同一的”。[①] 因此，期望科学方法论本身（在控制自然的第一种意义上）的合理性原封不动地“转移”到社会过程中去并通过加强开发自然资源（在控制自然的第二种意义上）满足人的需要来缓和社会冲突，这种观点基本是错误的。应该说莱斯的这些批判是极为深刻且击中了要害。

最后，莱斯阐述了控制的本性。他认为，自然科学历史发展的各个阶段已经愈来愈清楚地展现出自然现象运动的图景。在这个意义上，亚里士多德的、牛顿的和相对论的物理学是互补的，因为从不同的多种多样的假定出发都能增加人类对于自然现象的不同类别和秩序的理解。这些科学本身并不代表日益增长的对外部自然的“权利”，它们对于控制自然的真正意义在于它对人的行为的潜在影响，这种人的行为是在包围着人类整体的一种和平的社会秩序中发生的。在这种条件下，体现在科学中的合理性的确会被作为人自我控制的工具：理解世界部分地意味着精通世界，体验它的要素的和谐与秩序，超越出于不安全和恐惧感而对自然事件施加相异的和敌对力量的倾向。然而，在现存的条件

① ［加］威廉·莱斯：《自然的控制》，岳长龄、李建华译，重庆出版社 1993 年版，第 105 页。

下，即在激烈的冲突统治着个人、社会集团和国家的关系的条件下，这一工具是完全无能为力的。因为，无论一种科学意识多么优越，只要为生存而进行的暴力斗争存在，科学的上述属性本身就不可能培育合理的人类行为。因而，权利和控制的概念不是在科学知识本身的意义上说的，只有联系到科学知识的技术应用才可以很恰当地使用它们。技术上的发展显然会加强统治集团在社会中以及在国家之间关系中的力量；只要在个人、社会集团和国家间存在着广泛的力量分配不均，技术就将作为控制的工具起作用。反之，新形态的科学和技术可能与新兴阶级进行的争夺霸权的斗争相联系，但在一切由一个特殊集团统治为特征的社会形态中，无论是科学还是技术，严格地说，都不能作为一般解放的手段，即向无阶级社会转变的手段。一般说来，技术能力的水平是规定一定历史时期社会冲突将采取的形式的重要因素。正像哈贝马斯所说，科学知识现在影响人的实践，只是通过它的技术应用，并且这些又构成人和人之间的社会斗争中的一个决定性因素。在这两种情况下，它们都可以说是控制的工具，但控制的真正对象不是自然，而是人。正如黑格尔在《精神现象学》中所述，控制的一个基本特征是承认为主人的权威而斗争。控制的必然相关物是那些必须服从他人意志的服从意识；因此，只有他人才可能是控制对象，人类共同控制自然的概念是无意义的。

二　科学与控制自然的内在悖论

首先，莱斯对胡塞尔的控制自然的观念进行了剖析。莱斯援引了胡塞尔在《欧洲科学的危机和超验现象学》一书中的一段话："人，随着他的成长，对宇宙的认识能力越来越完善，同时也获得了对他的实践的周围世界的更加完善的控制，这种控制是在不断的进步中扩大的。这也包括对属于现实周围世界的人类的控制，即控制他自身和他的伙伴，一种控制他命运的更大的力量……”[①] 为此有必要重新研究许多科学的哲学基础和起源。首先要考察科学概念本身。胡塞尔认为，现代科学的模式有两个主要特征：一是，把经验分为主观的和客观的因素——本体论方面；二是，把数学和几何学作为基本的科学语言——方法论方面。现代科学创造一种世界图景，其中永恒不变的对象领域（数学物理学的对象）存在于流变虚假的感觉经验的“后面”。前一领域被认为是真正的存在，在那里统一的事物像它真正的那样存在着，它隐藏在被感觉所知觉到的各种现象后面。

其次，莱斯分析了人的活动的两个领域：生活世界和科学世界。所谓生活世界即日常经验的世界。这里的“经验”是指人们的日常生活中发生的与周围环境的经常的遭遇。这个世界中的经验发生在日常直觉的层面上，因而它总是前科学的，即它不预设任何超出对人的感性和知性普遍运用的特殊方法。[②] 在科学世界中，科学活动即发展科学的或精确知识的活动，无论哪一类，都是与生活世界脱离，但经常仅是部分脱离，因为在实行时，我们仍然实际地生活在日常世界中。任何精确知识的特例在理论上的一贯性，都不会受这一事实的影响；但是问题在于每一类精确知识的人的意义，不是它的理论一贯性。对于任何科学意义的研究都必须关涉到一个事实，即它产生于人的生活世界中的实践，它首先作为抽象的可能性包围着科学的范围。因此当我们在这种背景中探究一门特殊科学的意义时，不是判断它对于其他类型科学的所谓的优越性或低劣性，而是它对于生活世界中的行动的意义。

① 转引自［加］威廉·莱斯：《自然的控制》，岳长龄、李建华译，重庆出版社1993年版，第112页。

② ［加］威廉·莱斯：《自然的控制》，岳长龄、李建华译，重庆出版社1993年版，第115页。

自然数学化的意义，在胡塞尔看来，包括两个方面：一是，在生活世界中的经验（常识，直觉中的自然）和在客观的科学的世界中的经验（精确知识，数学化的自然）之间的关系一直是不清楚的。生活世界从科学的观点来看，一直被“贬低”为纯粹主观经验领域。二是，基于自然数学化的科学的抽象普遍的特点，使科学和人类实践中形成的特殊目标根本不可能具有直接的关系；科学只能通过它的技术应用使得某一新的实用领域成为可能。这意味着这种科学不可能超越纯粹技术的层面，即它不能对人类实践生活中的一切作出判断、选择和评估，进而形成一个客观基础。

这样，就导致了悖论：现代科学方法上的抽象性，使得它所发现的一切物质过程都具有一个统一的隐蔽的结构，以及物质运动的原则是普遍有效的并可以用数学公式表达，而且它与技术进行交互作用中，会成为巨大的生产能力的源泉。然而，这种抽象性又意味着科学对自然的理解和科学方法论对人的行为的影响“仍然是沉默无声的”。[①] 当这种方法论出现在社会科学中时，它就标榜自己为“价值中立”的研究，即研究者力图使它自身和他的评价与他所研究的材料相分离。在阐明选择和决定在特殊环境中实际作用时，这些研究可以导致发展控制行为的技术；另一方面，它们不能帮助改进所作选择的性质。对于控制人和自然来说，我们发现我们自己为了完成愈益晦暗的目的而拥有愈益有效的手段。

再次，莱斯提出了自然两分说。与现代生活中人的活动的两个领域相对应的是两个自然世界：直观的自然和科学的自然即日常生活经验到的自然和物理科学的抽象、普遍和数学化的自然。通常来讲，前者不是一个意识的主要问题，而是设定一个熟悉的背景，它在某种程度上在一种普遍的规模上把人类的经验联结在一起，而不

① ［加］威廉·莱斯：《自然的控制》，岳长龄、李建华译，重庆出版社 1993 年版，第 117 页。

管文化的和历史的差异。然而，某些生物一旦成为主要问题，那就要对它深思熟虑地集中研究；通过抽象的过程，经验的某些方面成为特殊兴趣的主题，其他方面却同时被忽视和贬低。如前所述，这正是一个与现代科学自然概念有关的问题：它选择一种特殊类型的现象作为它的主要领域而排除了其他。因而，一方面，我们必须承认现代自然科学所理解的实在（物质的普遍结构及其运动规律）总是“现时的”；另一方面，它只是在历史的某一点上才实际地对于人的意识成为现时的，并因此被理解为自然的一个方面。正是在这个意义上，人的思想和实践活动才赋予自然一个按照永恒规律运动的物体系统的意义。为了进一步阐述这一观点，莱斯引用了兰格雷布的叙述：“自然科学所揭示的自然不具有其后被人所认识的一种本质；它接受这种本质是通过进入人的历史的世界和通过接受由人指导的实验。只有在自然可以经受这种操作处理的程度上，它才可以在作为自然科学对象的意义上被称为‘自然’，而且只有在这个基础上自然科学才能成为对世界进行技术控制的有效工具。”[①] 这就是说，自在的自然不是自然科学所研究的主要对象，因为根本就没有这样的东西。有的只是与各种类型的人的旨趣有关的对于自然的不同观点。由此我们就能理解“自然”歧义性的原因。胡塞尔对两种不同自然的叙述：直观的自然——直接领会的日常生活中的普通经验的自然和科学的自然——现代科学事业的理想化的或数学化的自然，这就提出了一个穿透这里所探讨问题的核心问题：哪一个自然是控制自然中企图控制的对象？

显然，日常社会中经验到的自然曾是人类发展每一阶段的控制对象。在这个意义上，意味着由个人或社会集团完全支配特殊范围的现有资源，并且部分或全部排除其他个人或社会集团的利益（和

① ［加］威廉·莱斯：《自然的控制》，岳长龄、李建华译，重庆出版社 1993 年版，第 121 页。

必要的生存)。也就是说，在已经成为一切人类社会形态特征的持久的社会冲突条件下，自然环境总是或者表现为已经以私有财产的形式被占用，或者将遭受这种占用。生活世界中的经验，作为最主要的日常生活现实的一部分，包含着冲突和斗争。在这种冲突和斗争中周围环境条件起着重要作用：在人和外部自然的斗争中，后者是不幸又是满足的源泉。

莱斯认为，在不同的历史时代，统治的社会集团的确在显著的程度上实现了在上述意义上的对自然的控制。但是那种控制既不是完全的也不是永久的，并且在某些方面使得人与人之间为控制自然资源而进行的斗争在现代时期变得更加紧张。在过去的几个世纪，作为西方社会的工业化、都市化和资本主义社会运动的结果，大多数的个人已经被剥夺了对物质生存资料的直接掌握，仅仅保留了他们的劳动力，在饥饿和难堪的贫穷胁迫下以供出卖；但即使这种由统治阶层控制自然的极端形式也未能抑制社会冲突。相反，这种冲突在范围和强度上却稳定地增长，并扩展到世界范围。

那么，对于科学的自然的这种控制意义是什么？现代科学表现它对自然的控制是通过“揭去自然对象的伪装和帷幕”，从科学的观点来看，感觉中所呈现的自然遮蔽了物质的潜在的统一结构，现代科学的控制就在于穿透这种伪装和识别那种结构的特性，即从日常生活所经验到的自然的“观念的帷幕”，在处理自然现象时好像它们纯粹是数学几何的对象。①

在对两个自然世界的控制中有一致的因素，但也有完全不同的因素。如果不明了现代科学的进步与从自然环境获取的日常生活的物质利益增长之间的历史联系（这种联系是通过工业和技术

---

① ［加］威廉·莱斯：《自然的控制》，岳长龄、李建华译，重庆出版社 1993 年版，第 123 页。

的实践形成的)，我们仍然会满足于这种最初的判断。因此，我们必须认识一个事实，即在这两个自然世界之间以及在努力实现对它们的控制之间有一种前进中的交互作用。我们只有完成尽可能详细的描述这种交互作用的特征，才能消除当代文献中的混乱。在现代自然科学理论结构中的控制因素的发展，正向着更加完善和精制的方向发展，这是它的内在合理性的结果。然而，这种合理性必定限于科学自然的领域，若离开这个领域这种合理性便逐渐衰退。上述两种意义的控制自然一直是相互影响的。这种相互作用使我们能够把它看作是一种统一的现象，即对立因素的辩证统一。我们可以通过科学合理性以及它与社会生活的关联实行控制。正如胡塞尔所说，所有科学，连同我们一起，都被拖入"主观—相对的"生活世界。这被认为是科学合理性对自然的控制服从的条件，这些条件把控制自然规定在现存的历史和社会世界中。无疑，前者不仅是"服从"，它的成就，虽然在一种不同的意义上构成对自然的控制，但对确定为实行生活世界中的控制所作选择的界限有巨大的影响。而后者，作为科学合理性所达到的和所希冀的成就的一种结果，也影响前者。

为什么控制自然的观念有如此众多的混乱评论和矛盾解释?因为它同时既是一个展露的又是一个遮蔽的概念，它的欺骗力量来自一个事实，即它的意义看上去是如此自明；在现实中它所指的历史现象却没有稳定的核心；而它们的交叉代表着一种不稳定的力量的不断转变。① 因此它一方面辨明了历史趋向中的某些重要的相互关系，另一方面，也遮蔽了它们之中的固有的变动因素。多数解释者关注这一概念两极中的某一极，因此，他们的分析总是让人误解。

---

① [加] 威廉·莱斯:《自然的控制》，岳长龄、李建华译，重庆出版社 1993 年版，第 126 页。

第三节　技术与控制自然的内在悖论

技术被描述为通过科学知识控制自然和通过扩大对自然环境资源的支配而形成的对日常生活世界中的自然控制这两者之间的具体联系。“征服自然”这一口号通常一起用于现代科学和技术，因为它们在研究室和工业中具有明显的相互依赖性。虽然它们作为人类活动的两个相关的方面被人们分别孤立地考察，但如果要理解现代的进步，又必须将它们联系起来。然而，科学和技术在控制自然的过程中所发挥的作用却很不相同。

一　技术在控制自然中的特殊作用

首先，莱斯认为，自然本身不是控制的对象，反之，控制自然不是科学本身的事业而是一项广泛的社会任务。在这更大的范围内，技术起着一种远远不同于科学的任务，因为它与人的需求领域以及由这些需求所引起的社会冲突有着更直接的关系。在直接的生产过程中技术的作用非常突出，人的技术能力与他们满足自己需要的能力之间有直接的联系，并不一定要任何特殊形式的科学知识。另一方面，科学和其他高级的文化形式（宗教、艺术、哲学，等等）一样，是同生存斗争直接相关的，这些都是在一个更大范围内被反思所中介的，即其中的社会内容是以高度抽象的形式表现的，并且它们凭借理性的推动在某种程度上超越了产生它们的历史环境。因此，科学合理性和技术合理性不是一样的并且不能被看作是控制自然的补充基础。

莱斯在同前面同样的范围考察技术的合理性的特征时指出：一是，技术与实践的生活活动的直接联系先验地决定着那种通过技术发展而实现的对自然的控制：由于陷入社会冲突之网，技术构成了一种把控制自然和控制人联系起来的手段。二是，技术合理性在20世纪极端的社会冲突形式——大规模的破坏性武器在控制人的行为技术中的应用，预示着合理性本身的危机；这种危机的存在使一种理性批判成为必要，即试图揭示（从而帮助克服）理性与非理性主义和恐怖联合的趋向。

其次，莱斯引述了霍克海默的批判理论中的有关论述。莱斯认为，霍克海默和尼采一样，从古希腊哲学的理性主义概念中找到了权利意志的最初的清楚表达。概念本身，尤其是“物”的概念是一种工具，用它可以把混沌的、无序的感觉和知觉材料组成一个融贯的结构，从而构成一种可以产生精确知识的经验形式。思维的演绎形式“反映了等级和强制”并第一次清楚地揭示了知识结构的社会特征：“思维的普遍性，由推理逻辑而得以发展——对概念领域的控制——是建立在对现实的控制基础上的。”① 逻辑范畴假定普遍对于特殊的权利，在这方面它们证明了“社会和控制彻底的统一性”，即证明了在人类社会中个人服从整体的普遍存在。然而，霍克海默又有不同于尼采的地方，因为他企图区分理性的两种基本类型。在他看来，一切逻辑和知识的结构反映出它们共同起源于控制的意志，但是在一类理性中这种条件被超越，而在另一类理性中这种条件没有被超越：前者叫做客观理性，后者叫做主观理性。客观理性认为人的理性是世界合理性的一部分并把那种理性（真理）的最高表现作为本体论范畴，即认为真理把握了事物的本质。客观理性表现在柏拉图和亚里士多德的哲学、经院哲学和德国唯心主义哲学中。它包括特殊的人的合理性（主观理性），人正是通过这种理性来规定自身和他的目标，但这不是全部，因为它的取向是整个存在领域；正如霍克海默指出的，它力图成为自然中一切沉默者的代

① ［德］霍克海默、阿多尔诺：《启蒙辩证法》，洪佩郁等译，重庆出版社1990年版，第11页。

言人。另一方面，主观理性却一味地追求对事物的支配，企图不考虑人以外的事物本身是什么。它不问目的是否具有内在合理性，只问怎样制作手段以达到所选择的目的；实际上，它把合理性规定为能为人的利益服务。主观理性在实证主义那里达到了最发达的形式。

对于霍克海默来说，上述的两个概念不是作为不变的历史常数而存在的。客观理性既经历一个自我消亡的过程，又遭到主观理性的攻击，这一命运在一定意义上代表了历史进步的必然。由客观理性建立的概念框架和体系也是静态的，使人（作为历史变化的主体）实际上受一种秩序的束缚，这种秩序试图保持其传统基础的完整无损。这种体系的衰落时期是以怀疑主义的日益有效的攻击为特征，如18世纪的启蒙运动。启蒙尽管在不同的历史时期有不同的“历史装饰”，但它作为一种统一现象的标志却是“世界的非神秘化”。在最初阶段，它同传统的宗教神话进行斗争；在现代西方它采取了反对宗教和哲学中神秘化的斗争形式，在其最发达的阶段，如实证主义阶段，把这种斗争引入概念思维本身，最后达到的立场是，一个命题只有符合一种特殊的“可证实的知识”的概念，才是有意义的。在现代时期，这种非神秘化的持续不懈的努力以除掉世界的一切内在目的而告终。启蒙的辩证性质只有在这种高层次上才变得清楚起来，一切其他目的都被从世界中驱逐出去，只有一种明显的和基本的价值保留着：自我保存。这是通过对世界的控制来保障种的自我保存，在种的内部，通过对经济过程的控制来保障个体的自我保存。然而，令人困惑的是，事实上仍然是适当的安全（作为自我保存的目的）从来没有达到，无论对种还是对个人，有时似乎实际上是在减少。因此为控制而进行的斗争趋向无休止地进行，而且变成了目的本身。

再次，理性在启蒙过程中的主要作用，是作为一种为控制而斗争的工具。理性首先变成一种工具，人为了自我保存，用它在自然中发现合适的资源。这样，理性把自己同在感觉中给予的自然分离开来，并在思维本身中找到了安全的基点，在此基础上，它试图发现使自然服从它的要求的手段，在霍克海默看来，现代科学的自然概念已事先偏向与控制的目的，其一部分主要贡献是：自然的齐一原则，它发现技术的可应用性，通过清除作为自然现象本质特征的各种质，把自然归结为纯粹的“质料”或抽象的物质，特别是数学在表达自然过程中的首要性。[①] 在社会竞争与合作的范围内，增强控制自然的抽象可能性转变为实际的技术进步。然而个人在为生存进行的斗争中却总是达不到所要求的目标（安全），对自然的技术控制的扩大似乎是凭借它自身独立的必然性，带来的结果是曾被认为是手段的东西逐渐变成了目的本身。

霍克海默认为，现代推动控制内部和外部自然的历史动力包括两个方面：一是控制自然被设想为充分地开发自然资源；二是控制自然环境的水平足以（提供一个和平的社会秩序）保证人们已经获得的物质利益。然而，外部自然却首先被看作可能增长的控制的对象，尽管事实是控制的水平已经极大地提高了。因而，“人与人在战争与和平中的斗争，是理解种的贪心以及随之而来的实践态度的关键，也是理解科学思想的范畴和方法（自然越来越显得处于它的最有效的开发地位）的关键”。[②] 为生存而进行的坚持不懈的斗争（它既表现为特殊社会内部的冲突也表现为全球规模的社会之间的冲突）是驱使控制自然（内部的和外部的）愈演愈烈。在这样的压力下，整个社会对于个人的权利稳步地增加，并通过日益增长的、从对自然的控制中所开发出的技术来实行。从外部来看，这意味着控制、改变和破坏自然环境的能力越

① ［加］威廉·莱斯：《自然的控制》，岳长龄、李建华译，重庆出版社 1993 年版，第 135 页。

② 同上书，第 136 页。

来越大。从内部来看，这意味着用暴力的和非暴力的方法操纵意识，把他律的需要内在化，扩大社会对于人内心生活的控制。结果便是：追求控制自然进行得越主动，个人所得报偿就越被动；获得控制自然的能力越强大，个人力量与压倒一切的社会现实相比就更弱小。

二　自然的控制、人的控制和社会冲突

首先，霍克海默把人类历史的三个特征归结为：对自然的控制、对人的控制和社会冲突。以三个因素的动态的交互作用，揭示实际的历史事件中潜藏的联系。在霍克海默看来，只要人类生活的物质基础仍然处于低下的水平和限于前机械化的农业生产，生存斗争的激烈程度就在完全确定的界限之间波动。这时对自然环境缺乏任何可观的控制，同时也限制了特殊集团的统治即对人的控制。到了工业社会，机器和工厂系统极大地扩大了劳动生产力，从而扩大了对它剥削的可能限度。因此对外部自然控制的加强显示出它在提高劳动生产力中的社会效用，这种劳动生产力的提高是在工业系统中科学知识的技术应用的结果。这使得对自然的控制、对人的控制和社会冲突都较前工业社会有了质的飞跃。究其原因：一是经济的剩余，它在阶级社会是作为私人财产被占有的，现在变得如此巨大，以至对这种剩余的分配成为更大争斗的焦点；二是对原料资源的依赖，某些只能在特殊地区得到的自然资源（例如煤和石油），成为生产过程必备的要素。只要每一个生产单位变得依赖于它的原料资源，那么一切现实的和可能的对得到这些原料的障碍都会成为对那个生产单位的存在和受益人的福利的一种威胁。由于不能在平等分配世界自然资源问题上取得一致，对资源依赖性扩大的结果就是冲突范围的扩大。三是毁灭性的武器及反射系统能力的增长，在国家之间加重了恐惧和紧张。在这方面，“最幸运的国家可以对全球的任何地方施行破坏，而那些不太幸运的国家必须或者企求平等

地位，或者指望再三地蒙受耻辱”。[①] 四是斗争通过激烈的宣传和对意识的操纵扩大到精神领域。五是过多增长的人口和日益增长的物质需求习惯于技术奇迹的无穷增长。如果对物质欲求每一层次上的满足都会引起人们更精细的欲求，那么作为消费者行为心理学基础的个人间的竞争和分离将继续增加冲突的根源。

因此，由于企图征服自然，人与自然环境以及人与人之间为满足他们需要而进行的斗争趋向于从局部地区向全球范围转变。非理性所进行的报复便是在全球化竞争的过程中，人成了为控制自然而制造工具的奴仆，因为技术发明的速度甚至连最先进的社会也不能控制，而反映为全世界力量的复杂多变的交互作用。又由于对自然的技术控制而加剧的冲突又陷入追求新的技术以进行人与人之间的政治控制。这样就加剧了斗争，使人与人之间更加拼命地彼此反对，并要求采取一种能够忍受越来越大的压力的方法。

以各种不同的文化形式进行的对人性的政治控制是激化社会冲突的反应，这种政治控制又部分地依赖于增长着的对外部自然的控制。这正如哈贝马斯所说：“控制的实质不是被技术控制的力量消解的。”[②]

其次，霍克海默认为，自然的反抗意味着人性的反抗，它是以长久被压抑的本能欲望的暴力反抗形式发生的。霍克海默认为，这种情况不是现代历史独有的，而是人类文明的一种循环特征。但在20世纪还有这样一种事实，即它所包含的毁灭性的可能范围更大。一是在工业发达国家对愉快的抑制、工作程序的要求以及生存斗争都几乎保持不变，尽管通过合理地组织现有的生产力的方法可以适

---

① ［加］威廉·莱斯：《自然的控制》，岳长龄、李建华译，重庆出版社 1993 年版，第 139 页。

② ［德］哈贝马斯：《走向合理社会》，第 61 页；威廉·莱斯：《自然的控制》，第 141 页。

当地逐渐减轻那些条件。通行于整个历史的实际原则已经失去了它的合理根据但没有失去它的力量，这就把非理性的因素引进了人的活动的核心，因此，自然不是真正被超越或顺从，而只是被压制。二是针对控制结构及其合理性的人性的反抗，在激烈的程度上是和流行的控制本身的程度成正比。三是这种反抗成为进行社会政治统治斗争的一个因素：

莱斯指出，霍克海默关于自然的反抗的观念表明，在上述扩大控制的过程中，存在着内在的界限。尽管在技术发展的每一水平上，出现了社会关系结构中的非理性因素曾阻碍人们用工具开发自然资源以获取利益。在每一阶段滥用、浪费和破坏这些资源，至少部分地应由继续不断地追求新技术能力来负责，因为在人们看来，似乎具有更精致的技术就会补偿现有技术的误用。但是这一过程不可能无限期地进行下去，因为在发展得更高水平上，劳动和工具的合理组织为一方，同这种组织的不合理的使用为另一方，它们之间的断裂会扩大到那样一个关节点，即目标本身成了问题。难题不仅在于资源的浪费和滥用的程度极大地提高了，而且在于破坏的工具现在威胁到作为整体的人类生物的未来。这是一个关节点，超过它，合理的技术同不合理的应用的关系不再具有任何正当的理由；它代表着对内部和外部自然实行控制的内在界限，超过这个界限意味着目的不可避免地被所选择的手段所破坏。

控制自然的目的是保卫生命和提高生命，这对于个体和类都是一样的。但是现有的实现这些目的的手段却包含着这种潜在的毁灭性，即这些手段在生存斗争中的充分使用会使到目前为止以众多苦难换来的利益遭到毁灭。[①] 霍克海默试图用自然的反抗的

① ［加］威廉·莱斯：《自然的控制》，岳长龄、李建华译，重庆出版社 1993 年版，第 144 页。

概念来描述控制自然内在的悖论。莱斯认为，霍克海默关于自然的反抗的概念，可以在不同的层面上阐释自然环境的生态的破坏。因为在当今的条件下，各种生物生态系统的自然功能受到威胁，对全球生态系统某些部分的永久的和不可逆转的破坏可能已经发生，这都说明对外部自然本身不合理开发也存在着固有的界限。

控制自然的内在悖论源于理性与非理性的矛盾运动。莱斯认为，理性与非理性的辩证法是社会动力的缩影，这种社会动力支持着用来日益巧妙地开发自然资源的科学和技术的发展。人类理性的这种胜利是从一些不可控制的、根源于非理性社会行为交互作用的过程中吸取动力的：发达资本主义社会的浪费性的消费，资本主义和社会主义集团之间的可怕的军事竞赛，社会主义社会内部和它们之间关于通向未来的正确道路的斗争，以及第三世界国家和人民为充分实现经济发展和意识形态许诺所受到的越来越大的压力。在激励这些行为的激情中，人们锻造了把技术和目前政治控制连接在一起的难以逃脱的锁链。①

第四节 控制自然内在悖论的超越

为了超越控制自然的悖论，莱斯提出，必须实行对于控制自然伦理观念的伦理转换。在他看来：一是必须认清控制自然是当代有影响的意识形态；二是了解控制自然与科学及社会发展的关系；三是必须实行控制自然的观念的转换：解放自然其主旨在于伦理的或道德的发展。

---

① ［加］威廉·莱斯：《自然的控制》，岳长龄、李建华译，重庆出版社 1993 年版，第 145 页。

一　控制自然是当代有影响的意识形态

首先，为了超越控制自然的悖论，必须认清控制自然是当代有影响的意识形态。莱斯承袭了法兰克福学派关于“意识形态”界说：它是用来指称以双重能力起作用的观念网络，“一方面它同时是一种揭露和遮蔽的概念，另一方面又同时是解释的和欺骗的。占统治地位的意识形态是广泛的社会矛盾的一种可见的指示器”。[①]它是以自觉的形式努力代表有动机的个人和团体的利益。然而它的价值取决于这些人对他们自己的需求和被他们推动的社会动力的全部意义的理解程度。在莱斯看来，控制自然也是当代有影响的意识形态，它的揭露和遮蔽的特征如前所述，但控制自然和控制人之间的联系却很少有人描绘它。在一种意识形态发展的历史中，遮蔽的面纱磨薄了，其公开的许诺和严酷的现实之间的裂隙逐渐加宽。它的普遍形式与其背后的真实的特殊利益之间的分歧变得令人难以忍受，如果这种矛盾不被理解和克服，那么意识形态本身将受到反意识形态越来越多的攻击；其中最重要的是，它的真正进步的方面会遭到与它相关的消极状况所引起的憎恨。

其次，莱斯又对与之相关的“自然权利”的观念做了进一步的解释：一方面，自然权利的学说构成反对封建社会关系的主要口号，从而揭示了在为不同的政治、经济和文化制度而进行的各种斗争中联合起来的个人利益。另一方面，这个学说也掩盖了一系列基本矛盾，这些基本矛盾一直贯穿至今。自由的、独立的个人被认为是在经济、政治和精神生活领域中的自然权利的主体；然而多数的个人却总是被迫把他的独立性限制在劳动过程中，同时经济权力的日益集中，逐渐把政治和文化领域整合成一个统一的控制系统。然

① ［加］威廉·莱斯：《自然的控制》，岳长龄、李建华译，重庆出版社 1993 年版，第 148 页。

而，权利平等和个人自由的传说，连同在广泛民主条件下人民选择的幻想联系在一起，仍然遮蔽着少数人决定并统治着多数人生活的现实。控制自然也遭受着同样的命运。因为它以普遍的名义被说成是人类的任务，它会对整个人类而不是任何特殊集团带来利益。其目标是："解除人的处境的困难。"① 然而，三个多世纪之后，这个目标仍然很遥远。妨碍它实现的环境既是它的概念中的缺陷，也是它在其中发展的社会动力。因为征服自然和征服人之间的错综复杂的矛盾使许多人担忧，而这又与特殊的社会制度和环境相关。在具体的社会现实中，控制自然是以科学和技术的发展为特征的，它越来越使得计划和指导这种活动的各个阶段的机构网络相关联。然而，现在控制自然的信仰的坚持越来越困难，因为控制自然似乎不是人类的伟大事业，而是维护特殊统治集团利益的手段。这样，控制自然的积极方面和消极方面的特征交织在一起，由于它不可能满足其所带来的期望，最终成为反意识形态的牺牲品，即它的积极方面和消极方面都会遭到人们的拒绝。

再次，莱斯提醒人们注意，他在把控制自然描述为一种意识形态时并没有把意识形态作用归之于科学本身。② 按照哈贝马斯所言，科学概念在现代社会的确起着意识形态作用。但在莱斯看来，只有科学被看作控制自然的重要因素时它才能与后者共同成为意识形态；只有当一种获得科学知识的特殊方法成功地达到一种要求，即它进入整个客观理解领域的唯一有效的方法时，科学本身才成为意识形态。

莱斯认为，一切重大的意识形态在发挥其历史作用时，一直经历着变化。因此，任何企图只从今天的视角来说明它的真理性的批

① ［加］威廉·莱斯：《自然的控制》，岳长龄、李建华译，重庆出版社 1993 年版，第 151 页。

② 同上书，第 154 页。

评，都会严重误解它作为人类实践的一种动力的意义。控制自然的观念一方面帮助我们理解什么是共同的希望，进而把现在人的行动结构同它以前的各个阶段联系在一起；另一方面，由于未能认清它在不同时期的行动中所起的具体作用的变化，而歪曲了过去和现在。实际上，正是由于这一观念在推动社会行为中的巨大成功，才引起了它的历史功能的逐步转变：作为历史发展中的一种批判因素，它不能不成为动力。

在17世纪初，控制自然的观念鼓励人们对过时的科学和哲学教条的攻击，并引起理解自然和满足人的需求的可能性发生质的变革。这是它在那个时代的特殊的意识形态功能。这一观念持久的积极作用打破了对人的技术可能性觉悟的绝望并鼓舞人们相信人可以根本改变生存的物质条件。这一观念的消极方面是它只看到现代科学和技术是控制自然的特定工具，以及它掩盖科学技术发展同持久的社会冲突和政治统治这两方面之间联系的能力。然而，在当时，这一观念的消极方面只是一种潜在的可能性，但是在后来的发展中，它已经成为社会发展的真正障碍。

二　控制自然与科学—社会的发展

莱斯指出，曾经是创造性和进步性的意识形态的自然权利和控制自然，已经转变为贫乏的、神秘的教条。这不是一种必然的命运，重新改造它们使之变成启蒙概念也为时不晚，但只有当它们的积极的和消极的特征被清楚地区分开来，并且只有当它们不再对社会发展的较早阶段进行自我攻击时，才有可能。为了认清控制自然的积极的和消极的特征，进而探索超越控制自然悖论的途径，莱斯从历史的考察中，阐释了控制自然与科学及社会发展的关系。

首先，莱斯考察了控制自然的观念及其与现代科学的关系：一是，最有影响的近代哲学学派，包括从笛卡尔到费希特的理性主义传统以及经验主义和实证主义，都把科学思想看作人类控制自然的基础，进而发展成为认识论的和本体论的基础。二是，由伽利略等人创始的近代科学，与先前一切科学类型不同，具有一种根本的工具主义的概念结构，并且因此具有先验的技术特征。三是，控制自然同资本主义或资产阶级社会有着逻辑的和历史的联系。四是，近代科学与资产阶级社会有着逻辑的和历史的联系。

其次，莱斯认为，人类控制自然的观念成为一种社会制度（或者是作为整体考虑的人类社会发展的一个阶段）的基本意识形态，这种社会自觉地与过去作彻底地决裂，奋力追求推翻一切“自然主义的”思维和行为方式，并把满足人类的物质需要而发展生产力作为自己的首要任务。前资本主义社会几乎普遍具有一个共同的特征，即以各种“自然主义的”范畴作为社会组织、等级差别、工作分配、维护统治等基础。从意识形态的起源来说，莱斯认为，人的精神把自己投射到自然中去：自然的声音通过非人的东西（精灵等等）、物理位置（神谕）和其他中介来规范人的行动。然而，在文明的发展中，自然逐渐“世俗化”并开始失去它的法规的力量。但这是一个缓慢的过程，只是随着资本主义的到来才发生质的变化。资本主义破坏了自然主义行为模式赖以建立的一切社会基础。它的基本信条是抽象的个人平等。一切按照出身、门第或任何其他自然条件建立起来的角色、职位和等级的差别都被认为是不合理的。一切个人完全平等的观念，以及自然和社会对立的观念，是社会契约论的基石，它也是反对旧社会卫道士的强大思想武器。

社会与“自然”的分离放松了对社会交往的限制并为生产力的巨大发展铺平了道路。① 马克思把资本主义描述为一种不断革命的社会经济制度。经济活动（其特殊的形式是商品生产）从许多传统的束缚下解放出来以后，比以往任何社会都更深刻地渗入社会生活

① ［加］威廉·莱斯：《自然的控制》，岳长龄、李建华译，重庆出版社 1993 年版，第 161 页。

的一切领域，并继续不断地打开生产活动的新天地。自然最后的“非精神化”，自然概念所具有的法规力量逐渐削弱，造成了伦理和精神的真空，这真空随之被更新的概念填补了。在这种背景下，消除自然主义的范畴意味着自然概念不再是限制人类行动范围的根据。由于不再为特殊的直接利益所累，自然在普遍性方面愈益成为研究、实验和无止境地技术应用的一般化对象。由于人的意识不再把自己投射到外部自然来寻求行动准则的保证和有效性，自然就可以仅仅被看作一个运动的物质系统，纯粹是人的理论和实践智慧征服的对象或领域。被自然控制的经验即植根于自然的外在标准控制的经验，让位于期望实现对自然的控制。

事实上，从一种经验到另一种经验，有一种“自然的”过渡，一种意义的连续，它决定了特殊的、持久的形式，进而使人控制自然的观念得以产生。被自然控制往往是一种政治控制，因为特殊的统治集团企图以自然主义范畴为手段使他们的权威合法化。因此被自然统治是在政治统治力量和权利背景下的经验。被自然控制支撑着特殊社会阶层的权利；控制自然被习惯地看作是整个人类获得的权利。莱斯认为，培根及其追随者所犯的根本错误是通过类比前者来说明后者。因为这两种情况下的“权利”的意义有质的不同，由于没有认识这一点，就在很大程度上使潜藏在占统治地位的控制自然概念中的矛盾永远化。

三　控制自然的观念的转换

首先，莱斯分析了在现代社会中控制自然伦理观念影响的增长，是三种历史趋向的反映：与过去的决裂；自然主义的消除；在满足需要的可能性方面的质的变化。[①] 它们作为一种意识形态的历

① ［加］威廉·莱斯：《自然的控制》，岳长龄、李建华译，重庆出版社 1993 年版，第 163 页。

史作用是通过改变人们评价他们自己的理论和实践活动的意义来实现的。控制自然这种观念的正面作用一旦被人们清楚地认识，它的相应的局限性就显现出来。只有联系到控制自然这种观念产生和发展的特殊的历史背景，认识其中所蕴涵的不恰当因素才有可能。它的基本局限性从一开始就表现出来，但只是在最近一个时期才变得明显，因为这种意识形态的失误在于根本上是用静态的形象来说明很强的动态的历史过程。

前面提及的培根关于控制自然伦理观念的表述，只是在一种宗教的背景中才是内在一致的。在这种神学中，精神是作为自然的创造者而主宰自然的。人只有当他是唯一的参与精神领域的自然存在物时才能分享主宰的特权。另外，从作为人类历史的世俗过程来考虑，无论是控制自然还是类的统一都不能被看作是先验的条件；他们是（或者被期望是）现实文明发展某些阶段的产物。以科学和技术手段征服自然的世俗企图是在上面所说的历史背景中发生的，即在一个迅速变化和各种交叉力量的推动下而转变了的社会框架内，这种社会框架决定了人努力把这种企图置于与之相联系的控制之中。

显然，起源于宗教的关于人控制自然的静态形象在世俗范围内是不适合的，因为它表明主体主宰客体的活动结果既不使主体也不使客体产生任何根本的变化。对于动因的静态理解，助长了这样的幻想，即用以控制自然的活动本身是“被控制的”——在理性的控制下。

其次，对自然伦理观念须进行从控制到解放的转化。莱斯认为，上述培根观点中的这些错误，与现代思想中控制自然的意识形态是结合在一起的。然而，这种情况并没有妨碍它成为几个世纪以来的积极力量。超越这个观念，不意味着简单地拒斥它，而是在更适合当前情况的范围内保存它的积极因素。“控制自然的观念必须以这样一种方式重新解释，即它的主旨在于伦理的或道德的发展，而不是科学和技术的革新。”[①] 这样，控制自然中的进步同时将是解放自然中的进步。因此，从控制到解放的转化关涉到对人性的逐步自我理解和自我训导。在莱斯看来，“解放”作为合理的观念只能应用于意识活动，应用于作为自然的一个方面的人类意识，而不是作用于全体的“自然”。控制自然的任务应当理解为把人的欲望的非理性和破坏性的方面置于控制之下。这种解放将是自然的解放即人性的解放：人类在和平中自由享受它的丰富智慧的成果。与此同时，伦理的进步和科学技术的进步不是完全对立的。每一方的价值在某种程度上依赖于另一方的成就。科学的合理发展，是任何伦理进步的一个重要前提，它防止人的一种倾向，即把不合理的结构投射到外部的自然，并受那些投射物的压制。莱斯认为，在这一点上，培根和启蒙思想家是有功绩的，但他们没有看到另一个命题：伦理进步作为影响一切个人的普遍现象，是科学和技术革新的一个基本前提，没有前者，后者就会自我毁灭。因而，现在我们有必要恢复两者之间的必要平衡。

莱斯认为，把科学和技术从受非理性动力的支配下解放出来，是一项与社会制度的改造交织在一起的任务。通过反思可以引起个人和团体对他们的行动意义的范畴发生变化。停止把科学和技术作为控制自然的主导力量，这不仅对科学技术是必要的，而且对控制自然伦理观念本身也是必要的。从道德进步的角度来看，它将更有力地表明我们所面临的最迫切的挑战，不是征服外部自然、月球和外层空间，而是发展能够负责任地使用现成的技术手段来提高生活能力，以及培养和保护这种能力的社会制度。

---

① ［加］威廉·莱斯：《自然的控制》，岳长龄、李建华译，重庆出版社 1993 年版，第 168 页。

> 任何人类历史的第一个前提无疑是有生命的个人的存在，因此，第一个需要确定的事实是这些个人的肉体组织，以及受肉体组织制约的他们与自然界的关系。①
>
> 人们之所以有历史，是因为他们必须生产自己的生活，而且是用一定的方式来进行的。这和人们的意识一样，也是受他们的肉体组织所制约的。②
>
> ——马克思

第十六章　两种自然伦理观的辨识

为了进一步弄清法兰克福学派批判的自然伦理观的价值与局限，一方面须厘清其与马克思主义自然伦理观之间的异质性；另一方面还须探索马克思主义自然伦理观、法兰克福学派批判的自然伦理观与当代生态学视阈之间的关系。

第一节　历史辩证法视阈中的人与自然的伦理关系

众所周知，在马克思以前东西方有许多思想家对人与自然的关

---

① 马克思、恩格斯：《德意志意识形态》，人民出版社 1961 年版，第 13 页。
② 《马克思恩格斯全集》第 3 卷，人民出版社 1960 年版，第 34 页编者注。

系进行探索和阐述。在中国传统文化中，有“天人合一”的思想。《礼记·中庸》曰：“自诚明，谓之性。”“唯天下至诚，为能尽其性；能尽其性，则能尽人之性，能尽人之性，则能尽物之性，则可以赞天地之化育；可以赞天地之化育，则可以与天地参矣。”近代，随着实验科学的兴起，“自然被看作是无生命的。自然在这样一种对置性中表现为物质物体的运动关系”。[①] 自然被当作人之外的实体，是与人相对立的外在的异己力量。因而自然界只被当作人加以认识和征服的对象，自然科学的根本旨趣就是揭示自然的一切奥秘，表明人的主体力量。

同样，历史的观点并不是马克思的发明，在德国，从赫尔德、康德到黑格尔，历史发展的思想是一条重要的线索。[②] 但在他们使用“历史”和“历史的”这些概念时，其内涵是随心所欲地设想，“但就是不涉及现实”。[③] 然而，与之不同的是马克思的历史是现实人类社会实践的历史。进而人与自然的关系是一种历史的伦理关系。本章仅从伦理视阈对马克思、恩格斯合著的《德意志意识形态》关于人与自然伦理关系论述的历史之维作一解读。

一　人与自然的伦理关系何以是有生命的个人存在的历史前提

针对当时老年黑格尔派将任何东西只要归入某种黑格尔的逻辑范畴；青年黑格尔派从施特劳斯到施蒂纳的哲学批判都局限于对**宗教**观念的批判，马克思指出，这些哲学家没有一个想到要提出关于德国哲学和德国现实之间的联系问题，关于他们所作的批判和他们自身的物质环境之间的联系问题。与之不同，马克思则将“有生命的个人的存在”作为人类历史的第一个前提。这样，人与自然的伦

① 《海德格尔选集》（下卷），孙周兴选编，上海三联书店 1996 年版，第 969 页。

② 张一兵：《回到马克思》，江苏人民出版社 1999 年版，第 446 页。

③ 《马克思恩格斯全集》第 3 卷，人民出版社 1960 年版，第 52 页注 1。

理关系作为有生命的个人存在的历史前提便随之提出。因为“第一个需要确定的具体事实就是这些个人的肉体组织，以及受肉体组织制约的他们与自然界的关系”。[①] 马克思在这里不是侧重于研究人们自身的生理特性，也不是研究各种自然条件——地质条件、地理条件、气候条件以及人们所遇到的其他条件，马克思所强调的是“任何历史记载都应当从这些自然基础以及它们在历史进程中由于人们的活动而发生的变更出发”。[②] 这就是从人与自然的伦理关系的互动中考察作为“有生命的个人的存在”历史条件的人与自然的伦理关系——形成现实个人最初的历史关系的四个因素、四个方面。

首先，人与自然的伦理关系之所以是“有生命的个人存在”的历史前提，这是由人们进行的生产的物质条件决定的。因为“人们为了能够‘创造历史’，必须能够生活。但是为了生活，首先就需要衣、食、住以及其他东西。因此，第一个历史活动就是生产满足这些需要的资料，即生产物质生活本身。同时这也是人们仅仅为了能够生活就必须每日每时都要进行的（现在也和几千年前一样）一种历史活动，即一切历史的一种基本条件”。[③] 而人们用以生产自己必需的生活资料的方式，取决于他们得到的现成的和需要再生产的生活资料本身的特性。这种生产方式不仅应当从它是个人肉体存在的再生产这方面来加以考察，它在更大程度上是这些个人的一定的活动方式、表现他们生活的一定形式、他们的一定的**生活方式**。个人怎样表现自己的生活，他们自己也就怎样。因此，“他们是什么样的，这同他们的生产是一致的——既和他们生产**什么**一致，又和他们**怎样**生产一致。因而，个人是什么样的，这取决于他们进行

① 《马克思恩格斯全集》第3卷，人民出版社1960年版，第23页。

② 同上书，第23—24页。

③ 同上书，第31—32页。

生产的物质条件”。[1] 我们只有注意上述基本事实的全部意义和全部范围，才能重视作为“有生命的个人存在”的历史前提的人与自然的伦理关系。

其次，作为“有生命的个人存在”的历史前提的人与自然的伦理关系，不仅由人们进行的生产物质条件所决定，而且与人的第一个历史活动相关。因为“已经得到满足的第一个需要本身、满足需要的活动和已经获得的为满足需要用的工具又引起新的需要。这种新的需要的产生是第一个历史活动”。[2] 为了说明这一点，马克思以住宅建筑等的变化为例进行了具体的阐述。比如，野蛮人的每一个家庭都有自己的洞穴和茅舍，正如游牧人的每一个家庭都有单独的帐篷一样。这种单独的家庭经济由于私有制的进一步发展，而成为更加必需的了。在过去任何时代，消灭单个经济（这是与消灭私有制分不开的）是不可能的，因为根本还没有具备这样做的物质条件。如在农业民族那里共同的家庭经济也要共同的耕作是不可能的。组织共同家庭经济的前提是发展机器，利用自然力和许多其他的生产力，例如，自来水、煤气照明、暖气装置等，以及消灭城乡之间的［对立］。没有这些条件，共同经济本身是不会成为新生产力的，它将没有任何物质基础，它将建立在纯粹的理论上面，就是说，将纯粹是一种怪想，只能导致寺院经济。城市的建造是一大进步。城市里的集中和为了某些特定目的而兴建的公共房舍（监狱、兵营等）。[3]

再次，作为“有生命的个人存在”的历史前提的人与自然的伦理关系，在其历史发展过程中引发了第三种关系的生成：“每日都在重新生产自己生活的人们开始生产另外一些人，即增殖。这就是

① 《马克思恩格斯全集》第3卷，人民出版社1960年版，第24页。

② 同上书，第32页。

③ 同上书，第33页注。

夫妻之间的关系，父母和子女之间的关系，也就是**家庭**。这个家庭起初是唯一的社会关系，后来，当需要的增长产生了新的社会关系，而人口的增多又产生了新的需要的时候，家庭便成为……从属的关系了。”[①] 这里马克思特别强调，作为“有生命的个人存在”的历史前提的人与自然的伦理关系是一种社会活动，因而不应把上述的这三个方面看作是三个不同的阶段，而只应看作是三个方面，或者把它们看作是三个“因素”。他指出：“从历史的最初时期起，从第一批人出现时，三者就同时存在着，而且就是现在也还在历史上起着作用。”[②] 进而凸显了作为“有生命的个人存在”的历史前提的人与自然的伦理关系的历史之维。

最后，作为“有生命的个人存在”的历史前提的人与自然的伦理关系蕴涵了双重关系。因为生活的生产——无论是自己生活的生产（通过劳动）或他人生活的生产（通过生育）都表现为这样的双重关系：一方面是自然关系，另一方面是社会关系。这里社会关系的含义是指许多个人的合作，至于这种合作是在什么条件下、用什么方式和为了什么目的进行的，则是无关紧要的。接着，马克思以三个“由此可见”[③] 揭示了人与自然的伦理关系何以成为“有生命的个人存在”的历史前提：一是一定的生产方式或一定的工业阶段始终是与一定的共同活动的方式或一定的社会阶段联系着的，而这种共同活动方式本身就是“生产力”；二是人们所达到的生产力的总和决定着社会状况，因而，始终必须把“人类的历史”同工业和交换的历史联系起来研究和探讨；三是一开始就表明了人们之间是有物质联系的。这种联系是由需要和生产方式决定的，它的历史和人的历史一样长久；这种联系不断采取新的形式，因而就呈现出

---

① 《马克思恩格斯全集》第 3 卷，人民出版社 1960 年版，第 32—33 页。

② 同上书，第 33 页。

③ 同上书，第 33—34 页。

"历史"，它完全不需要似乎还把人们联合起来的任何政治的或宗教的呓语存在。

这样，关于人与自然的伦理关系何以成为"有生命的个人存在"的历史前提的追问，便转化为追问人与自然的伦理关系和人与人之间的伦理关系何以相互制约？

二　人与自然的伦理关系和人与人之间的伦理关系何以相互制约

首先，在追问人与自然的伦理关系和人与人之间的伦理关系何以相互制约的过程中，马克思是基于上述对形成现实个人最初的历史的关系的四个因素、四个方面考察之后指出，人也具有"意识"。为了说明这一点，马克思加了一个边注："人们之所以有历史，是因为他们必须**生产**自己的生活，而且是用**一定**的方式来进行的。这和人们的意识一样，也是受他们的肉体组织所制约的。"[①] 马克思精辟地指出，人并非一开始就具有"纯粹的"意识。"精神"从一开始就很倒霉，注定要受物质的"纠缠"，并且以语言为例，深入阐发了这一观点。他说，物质在这里表现为震动着的空气层、声音，简言之，即语言。语言和意识具有同样长久的历史；"语言是一种实践的、既为别人存在并仅仅因此也为我自己存在的、现实的意识。语言也和意识一样，只是由于需要，由于和他人交往的迫切需要才产生的。"[②] 接着，马克思通过人与动物的比较，进一步提出了以下的著名论断："凡是有某种关系存在的地方，这种关系都是为我而存在的；动物不对什么东西发生'**关系**'，而且根本没有'关系'；对于动物说来，它对他物的关系不是作为关系存在的。"[③]

---

① 《马克思恩格斯全集》第3卷，人民出版社1960年版，第34页编者注。

② 同上书，第34页。

③ 同上。

由于意识是对于“关系”——人与自然的伦理关系和人与人之间的伦理关系的自觉，因而，意识一开始就是社会的产物，而且只要人们还存在着，它就仍然是这种产物。意识起初只是对周围的可感知的环境的一种意识——对人与环境之间的伦理关系的自觉，也是对处于开始意识到自身的个人以外的其他人和其他物的狭隘联系的一种意识——对人与人之间的伦理关系的自觉；同时，它也是对自然界的一种意识——对人与自然之间的伦理关系的自觉，当然，起初在人们看来，自然界是作为一种完全异己的、有无限威力的和不可制服的力量与人们对立的，人们同它的关系完全像动物同它的关系一样，人们就像牲畜一样服从它的权力，因而，这是对自然界的一种纯粹动物式的意识（自然宗教）。

其次，马克思敏锐地洞察到，这种自然宗教或对自然界的特定关系，是受社会形态制约的，反之亦然。他指出：“和任何其他地方一样，自然界和人的同一性也表现在：人们对自然界的狭隘的关系制约着他们之间的狭隘的关系，而他们之间的狭隘的关系又制约着他们对自然界的狭隘的关系，这正是因为自然界几乎还没有被历史的进程所改变；但是，另一方面，意识到必须和周围的人们来往，也就是开始意识到人一般地是生活在社会中的。”①

就人与自然的伦理关系对人与人之间的伦理关系制约而言，具有历史性。这具体表现为，一是在人类社会开始的这个阶段上的社会生活本身，带有的动物性质；马克思将其称之为“纯粹畜群的意识”，在马克思看来，在这个阶段上，人和绵羊不同的地方只是在于：意识代替了他的本能，或者说他的本能是被意识到了的本能。但是，随着生产效率的提高、需要的增长以及作为前二者基础的人口的增多，这种绵羊的或部落的意识就获得了进一步的发展。与此同时分工也发展起来。分工起初只是性交方面的分工，后来是由于

① 《马克思恩格斯全集》第3卷，人民出版社1960年版，第35页。

天赋（例如体力）、需要、偶然性等而自发地或“自然地产生的”分工。分工只是从物质劳动和精神劳动分离的时候起才开始成为真实的分工。从这时候起意识才能真实地这样想象：它是同对现存实践的意识不同的某种其他的东西。也正是从这时候起，意识才能摆脱世界而去构造“纯粹的”理论、神学、哲学、道德，等等。但是，如果这种理论、神学、哲学、道德等和现存的关系发生矛盾，那么，这仅仅是因为现存的社会关系和现存的生产力发生了矛盾。二是分工的发展，不仅促进了人类意识的发展，而且也产生了个人利益或单个家庭的利益与所有互相交往的人们的共同利益之间的矛盾；同时，这种共同的利益不是仅仅作为一种“普遍的东西”存在于观念之中，而且首先是作为彼此分工的个人之间的相互依存关系存在于现实之中。进而使人与人之间的伦理关系不仅呈现了层次的丰富性，而且具有结构的复杂性。三是分工还给我们提供了第一个例证，说明只要人们还处在自发地形成的社会中，也就是说，“只要私人利益和公共利益之间还有分裂，也就是说，只要分工还不是出于自愿，而是自发的，那么人本身的活动对人说来就成为一种异己的、与他对立的力量，这种力量驱使着人，而不是人驾驭着这种力量”。[①] 原来，当分工一出现之后，每个人就有了自己一定的特殊的活动范围，这个范围是强加于他的，他不能超出这个范围：他是一个猎人、樵夫或牧人，或者是一个批判的批判者，只要他不想失去生活资料，他就始终应该是这样的人。而在共产主义社会里，任何人都没有特定的活动范围，每个人都可以在任何部门内发展，社会调节着整个生产，因而使我有可能随我自己的心愿今天干这事，明天干那事，上午打猎，下午捕鱼，傍晚从事畜牧，晚饭后从事批判，但并不因此就使我成为一个猎人、樵夫、牧人或批判者。

再就人与人的伦理关系对人与自然之间的伦理关系制约而言，

① 《马克思恩格斯全集》第3卷，人民出版社1960年版，第37页。

同样具有历史性。马克思通过批判费尔巴哈对感性世界的“理解”的仅仅局限于单纯的直观和单纯的感觉，阐述了人与人的伦理关系对人与自然之间的伦理关系制约的历史性。因为费尔巴哈在证明某物或某人的存在同时也就是证明某物或某人的本质；一个动物或一个人的一定生存条件、生活方式和活动，就是使这个动物或人的“本质”感到满足的东西。任何例外在这里都被肯定地看作是不幸事件，是不能改变的反常现象。按照费尔巴哈的这一逻辑，千百万无产者受剥削、受压迫的现状也是根本不能改变的。然而，实际上和对**实践的**唯物主义者，即**共产主义者**，全部问题都在于使现存世界革命化，实际地反对和改变事物的现状。由于费尔巴哈对感性世界的“理解”一方面仅仅局限于对这一世界的单纯的直观，另一方面仅仅局限于单纯的感觉，因而费尔巴哈谈到的只是“人自身”，而不是“现实的历史的人”。在对感性世界的**直观**中，他不可避免地碰到与他的意识和感觉相矛盾的东西，这些东西破坏着他所假定的感性世界一切部分的和谐，特别是人与自然界的和谐。① 为了消灭这个障碍，他不得不求助于某种二重性的直观。但是他仍然没有看到，“他周围的感性世界决不是某种开天辟地以来就已存在的、始终如一的东西，而是工业和社会状况的产物，是历史的产物，是世世代代活动的结果，其中每一代都在前一代所达到的基础上继续发展前一代的工业和交往方式，并随着需要的改变而改变它的社会制度”。② 马克思指出，甚至连最简单的“可靠的感性”的对象也只是由于社会发展、由于工业和商业往来才提供给他的。这就是说自然是人与其相互作用的自然。随着社会发展、由于工业和商业往

① 在马克思看来：费尔巴哈的错误不在于他使眼前的感性外观从属于通过对感性事实作较精确的研究而确定的感性现实，而在于他要是不用哲学家的“眼光”，即戴上“眼镜”来观察感性，便对感性束手无策。参见《马克思恩格斯全集》第3卷，人民出版社1960年版，第48页注。

② 《马克思恩格斯全集》第3卷，人民出版社1960年版，第48—49页。

来，人与人之间的伦理关系在发展，人与自然之间的伦理关系也在变更，因此，连最简单的“可靠的感性”也不是固定不变的。比如，樱桃树和几乎所有的果树一样，只是在数世纪以前依靠**商业**的结果才在某些地区出现。由此，马克思风趣地说，樱桃树只是**依靠**一定的社会在一定时期的这种活动才为费尔巴哈的“可靠的感性”所感知。

这样，关于人与自然的伦理关系和人与人之间的伦理关系何以相互制约的追问，便转化为人与自然何以统一的追问？

三　人与自然何以统一：历史的自然和自然的历史

依据以上分析，同时在人对自然的关系这一重要问题上，针对布鲁诺所说的，关于“自然和历史的对立”问题，好像这是两种互不相干的“东西”，好像人们面前始终不会有历史的自然和自然的历史，这是一个产生了关于“实体”和“自我意识”的一切“高深莫测的创造物”的问题，马克思指出，只要按照事物的本来面目及其产生根源来理解事物，任何深奥的哲学问题都会被简单地归结为某种经验的事实。

就“人和自然的统一性”而言，这种统一性在每一个时代都随着工业或快或慢的发展而不断改变，就像人与自然的“斗争”促进生产力在相应基础上的发展一样，那么关于“自然和历史的对立”的问题也就不存在了。工业和商业、生活必需品的生产和交换，一方面制约着不同社会阶级的分配和彼此的界限，同时它们在自己的运动形式上又受着后者的制约。由此，马克思具体从以下互相联系的两个方面揭示了“人和自然的统一性”。

首先，在有了人类以后，自然总是历史的自然。**一是**马克思通过批判费尔巴哈非历史的自然观，阐述了自然的历史性。因为，当费尔巴哈是一个唯物主义者的时候，历史在他的视野之外；当他去探讨历史的时候，唯物主义和历史是彼此完全脱离的。马克思风趣地打比方说道，费尔巴哈在曼彻斯特只看见一些工厂和机器，而100年以前在那里却只能看见脚踏纺车和织布机；或者他在罗马的康帕尼亚只发现一些牧场和沼泽，而奥古斯都时代在那里却只能发现到处都是罗马资本家的茂密的葡萄园和讲究的别墅。**二是**针对费尔巴哈谈到的自然科学的直观且认为有一些秘密只有物理学家和化学家的眼睛才能识别，马克思指出："如果没有工业和商业，自然科学会成为什么样子呢？甚至这个'纯粹的'自然科学也只是由于商业和工业，由于人们的感性活动才达到自己的目的和获得材料的。这种活动、这种连续不断的感性劳动和创造、这种生产是整个现存感性世界的非常深刻的基础，只要它哪怕只停顿一年，费尔巴哈就会看到，不仅在自然界将发生巨大的变化，而且整个人类世界以及他（费尔巴哈）的直观能力，甚至他本身的存在也就没有了。"[①] 值得注意的是，马克思在谈到"历史的自然"时，一直是保存着外部自然界的优先地位前提下，"历史的自然"不适用于原始的、通过（自然发生）的途径产生的人们。不过，这种区别只有在人被看作是某种与自然界不同的东西时才有意义。

其次，历史也是自然的历史。马克思指出："一当人们自己开始**生产**他们所必需的生活资料的时候（这一步是由他们的肉体组织所决定的），他们就开始把自己和动物区别开来。人们生产他们所必需的生活资料，同时也就间接地生产着他们的物质生活本身。"[②] 因此，马克思始终在人与自然相互作用的过程中，通过不同历史时期的比较，考察自然产生的和由文明创造的生产工具与所有制形式，进而为我们认识"自然的历史"展开了历史的画卷：在自然产生的生产工具的情况下，各个个人受自然界的支配，在大工业的情况下，他们则受劳动产品的支配。在前一种情况下，各个个人必须

① 《马克思恩格斯全集》第3卷，人民出版社1960年版，第49—50页。
② 同上书，第24页。

聚集在一起，在后一种情况下，他们已作为生产工具而与现有的生产工具并列在一起。因而这里出现了自然产生的生产工具和由文明创造的生产工具之间的差异。因此在前一种情况下，财产（地产）也表现为直接的、自然产生的统治，而在后一种情况下，则表现为劳动的统治，特别是积累起来的劳动即资本的统治。前一种情况的前提是，各个个人通过某种联系——家庭的、部落的或者甚至是地区的联系结合在一起；后一种情况的前提是，各个个人互不依赖，联系仅限于交换。在前一种情况下，交换主要是人和自然之间的交换，即以人的劳动换取自然的产品，而在后一种情况下，主要是人与人之间所进行的交换。在前一种情况下，只要具备普通常识就够了，体力活动和脑力活动彼此还完全没有分开；而在后一种情况下，脑力劳动和体力劳动之间实际上已经必须实行分工。在前一种情况下，所有者可以依靠个人关系，依靠这种或那种形式的共同体来统治非所有者；在后一种情况下这种统治必须采取物的形式，通过某种第三者，即通过货币。在前一种情况下，存在着一种小工业，但这种工业是受对自然产生的生产工具的使用所支配的，因此这里没有不同个人之间的分工；在后一种情况下，工业以分工为基础，而且只有依靠分工才能存在。在大工业和竞争中，各个个人的一切生存条件、一切制约性、一切片面性都融合为两种最简单的形式——私有制和劳动。在小工业中以及到目前为止的各处的农业中，所有制是现存生产工具的必然结果；在大工业中，生产工具和私有制之间的矛盾才第一次作为大工业所产生的结果表现出来；这种矛盾只有在大工业高度发达的情况下才会产生。因此，只有在大工业的条件下才有可能消灭私有制。

再次，马克思通过考察历史的自然和自然的历史相互关联性，深入批判了青年黑格尔派**“自我意识”**、**“批判”**、**“唯一者”**等对历史的颠倒，进一步揭示了人与自然的统一，进而从历史辩证法的维度深刻地阐释了人与自然的伦理关系和人与人之间的伦理关系相互的制约性。马克思指出："历史不外是各个世代的依次交替。每一代都利用以前各代遗留下来的材料、资金和生产力；由于这个缘故，每一代一方面在完全改变了的条件下继续从事先辈的活动，另一方面又通过完全改变了的活动来改变旧的条件。"① 因而，以往历史的"使命"、"目的"、"萌芽"、"观念"等词所表明的东西，无非是从后来历史中得出的抽象，无非是从先前历史对后来历史发生的积极影响中得出的抽象。

一是人与自然的统一，是人与自然的伦理关系和人与人之间的伦理关系相互制约性之中的历史的统一。马克思指出，如果在英国发明了一种机器，它夺走了印度和中国的千千万万工人的饭碗，并引起这些国家的整个生存形式的改变，那么，这个发明便成为一个世界历史性的事实；同样，砂糖和咖啡在19世纪具有了世界历史的意义，是由于拿破仑的大陆体系所引起的这两种产品的缺乏推动了德国人起来反抗拿破仑，从而就成为光荣的1813年解放战争的现实基础。正是由于这一时期各个相互影响的活动范围在其发展进程中愈来愈扩大，各民族的原始闭关自守状态则由于日益完善的生产方式、交往以及因此自发地发展起来的各民族之间的分工而消灭得愈来愈彻底，历史就在愈来愈大的程度上成为全世界的历史。由此可见，历史向世界历史的转变，不是"自我意识"、宇宙精神或者某个形而上学怪影的某种抽象行为，而是纯粹物质的、可以通过经验确定的事实，每一个过着实际生活的、需要吃、喝、穿的个人都可以证明这一事实。

二是人与人之间的伦理关系不仅制约着人与自然的统一的程度，而且制约着对人与自然的统一性的认识水平。由于一个阶级是社会上占统治地位的**物质**力量，同时也是社会上占统治地位的**精神**力量，因而，支配着物质生产资料的阶级，同时也支配着精神生产

① 《马克思恩格斯全集》第3卷，人民出版社1960年版，第51页。

的资料。因此，那些没有精神生产资料的人的思想，一般的是受统治阶级支配的。占统治地位的思想不过是占统治地位的物质关系在观念上的表现，不过是表现为思想占统治地位的物质关系。构成统治阶级的各个个人也都具有意识和思维；既然他们正是作为一个阶级而进行统治，并且决定着某一历史时代的整个面貌，不言而喻，他们还作为思维着的人，作为思想的生产者而进行统治，他们调节着自己时代的思想的生产和分配；而这就意味着他们的思想是一个时代的占统治地位的思想。“人们之所以有历史，是因为他们必须生产自己的生活，而且是用一定的方式来进行的。这和人们的意识一样，也是受他们的肉体组织所制约的。”[①] 因此，人与自然的统一不是抽象的统一，而是在一定历史发展过程中的统一，并且与人们创造历史的实践活动，包括构建人与自然的伦理关系和人与人之间的伦理关系，以及对这一活动的认识密切相关。

四　关于马克思人与自然伦理关系历史之维的几点比较与辨识

马克思立足于历史辩证法和历史唯物主义的历史之维，这是对《1844 年经济学—哲学手稿》(以下简称《1844 年手稿》) 立足于人本学主体辩证法的人与自然伦理观的超越。这种超越主要表现在以下几个方面：

首先，从理论逻辑的起点上，实现了由人本学伦理意义上的“真正的人”到现实的“有生命的个人的存在”的转变。

在《1844 年手稿》中，由于马克思当时正受着费尔巴哈人本学思想的强烈影响，因而在《1844 年手稿》中所显现的理论中轴及其逻辑起点是人本学伦理意义上的“真正的人”[②]，在论述人的

① 《马克思恩格斯全集》第 3 卷，人民出版社 1960 年版，第 34 页注①。

② 陈爱华：《从〈1844 年手稿〉看青年马克思的科学伦理观》，载《东南大学学报》(哲学科学版) 2000 年第 1 期。

本质时，一是通过人与动物在对自然关系上的异同来阐发。他认为："无论在人那里还是在动物那里，类生活从肉体方面说来就在于：人（和动物一样）靠无机界生活，而人比动物越有普遍性，人赖以生活的无机界的范围就越广阔。"① 二是通过比较人与动物生命活动的特性之差别，阐述人的类本质即人的类特性——"自由的自觉的活动"：② 动物和它的生命活动是直接同一的。动物不把自己同自己的生命活动区别开来，因为它就是这种生命活动。而人则使自己的生命活动本身变成自己的意志和意识的对象。他的生命活动是有意识的。这样就把人同动物的生命活动直接区别开来。并且通过实践创造对象世界即改造无机界，证明了人是有意识的类存在物。

与《1844 年手稿》形成鲜明对照的是，在《德意志意识形态》中，马克思不再从人本学伦理意义上的"真正的人"理论悬设出发，而是从历史的人与自然的伦理关系的互动中考察作为"有生命的个人存在"的历史条件的人与自然的伦理关系及其人的本质——形成现实个人最初的历史的关系的四个因素和四个方面，并指出："这是一些现实的个人，是他们的活动和他们的物质生活条件，包括他们得到的现成的和由他们自己的活动所创造出来的物质生活条件。"③ 这里包含了三层意思：第一，现实的个人，这既不是"自我意识"、"批判"、"唯一者"，也不是费尔巴哈"感性对象"的人，而是活生生的、构成历史的真实主体的、现实的个人。第二，现实的个人不是指他们的肉体存在，而主要是其物质活动，即生产活动，因为正是由于生产活动构成了人与自然的伦理关系和人与人之间伦理关系及其他关系，进而为个人生存提供基础。第三，这种活

① 《马克思恩格斯全集》第 42 卷，人民出版社 1979 年版，第 95 页。

② 同上书，第 96 页。

③ 《马克思恩格斯全集》第 3 卷，人民出版社 1960 年版，第 23 页。

动既承袭了以往的物质生存条件，同时又是这些现实的个人在这种条件之下创造出来的新的生存。因此，“一当人们自己开始**生产**他们所必需的生活资料的时候（这一步是由他们的肉体组织所决定的），他们就开始把自己和动物区别开来。人们生产他们所必需的生活资料，同时也就间接地生产着他们的物质生活本身”。[①] 如果说，在《1844 年手稿》中，关于“真正的人”理论悬设具有费尔巴哈人本学思想和黑格尔思辨哲学影响，那么《德意志意识形态》中关于现实的个人与历史性生存的讨论，明显也是受益于政治经济学中经济发展史的影响。[②]

其次，从言说的理论语境上，实现了从双重的哲学视阈向现实社会生活的历史视阈的转换。在《1844 年手稿》中，关于人与自然的关系：一方面，马克思从理论上阐明，自然界作为自然科学的对象和艺术的对象，是人的意识的一部分，是人的精神的无机界，是人必须事先进行加工以便享用和消化的精神食粮；另一方面，从实践的视阈说明，自然界也是人的生活和人的活动的一部分，人在肉体上只有靠这些自然产品才能生活。马克思指出：“在实践上，人的普遍性正表现在把整个自然界——首先作为人的直接的生活资料，其次作为人的生命活动的材料、对象和工具——变成人的无机的身体。自然界，就他本身不是人的身体而言，是人的无机的身体。”[③] 因为，人靠自然界生活，即自然界是人为了不致死亡而必须与之不断交往的人的身体，这说明人是自然的一部分。马克思的这一论述既超越了黑格尔，也超越了费尔巴哈，无疑是对人与自然关系的极为深刻的哲学论证，也是对其伦理本性的深刻揭示。后来则生成为马克思在《德意志意识形态》中，论证有生命的个人存在

① 《马克思恩格斯全集》第 3 卷，人民出版社 1960 年版，第 24 页。

② 张一兵：《回到马克思》，江苏人民出版社 1999 年版，第 466 页。

③ 《马克思恩格斯全集》第 42 卷，人民出版社 1979 年版，第 95 页。

的历史前提中的重要内容之一。然而，这时从马克思言说的理论语境上看，既有以费尔巴哈人本学与黑格尔的思辨哲学相整合的先验的人本学主体辩证法和伦理（应是）话语，同时又有从现实物质生产（实践和工业）出发去观察社会历史的（“是”）客观视阈并且“现实的历史线索开始在不少分析中占了一定的上风。当然，这没有在整体上改变人本主义逻辑的权力话语地位”。[①] 双重的哲学视阈经常相互交织。

在《德意志意识形态》中，马克思强调，人与自然的伦理关系之所以是有生命的个人存在的历史前提，这是由人们进行的生产的物质条件决定的。而且与人的第一个历史活动相关。因为“已经得到满足的第一个需要本身、满足需要的活动和已经获得的为满足需要用的工具又引起新的需要。这种新的需要的产生是第一个历史活动”。在其历史发展过程中引发了第三种关系的生成：每日都在重新生产自己生活的人们开始生产另外一些人，即增殖。这就是夫妻之间的关系，父母和子女之间的关系，也就是家庭。无论是自己生活的生产（通过劳动）或他人生活的生产（通过生育）都表现为这样的双重关系：一方面是自然关系，另一方面是社会关系。这里社会关系的含义是指许多个人的合作，至于这种合作是在什么条件下、用什么方式和为了什么目的进行的，则是无关紧要的。显然，马克思这时已经从一种全新的视阈——现实社会生活的历史视阈中阐述人（社会）与自然的关系。

再次，从哲学的解放转向真正的解放即**现实的**解放，进而在探索人与自然统一的途径上，实现了从强调“自我异化的积极的扬弃”到注重在人与自然历史互动的基础上，探索现实社会生产力发展历史及其社会发展规律。

---

① 张一兵：《回到马克思》，江苏人民出版社 1999 年版，第 268 页。

在《1844年手稿》中，马克思指出：**“共产主义是私有财产即人的自我异化的积极的**扬弃，因而是通过人并且为了人而对**人的**本质的真正**占有**；因此，它是人向自身、向社会的（即人的）人的复归，这种复归是完全的、自觉的而且保存了以往发展的全部财富的。”[①] 在马克思看来，这种共产主义，作为完成了的自然主义，等于人道主义，而作为完成了的人道主义，等于自然主义，它是人和自然界之间、人和人之间的矛盾的**真正**解决，是存在和本质、对象化和自我确证、自由和必然、个体和类之间的斗争的真正解决。同时它也是历史之谜的解答。显然，马克思的这一思想，带有较为明显的人本主义的应然逻辑和理想主义色彩。展示了自我异化被积极的扬弃以后，人与自然的伦理关系和人与人之间的伦理关系达到的一种统一状态。然而还没有具体指出何以实现人与自然统一的现实路径。

在《德意志意识形态》中，马克思从历史的自然和自然的历史互动视角，**一是**分析了人与自然的伦理关系和人与人之间的伦理关系相互制约性。他指出，历史的每一阶段都遇到有一定的物质结果、一定数量的生产力总和，人和自然以及人与人之间在历史上形成的关系，都遇到有前一代传给后一代的大量生产力、资金和环境，尽管一方面这些生产力、资金和环境为新的一代所改变，但另一方面，它们也预先规定新的一代的生活条件，使它得到一定的发展和具有特殊的性质。由此可见，这种观点表明：人创造环境，同样环境也创造人。因此，“人和自然的统一性”在每一个时代都随着工业或快或慢的发展而不断改变，就像人与自然的“斗争”促进生产力在相应基础上的发展一样，人与自然的统一是历史的统一。每个个人和每一代当作现成的东西承受下来的生产力、资金和社会交往形式的总和。据此马克思进一步批判了过去的历史观。因为过

① 《马克思恩格斯全集》第42卷，人民出版社1979年版，第120页。

去的一切历史观，不是完全忽视了历史的这一现实基础，就是把它仅仅看成与历史过程没有任何联系的附带因素。根据这种观点，历史总是遵照在它之外的某种尺度来编写的；现实的生活生产被描述成某种史前的东西，而历史的东西则被说成是某种脱离日常生活的东西，某种处于世界之外和超乎世界之上的东西。这样就把人对自然界的关系从历史中排除出去了，因而造成了自然界和历史之间的对立。

二是何以实现人与自然统一，离不开对人的解放的理解。如上所述，在《1844年手稿》中，马克思对人的解放的理解实际上仅仅是一种哲学的解放而非**现实的**解放。但是，在《德意志意识形态》中，马克思区分了哲学的解放和真正的解放即**现实的**解放。马克思指出，哲学的解放哪怕再彻底，人的解放也并没有前进一步；只有把人们“从幻想、观念、教条和想象的存在物中解放出来，使他们不再在这些东西的枷锁下呻吟喘息”[①]，在现实的世界中并使用现实的手段才能实现真正的解放。从这里，我们可以看出马克思的现实解放就是**人的感性物质活动构成的社会实践**。对此，马克思进一步阐释道：“没有蒸汽机和珍妮走锭精纺机就不能消灭奴隶制；没有改良的农业就不能消灭农奴制；当人们还不能使自己吃喝穿住在质和量方面得到充分保证的时候，人们就根本不能获得解放。‘解放’是一种历史活动，而不是思想活动，‘解放’是由历史的关系，是由工业状况、商业状况、农业状况、交往状况促成的。”[②] 这里马克思所说的历史活动，不是简单的物质现实之持续性，而是人类实践造成的现实运动；历史关系，也不是人们一般的存在状况及其关系，而主要是“工业”、“农业”、“商业”和“交往”状况构成的关系，实际上这是生产

① 《马克思恩格斯全集》第3卷，人民出版社1960年版，第15页。

② 同上书，第18页。

和“经济”关系。特别是现代实践——工业所创造的社会关系。因此，马克思这里的“历史”主要是由古典经济学所指认的在工业和工业之上的现代经济过程中，人们的生产物质活动创造的新的社会存在和由此生成的人—自然—社会的存在方式。在大工业生产以前的社会生活中，人只是自然活动中的一个能动因素，主体上人还是在土地上优选和协助自然物质生产。而工业才第一次创造了人在其中居主导地位的新存在。财富的主体不再是外部自然的结果（“自然财富”），而直接是人的活动的结果（“社会财富”）。因而，马克思自然观中的自然图景不是康德的认识之现象界，也不是黑格尔的“绝对精神”之外化，而是人类社会实践的一定历史性存在中的自然！“人和自然的统一性”，“在每一个时代都随着工业或快或慢的发展而不断改变”。[①] 因此，人与自然的伦理关系或者人与自然的统一，都是由一定的社会在一定的时期的一定活动所构建。

第二节　两种自然伦理观的异质性

马克思的自然伦理观萌发于他在学生时代对古代自然哲学的研究，在这一时期的著作（尤其是博士论文《论德谟克里特的自然哲学与伊壁鸠鲁的自然哲学的差别》以及有关的伊壁鸠鲁的自然哲学的笔记）中，马克思讨论了人与自然（环境）相互关系的辩证法、自由意志与客观实在性的关系问题。这一时期马克思的自然伦理观带有强烈的无神论色彩，但尚未摆脱黑格尔的唯心主义束缚。马克思的自然伦理观真正形成于 19 世纪 40 年代。在《巴黎手稿》、《神圣家族》;《德意志意识形态》、《关于费尔巴哈

---

① 《马克思恩格斯全集》第 3 卷，人民出版社 1960 年版，第 49 页。

的提纲》等著作中，马克思批判黑格尔等人的唯心主义自然伦理观和费尔巴哈等人的机械唯物主义自然伦理观，用人与自然在劳动或实践中的历史的辩证统一的唯物主义观点代替了黑格尔的主体客体在理念中统一的唯心主义观点，代替了费尔巴哈所制造的人与自然或社会与自然分离和对立的机械的、非历史的和抽象的唯物主义观点。在这一时期，他使自然伦理观摆脱哲学思辨而把它放到社会历史和经济学上去考察，自然伦理观开始立于经济学基础上。在晚期成熟的经济学著作尤其是《资本论》中，马克思的自然伦理观与经济学密切结合；自然伦理观和历史观相互联系、相互印证是成熟的马克思自然伦理观的显著表现。马克思更多的是从经济学和历史观的角度看待人和自然的关系，强调人化的自然和人的自然化的统一。这正如施密特所说，马克思的自然伦理观的本质特征是它的社会历史性。

一 马克思的自然伦理观及其本质

首先，马克思从人和自然、人和社会的伦理关系中指出，自然是社会的、历史的自然即人化的自然。而马克思关于人与自然关系的历史辩证法的唯一科学立足点是人类改造外部对象的主体物质活动——实践。一是在人与“我们周围”自然的关系上，马克思、恩格斯批判了费尔巴哈的“人与自然的和谐”论，并指出：自然界起初是作为一种完全异己的、有无限威力的和不可制服的力量与人对立，人们同自然的关系完全像动物与自然界的关系一样。人在现实的生存中与自然相比是十分弱小的，可是人总是想支配自然，而在此时人只能在想象（神化）中支配自然。以后人们通过发展生产力不断历史地改变了自然环境，才创造了人类得以生存和发展的新的物质基础。因而，人类主体生存所依赖的自然已经不是那种天然自然即“绝不是某种开天辟地以来就已存在的、始终如一的东西，而是工业和社会状况的产物，是世世代代活动的结果”。[1] 因而，这种人化的自然是直接与人的社会实践活动相关的，而人的实践活动从来就不是单纯的人与自然的物质变换关系，它始终“表现为双重关系：一方面是自然关系，另一方面是社会关系”[2]，只有从这双重关系才能真正说明自然的生成、自然的本质和自然的特征。马克思指出，与自然相对立的人是通过劳动支配和占有自然界的人，与人相对的自然界是人通过劳动创造、占有和再生产的自然界，是人化的自然；[3] 人要把自然界纳入劳动过程，作为“劳动本身的要素”或“劳动的自然要素”；[4] 因此，整个所谓世界历史不外是人通过人的劳动而诞生的过程，是自然界对人说来的生成过程；“在人类历史中即在人类社会的生产过程中形成的自然界是人的现实的自然界”[5]，离开人而“被抽象地孤立地理解的、被固定为与人分离的自然界，对人说来也是无”。[6] 因此，自然界（感性世界）不是从来就存在的、始终如一的东西，而是工业和社会的产物，是历史的产物，是人世代活动的结果。二是马克思恩格斯在人与自然的关系上，的确始终将自然视为人类改造和征服的对象，并且将这种改造自然的生产劳动的现实历史发展视为整个人类历史发展的本质和一般基础。由于作为人类社会发展本质的生产力就是人改造自然能力的一种功能水平，也是人“支配自然界的实际力量”。而人类改造自然的劳动生产（直接生活的生产与再生产）是历史的真实起点，也是人类社会存在与发展的最终基础，因此，这种人改造自然的劳动生产“哪怕只停顿一年”，人

---

① 马克思、恩格斯：《费尔巴哈》，人民出版社 1988 年版，第 20 页。

② 《马克思恩格斯全集》第 3 卷，人民出版社 1960 年版，第 33 页。

③ 《马克思恩格斯全集》第 42 卷，人民出版社 1979 年版，第 98 页。

④ 同上书，第 114 页。

⑤ 同上书，第 128 页。

⑥ 同上书，第 178 页。

类就会丧失自己全部的生存基础。[①] 因为，没有人对外部自然界的改造，没有物质生产力的现实发展，也就没有人的存在，就没有人类社会历史的进步，也就更谈不上人与自然的伙伴关系了。因此，马克思恩格斯关于发展生产力以推动人类社会历史进步的观点是他们历史的现实的具体的实践唯物主义的理论核心和科学历史观的一般基础，也是有史以来对人与自然关系的第一次科学的说明。三是人与自然的关系还与科学与人、科学与自然的关系紧密相关。因为科学技术是现代社会生产力发展的重要内趋力。马克思注意到在社会化大生产的进一步发展中，科学技术在生产力功能运转中的作用已经转移到了决定性的地位，然而，物质生产仍然是全部社会存在和发展的一般基础和永恒的自然必然性，只要人类社会存在一天，这就是不可改变的现实。当代生态学的伦理思考丝毫也没有动摇马克思主义关于生产力理论的科学性。因为，马克思恩格斯所确证的人改造自然对象的物质生产力的确是人类生存的真实基础，并将永远是人类社会发展的动力。没有现代科学技术的发展，人类主体就不可能真正从自然物质进程中站立起来。[②]

其次，马克思将历史看作自然的历史，将人看作自然化的人。他指出自然界对人的影响：人在“人化”自然界的同时，也“人化着”自己的情感、意识和语言，“人的感觉、感觉的人性，都只是由于它的对象的存在，由于人化的自然界才产生出来”。[③] 马克思认为，过去一切历史观最根本的缺陷是忽视了物质实践活动这个现实的基础，这样，就把人对自然界的关系从历史中排除掉，因而造成了自然和历史之间的对立。[④] 实际上，“在工业中向来就有那个

---

① 马克思、恩格斯：《费尔巴哈》，第 21 页。

② 张一兵：《马克思历史辩证法的主体向度》，河南人民出版社 1995 年版，第 395 页。

③ 《马克思恩格斯全集》第 42 卷，人民出版社 1979 年版，第 126 页。

④ 《马克思恩格斯全集》第 3 卷，人民出版社 1960 年版，第 44 页。

著名的‘人和自然的统一性’”。历史本身就是“自然史的即自然界成为人这一过程的一个现实的部分”。[①] 同时“社会是人同自然界的完成了的本质的统一，是自然界的真正复活，是人的实现了的自然主义和自然界的实现了的人道主义”；[②]“历史可以从两方面来考察，可以把它划分为自然史和人类史。这两个方面是密切相联系的，只要有人存在，自然史和人类史就彼此相互制约”。[③]

马克思还从实践和生产劳动的基础上强调自然与历史或人与自然的相互联系或中介。他说：“从前的一切唯物主义——包括费尔巴哈的唯物主义——的主要缺点是：对事物、现实、感觉，只是从客体或直观的形式去理解，而不是把它们当作人的感性活动，当作实践去理解，不是从主观方面去理解。”[④] 马克思认为，自然既不能理解为纯粹的主观意识，也不能理解为纯粹的客观自然。它必须从实践或生产劳动的方面来理解，因为这种活动、这种连续不断的感性劳动和创造、这种生产，是整个现存感性世界的非常深刻的基础。它是“人以自身的活动引起、调整和控制人和自然之间的物质变换的过程”。[⑤] 在历史的进程中，由于劳动的产生和发展，人才日益摆脱自然的局限性，导致人（社会或历史）与自然的真正统一。人通过实践或劳动创造对象世界，再生产整个世界，并使自己成为社会存在物，“通过实践创造对象世界，即改造无机界，证明了人是有意识的类存在物，也就是这样一种存在物，它把类看作自己的本质，或者说把自己看作类存在物”。[⑥]

由此可见，马克思在社会实践或生产劳动基础上，历史地再现

① 《马克思恩格斯全集》第 42 卷，人民出版社 1979 年版，第 128 页。
② 同上书，第 122 页。
③ 《马克思恩格斯全集》第 3 卷，人民出版社 1960 年版，第 20 页。
④ 《马克思恩格斯选集》第 1 卷，人民出版社 1956 年版，第 16 页。
⑤ 《马克思恩格斯全集》第 23 卷，人民出版社 1972 年版，第 201—202 页。
⑥ 《马克思恩格斯全集》第 42 卷，第 96 页。

了人与自然或自然与社会（历史）、自然史与社会史、自然伦理观与历史观的辩证统一关系。马克思反对将这些关系割裂开来，他的自然伦理观具有社会历史性的本质特征。然而，马克思在处理这些关系的时候，始终坚持历史辩证法的基本原则，坚持自然的客观实在性或自然作为物质的先在性；他在强调实践作为自然与社会、人与自然统一的中介或桥梁的时候，并没有因为自然是实践的对象或实践的因素而用人的主体性去替代自然的客体性；他并没有把自然看作一个社会范畴，在强调自然伦理观和历史观统一的时候，并没有用历史观去代替自然伦理观，马克思的历史辩证法是以正确处理人（社会）与自然关系的辩证唯物主义自然伦理观作为前提的，而其自然伦理观则结合着唯物史观和经济学的理论分析。

二 批判的自然伦理观及其本质

如本篇的引言中所述，法兰克福学派的主要代表人物在理解马克思关于人与自然或自然与历史（社会）、自然史与人类史以及自然伦理观和历史观统一的思想时，只强调统一，而忽视了差别。在强调自然与历史的统一时，用历史替代了自然；在强调实践在人与自然关系中的地位时，用实践主体替代了实践客体；在强调自然伦理观和历史观的统一时，又用历史观（社会本体论或社会辩证法）、否定自然伦理观（自然本体论或自然辩证法），否定了马克思自然伦理观的世界观意义；将承认自然的客观性和自然辩证法当作本体论的残余来加以拒绝。他们夸大了马克思自然伦理观的社会历史性的一面，而否定了其强调客观实在性的一面，进而将辩证法局限在社会的范围内去考察和解决主体与客体、人与自然的关系问题，因而，切断了实践与自然的联系，排除了历史观或社会辩证法（社会本体论）的客观性，使历史观或社会辩证法和实践的辩证法失去了唯物主义的基础，陷入了主观化和抽象化。

马尔库塞等人还主张把晚年马克思的思想还原为青年马克思的

著作（特别是《巴黎手稿》）中的人本主义思想。对此，施密特明确表示反对，他指出，“作者对西欧流行的具有存在主义与神学色彩的种种倾向提出挑战，这种倾向想把马克思的学说还原成（结果上）以非历史的、早期著作（特别是1844年的《巴黎手稿》）的异化问题为中心的‘人本主义’”。① 作为法兰克福学派第二代传人的施密特在解释和发挥马克思的自然伦理观时，强调了马克思自然伦理观的社会历史性，反对将社会实践等同于自然过程，重视在实践基础上理解人（社会）与自然的统一关系，提出自然与社会或人与自然的相互渗透或相互中介的观点，这在一定程度上恢复了马克思主义自然伦理观的社会历史性和实践性，指出了马克思的自然伦理观与历史观的相互联系。这对于那种割裂马克思主义自然伦理观和历史观的内在联系的错误做法，无疑具有一定的批判性。这也是施密特的自然伦理观与其他法兰克福学派的代表人物的自然伦理观的显著差别。

施密特在研究马克思的自然伦理观时，把重点放在马克思的后期著作上，主张从成熟时期的马克思的社会历史观理论和经济学著作（特别是《资本论》）来考察马克思的自然概念；在采用马克思早期著作中的论点来说明问题时，施密特关心的是“弄清楚早期著作对于形成中期与成熟期的马克思的明确关系”，而不是“还原成这些早期著作所阐述的巴黎手稿的人本主义”。② 他认为不能把马克思的工作分割为没有联系的两个部分，强调马克思后期的思想远远超过了《巴黎手稿》中的抽象的、幻想的人本主义。因此，只有从成熟的马克思的立场出发，才能完整地评价《巴黎手稿》的自然伦理观。因而，施密特关于自然伦理观的思想具有一定的可取性。

---

① ［德］施密特：《马克思的自然概念》，欧力同等译，商务印书馆1988年版，第213页。

② 同上书，第4页。

第三节 两种自然伦理观与当代生态学视阈

当代生态学是作为问题学出现的，“它首先是一种对人类当代实践的终极性自我伤害的痛楚”，“是对今天人类主体对自然界的过度‘改造’所产生的恶果之反思”。[①] 由于人类主体现在借以驾驭自然的中介物，不再是远古时代和农业社会中那种由木头和石器构成的表层局部拓掘，而是以科学技术为主导的强大的物化系统并且这种“改造”与“征服”已造成了人类生存周围自然界的全面再生性功能障碍和损害。因而，“在人类技术之轮滚过的地方，自然环境在恶化，自然资源在枯竭，地球在人口重压下呻吟……更糟糕的是，人们最后发现再流血的自然之后，竟是人类自己在现实中的窘境：生态的危机在本质上是人类自己存在的危机”![②] 因此，生态学的哲学思考是一种问题式的伦理反思，是人类主体的一种自我批判，是人类对今天自己主体能力和主体活动结果的一种批判性伦理内省。莱斯的自然伦理观与这种批判性伦理内省是直接相关的。

一 批判的自然伦理观与当代生态学视阈的伦理

关于生态学视阈的伦理思考的主要包括以下的观点：一是生态学的哲学前提是系统科学的关联性原则，这实际上在人与自然的伦理关系的深层面上反对了生物圈中的人类中心主义和利己主义。因为，如果人把自己孤立起来，用伤害性手段对待生态系统整体中的

① 张一兵：《马克思历史辩证法的主体向度》，河南人民出版社 1995 年版，第 385 页。

② 同上书，第 386 页。

其他要素（自然），那么在破坏了系统存在整体的功能运转之后，必然要在整体的毁灭中毁灭自己。二是生态学本身的重要伦理理论质点是以整个地球生命物质层圈的整体性为基点，关注生态环境系统的内在关联和相互依存性，反对人类主体能力的过度滥用，要求人类限制现代工业发展特别是科学技术对生态基础的根本性破坏，以求得最终意义上的人类生存的和谐结构，同时还要求建立一种新的排除人类中心主义的生态伦理价值取向。因此，这是人与自然伦理关系的重新调整。

就法兰克福学派批判的自然观与当代生态学视界的伦理的关系而言，主要表现在以下三个方面：首先，莱斯一方面继承了法兰克福学派自然伦理观注重自然观中的社会与历史因素的传统，另一方面又汲取了当代生态伦理学的要素，从生态伦理学的视角指出，控制自然的观念是生态（人与自然关系）危机的最深层的根源。在展开并揭示控制自然伦理观念的内在悖论的过程中，一是莱斯批驳了当前在理解生态问题（环境问题）上的两种肤浅的观点：其一官方机构把解决生态问题仅仅看作是一个经济代价核算问题，因而，把环境质量看作是一种在价格合适时可以购得的商品。其二认为科学和技术是可诅咒的偶像。在他看来，前者思路是对工业技术革新能力的崇拜的观念与市场价值取向的结合，根本没有触及问题的根源；后者则是一种诗意的神秘主义或东方宗教方式的体现。这是错把征兆当作根源。莱斯认为，生态问题（环境问题即人与自然关系问题）的根源不在于科学本身，而在于一种意识形态，现代科学仅仅是控制自然这一更大谋划的工具。因而，控制自然的观念才是生态问题（环境问题即人与自然关系问题）的最深刻的根源。只有深入剖析这一根源的产生与发展，才能找到解决生态问题（环境问题即人与自然关系问题）的根本出路。二是莱斯揭示了控制自然伦理观念运作结果的自相矛盾性：它既是其进步性也是其退步性的根源。同时这一观念又存在着内在矛盾，“在由‘征服’自然的观念培养起来的虚妄的希望中，隐藏着现时代最致命的历史动力之一：控制自然和控制人之间的不可分割的联系”。[①] 基于这种意识形态的根本的不合理的目标：把全部自然（包括人的自然）作为满足人的不可满足的欲望的材料来加以理解和占用。这一变成了强制性的、盲目重复的目标，不仅阻碍人们对人际关系新发展的控制形式的觉悟，而且最终将导致人类的自我毁灭。应该说莱斯的这一分析是深刻并一针见血的，因为他揭示了控制自然伦理观念的症结所在。

其次，莱斯指出，为了探寻解决生态问题（环境问题即人与自然关系问题）的根本出路即超越控制自然伦理观念的内在悖论。为此他不仅考察了控制自然伦理观念的历史生成及其演变，而且探索了控制自然与科学和技术及社会的关系。在考察了控制自然伦理观念的历史生成及其演变过程中，他从大量历史文献中概括出一个命题：“非理性的机巧是在一种长期的错觉（即控制自然的事业本身是被控制的）中被揭示的。”[②] 在莱斯看来，历史不仅被理性的机巧所驱使，同时也被非理性的机巧所驱使，科学理性和技术理性在演进中落入了社会矛盾的非理性之中。这显然是沿袭了法兰克福学派社会批判理论的批判思路：主要以考察历史上的文化观念及其社会意识形态演变与控制自然伦理观念之间的关系。尽管这种分析有其独特的视角和一定的理论深度。但仍然属于一种文化伦理批判或是一种价值批判。客观社会历史的自身发展与文化观念及其社会意识形态演变及控制自然伦理观念之间关系的分析被淡化了。值得注意的是，莱斯在分析批判控制自然内在悖论的过程中，用相当的篇幅阐述了马克思、恩格斯关于人与自然关系的思想，并肯定了马克

① ［加］威廉·莱斯：《自然的控制》，岳长龄、李建华译，重庆出版社 1993 年版，第 6 页。

② 同上书，第 20 页。

思、恩格斯关于人与自然关系的思想的深刻性和在历史上的巨大影响力与内聚力。但他只是用马克思恩格斯关于人与自然关系的思想论证和加强他对控制自然伦理观念的文化伦理批判的理论深度，真正起主导作用的还是法兰克福学派的社会批判理论。

再次，须指出，莱斯在探索了控制自然与科学和技术及社会的关系，对控制自然伦理观念的批判的过程中，没有完全重蹈法兰克福学派对科学技术的伦理批判的覆辙，即没有以对科学技术的伦理批判代替对资本主义的批判，没有把科学技术看作是奴役人的万恶之源，但仍然认为在科学技术高度发达并在各个领域发挥着重要作用的发达的工业社会中，科学技术具有政治的意向和意识形态性，构成了人对人的统治方式的基础。莱斯也正确地指出，控制自然伦理观念所产生的人与自然伦理关系的矛盾——生态问题（环境问题）——是科学技术的资本主义应用的事实及后果，因而，他对于科学技术没有采取大拒绝的态度。他在超越自然控制的内在悖论时指出，伦理的进步和科学技术的进步不是完全对立的。每一方的价值在某种程度上依赖于另一方的成就。科学的合理发展，是任何伦理进步的一个重要前提，它防止人的一种倾向，即把不合理的结构投射到外部的自然，并受那些投射物的压制。然而，在伦理的进步和科学技术的进步两者之间他更倾向前者。因为在他看来，“控制自然的观念必须以这样一种方式重新解释，即它的主旨在于伦理的或道德的发展，而不是科学和技术的革新”。[①] 如同法兰克福学派一样，他并没有充分意识到，扬弃和消除资本主义条件下科学技术应用的负效应即超越自然控制的内在悖论的最终根据并不是在于是否确立了批判理性的权威或给予控制自然的观念以一种重新解释，而是在于制约和决定这种现象的存在与发展的更高的历史规律。对

① ［加］威廉·莱斯：《自然的控制》，岳长龄、李建华译，重庆出版社 1993 年版，第 168 页。

于这种历史规律，他和法兰克福学派一样没有深入加以探索。这正是他批判的伦理观的不足之处，也是与马克思科学——自然伦理观的相异之处。

二 马克思主义的自然伦理观与当代生态学视阈的伦理

首先，当代生态学的伦理并不否定人类物质生产力（包括现代技术）在社会历史发展中的重要推动作用。生态学视界的伦理只是反对当代的人类技术系统对自然环境的过度开掘，反对在今天人与自然关系上的某种严重失衡。生态学作为一门自然科学，它并没有简单地抽象地反对人对自然的改造，而是从历史的发展中分析了人与自然的关系“从敌人到榜样，从榜样到对象，从对象到伙伴”的发展和转换的必然性。因而，生态学与马克思主义历史辩证法的整体逻辑并不相悖。[①]

其次，马克思、恩格斯在自然伦理观方面，反对人对自然的“破坏性”关系，这是一种要求维护人与自然关系协调发展的生态伦理的思想。马克思在社会历史发展似自然性理论[②]中论说了人类主体被外部物质力量所奴役和驱使的现象，由此产生了特别是在资本主义生产发展中那种人对自然的破坏性方面。恩格斯的论述则更与当代生态学的理论视阈相接近。他在一个多世纪以前就告诫我们要小心地对待自然，虽然人类主体在发展生产力（特别是在现代科学技术产生以后）取得了对自然的胜利，但是我们不要过分陶醉于我们对自然的胜利。对于每一次这样的胜利，自然界都报复了我们。“因此我们必须时时记住：我们统治自然界，决不像征服者统治异族一样，决不像站在自然界以外的人一样，——相反地，我们

① 张一兵：《马克思历史辩证法的主体向度》，河南人民出版社 1995 年版，第 396 页。

② 同上书，第 5 页。

连同我们的血、肉和头脑都是属于自然界，存在与自然界的；我们对自然界的统治，是在于我们比其他一切动物强，能够正确认识和运用自然规律。”① 恩格斯还指出了资本主义工业发展造成的水污染“把一切水都变成臭气冲天的污水”，这本身就破坏了人们“自己活动的条件”。② 恩格斯进一步深刻指出：人们越来越认识到，人类主体“自身和自然界的一致，而那种把精神和物质、人类和自然、灵魂和肉体对立起来的、荒谬的、反自然的观点，也就愈不能存在了”。③ 由此可见，马克思恩格斯的确在他们的历史辩证法的主体向度中正确地看到了生态学今天关注到的重要问题。

再次，由法兰克福学派批判的自然伦理观进一步衍生的“生态学的马克思主义”对马克思主义自然伦理观乃至马克思主义历史辩证法的指责是站不住脚的。这种生态学的马克思主义有其失误之处，从生态学马克思主义的出发点来看，他们能立足于当代生态学视界的伦理，批评今天人类以科学技术为中坚的生产力对自然的伤害，以及过度的经济增长对生态平衡的破坏，这些都是正确的。但是，当他们把这种理论思考变成对马克思主义自然伦理观乃至历史辩证法的根本否定，即他们从当代生态学的起点上走到非历史地否定人类通过物质生产改造和利用自然界这一科学原则，就大错特错了。

最后，从当前我国建设有中国特色社会主义的实际，探讨从哲学总体上确立生态伦理观，对于我们经济发展战略的制定具有十分深远的现实意义。在这里，须批评这样一种误识，即认为我国的经济发展、利用科学技术大大加快生产力的发展与当代生态思考是逆向的，中国人抛弃了自己传统文化中那种与自然的伙伴式的正确关

① 《马克思恩格斯全集》第20卷，人民出版社1971年版，第519页。

② 同上书，第320页。

③ 同上书，第519—520页。

系，误入了西方人已经走过的“技术治国论”。实际上，在中国现今社会历史发展的总进程中，有效地大力改造自然与征服自然对象是首要的。因为马克思主义历史观的根本原则就是以物质生产发展作为一切社会存在和高层次发展的前提，没有这个根本前提，其他一切都无从谈起。在我国的传统文化中，尽管要求建立一种人类主体顺应自然的“天人合一”的“伙伴”关系，但并没有引导我们从内封闭的自然经济中走出来，真实地去发展物质生产力，没有实现我们民族经济发展的现代化。因此，在一种落后的经济水平上的生态平衡或人与自然的“伙伴”关系是不应该得到称赞的。[①] 然而，这并不是说当代生态学在中国的伦理思考不应该有重要的实际落点，恰恰相反，要积极确定发展经济与生态伦理的关系。

① 张一兵：《马克思历史辩证法的主体向度》，河南人民出版社 1995 年版，第 402 页。

结论　批判理论科学伦理思想演进的理论逻辑与伦理价值

通过以上各章探索可知，法兰克福学派科学伦理思想及其问题式是在20世纪特定历史条件下生成的，一方面与该学派自身发展和其理论发展以及同时期的思想发展的历史密切相关，另一方面又与科学发展及其社会应用相关，因而，本章试图从纵横两重向度对该学派的科学伦理思想及其演进的理论逻辑进行考察。在此基础上，揭示法兰克福学派科学伦理思想演进的历程与特征、理论局限和伦理价值，及其科学伦理思想与马克思科学伦理观的异质性。

第一节　批判理论科学伦理思想演进的理论逻辑

法兰克福学派科学伦理思想作为西方马克思主义哲学思想的重要方面之一，其生成与西方马克思主义哲学产生密切相关。在这一意义上说，西方马克思主义哲学是其生成的母体。因而，法兰克福学派科学伦理思想无论是其生成与演进，还是其内涵都与西方马克思思主义哲学及其运演息息相关。

一　科学伦理思想的演进与建构

就西方马克思主义哲学而言，它是马克思主义在20世纪特定历史条件下的产物。在实践上，它反映出西方的一些马克思主义者和左派思想家对不同于俄国的社会主义革命道路和社会主义“模式”的艰难探索；在理论上，它则显现了一种对马克思主义哲学“教条”诠释构架的背离。因此，在他们看来，“马克思主义是完全非教条和反教条的、历史的和批判的因而是最严格意义上的唯物主义”。① 因而，法兰克福学派科学伦理思想也深深地刻着这样的理论印记，同时又“开创了一条全新的对资本主义批判的思路”。②

因为在法兰克福学派思想家看来，由于当代资本主义社会以合理性为本体，以科学技术为表现形式的强大意识形态的有效控制，整个社会生活实现了所谓资本主义的一体化。弗洛姆指出：“我们的文明所背负的沉重包袱，并不像很多人所设想的那样，仅仅是工业产品分配不均，或者工业的行为残酷，或者，怨恨情绪阻碍了生产；而是工业生产本身已经达到了对人类兴趣绝对控制的地步，这不是任何单一的兴趣，更不是生存必需的物质手段所能占有的地位。”③ 现代资本主义社会中的大多数人都被力图获得更多的物质财富、获得舒适而又新奇的什物动机所制约，他们日益满足于一种在生产和消费方面都被国家大公司以及他们各自的官僚机构加以调节和操纵的生活，他们已经达到一致顺从的程序，这就使他们失去了个性。特别是在自由资本主义时代作为资本主义否定面的无产阶级已经被同化于现代资本主义的“单向度的社会中”，成为资本主

① 张一兵、胡大平：《西方马克思主义哲学的历史逻辑》，南京大学出版社2003年版，第14页。

② 同上书，第19页。

③ ［美］E. 弗洛姆：《健全的社会》，孙凯祥译，贵州人民出版社1994年版，第176页。

义制度的积极肯定者。马尔库塞在1964年出版的《单向度的人》一书中，揭示了从政治经济、科学文化以至整个个人生活的现代资本主义社会的意识形态控制使人在全部社会生活中丧失了本来应该具有的批判性（否定性）的向度，人们都只有一个向度的规定，即肯定和认同的方向。“思想的独立性、自决性及政治对立的权利，在一个似乎日益能够通过其组织起来的方式满足个人需要的社会里，正逐渐被剥夺了基本的批判功能。”① 人们不再会想到资本主义制度的剥削本质，因为社会生活的一切都仿佛是在一种唯一客观的合理的标准之下运转的，阶级对抗消失在科学技术进步的巨大帷幕之后。现代生活的特征就是一体化：“工作的程式化，娱乐的公式化。”在这种一体过程中，社会通过其组织结构在横向和纵向两个方面都加强了控制，而同时通过设计娱乐来补偿个体幸福的压抑从而减小甚至同化不满和反抗。因此，这种一体化的结果也就造成社会整体划一性。这用马尔库塞的话来说，就是形成了所谓单向度的社会，从而造成当代资本主义所必需的单向度的人。

法兰克福学派科学伦理思想不仅源自于青年卢卡奇科学伦理思想，其演进过程又与西方马克思主义哲学在不同时期研究重心的转变密切相关。② 就法兰克福学派科学伦理思想的演进来看，出现了三次批判的理论高峰、三次批判理论指向的转折和三大科学伦理理论的建构，同时也有三大理论局限。

首先，法兰克福学派科学伦理思想演进中有三次批判的理论高

---

① ［美］马尔库塞：《单向度的人》，张峰等译，重庆出版社1988年版，第2页。

② 西方马克思主义的历史演进大体可分为如下四个时期：第一个时期，理论思想准备时期（19世纪末至20世纪20年代）。第二个时期，西方马克思主义的发端时期（20世纪20年代至30年代）。第三个时期，西方马克思主义哲学之人本主义倾向深化和变异时期（20世纪30年代至60年代中期）。第四个时期，西方马克思主义哲学内部冲突、转向和终结时期（20世纪60年代至70年代）。参见张一兵、胡大平：《西方马克思主义哲学的历史逻辑》，第17—19页。

峰：第一次批判的理论高峰是 1930—1939 年，亦可称之为批判的理论时期，即是批判理论的创立时期。在这一时期科学伦理思想方面的代表作有：霍克海默的《传统的理论与批判的理论》（1937 年）；马尔库塞的《哲学和批判的理论》（1937 年）等，首次把他们的理论称之为“批判的理论”，并开始了对实证主义和科学主义的批判历程。第二次批判的理论高峰是 1940—1949 年，亦可称之为启蒙辩证法时期，在这一时期科学伦理思想方面的代表作有：霍克海默与阿多尔诺合写的论文集《启蒙辩证法》（1947 年）；马尔库塞的《理性与革命》——黑格尔和社会理论的兴起（1941 年）；后者阐释了批判理性伦理观与黑格尔理性伦理观之间的联系，前者则标志着这种科学伦理思想的社会哲学基础。第三次批判的理论高峰是 1950—1969 年，亦可称之为发达工业社会伦理理论时期或“法兰克福学派”时期，前者体现了以这一时期的研究对象和科学伦理思想的理论特色；后者的依据是自 50 年代起用以表征“正统马克思主义与自由民主主义的批判者”形象的“法兰克福学派”这一名称开始出现，并于 60 年代起流行起来，成为西方哲学、社会学思潮主要流派之一，并在美国与西欧的左派青年中产生了较为广泛的影响。[①] 这一时期也是批判理论的鼎盛期，这一时期科学伦理思想方面的代表作有：马尔库塞的《单向度的人》（1964 年）；《爱欲与文明》（1955 年）；阿多尔诺的《否定的辩证法》（1966 年）；施密特的《马克思的自然概念》（1962 年）；哈贝马斯的《认识与兴趣》（1968 年）和《作为“意识形态”的技术与科学》（1968 年）等。因而形成多重向度、多层面并举的批判的理论高峰，生成了比较系统的科学伦理思想，如批判的科技—社会伦理观、反同一性的理性伦理观、批判的自然伦理观等等。

其次，法兰克福学派科学伦理思想演进中的三次批判理论指向

① 欧力同、张伟：《法兰克福学派研究》，重庆出版社 1990 年版，第 10 页。

的转折：**第一次**批判理论指向的转折是 20 世纪 30 年代。1930 年 7 月霍克海默接任所长后，吸收了一批经济学家、哲学家、心理学家和历史学家，旨在对资本主义社会进行多学科的综合研究。此后，他又对研究进行了重大改革，初步确立了批判理论的指向：一是确立将文化与意识形态的研究与批判作为一个重要主题；二是划定研究领域：侧重与哲学、社会学方面的研究；三是在研究方法上，引入弗洛伊德的精神分析学。1933 年 1 月，希特勒上台执政。霍克海默的社会研究所作为一个公开的马克思主义研究组织且成员大都系犹太人血统，首当其冲遭到迫害，研究所被查封，被迫进入了颠沛流离的阶段。1937 年霍克海默在《社会研究杂志》上发表了《传统的理论与批判的理论》，首次把他们的理论称之为“批判的理论”，强调他们的理论研究是“批判的活动”。霍克海默还对“批判的理论”的历史背景、目标、使命、方法、功能和特征作了充分的阐述。与此同时，将对实证主义和科学主义的批判作为六大论题之一，初步生成了反实证主义、反科学主义的伦理观。**第二次**批判理论指向的转折是 20 世纪 40 年代。由于当时法西斯主义在欧洲横行，研究所已将批判法西斯主义作为首要的理论指向。作为当时科学伦理思想和批判的理论成果的代表作是霍克海默与阿多尔诺合写的论文集《启蒙辩证法》。这部著作揭示了启蒙理性具有统治的极权主义本质，为法西斯主义的滋生提供了文化土壤。该书还分析了巫术、神话、哲学、文化工业等方面，指出文化工业上大众欺骗的工具；还把人类历史描述成人与自然的统治史、对抗史，用统治原则将历史分成三个时期，要求人类不要以统治自然为目标，而应求得与自然的和解。这部书为批判的科技—社会伦理观和批判的自然伦理观奠定了基础。**第三次**批判理论指向的转折是 20 世纪 60 年代。1949 年，应联邦德国的邀请，霍克海默、阿多尔诺等思想家回国。恢复了社会研究所同法兰克福大学的联系，而马尔库塞等人仍然留在美国。这一时期的批判理论指向上多层次、多方面同时展开，并取得了科学伦理思想研究的丰硕成果，形成了系统的批判的理性伦理观、反实证主义的伦理观、批判的科技—社会伦理观、批判的自然伦理观等等。

再次，法兰克福学派科学伦理思想演进中的三大科学伦理理论的建构：一是批判的理性伦理观和反实证主义的伦理观的建构。这两种伦理观的建构有着共同的基础，即对“事实中立”的批判。“事实中立”既是工具理性的立论基础，又是实证主义的核心理念和话语。同时这两种伦理观的建构又相互关联。前者是后者伦理观的理论基础，后者是前者伦理观的方法论的展开。然而，在这两种伦理观的建构中，又有各自的侧重点。就批判的理性伦理观的建构而言，一方面揭示了工具理性的形成、伦理特征及危害；另一方面阐释了批判理性及其伦理功能。再就反实证主义的伦理观的建构而言，首先是对事实中立进行批驳，又从方法论上对单向度、同一性思维方式进行了批判，进而在对实证主义拒斥形而上学进行批判的同时，为形而上学辩护。通过反实证主义伦理观的理论的建构使批判的理性伦理观更趋完善。这样，也为后两种伦理观的建构奠定了理论基础。二是批判的科技—社会伦理观的建构。主要包括两个方面的内容：其一对作为政治统治的科学技术的批判；其二对作为意识形态的科学技术的批判。前者着重分析批判了在发达的工业社会即发达的资本主义社会科学技术与政治统治的关系；在此基础上，分析了这一社会的新人伦关系：统治已变形为行政管理；进而批判了科学技术与技术理性的关系：使统治具有合理性。后者着重侧重对前者作某种修正；试图以新的伦理规范揭示产生科学技术负效应的原因；进而从现代科学技术的意识形态作用提出了其对马克思主义的影响。三是批判的自然伦理观的建构。其一对自然社会伦理本质的揭示；其二批判了控制自然的传统的自然伦理观并揭示了控制自然的内在悖论，分析了超越传统自然伦理观的必然性与可能性。前者探索了马克思唯物主义的非本体论内涵，进而揭示了自然的社会中介和社会的自然中介的相互关系中的伦理意蕴；后者考察了控制自然观念的内在悖论的历史演进，对科学与控制自然的关系进行了伦理透析，在此基础上提出，超越控制自然的悖论须实行控制自然的伦理转换。

二　科学伦理思想的特质

从上述关于法兰克福学派科学伦理思想源流——演进的理论逻辑的考察，对其科学伦理思想的特质可以归纳为以下几个方面：

首先，法兰克福学派科学伦理思想具有一定的批判性。马丁·杰伊在探讨法兰克福学派最初的岁月时指出，批判理论具有强烈的伦理色彩，在他看来，这种伦理色彩是与其关系亲密的犹太家庭可能信奉的价值观有关。① 在笔者看来，这种伦理色彩内蕴着青年马克思《1844 年经济学—哲学手稿》中关于本真人的应然伦理悬设，又是康德问题式："我能够认识什么?""我应当想什么?""我能够期望什么?""人是什么?"追问的延续；同时也是法兰克福学派思想家对现实社会中科学发展引发的双重效应的关注。法兰克福学派思想家无论从其科学伦理思想的最初生成，还是其后来的演进都深深地打上了批判的印记，正是对工具理性的批判才生成了其批判的理性伦理观；正是对科学技术社会功能的负效应的批判才形成了批判的科技—社会伦理观……他们的科学伦理思想始终立足于科学与人、科学与社会、科学与社会意识形态的关系之中，对当代科学技术的资本主义应用及当代资本主义制度，进行了多角度、多学科、多层面的批判，不仅加深了人们对科学应用的负效应、工具理性、实证主义的危害性有所认识，而且也深化了人们对资本主义社会消极面的认识，对反对垄断资本统治的斗争起了催化的作用。因而，批判性是法兰克福学派科学伦理思想的本质特征之一。

---

① ［美］马丁·杰伊：《法兰克福学派史》，单世联译，广东人民出版社 1996 年版，第 44 页。

其次，法兰克福学派科学伦理思想在理论上具有一定的综合性与调和性。法兰克福学派的社会批判理论是以社会、自然和历史关系的综合理论见长，其科学伦理思想也具有这一特性，正如马尔库塞所说："用交叉学科的方法探讨了当时重大的社会问题和政治问题：打破了学术间的分工，将社会学、心理学、哲学运用于认识和提出当时的各种问题。"[①] 因而其科学伦理思想显现出理论渊源的多元性：一是他们通过研究马克思的著作、特别是马克思的早期著作，接受了马克思否定资本主义的理论、关于人道主义、异化劳动、人是实践的存在物、人的劳动本质等思想。二是20世纪20年代的青年卢卡奇、科尔施所创建的"批判的马克思主义"、"人道主义的马克思主义"成为法兰克福学派科学伦理思想的直接理论基础。卢卡奇关于人的历史地位和反对主客体角色颠倒的思想，关于阶级意识在革命过程中的决定作用的主体理论；关于对社会应进行经济、政治、文化、心理等全面改造的总体性理论；关于历史的主体与客体相互作用的辩证法理论；关于批判资本主义的异化、物化理论；关于工具理性与实证主义及科学主义的批判；以及科尔施关于马克思主义哲学是一种批判的哲学的观点等[②]，是法兰克福学派建构其社会批判理论及其科学伦理思想的基本要素。不仅如此，这一学派的理论家转向马克思早期著作的研究在一定程度上受到了卢卡奇著作的启示与导引。他们理解的马克思的有关理论，往往是经卢卡奇滤过的。三是黑格尔的哲学是法兰克福学派深层的思想渊源。由于卢卡奇、科尔施曾被人们称为"黑格尔主义的马克思主义"，尽管这一概括并不一定确切，但至少说明了他们的思想与黑格尔哲学的内在关联性。这在一定程度上影响了法兰克福学派的思

---

① 马吉：《与赫伯特·马尔库塞的一次谈话》，载《国外社会科学动态》1983年第11期，第16页。

② 欧力同、张伟：《法兰克福学派研究》，重庆出版社1990年版，第15页。

想家。尽管法兰克福学派的思想家拒绝了黑格尔的绝对精神本体论，但接受并坚持黑格尔的理性观，他们把黑格尔的哲学解释为否定的哲学，将其辩证法归结为以绝对否定为核心，进而生成了“否定的辩证法”；其社会批判理论和科学伦理思想都显现出浓厚的理性主义色彩。[①] 四是人本主义的倾向。作为法兰克福学派社会批判理论创始人的霍克海默通过早期对康德哲学的研究，已开始对个体性十分关注，后来又汲取了狄尔泰、本格森、叔本华和尼采哲学中的人本主义倾向，更加关注人的存在、命运与处境，追求个人的自主性、创造性和人的解放这一主题。霍克海默认为，哲学的主要任务之一就是要把人从社会奴役中解放出来，进而对科学社会应用的负效应进行了激烈地批判；马尔库塞则师承海德格尔对科学技术的政治统治和资本主义制度下单向度的人的社会现象进行了猛烈地抨击。因此，人本主义是法兰克福学派社会批判理论及其科学伦理思想的基石。这样就决定了法兰克福学派总是在理性主义与人本主义的对立中持调和、折中的态度。

再次，在科学与社会发展的科学伦理观方面具有浪漫主义和悲观主义的基调。一方面这是与法兰克福学派社会批判理论产生的思想文化背景相关。法兰克福学派深受欧洲文学和思想史中，卢梭、歌德、席勒、狄尔泰和海德格尔等人所代表的文艺的、哲学的浪漫主义思潮的影响。因为这些思想家对科学技术文明的发展怀着伤感的情绪，具有一种批判的态度，他们向往大自然和中世纪田园牧歌式的宁静生活，主张回归到自然的怀抱，返璞归真。法兰克福学派不仅继承了这一浪漫主义传统，而且对此有了进一步的发展。另一方面，法兰克福学派的思想家的确在发达的工业社会即发达的资本主义社会看到，科学的进步不仅戕害自然、破坏生态平衡并日益遭到自然的“报复”，进而威胁人类的生存，而且还使资本主义对人

① 欧力同、张伟：《法兰克福学派研究》，重庆出版社 1990 年版，第 16 页。

的统治进一步增强，使人及其身心都日益陷入物化的困境而无力自拔。为了激发人们对超越这种状态的意识，他们诉诸卢卡奇的物化理论和韦伯的合理化理论，批判科学技术对人与自然的戕害。因而，对科学的发展和人类的未来极无信心。因此，霍克海默在其晚年转向了“祈求上苍”或“渴求彼岸世界”的宗教立场；阿多尔诺则哀叹道：“除了绝望能拯救我们以外，就毫无希望”；[①] 马尔库塞在《单向度的人》一书中也有类似的话语，“社会批判理论并不拥有能弥合现在与未来之间裂缝的概念，不作任何许诺，不显示任何成功，它只是否定”。[②] 进而表明了他们的批判科学伦理观的悲观和浪漫的基调。

三 哲学倾向与理论局限

就西方马克思主义哲学而言，其在哲学倾向上具有以下特征：一是从以往较多地注重社会经济和客观现实的制约不断转向强调主体特别是个体的能动性和主观性；二是从注意研究社会历史发展的规律性和必然性趋向逐步走向探讨社会现象的各种局部和偶然因素；三是从理性主义转向非理性主义；四是从一种完整的科学世界观转向专门研究社会历史现象或视界十分褊狭的局部现象和特性的理论；五是从关心社会经济基础转向上层建筑特别是文化现象，又以哲学、美学为最；六是从所谓的历史观的宏观研究转向微观研究，要求寻找经济基础到上层建筑、生产力到生产关系的中介物，更加关心与个人生存相关的日常生活和心理活动等等；七是西方马克思主义哲学和理论落点不再是寻求推翻资本主义制度的根据，而更多的是发泄对这种制度某一方面的不满和失望，最终使马克思主义的现实主义原则蜕变成一种空洞的理想化的乌托邦主义和美学救

① 欧力同、张伟：《法兰克福学派研究》，重庆出版社1990年版，第18页。

② ［美］马尔库塞：《单向度的人》，张峰等译，重庆出版社1988年版，第216页。

赎论。[①]

这些哲学倾向既是西方马克思主义哲学的理论特征，又是其理论局限。由于西方马克思主义哲学是法兰克福学派科学伦理思想生成的母体，其理论上的这些局限性均投射到法兰克福学派科学伦理思想之中。这主要表现在以下几个方面：

首先，法兰克福学派批判的伦理观的理论前提是基于一种批判理性与人本主义结合的伦理悬设，而不是依据客观历史的自身发展。因而在法兰克福学派的生涯中只注重伦理的批判或理性的批判。如霍克海默在批判工具理性时，对主观理性（工具理性）和客观理性（批判理性）进行了划分，试图以客观理性（批判理性）取代主观理性（工具理性）。在马克思科学伦理观看来，由于科学技术的发展而相应产生的科学与社会、科学与自然、科学与人的关系，不管它们异化与否，都是一种客观存在的社会对象性。这种社会对象性的存在，尽管在形式上不同于自然物，也不同于对自然物的改造而获得的劳动生产物，它们仅仅作为关系而存在。然而，这种关系同样是不依赖于人的意志而存在的客观实在。它们只合乎规律地从历史中产生，并合乎规律地在历史中发展和改变。作为一种客观实在，人们不可能仅仅通过改变自己的观念来取消其存在。[②] 因此，若没有物质生产和科学的进一步发展，不仅它们本身的存在不会从历史中消失，即使反映这种存在的观念和意识如工具理性与实证主义等也决不会从人们的头脑中退出。因而，法兰克福学派所进行的观念的批判只能对这种科学的异化现象起到一种催化剂的作用，“单凭主体意识的觉醒而没有物质生产过程内部的对抗和冲突，是不能改变这些关系的现实

① 张一兵、胡大平：《西方马克思主义哲学的历史逻辑》，南京大学出版社 2003 年版，第 15—16 页。

② 孙伯鍨：《卢卡奇与马克思》，南京大学出版社 1999 年版，第 12 页。

存在的”。[①] 消除科学应用的负效应要通过进一步发展科学和其他一系列的历史变革活动。不能将其理解为可以脱离历史进程、脱离现实的主客观条件的伦理的理性批判就可以实现的。

其次，在批判的过程中，法兰克福学派的理论家承继了卢卡奇注重价值判断的传统。卢卡奇在分析和批判物化现象时，采取了人本主义历史观，没有区分事实与价值这两个方面，在他那里，只有价值分析，没有事实分析；只有价值判断和评价，没有科学的探讨和研究。在他看来，物化就是异化，没有进一步研究物化和对象化对于人在社会生活中的思想和行为，以及对于无产阶级和人类解放运动所具有的不可扬弃的制约作用。法兰克福学派的理论家也将对科学技术的伦理批判代替对资本主义的批判，认为在科学技术高度发达并在各个领域发挥着重要作用的发达的工业社会中，科学技术具有政治的意向，构成了人对人的统治方式的基础，并创造了一个极权化的社会。这本来是科学技术的资本主义应用的事实及后果，却变成了科学技术自身之罪过。科学技术成了奴役人的万恶之源。进而，导致对科学的大拒绝。与马克思“科学是一种在历史上起推动作用的、革命的力量”[②] 的科学伦理观完全背道而驰。

因为法兰克福学派的理论家如同卢卡奇一样，脱离了科学批判的立场，单纯进行价值批判，在他们进行社会批判时，不研究社会规律的客观性，而只是从异己性的角度展开伦理批判。他们强调科学技术作为工具，“并非是政治上清白的”，批判工具理性和事实中立论，其目的是要说明这种现象是既定的、永恒的，而不是可以消除和扬弃的。但是其并没有充分意识到，扬弃和消除资本主义条件下科学技术应用的负效应的最终根据并不是在于是

---

① 孙伯鍨：《卢卡奇与马克思》，南京大学出版社 1999 年版，第 12 页。

② 《马克思恩格斯全集》第 19 卷，人民出版社 1963 年版，第 375 页。

否确立了批判理性的权威，而是制约和决定这种现象的存在与发展的更高的历史规律。对于这种历史规律，他们没有深入加以探索。这正是他们批判的伦理观的不足之处，也是与马克思科学伦理观的相异之处。不仅如此，由于法兰克福学派采取了人本主义历史观，把物质第一性、精神第二性的唯物主义基本原则当作形而上学加以拒斥，因而，没有正确解决理论与实际、主体与客体的辩证关系。

再次，批判结果的悲观性。这是因为法兰克福学派的理论家不了解，尽管发展科学技术的目的是人，科学技术的发展与应用是以人的生产为目的的。但是随着生产的发展，人类必然要进入这样一个阶段，在这个阶段中，目的与手段颠倒了，物的生产即一般财富的生产成了目的，而人的生产如专业技术教育和人才培养都从属于这个目的。如在资本主义社会，生产的目的和科学技术发展与应用的目的就是交换价值即为了赚钱和一般财富的增加；而人首先是被当作劳动力进行再生产的，目的是使之成为能适应科技发展水平的工人或科技人才，人本身的发展不是目的。“但这种颠倒在历史发展的一定阶段是必然要发生的，体现了人类历史的辩证法。只有超越这个历史发展阶段，才能重新把人本身的生产确立为目的。”[①] 这体现了马克思的一个基本思想，即人的自由和全面发展，或把人自身全面性地再生产当作全部生产活动的目的，不是在想象中实现的，必须以为此而创造条件的先行历史过程为前提。马克思指出，人的创造天赋的发挥“除了先前的历史发展之外没有任何其他前提，而先前的历史发展使这种全面的发展，即不以旧有的尺度来衡量的人类全部力量的全面发展成为目的本身”。[②] 这里所说的条件，包括两个方面：一是高度发达的科学技术和物质基础；二是广阔的

---

① 孙伯鍨：《卢卡奇与马克思》，南京大学出版社 1999 年版，第 24 页。

② 《马克思恩格斯全集》第 46 卷（上），人民出版社 1979 年版，第 486 页。

社会关系和联系，即一种能满足人们全面发展的必要条件。这正如孙伯鍨先生所指出的那样："这两方面的条件首先都必须由人们创造出来，然后才能加以占有，才能以它们为凭借和手段来发展自身。所以整个人类历史只有经历了两大发展阶段（以人的依赖关系为特征的社会和以物的依赖关系为特征的社会）之后，才能最后进入自由全面发展的新时代"。① 由于法兰克福学派不了解历史发展的规律，把发达工业社会的科学技术应用的负效应以及其他非人现象，看作是科学技术本身的特性而难以超越，进而陷入悲观主义或浪漫主义。殊不知，到目前为止，把人自身当作目的来实现人类的自由发展，还没有成为直接现实的任务。因而，在迄今为止的漫长的历史时期内，人们必然把自己降低为手段而把手段提升为目的。物的生产和科学的发展与应用被当作目的，人的生产和发展则成为从属的手段。这是社会发展的必经阶段，不能跳跃过去。不了解这一点，就不可能揭示超越或扬弃科学技术发展及其应用的异化现象的正确途径。

总之，法兰克福学派的思想家以发达工业社会（当代发达的资本主义社会）为背景，从社会批判的理论视角从科学发展对社会的统治方式、人们思维方式与生活方式，以及对自然的负效应进行了全方位的反思与批判。尽管法兰克福学派科学伦理思想虽然存在着上述的局限，"我们不应当以外在的标准来衡量，必须把它放到其自身的生长环境和特定的理论语境中去"。② 同时也应看到，无论在科学发展史还是伦理学发展史上其科学伦理思想及其问题式都有独特的伦理价值。

① 孙伯鍨：《卢卡奇与马克思》，南京大学出版社 1999 年版，第 25 页。

② 张一兵、胡大平：《西方马克思主义哲学的历史逻辑》，南京大学出版社 2003 年版，第 14 页。

第二节　批判理论科学伦理思想的当代伦理价值

所谓伦理价值是对社会生活中实存的伦理价值关系的抽象反映。而伦理价值关系是社会生活中伦理关系的价值抽象，或曰从价值的角度对伦理关系进行概括。从现代伦理学来看，伦理关系包括四个方面：人与社会的关系、人与人（他人）的关系、人与自我的关系和人与自然的关系。伦理关系之所以是一种价值关系是由于它内蕴着主体与客体相互作用的过程，这一过程亦是主体对社会进步、人际关系和谐、人与自然关系协调以及自我完善的追求过程。对于主体来说，在社会活动中，总要处理个人与他人、个人与社会、个人与自身以及人与自然等种种关系，在处理这些关系的过程中，主体的社会理想及行为目的便逐渐显现，进而对推进人—社会—自然这一超大系统运行的价值亦显现出来。上述伦理关系作为一种价值关系的抽象，其核心就是怎样推进人—社会—自然这一超大系统的协调发展，以及如何促进人的全面发展和完善，它集中体现了主体对自己在人—社会—自然系统中的地位和应担负的道德使命、道德义务、道德责任的自觉，因而，伦理价值本质上是对人的主体性及其文化心理结构进化状况的揭示。[①] 本书中所涉及的伦理价值不仅有上述的内容，而且在伦理关系方面还包括科学与人、科学与社会、科学与自然等方面的关系，有关伦理价值的分析主要涉及与科学相关的伦理关系。法兰克福学派科学伦理思想的伦理价值主要体现在以下两个方面。

① 参见拙文《当代科学精神、人文精神与商品的伦理价值》，载《伦理研究》，江苏古籍出版社 1999 年版，第 108—109 页。

一　对于协调人与自然的伦理关系的伦理价值

在人与自然的伦理关系方面，施密特确认了自然的社会—历史性。这是对当代人与自然关系发生的质的变化的理论概括。就当代的自然而言，已不是古代农业社会的、人与之和谐相处的、相对稳定而少有变化的、自身具有一定独立性（外在于人）的自然，而是成为人对其进行改造、甚至征服和控制的对象。人借助与科学技术的威力向自然释放出巨大的潜能，不仅向人能直接涉足的自然大动干戈：移山填海、大兴土木、开采矿山、油田，摄取人类所需的能源，而且还向不能直接涉足的自然，进行间接的干涉，进而使**自然人化**，与此同时，人们通过利用自然资源制作物品，为自己构筑起一个生存环境。特别在工业发达的西方社会，人们的生活环境几乎全都依赖这种人造物品，人们已创造了一个前所未有的人造物世界，这就是所谓的**人化自然**。这时，人所面对的自然，已经打上了人的、社会的、时代的印记的自然。自然的变化不再是与人无涉，而是休戚相关。自然的社会属性日益显现，这标志着自然的质变，由此，必然导致人与自然关系的质变，即人与自然的关系从原来的非伦理关系转变为伦理关系。这一伦理关系之所以被人们所意识，并非是在一种诗意的存在或一种浪漫的情怀中感悟的，而是人们面对的一系列严酷的事实：一是生态危机，其中又以生态破坏和环境污染造成的环境退化为表征，这是威胁人类的现在和未来的最严重的问题。从环境退化的性质来看，它不是一个单项的问题，而是众多的问题交织在一起。如，空气和水污染、表土流失、土地破坏、森林锐减、沙漠扩大、物种灭绝的过程加速等，从而致使人类赖以生存的四大生命系统森林、草原、渔场和农田面临危机形势，而这些问题又同人类的社会生活、经济生活和科学发展紧密相关。此外，生态问题的发生具有普遍性，从天空到地下、从海洋到大陆都发生了环境退化现象并且还有进一步恶化的趋势。二是能源危机、粮食短缺。这是同地球上人口猛增相联系的。由于科学的发展与医疗卫生水平的提高，地球上人均寿命延长、婴儿死亡率大大降低，但却未对人口的增长加以适当地控制，从而使人口急剧膨胀。人口猛增使得世界耕地面积与世界人口比率降低了，现在，世界人口的猛增，使耕地面积与人口的比率继续下降，粮食问题将始终困扰着人类，自然资源也将有枯竭之虞。这样，人的发展、社会发展与生存根基发生了空前尖锐的矛盾，经过痛苦的反思人们才认可了人与自然这一伦理关系。如果说施密特在人与自然伦理关系的研究上的主要贡献是对马克思自然概念的透射出一种学理性的思考与探索，那么，莱斯的贡献则在于对"控制自然"内在的悖论历史生成及其超越的富有集成性和现实性的探察与研究。

施密特在《马克思的自然概念》一书中阐明并确认了马克思自然概念的社会—历史性质，进而揭示了人与自然伦理关系的理论前提。他指出："马克思认为自然是'一切劳动资料和劳动对象的第一源泉'，就是说，他把自然看成从最初就是和人的活动相关联的。他有关自然的其他一切言论，都是思辨的、认识论的或自然科学的，都已是以人对自然进行工艺学的、经济的占有之方式总体为前提的，即以社会的实践为前提的。"① 这样，马克思不仅把感性直观，而且还把整个人类实践导入作为认识过程的一个构成环节；进而把自然消融于主客体的辩证法，将自然看作实践的要素，又看作存在万物的主体，从而克服了黑格尔唯心主义自然观的抽象性和费尔巴哈自然观的直观性，形成了非本体论的唯物主义自然观。施密特关于马克思自然概念的阐释对于确认人与自然伦理关系的实存性具有奠基的意义。因为在实证主义者和科学主义者看来，自然是与人无涉的，进而以自然为研究对象的科学也是中立的。因而，对人

① ［德］施密特：《马克思的自然概念》，欧力同等译，商务印书馆 1988 年版，第 2—3 页。

与自然的关系无法进行善恶的研究与探讨。尽管人与自然的矛盾日趋尖锐，解决这一矛盾必须诉诸道德（生态道德），但这只是一种关于经验事实的举措，其学理性依据不足。施密特关于马克思自然概念的阐释则从本体论上动摇了实证主义和科学主义的根基，也动摇了“科学中立”、“事实中立”的本体论基础。进而为科学与社会、科学与人、科学与自然等关系的伦理探讨奠定了学理基础。

更值得指出的是，施密特在阐释马克思自然概念的过程中，进一步发挥了他的“自然的社会中介和社会的自然中介”的理论（即“相互中介论”），进而揭示了人与自然关系互动的伦理机制。他认为，马克思的中介理论是在批判费尔巴哈、康德和黑格尔等人的自然观并通过研究经济学而生成的。马克思在对费尔巴哈自然观的批判中，把整个人类实践导入认识过程，将人和自然看作实践的要素，因为“所有对自然的支配总是以有关自然的各种联系和过程的知识为前提的，而反过来，这些知识又是从变革世界的实践中才得以产生的”。[①] 虽然马克思和费尔巴哈一样都讲“外部自然的优先地位”，但他批判地保留了“这种优先地位只能存在于中介之中”。[②] 马克思不是从本体论、无中介的纯客观意义上来理解自然，而是将自然看作人的实践要素，并在工业中，以社会、历史为中介的人与自然关系相统一。施密特又认为，马克思的中介理论是马克思对康德、黑格尔唯心主义的批判性汲取。马克思并不像费尔巴哈那样抽象地责难黑格尔的唯心主义，而是看到了“真理是在不真实的形式中表现出来的”[③]，即在黑格尔唯心主义的神秘形式下，包含着“世界以主体为中介”的合理性因素。马克思把自然和一切关

① ［德］施密特：《马克思的自然概念》，欧力同等译，商务印书馆1988年版，第96页。

② 同上书，第14页。

③ 同上书，第16页。

于自然的意识都同社会生活过程联系起来，这样，既坚持了唯物主义，又克服了费尔巴哈一元论的抽象性的自然观。在马克思看来，“一切社会关系以自然为中介，反之亦然。这些关系总是人与人之间和人与自然之间的关系”。[①] 而在《资本论》的草稿中，马克思则“更多地使用哲学范畴，使得自然存在的独立于人和依存于人的关系这个难题得以展开”。[②] 在探讨马克思的自然中介的思想时，一是施密特十分重视马克思关于人与自然之间的物质变换的思想，他认为，“马克思使用物质变换概念就给人和自然的关系引进了全新的理解”。[③] 物质变换概念是“马克思对自然整体内部与社会相互渗透关系的确切的最好表达”。[④] 二是施密特指出，如同一切自然被社会所中介一样，社会作为整个现实的构成要素，也被自然所中介。马克思把“一切自然存在”都视为经人的劳动加工过的、滤过的即是社会劳动的产物，强调以实践为中介的人和自然关系的高度统一。自然是社会范畴，同样，社会也是自然范畴，自然和人、自然和历史是密切相关的，因此，马克思的自然概念具有“社会—历史性质”。

再次，施密特在揭示了人与自然关系互动的伦理机制中，发挥了马克思关于自然史和社会史统一的思想。他说，马克思把“社会经济形态发展”当作一种自然历史过程，这是“从严格的必然性来看待历史过程的，是与先验构成和心理解释无涉的”。[⑤] 诚然，马克思承认社会规律的特殊性，他和恩格斯一样认为自然史和社会史的区别在于，后者是人创造的，而前者则不然，但“在马克思看

---

① ［德］施密特：《马克思的自然概念》，欧力同等译，商务印书馆 1988 年版，第 66 页。

② 同上书，第 69 页。

③ 同上书，第 78 页。

④ 同上书，第 79 页。

⑤ 同上书，第 36 页。

来，自然史和人类史则是在差别中构成统一的，他既没有把人类史溶解在纯粹的自然史之中，也没有把自然史溶解在人类史之中”。[①]在这里，我们既要看到社会史是“自然史的一个现实部分”，同时又不能忽视自然史过程和社会史过程之间的种种差异。“总之，只有在有意识的主体创造的人类历史为前提的时候，才能谈论历史，自然史是人类史溯望的延长。”[②]经过施密特的上述细致而缜密的论证，人与自然的关系不再外在于伦理视阈，而是包容于其中，成为当代伦理学研究的不可或缺的一种重要的伦理关系：人对于自然的行为不仅要进行道德评价，能够进行道德评价，而且必须进行道德评价！能否处理好这一伦理关系，不仅关乎自然的可持续发展，而且关乎人和社会的可持续发展。

莱斯关于“控制自然”的探索，直接关乎能否处理好人与自然的伦理关系。因而，这一问题的探讨不仅具有学理上的伦理价值，而且更具现实的伦理价值。

莱斯在《自然的控制》一书中指出，控制自然这一观念是自相矛盾的，它既是其进步也是其退步的根源，研究它的历史起源和演变，可以揭示这一概念的内在矛盾。在由“征服”自然的观念“培养起来的虚妄的希望中，隐藏着现时代最致命的历史动力之一：控制自然和控制人之间的不可分割的联系。人类控制自然观念的主要功用之一（即它作为一种重要的社会意识形态的作用），是阻碍对人际关系中新发展的控制形式的觉悟。这一观念的酝酿期正好与一种新的社会理论的兴起相一致，这一新的社会理论强调个人根本平等，是为掩盖在资本主义经济中形成的新的控制形式服务的”。[③]

---

① ［德］施密特：《马克思的自然概念》，欧力同等译，商务印书馆1988年版，第38页。

② 同上书，第39页。

③ ［加］威廉·莱斯：《自然的控制》，重庆出版社1993年版，第6—7页。

就现实而言，人类利用自然力的性质的转变已经带来了两个相互联系的灾难性后果：一是广泛威胁着一切有机生命的供养基础和生物圈的生态平衡；二是不断扩大的人类对于一个统一的全球环境的激烈斗争。上述每一灾难都会造成这个星球现在形成的一切生物生命的毁灭或剧烈的变化。然而，在探索产生这些危险和避免这些危险的途径中，理解控制自然观念的后果是十分必要的。

莱斯在考察了“控制自然”观念内在悖论的历史生成后，援引了马克思在《资本论》第3卷的最后一节的论述：“社会化的人，相互联合的产生者合理地安排他们与自然之间的物质交换，使它处于他们的共同控制之下，而不允许它的盲目的力量来左右他们。”恩格斯认为，在社会主义条件下，人们将第一次成为自然真正的主人，因而成了自己社会化过程的主人。莱斯认为，马克思和恩格斯不仅提出了这一社会研究的结论，同时他们还对19世纪或更早时期的社会思想中的控制自然观点的复杂问题提出了最为深刻的见解。马克思认为，控制自然是劳动过程进化的一个要素。在发展的高级阶段，这种控制表现为科学和工业的富有成效的结合。因而，控制自然不是个别社会变化的重要因素，因为在马克思看来，一是无产阶级的一般社会意识会与在工业生产中他们的劳动经验所造成的对自然的控制同时发展起来；二是技术也不是资本主义社会后来产生的虚伪意识——一种持久地掩盖不公正和阶级冲突的重要方法——的根源。①

由于控制自然正越来越统一地被解释为人在世界中能力的增长，因而，只有通过科学和工业之间的生产性相互作用才能清楚地表现这种过程。为此，莱斯分别考察了科学、技术与控制自然的关系。就科学与控制自然的关系而言，科学的发展，控制自然的发展和人类能力的发展被看作是一回事。基于科学的抽象普遍的特点，

① ［加］威廉·莱斯：《自然的控制》，重庆出版社1993年版，第76页。

使科学和人类实践中形成的特殊目标不具有直接的关系；科学只能通过它的技术应用使得某一新的实用领域成为可能。这意味着这种科学不可能超越纯粹技术的层面，即它不能对人类实践生活中的一切作出判断、选择和评估，进而形成一个客观基础。

然而，这就导致了一个悖论：当这种现代科学方法论出现在社会科学中时，它就标榜自己为“价值中立”的研究，即研究者力图使它自身和他的评价与他所研究的材料相分离。但在阐明选择和决定在特殊环境中实际作用时，这些研究可以导致发展控制行为的技术。对于控制人和自然来说，人们发现自己为了完成愈益晦暗的目的而拥有愈益有效的手段。

为什么会产生这种悖论？因为控制自然的观念同时“既是一个展露的又是一个遮蔽的概念，它的欺骗力量来自一个事实，即它的意义看上去是如此自明；在现实中它所指的历史现象却没有稳定的核心；而它们的交叉代表着一种不稳定的力量的不断转变”。[①] 因此它一方面辨明了历史趋向中的某些重要的相互关系，另一方面，也遮蔽了它们之中的固有的变动因素。多数解释者关注这一概念两极中的某一极，因此，他们的分析总是让人误解。

就技术与控制自然的关系而言，技术起着一种远远不同于科学的任务，因为它与人的需求领域以及由这些需求所引起的社会冲突有着更直接的关系。一是，技术与实践活动的直接联系决定着那种通过技术发展而实现的对自然的控制：由于陷入社会冲突之网，技术构成了一种把控制自然和控制人联系起来的手段。二是，技术合理性在 20 世纪极端的社会冲突形式——大规模破坏武器，控制人的行为的技术中的应用预示着合理性本身的危机；这种危机的存在使一种理性批判成为必要，即试图揭示（从而帮助克服）理性与非理性主义和恐怖联合的趋向。这正如霍克海默所说：“人与人在战

① ［加］威廉·莱斯：《自然的控制》，重庆出版社 1993 年版，第 126 页。

争与和平中的斗争，是理解种的贪心以及随之而来的实践态度的关键，也是理解科学思想的范畴和方法（自然越来越显得处于它的最有效的开发地位）的关键。”① 为生存而进行的坚持不懈的斗争（它既表现为特殊社会内部的冲突也表现为全球规模的社会之间的冲突）是驱使控制自然（内部的和外部的）愈演愈烈。在这样的压力下，整个社会对于个人的权利稳步地增加，并通过日益增长的、从对自然的控制中所开发出的技术来实行。从外部来看，这意味着控制、改变和破坏自然环境的能力越来越大。从内部来看，这意味着用暴力的和非暴力的方法操纵意识，把他律的需要内在化，扩大社会对于人内心生活的控制。结果便是：追求控制自然进行得越主动，个人所得报偿就越被动；获得控制自然的能力越强大，个人力量与压倒一切的社会现实相比就更弱小。

如何才能超越控制自然的悖论呢？莱斯指出，把科学和技术从受非理性动力的支配下解放出来，是一项与社会制度的改造交织在一起的任务。通过反思可以引起个人和团体对他们的行动意义的范畴发生变化。停止把科学和技术作为控制自然的主导力量，这不仅对科学技术是必要的，而且对控制自然观念本身也是必要的。从道德进步的角度来看，它将更有力地表明我们所面临的最迫切的挑战，不是征服外部自然、月球和外层空间，而是发展能够负责任地使用现成的技术手段来提高生活能力，以及培养和保护这种能力的社会制度。②

莱斯认为，对自然伦理观念须进行由控制到解放的转化。超越控制自然的观念，不意味着简单地拒斥它，而是在更适合当前情况的范围内保存它的积极因素。“控制自然的观念必须以这样一种方式重新解释，即它的主旨在于伦理的或道德的发展，而不是科学和技

① ［加］威廉·莱斯：《自然的控制》，重庆出版社 1993 年版，第 136 页。

② 同上书，第 170 页。

术的革新。"[①] 这样，控制自然中的进步同时将是解放自然中的进步。因此，从控制到解放的转化关涉到对人性的逐步自我理解和自我训导。在莱斯看来，"解放"作为合理的观念只能应用于意识活动，应用于作为自然的一个方面的人类意识，而不是作用于全体的"自然"。控制自然的任务应当理解为把人的欲望的非理性和破坏性的方面置于控制之下。这种解放将是自然的解放即人性的解放：人类在和平中自由地享受它的丰富智慧的成果。与此同时，伦理的进步和科学技术的进步不是完全对立的。每一方的价值在某种程度上依赖于另一方的成就。科学的合理发展，是伦理进步的一个重要前提，它将防止人的一种倾向，即把不合理的结构投射到外部的自然，并受那些投射物的压制。在莱斯看来，关于这一点，培根和启蒙思想家是有功绩的，但他们没有看到另一个命题：伦理进步作为影响一切个人的普遍现象，是科学和技术革新的一个基本前提，没有前者，后者就会自我毁灭。[②] 因而，现在我们有必要恢复两者之间的必要平衡。

尽管莱斯提出超越控制自然的内在悖论的途径具有一定的人本主义倾向，在实际操作中较难实现，理论分析与批判具有很深的法兰克福学派的社会批判理论的印记，但他对控制自然的内在悖论以及对科学、技术与控制自然关系的分析与阐释是较为深刻的，不仅有助于人们理解控制自然观念的后果，而且能激发人们产生超越控制自然观念的紧迫感、道德责任感和使命感。进而发展能够负责任地使用现成的技术手段协调人与自然的伦理关系，以及建构与之相应的道德规范和社会的制度机制。

二 对于反思科学与社会伦理关系的伦理价值

反思或批判在发达工业社会中科学与社会伦理关系是法兰克福

① ［加］威廉·莱斯：《自然的控制》，重庆出版社 1993 年版，第 168 页。

② 同上书，第 169 页。

学派的思想家所从事的重要的理论研究活动之一。在研究活动中，一方面他们承继了卢卡奇批判的科学伦理观，另一方面经过40多年的探索，形成了从对工具理性、实证主义、科学主义、单向度思维、启蒙运动、科学与政治统治、科学与意识形态等科学与社会伦理关系的一系列的批判与反思的独具特色的、具有一定震撼力的理论成果。这些理论成果不仅在当时产生了较大的社会反响，而且它们唤起了人们尤其是科学活动主体对发展科学的道德责任感与良心，对抑制科学运用的负效应，促进科学向着造福人类的方向发展。因而，在推进人—社会—自然的协调发展的过程中发挥着积极的作用。不仅如此，他们的研究活动和理论成果还表明，即使在以物的依赖关系为特征的社会即在资本主义社会，生产的目的和科学技术发展与应用的目的就是交换价值即为了赚钱和一般财富的增加；而人首先是被当作劳动力进行再生产的，目的是使之成为能适应科技发展水平的工人或科技人才，在人本身的发展不是目的的社会中，人也不是无所作为、无能为力的，而是可以通过自身的努力与抗争，争取人自身生存的空间，进而探寻超越这种以物的依赖关系为特征的社会的途径。这体现了人作为主体的能动性、批判性和建构性。因为超越以物的依赖关系为特征的社会，不能靠等待，也不能凭幻想，只有通过人们积极进取的、艰苦卓绝的、富有创新精神的实践和对形形色色的错误观念进行不懈的批判，才能实现。法兰克福学派的思想家在其主要的论著中，关于科学与社会伦理关系的批判指向，主要包括两个方面：一是关于科学与社会伦理关系的学理性批判；二是关于科学与社会伦理关系的现实性批判。

首先，就法兰克福学派思想家关于科学与社会伦理关系的学理性批判而言，主要包括对工具理性、实证主义、科学主义和单向度思维方式的批判。进而从理论根基和方法论上动摇了实证主义在科学与社会伦理关系方面的论点，为展开关于科学与社会伦理关系的现实性批判奠定了学理基础。

一是在对工具理性的批判中，法兰克福学派的思想家指出，由技术和理性结合而成的工具理性或技术理性是理性观念演变的最新形态。在当代，工具理性已渗透到社会的总体结构和社会生活的各个方面，它造就了单向度的社会、单向度的生活方式、单向度的思维方式和单向度的思想文化，成为资本主义社会对人进行全面的统治、控制和奴役的基础。因此，他们致力于对工具理性的批判，分析工具理性的形成，揭示其伦理特征与危害：其一，工具理性把世界理解为工具，即把其构成要素看作器具或手段，借助于它们以达到行为者自己的目的。霍克海默和阿多尔诺在合著《启蒙辩证法》中，剖析了技术理性给社会思想文化造成的危害。揭露在文化堕落的过程中，由于工具的或技术的理性统治，每一件事物都服从于使资本力量永恒化，艺术成了雇主的奴隶，其创造性被扼杀了，艺术的成果和享受都是预先计划好的，以便能经得起市场的竞争。这样，艺术的功能就走向它原来的反面，即丧失了原来批判的功能，成为摧毁个性的帮凶。其二，工具理性关心的是实用目的，有用的便是真理，一切以物或人的用途为转移，因而，具有强烈的功利主义倾向。

二是在批判实证主义时，传承了卢卡奇对实证主义批判的理论运思，如霍克海默认为，实证主义从经验主义原则出发，坚持事实中立性的观点。在实证主义看来，“存在着的不过是事实”①，“科学不外是安排或重新安排事实的体系”。② 这样，实证主义割裂了理论与实践、主体与客体、价值与事实的联系，否定了理论活动中主观的或价值的因素。对此，霍克海默提出三个基本论断对实证主义的事实中立观予以驳斥：其一经验事实为知识或理论所中介。他指出，

① ［德］马克斯·霍克海默：《批判理论》，李小兵等译，重庆出版社1989年版，第49页。

② 同上书，第140页。

经验、“给予的东西”都不是某种直接的、为一切人所共有的和独立于理论的东西，而是由这些句子存在于其中的整个知识结构作为中介传递过来的东西。[①] 甚至在进行认识的个人有意识地从理论上阐述被知觉的事实以前，这个事实就由人类的观念和概念共同规定好了。[②] 其二经验事实是人类社会实践或历史的产物。感官呈现给我们的事实通过两种方式成为社会的东西：通过被知觉对象的历史特性和通过知觉器官的历史特性，这两者不仅仅是自然的因素，而是由人类活动塑造的。这样，这些事实失去了纯粹事实的特征。[③] 其三人的感觉或知觉具有相对性。霍克海默指出，心理学的最新发展表明，感觉不是世界的基本建筑材料，甚至也不是心理生活的基本建筑材料，而仅仅是一个复杂的抽象过程的衍生物，就像主体与材料的关系一样，感性也是有条件的，可以改变的，即使同一时期，个体性主体也会有相矛盾的知觉，这些差异的解决必须借助于理论。

三是在批判科学主义时，法兰克福学派思想家认为，科学主义则是实证主义的观念原则与特征。实证主义之所以坚持科学主义原则，因为在他们看来，“实证主义成败与否，同唯科学论的原则息息相关：认识的意义是由科学成果决定的，因此可以用科学处理问题的方式，即方法论的分析，充分地加以说明”。[④] 这样，实证主义把科学教条化，所以，一方面，实证主义使研究不受认识论的自我反思影响；另一方面，它排除了其他知识的形式，特别是排除了形而上学。对此，法兰克福学派批判了实证主义拒斥形而上学，并为形而上学辩护。霍克海默指出，形而上学是一种可能的知识形式，它有自身独立的作用，必须将它与科学一起保存下来。因为，

① ［德］马克斯·霍克海默：《批判理论》，李小兵等译，重庆出版社 1989 年版，第 165 页。

② 同上书，第 192 页。

③ 同上书，第 192、200 页。

④ 同上书，第 67 页。

仅靠反映自然和社会的混乱的现实的科学，不满的群众和有思想的人就会处于危险和绝望的境地。不管是私人的思想观念，还是大众的思想观念，都离不开意识形态。因此，同时保存科学和形而上学的意识形态是十分必要的。[①] 霍克海默从伦理的视阈揭示了形而上学的作用：其一，形而上学赋予社会中的人以存在的意义；“只有通过个人的内心决定，通过形而上学的人格自由，现象世界才有价值”。[②] 其二，形而上学虽然是以歪曲的形式保持了问题与科学研究的结果一样，但为文化的发展提供了要素。此外，形而上学家们的大量著作中所包含的关于实在的洞见，要比具体科学著作中的论述深刻得多。[③] 在肯定形而上学作用的同时，霍克海默也指出了形而上学的消极一面：它只关心本真的实存，轻视经验证据，偏爱虚幻的世界。这种对科学的轻视，在个人生活中起着鸦片烟的作用，在社会中则起着欺骗作用。[④] 此外，法兰克福学派还批判了实证主义的单向度思维方式，提出了反同一性反体系的否定的辩证法。

这样，法兰克福学派就从理论根基和方法论上动摇了实证主义在科学与社会伦理关系方面的论点，为展开关于科学与社会伦理关系的现实性批判奠定了学理与方法论基础。

其次，就法兰克福学派思想家关于科学与社会伦理关系的现实性批判而言，他们不仅指出了科学技术在实际运用中产生的各种负效应，而且着重分析了科学技术在现代西方社会发生的功能异化。对我们重新审视科学发展及其社会伦理功能提供了一个新视角。这包括两个方面：对作为政治统治的科学技术批判和对作为意识形态的科学技术的批判。

---

① ［德］马克斯·霍克海默：《批判理论》，李小兵等译，重庆出版社 1989 年版，第 130 页。

② 同上书，第 133—134 页。

③ 同上书，第 179 页。

④ 同上书，第 134 页。

一是对作为政治统治的科学技术批判。早在20世纪40年代霍克海默与阿多尔诺合著的《启蒙辩证法》中，他们就提出：启蒙运动的目的总是在于使人们摆脱恐怖，确立其统治权，但是被完全启蒙了的世界却处在福兮祸之所伏的境况。在他们看来，“启蒙运动的纲领就是要消除这个着魔的世界：取缔神话，用知识代替幻想”。[①]实际上，启蒙运动却表现出以下的悖论：其一尽管启蒙旨在反对神化，破除迷信，可自己却走向了迷信、神话。从几千年的人类启蒙史来看，启蒙反对神话、迷信的过程，也是与之同流合污的过程。具体表现为：神话的基本原则是拟人化，即主体向自然渗透，而启蒙通常也采取这一原则；神话的主要特征是盲目，启蒙也越来越使人滋生盲目；神话要维护某一神圣不可侵犯的禁区，而“拜物教”则是启蒙陷入神话之中的最典型的表现。[②] 其二启蒙旨在正确地认识世界，而实际上却歪曲了世界；启蒙旨在增强人的能力，却导致了统治的合理化并且将约定俗成的模式当作自然的、合理的模式要求人们接受；启蒙旨在认识极权主义，但也像任何体系一样，它也是一种极权主义。这种极权主义既表现在对自然的态度上，又表现在对人的态度上。一方面通过启蒙人的权利在不断增长，但却以异化为代价，人基于异化并通过异化行使自己的权力。这样，“启蒙就像一个独裁者对待人民一样对待万物，一个独裁者熟悉人民，意指他能操纵人民；科学家们认识万物，则意指他们能驾驭万物，因此，科学家的潜力顺从他自己的目的”。[③] 另一方面，启蒙精神所产生的认识论，使我们在对自然有支配权的范围内认识自然，进而控制自然，奴役自然。马尔库塞对科学与社会伦理关系的现实性批

① 上海社会科学院哲学研究所外国哲学研究室编：《法兰克福学派论著选集》，商务印书馆1998年版，第117页。

② 同上书，第120—144页。

③ 同上书，第123页。

判则较霍克海默、阿多尔诺更进一步。他认为，科学技术的统治也就是科学技术的异化。在他看来，科技进步本应使人类生存环境改善，使社会结构趋于合理，使人获得自由，进而更好地发挥人的自主性和创造性，从“必然王国”进入“自由王国”。然而，实际情形正好相反，技术创造了一个富裕的当代工业社会，提高了人们的物质生活水平，但并未改变人的命运，使人获得自由，反而使人日益变成技术、物质资料的生产和消费的奴隶，人与社会的关系、人与人的关系、人与自身及其工作的关系相异化。对此，马尔库塞深刻地指出：“在一个压制性总体的统治下，自由可以成为一种强有力的统治工具。个人可以进行选择的范围，不是决定人类自由的程度，而是决定个人能选择什么和实际上选择什么的根本因素。”① 一切社会关系变成了单一的、片面的技术关系，个人自由的理性变成技术理性，社会协调并统一了人的生产、消费和娱乐，排除了一切对立或反抗的因素。这样，科学进步造就的是单向度的社会、单向度的人和单向度的思维方式。因此，科学技术所带来的发达工业社会是一个病态或畸形的社会。同时，发达工业社会是人全面受压抑的社会，技术和文明对人实行了全面的统治和管理。

二是对作为意识形态的科学技术的批判。霍克海默就曾指出：“不仅形而上学，而且还有它所批判的科学本身，皆为意识形态的东西；科学之所以是意识形态，是因为它保留着一种阻碍人们发现社会危机真正原因的形式，……所有掩盖以对立面为基础的社会真实本质的人的行为方式，皆为意识形态的东西。”② 马尔库塞和哈贝马斯对作为意识形态的科学技术作了进一步的批判，他们认为，现代科学和技术的结合日益紧密，逐渐成为社会的第一生产力，但由于

① ［美］马尔库塞：《单向度的人》，张峰等译，重庆出版社 1988 年版，第 8 页。

② ［德］哈贝马斯：《作为“意识形态”的技术与科学》（中译本序），学林出版社 1999 年版，第 3 页。

科学技术的管理与运用掌握在国家政权手中，使得科学由过去人对物的统治工具异化为人对人的统治工具，变成了一种新型的统治力量。马尔库塞还进一步对技术理性进行了批判，在批判中，他不仅揭示了当代科学技术异化的方法论基础，而且也阐述了他科技社会伦理观的理论立足点。他认为，技术理性是当代理性观念的最新形态，在当代技术理性已渗透到社会的总体结构和社会生活的各个方面，成为发达工业社会对人实行全面奴役和统治的思想基础。他尖锐地指出："极权主义的技术合理性领域是理性观念的最后变形"，在"发达工业的被封闭的操作领域，造成了自由与压制、生产与破坏、增长与倒退之间可怕的和谐"。[①] 在西方发达的工业国家，技术统治代替了政治统治。这种统治也由过去的政治与经济的统治演变为政治经济文化和意识形态领域内的全面奴役，并且还深入到人的私人生活领域，转化为一种对人的内心和心理本能的控制。不仅如此，现代科学技术还被作为国际竞争、征服别国、谋取强权的手段。

以上法兰克福学派的这些批判无疑是深刻的，但其中的片面性也是显而易见的。一方面他们在批判中把科学与社会伦理关系的异化、科学社会伦理功能的异化归咎于科学技术本身，将对科学技术的批判代替对发达资本主义制度的批判；另一方面，法兰克福学派回避了这样一个问题：科学技术社会功能的异化与掌握科学技术的国家政权的性质密切相关，因为科学在当代是无法摆脱与人和政治的关系，科学总是要通过一定社会的、处于一定社会关系之中的、在一定社会制度下的人去研究、发展和应用。忽视了这一点，就脱离了历史辩证法，容易走向价值批判，无法引导人们走出异化的怪圈。这正是法兰克福学派的失误之处，同时对我们从事科学伦理学以及其他方面的理论研究，留下值得回味的思索。

① ［美］赫伯特·马尔库塞：《单向度的人》，张峰等译，重庆出版社1988年版，第106页。

主要参考文献

马克思主义经典著作

《马克思恩格斯全集》第 1—50 卷，人民出版社 1956—1985 年版。

《马克思恩格斯选集》第 1 卷，人民出版社 1995 年版。

国外哲学经典著作

亚里士多德：《尼各马科伦理学》，中国社会科学出版社 1990 年版。

亚当·斯密：《国民财富的性质和原因的研究》，郭大力、王亚南译，商务印书馆 1996 年版。

亚当·斯密：《道德情操论》，蒋志强等译，商务印书馆 1997 年版。

柏拉图：《理想国》，郭斌和等译，商务印书馆 1966 年版。

恩斯特·卡西尔：《人论》，甘阳译，上海译文出版社 1985 年版。

费尔巴哈：《费尔巴哈哲学著作选集》上、下卷，荣震华等译，商务印书馆 1985 年版。

福泽谕吉：《文明论概略》，北京编译社译，商务印书馆 1994 年版。

黑格尔：《耶那时期的实在哲学》第 1—2 卷，拉松编，莱比锡

1932 年版。

黑格尔：《哲学史讲演录》第 1—4 卷，贺麟译，商务印书馆 1981 年版。

黑格尔：《精神现象学》上、下卷，贺麟等译，商务印书馆 1996 年版。

黑格尔：《法哲学原理》，范扬、张企泰译，商务印书馆 1961 年版。

黑格尔：《小逻辑》，贺麟译，商务印书馆 1980 年版。

黑格尔：《历史哲学》，三联书店 1956 年版。

霍布斯：《利维坦》，黎思复、黎廷弼译，商务印书馆 1996 年版。

亨利·西季威克：《伦理学方法》，廖申白译，中国社会科学出版社 1993 年版。

海德格尔：《存在与时间》，陈嘉映、王庆节译，生活、读书、新知三联书店 1987 年版。

赫伯特·马尔库塞：《理性与革命》，程志民等译，重庆出版社 1993 年版。

赫伯特·马尔库塞：《单向度的人》，张峰等译，重庆出版社 1988 年版。

哈贝马斯：《作为"意识形态"的技术与科学》，李黎、郭官义译，学林出版社 1999 年版。

哈贝马斯：《认识与兴趣》，郭官义等译，学林出版社 1999 年版。

乔治·爱德华·穆尔：《伦理学》，戴杨毅译，中国人民大学出版社 1985 年版。

康德：《道德形而上学原理》，苗力田译，上海人民出版社 1986 年版。

康德：《实践理性批判》，关文运译，商务印书馆 1960 年版。

卢梭：《论人类不平等的起源和基础》，李常山译，商务印书馆1996年版。

卢卡奇：《历史与阶级意识》，杜章智译，商务印书馆1995年版。

拉兹洛：《决定命运的选择》，李吟波等译，三联书店1997年版。

马丁·杰：《法兰克福学派史》，单世联等译，广东人民出版社1996年版。

马克斯·霍克海默：《批判理论》，李小兵等译，重庆出版社1989年版。

马克斯·霍克海默、特奥多·威·阿多尔诺《启蒙辩证法》，洪佩郁等译，重庆出版社1990年版。

马克斯·韦伯：《新教伦理与资本主义精神》，于晓等译，三联书店1992年版。

马克斯·韦伯：《经济与社会》，林荣远译，商务印书馆1997年版。

叔本华：《作为意志和表象的世界》，石冲白译，商务印书馆1986年版。

施蒂纳：《唯一者及其所有物》，金海民译，商务印书馆1997年版。

施密特：《历史和结构》，张伟译，重庆出版社1993年版。

施密特：《马克思的自然概念》，欧力同等译，商务印书馆1988年版。

孙周兴编：《海德格尔选集》上、下卷，上海三联书店1996年版。

特奥多·威·阿多尔诺：《否定的辩证法》，张峰译，重庆出版社1993年版。

休谟：《人性论》上、下册，关文运译，商务印书馆1996年版。

斯宾诺莎:《伦理学》，贺麟译，商务印书馆 1984 年版。

威廉·莱斯:《自然的控制》，岳长龄、李建华译，重庆出版社 1993 年版。

国外科学哲学、伦理学等著作

贝尔纳:《科学的社会功能》，陈体芳译，商务印书馆 1982 年版。

贝尔纳:《历史上的科学》，伍况甫等译，科学出版社 1983 年版。

巴伯:《科学与社会秩序》，顾昕等译，三联书店 1991 年版。

彼得·科斯洛夫斯基:《后现代文化》，毛怡红译，中央编译局出版社 1998 年版。

丹尼尔·贝尔:《后工业社会的来临》，王宏周等译，新华出版社 1997 年版。

丹尼尔·贝尔:《资本主义文化矛盾》，赵一凡等译，三联书店 1992 年版。

大卫·格里芬:《后现代科学》，马季方译，中央编译局出版社 1998 年版。

大卫·格里芬:《后现代精神》，王成兵译，中央编译局出版社 1998 年版。

弗罗洛夫:《人的前景》，王思斌、潘信之译，中国社会科学出版社 1989 年版。

《纪念爱因斯坦译文集》，赵中立、许良英编，上海译文出版社 1979 年版。

赖·莫泽克:《论科学》，孟祥林等译，武汉大学出版社 1997 年版。

莱因霍尔德·尼布尔:《道德的人与不道德的社会》，王守昌等译，贵州人民出版社 1998 年版。

马塞勒等：《文化与自我》，任鹰等译，浙江人民出版社1988年版。

让-弗·利奥塔：《后现代主义》，赵一凡等译，社会科学文献出版社1999年版。

罗尔斯：《正义论》，何怀宏等译，中国社会科学出版社1988年版。

麦金太尔：《谁之正义？何种合理性？》，万俊人等译，当代中国出版社1996年版。

麦金太尔：《德性之后》，龚群等译，中国社会科学出版社1995年版。

舒尔曼：《科技文明与人类未来》，李小兵等译，东方出版社1995年版。

汤因比：《历史研究》上、中、下，曹未风译，上海人民出版社1986年版。

雅克·马利坦：《艺术与诗中创造性直觉》，刘有元、罗选民等译，三联书店1991年版。

维纳：《控制论》，郝季仁译，科学出版社1985年版。

詹姆斯·格莱克：《混沌开创新科学》，张淑誉译，上海译文出版社1990年版。

詹姆斯·奥康纳：《自然的理由》，唐正东等译，南京大学出版社2003年版。

周辅成编：《西方伦理学名著选辑》上、下卷，商务印书馆1964年版。

国内马克思主义哲学、伦理学研究著作

陈岱孙：《从古典经济学派到马克思》，北京大学出版社1996年版。

陈振明：《法兰克福学派与科学技术哲学》，中国人民大学出版社 1992 年版。

侯惠勤主编：《正确世界观人生观的磨砺》，南京大学出版社 1996 年版。

罗国杰、宋希仁：《西方伦理思想史》上、下卷，中国人民大学出版社 1988 年版。

卢风、肖巍主编：《应用伦理学导论》，当代中国出版社 2002 年版。

欧力同、张伟：《法兰克福学派研究》，重庆出版社 1990 年版。

孙伯鍨：《探索者道路的探索》，安徽人民出版社 1995 年版。

孙伯鍨等：《马克思主义哲学的历史和现状》第 1—3 卷，南京大学出版社 1988 年版。

孙伯鍨：《卢卡奇与马克思》，南京大学出版社 1999 年版。

万俊人：《现代西方伦理学史》上、下卷，北京大学出版社 1995 年版。

俞吾金、陈学明：《国外马克思主义哲学流派》，复旦大学出版社 1990 年版。

俞吾金、陈学明：《国外马克思主义哲学流派新编·西方马克思主义卷》，复旦大学出版社 2002 年版。

张一兵：《马克思历史辩证法的主体向度》，河南人民出版社 1995 年版。

张一兵：《折断的理性翅膀》，南京出版社 1990 年版。

张一兵：《西方人学第五代》，学林出版社 1991 年版。

张一兵：《回到马克思》，江苏人民出版社 1999 年版。

张一兵：《无调式的辩证想象》，三联书店 2001 年版。

张一兵：《文本的深度耕犁——西方马克思主义经典文本解读》，中国人民大学出版社 2004 年版。

张一兵、胡大平：《西方马克思主义哲学的历史逻辑》，南京大学出版社 2003 年版。

赵修义等:《马克思恩格斯同时代的西方哲学》，华东师范大学出版社 1996 年版。

外文著作

Alasdair Macintyre，*A Short History of Ethics*，Routledge & Kegan Paul Ltd. Lodon 1967.

Herbert Marcuse，*One Dimensinal Man*，Routledge & Kegan Paul Ltd. Lodon 1968.

Herbert Marcuse，*Renson and Revolution*，Hegel and The Rise of Sosial Theory Oxford University Press 1941.

Henry Sidgwick，*Methods of Ethics*，Macmllan，Co. , Ltd. London，1922.

William Leiss，*The Domination of Nature*，Lighthouse Press 1974.

后　记

本书是在博士论文的基础上，根据全书的逻辑结构增删了有关章节，进一步修改而成。全书写作经历了八年多时间，分为两个阶段：第一阶段：1998 年至 2000 年；第二阶段：2001 年至现在。

1998 年至 2000 年是笔者攻读博士学位的三年，也是令笔者永志难忘的三年。在这三年中，南京大学哲学系老师们给了我诸多的关爱和教诲。导师张异宾教授以其非同寻常的毅力、哲学的睿智和独特的文本解读法给我们精心地、连续地讲授了马克思原著导读和多部西方马克思主义的著作，还在百忙中抽空对笔者从论文选题、参考文献的收集与确定，开题报告的修改与拟定，写作大纲与细目的确立，中期论文的修改与定稿，直到全部论文的初稿至定稿，进行了一次次地悉心指导；孙先生当时身患癌症，但仍然以非凡的意志力和深厚的哲学功力，耐心细致地引导我们一遍遍地解读《马克思全集》第 46 卷，并相应地连续讲授了马克思主义与当代研究专题；侯惠勤教授在引导我们解读马克思原著的过程中给了我们诸多的教诲、刘林元教授讲授的当代马克思主义研究专题开阔了我们的学术视野、林德宏教授的哲学方法论给予我们诸多的启示……正是在恩师们诲人不倦、敬业勤业精业的学者风范、渊博的学识、宽广的学术视野、鞠躬尽瘁忠诚于教育事业的精神的感召下，笔者才得以进入马克思主义哲学和国外马克思主义研究的领域。三年的学习时间虽短，然而却使笔者终身受益：笔者不仅进一步了解了为学之道，更重要的是领悟了为人之道。三年中，经过导师的精心指导、孙先生、侯惠勤教授、刘林元教授、林德宏教授悉心指点和笔者的勤奋苦读，终于完成了《法兰克福学派科学伦理思想的演进》论文的写作与答辩，也是本书第一阶段的初步研究成果。

2001年至今，是笔者在理论的道路上艰难跋涉、进行“思想实验”、潜心进行理论耕耘的时期。笔者结合马克思主义经典著作、西方马克思主义哲学发展的教学与相关的研究，借鉴了张异宾教授的文本解读法，从三个方面进一步深化上述课题的研究。一是深化支援背景研究：通过深入研读黑格尔的《精神现象学》、《法哲学原理》，梳理黑格尔的理性伦理观及其对法兰克福学派科学伦理思想的影响；认真研读卢卡奇的《历史与阶级意识》，从伦理学的研究视阈梳理卢卡奇理论中的科学伦理观及其对法兰克福学派科学伦理思想的影响；在浏览了海德格尔主要著作的基础上，精心选取和研读海德格尔关于技术追问的几篇论文，从方法论和伦理学的研究视阈，梳理海德格尔在科学或者技术的追问中，所隐含的科学伦理思想及其对法兰克福学派科学伦理思想的影响。二是对马克思有关的经典著作进行深入解读，从伦理学的研究视阈梳理马克思的科学伦理观与自然伦理观，以及与法兰克福学派的科学伦理思想的异同。三是对蕴涵法兰克福学派科学伦理思想的有关文本进行再次精心而深入的研读，从伦理学的研究视阈梳理其伦理观的历史逻辑、理论形态与特征，以及对于科学伦理学发展的贡献与理论局限。尽管如此，由于视阈的局限、认识水平的局限，书稿中有许多观点没有充分展开，在体系、构架、表述等方面还有不足，笔者期望得到专家、学者、广大读者的批评指正。

在此谨向导师张异宾教授表示衷心地感谢！向孙先生、侯惠勤教授、刘林元教授、林德宏教授、徐晓跃教授、张建军教授表示衷心地感谢！向一直关心和帮助笔者的南京大学哲学系的领导和老师们表示衷心地感谢！向给了笔者很多帮助和指导的南京大学从丛教授、东南大学郑玉琪教授表示衷心地感谢！同时十分感谢给予笔者的学业、学术研究以极大支持和激励的樊和平教授以及东南大学的领导和同仁们！感谢胡大平、张亮等师弟们和潘宁师妹给予的多方面的帮助！感谢中国社会科学出版社的冯斌主任，丁玉灵责任编辑！正是他们为编辑本书付出了艰辛的劳动，本书才得以出版。

另外，笔者之所以能够完成学业离不开父母和家人的全力支持、理解和关爱。在此，谨向多年来一直支持、关心、理解笔者的丈夫沈明致以衷心的感谢！向笔者的父母和家人们致以衷心的感谢！

本书得到东南大学社会科学出版基金资助和东南大学社科预研基金“9213000503”、科技伦理与艺术国家“985”哲学社会科学创新基地资助，是东南大学社科预研基金“9213000503”研究成果、科技伦理与艺术国家“985”哲学社会科学创新基地阶段性研究成果。

谨将此书献给沈明——一直默默奉献、支持笔者学业和学术研究的笔者的丈夫。

陈爱华

初稿：2000.12.

修改稿一：2005.3.

修改稿二：2006.6.28.

修改稿三：2006.8. 8.

修改稿四：2006.10. 8.